T0219789

Physikalische Chemie I: Thermodynamik und Kinetik

Marcus Elstner

Physikalische Chemie I:
Thermodynamik
und Kinetik

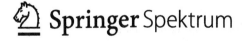 Springer Spektrum

Marcus Elstner
Institut für Physikalische Chemie
Karlsruher Institut für Technologie (KIT)
Karlsruhe
Deutschland

Die Darstellung von manchen Formeln und Strukturelementen war in einigen elektronischen Ausgaben nicht korrekt, dies ist nun korrigiert. Wir bitten damit verbundene Unannehmlichkeiten zu entschuldigen und danken den Lesern für Hinweise.

ISBN 978-3-662-55363-3   ISBN 978-3-662-55364-0   (eBook)
https://doi.org/10.1007/978-3-662-55364-0

Die Deutsche Nationalbibliothek verzeichnet diese Publikation in der Deutschen National-bibliografie; detaillierte bibliografische Daten sind im Internet über http://dnb.d-nb.de abrufbar.

Springer Spektrum

Planung: Rainer Münz

Gedruckt auf säurefreiem und chlorfrei gebleichtem Papier

Springer Spektrum ist Teil von Springer Nature
Die eingetragene Gesellschaft ist Springer-Verlag GmbH Deutschland
Die Anschrift der Gesellschaft ist: Heidelberger Platz 3, 14197 Berlin, Germany

Vorwort

In diesem Buch werden die grundlegenden Konzepte der Thermodynamik und
Kinetik eingeführt, wie sie in vielen Grundlagenvorlesungen zur physikalischen
Chemie in den ersten Semestern des Chemie-Bachelorstudiums gelehrt werden.
Obwohl Kinetik und Thermodynamik ein ähnliches mathematisches Anspruchsni-
veau haben, die Kinetik verwendet Differenzialgleichungen, die Thermodynamik
vollständige Differenziale, scheint die Thermodynamik sowohl bei Studierenden
als auch bei Lehrenden notorisch unbeliebter zu sein, so der generelle Eindruck in
Prüfungen und bei Gesprächen unter Kollegen.

Was ist der Unterschied?

- Die Kinetik handelt von direkt erfahrbaren Dingen, ihr zentraler Gegenstand
  sind Stoffkonzentrationen und deren zeitliche Entwicklung, die unmittelbar
  zugänglich sind. Etwas verändert seine Farbe, wird weniger, ändert den Aggre-
  gatszustand etc. Die zentralen Größen der Thermodynamik dagegen, Temperatur,
  Energie und Entropie, sind sogenannte verborgene Größen, theoretische Konzepte, die erst durch Mathematik und indirekte Messverfahren erschließbar
  sind.
- Während es bei der Kinetik direkt zur Sache – den chemischen Reaktionen –
  geht, benötigt die Thermodynamik mindestens 50–100 Seiten Text, bis chemische Phänomene wie Mischen von Stoffen oder Reaktionsgleichgewichte zum
  Thema werden.

Aber das ist nicht die ganze Wahrheit. Die Thermodynamik wurde im 19. Jahrhundert in ihren Grundlagen entwickelt, von Max Planck in seinem berühmten
Lehrbuch *Vorlesungen über Thermodynamik* am Anfang des 20. Jahrhunderts in
prägender Weise zusammengefasst und seither meist mit dem gleichen argumenta-
tiven Aufbau vermittelt.

Sie ist jedoch von Anfang an mit konzeptionellen Probleme geplagt, wie etwa
in dem bekannten Zitat von Arnold Sommerfeld prägnant auf den Punkt gebracht

Thermodynamik ist ein komisches Fach. Das erste Mal, wenn man sich damit befasst, versteht man nichts davon. Beim zweiten Durcharbeiten denkt man, man hätte nun alles verstanden, mit Ausnahme von ein oder zwei kleinen Details. Das dritte Mal, wenn man den Stoff durcharbeitet, bemerkt man, dass man fast gar nichts davon versteht, aber man hat sich inzwischen so daran gewöhnt, dass es einen nicht mehr stört?

Woran liegt das? Zum einen irritiert die in den Darlegungen verwendete Mathematik,

As anyone who has taken a course in thermodynamics is well aware, the mathematics used in proving Clausius theorem [i.e. the Second Law] is of a very special kind, having only the most tenuous relation to that known to mathematicians. (Brush)

wohl vor allem auch Mathematiker,[1]

Every mathematician knows it is impossible to understand an elementary course in thermodynamics.

was man noch weitertreiben kann mit einem Zitat von Truesdell[2]

Clausius verbal statement of the second law makes no sense [. . .]. All that remains is a Mosaic prohibition; a century of philosophers and journalists have acclaimed this commandment; a century of mathematicians have shuddered and averted their eyes from the unclean.

Bemängelt wird eine konzeptionelle Unklarheit und mathematische Schlampigkeit in der traditionellen Formulierung der Thermodynamik, die das Verstehen massiv erschwert. Von Physikern ist mehrfach angemerkt worden, dass die klassische Darstellung der Thermodynamik eine eigenartige Verquickung von Empirie, Definition und mathematischer Form aufweist, der genuin physikalische Gehalt der Theorie scheint durch die Darstellung verschleiert, so schreibt Max Born:[3]

…Fragt man weiter, welche Formen und Sätze der Mathematik es eigentlich sind, die bei den thermodynamischen Schlußweisen gebraucht werden, so wird man diese schwer als solche kennzeichnen können; sie sind eben der physikalischen Lehre, deren Darstellung sie dienen sollen, so spezifisch eigentümlich, dass nach Abzug des physikalischen Inhalts nichts übrig zu bleiben scheint. Und doch kann das nicht der Fall sein; denn die Thermodynamik gipfelt in einer typisch mathematischen Behauptung, nämlich der Existenz einer gewissen Funktion der Zustandsparameter, der Entropie, und gibt Vorschriften zur Berechnung derselben. Man wird zugeben müssen, dass die Thermodynamik in ihrer traditionellen Form das logische Ideal der Scheidung des physikalischen Inhalts von der mathematischen Darstellung noch nicht verwirklicht hat.

[1] Arnold VI (1989) Contact geometry: The geometrical method of Gibbs's thermodynamics. Proceedings of the Gibbs Symposium, Yale University.

[2] von Brush DZ und Truesdell, zitiert nach Uffink (2001) Bluff your way into the second law of thermodynamics. STUD HIST PHILOS SCI Part B: Stud Hist Philos Mod Phys, 32: 305.

[3] Born M (1921) Kritische Betrachtungen zur traditionellen Darstellung der Thermodynamik, Physik. Z XXII: 249.

Ganz ähnlich A. Lande:[4]

> Diese in der traditionellen Thermodynamik übliche Schlussweise ist gekennzeichnet durch die Verwendung von mehr oder weniger komplizierten und idealisierten Gedankenexperimenten. [...] so leidet doch die formale Geschlossenheit des Beweisgangs und die Übersicht über seine notwendigen und hinreichenden Voraussetzungen, und die Trennlinie zwischen mathematisch-logischen und physikalischen Beweisstücken wird verwischt. [...] Die hier nötige Arbeit, alle unwesentlichen Elemente auszuschalten und der Thermodynamik eine der Mechanik ebenbürtige Begründung more geometrico zu geben ist von C. CARATHEODORY geleistet worden, und zwar in sehr allgemein umfassender und abstrakter Weise.

Lande markiert das Problem, und eine Hauptmotivation dieses Buch zu schreiben war die Vermutung, dass die oben geschilderten Probleme nicht nur abstrakte Begründungsprobleme einer physikalischen Theorie sind, sondern massive Lernprobleme schaffen, die für die universitäre Lehre relevant sind. In der Thermodynamik tauchen an verschiedenen Stellen Schlüsselkonzepte auf, die, wie die Zitate oben teilweise genüsslich ausbreiten, offensichtlich nicht mit genügender Klarheit und Verständlichkeit dargelegt werden. Dies ist auch in Schriften zur Physikdidaktik verschiedentlich angemerkt worden, ohne sich jedoch sichtbar in den Lehrbüchern niederzuschlagen.

Die von C. Caratheodory 1909 publizierte Arbeit *Über die Grundlagen der Thermodynamik* ist der erste Versuch einer Klärung der Grundbegriffe und des zu verwendenden mathematischen Apparats. Es wurde versucht, die Voraussetzungen als Axiome, den physikalischen Gehalt und die Mathematik in klarer Weise darzulegen. In der Folge wurde dies aufgegriffen und in mehreren Stufen weiterentwickelt, u. a. von Buchdahl (1958), Giles (1964) und jüngst von Lieb und Yngvason (1999) in der Arbeit *The Physics and the Mathematics of the Second Law of Thermodynamics*. Die Autoren behaupten *Our formulation offers a certain clarity and rigor that goes beyond most textbook discussions of the second law*, was erstaunlich erscheint nach fast 200 Jahren seit der Einführung der Entropie durch Carnot.

Aber Lande markiert auch ein zweites Problem, denn mit der behaupteten Klarheit über die Grundlagen geht in diesen Arbeiten eine Abstraktion und mathematisches Niveau einher, das für die Lehre völlig ungeeignet ist. Die oben zitierten Arbeiten von Born und Lande waren erste Versuche, die Einsichten verständlicher darzulegen, ohne durchschlagenden Erfolg. Ab der Mitte des 20. Jahrhunderts wurde das aufgegriffen, so wurden dann in der Zeitschrift *American Journal of Physics* vereinfachte Darstellungen publiziert, *Simplification of Caratheodory's Treatment of Thermodynamics* (L. Turner), *A Simplified Version of Caratheodory Thermodynamics* (T. Marshal) oder *A Simplified Simplification of Caratheodory's Treatment of Thermodynamics* (F. Sears), die die konzeptionelle Klarheit dieses Zugangs darstellen wollen, ohne das mathematische Anspruchsniveau zu hoch zu treiben. Dieses

---

[4]Lande A (1926) Axiomatische Begründung der Thermodynamik durch Caratheodory. In: Bennewitz K, Byk A, Henning F, Herzfeld KF, Jäger G, Jaeger W, Landé A, Smekal A, Handbuch der Physik, Theorien der Wärme, Springer.

Buch möchte diese Ansätze weiterentwickeln, die Grundidee aufgreifen und für die Lehre in der physikalischen Chemie fruchtbar machen. Dabei wird aber mit einem Prinzip der Tradition gebrochen: die Darstellung greift den schönen, intuitiven Zugang zur Entropie von Caratheodory auf, entwickelt diesen aber am Beispiel des idealen Gases, denn sonst bleibt das Konzept zu abstrakt. Wenn man das Modell des idealen Gases verwendet steht die Entropie sofort da und man sieht was sie bedeutet: sie ist ein Maß für die Unumkehrbarkeit von Vorgängen – nicht mehr und nicht weniger.

Für die Chemie wurde der Zugang von Caratheodory schon von A. Münster in dem Buch *Chemische Thermodynamik* (Verlag Chemie 1969) aufgegriffen, allerdings auf einem formal wesentlich anspruchsvolleren Niveau. Die hier vorliegenden Ausführungen verdanken diesem Werk wichtige Impulse, vor allem auch den Übergang in die chemische Thermodynamik betreffend bei der Einführung der chemischen Potenziale, die konzeptionell einleuchtend über Ausgleichsprozesse formuliert werden.

Die ersten sechs Kapitel beschäftigen sich mit den Grundlagen der Thermodynamik. Das betrachtete System ist einphasig, hat eine Arbeitskoordinate, d. h. das Volumen kann expandiert oder komprimiert werden und es kann Wärme und Arbeit mit der Umgebung austauschen. Hier werden, den Gedanken Caratheodorys folgend, Temperatur, innere Energie und Entropie eingeführt. Zentrales Konzept für die Chemie ist jedoch das der inneren Freiheitsgrade, gegeben durch Stoffmengen die ineinander umgewandelt werden können. Daher ist der Angelpunkt dieser Darstellung Kap. 7, in dem Ausgleichsprozesse dargestellt werden, und in Kap. 8 werden die entwickelten Extremalprinzipien explizit auf diese Prozesse bezogen. Der Übergang zur chemischen Thermodynamik ist dann mit Einführung der chemischen Potenziale gegeben, ein nicht-trivialer Schritt, da bisher die thermodynamischen Funktionen von Arbeitsvariablen abhingen, die Stoffmengen n_i sich aber nicht umstandslos als solche auffassen lassen. Der Schritt in die Gibbs'sche Formulierung ist also ein weiteres Schlüsselkonzept, den man explizit machen kann.

Neben der Einführung des mathematischen Formalismus ist natürlich das Verständnis der Begriffe und Konzepte wichtig. Es ist eine Ironie der Geschichte, dass das Konzept der Entropie immer noch als nebulös gilt, so wie der Mathematiker von Neumann einmal bemerkte[5]

... no one knows what entropy really is, so in a debate you will always have the advantage.

Irgendwann hat sich als Interpretation das Konzept der *Unordnung* eingeschlichen und bleibt hartnäckig, obwohl seit langem als dys-funktionales Konzept in der Physikdidaktik gebrandmarkt (z. B. von F. Lambert, H. Leff oder A. Ben-Naim). Es ist eigenartig, Unordnung ist ein so deutlich subjektives Konzept das sich der Quantifizierbarkeit kategorisch verschließt, es lässt nicht einmal eine qualitativ konsistente Beschreibung des Naturgeschehen zu, während es mit dem

---

[5]Zitiert nach Uffink (2001) Bluff your way into the second law of thermodynamics. Stud Hist Philos Sci Part B: Stud Hist Philos Mod Phys, 32: 305.

Entropiebegriff gelungen ist, irreversible Vorgänge in der Natur quantitativ zu fassen. Ordnungsphänomene wie spontane Phasentrennung (z. B. Öl in Wasser), selbstassemblierende Phänomene in der Biologie oder Nanotechnologie sind entropiegetrieben, der Unordnungsbegriff ist daher absolut ungeeignet. Dies markiert einen weiteren Schwerpunkt dieses Buches, der Versuch den entwickelten Begriffen von Anfang an eine klare Bedeutung zu geben. Daher sind an einigen Stellen die Schwerpunkte etwas anders gesetzt. So werden bei der Einführung der Temperatur, der Energie und der Entropie die grundlegenden Konzepte etwas breiter diskutiert und, wo möglicherweise hilfreich, auf den historischen Kontext verwiesen. Als Resultat sind die Teile zu den Grundlagen der Theorie etwas länger als gewöhnlich geworden, da es das erklärte Ziel war, alle Voraussetzungen, Definitionen und konzeptionelle Überlegungen explizit auszubuchstabieren. Ich hoffe, dass sich das auszahlt und nicht als Ballast empfunden wird.

Das mathematische Anspruchsniveau orientiert sich an den traditionell an der TH Karlsruhe (jetzt KIT) gehaltenen Vorlesungen, die Mathematik aber ist in diesem Rahmen so einfach wie möglich gehalten. Es wird versucht, nichts ohne Beweis einzuführen, die Beweise sind aber zum Teil am Ende des Abschnitts zu finden, sodass sie beispielsweise beim ersten Lesen übersprungen werden können. Konzepte werden an der Stelle eingeführt, an der sie sich am leichtesten durch den Formalismus darstellen lassen. Am Beispiel der Zustandsgleichungen für die innere Energie U und Enthalpie H und ihr Bezug auf Materialkonstanten: Dies geschieht erst nach Kap. 8, da dort mit Hilfe der Maxwellrelationen der Formalismus so weit entwickelt wurde, dass dies mit dem geringsten mathematischen Aufwand durchführbar ist. Ein Großteil der Organisation des Buches ist solchen Überlegungen geschuldet.

Das Buch resultiert aus den Vorlesungen, die ich seit 2010 am KIT in Karlsruhe an der Fakultät für Chemie und Biowissenschaften abhalte. Zuerst als Vorlesungsskript abgefasst folgte es in der inhaltlichen Auswahl im Wesentlichen den Vorlesungen, wie sie von Prof. M. Kappes, Prof. W. Freyland und PD Dr. P. Weis in Karlsruhe gehalten wurden. Die Kollegen Kappes und Weis haben mir zum Einstieg ihre Vorlesungsunterlagen zur Verfügung gestellt, die sehr hilfreich und inspirierend waren, und wofür ich mich an dieser Stelle herzlich bedanken möchte. Danken möchte ich auch den Kolleginnen und Kollegen Prof. K. Hauser, Prof. U. Nienhaus, Prof. M. Olzmann und Prof. R. Schuster für die vielfältigen interessanten Diskussionen zu physikalisch-chemischen Fragestellungen die Lehre betreffend. Frau Vega Perez Wohlfeil danke ich für die Anfertigung der Abbildungen und Hilfe bei der Fertigstellung des Buchmanuskripts.

Inhaltsverzeichnis

Teil III   Kinetik

Teil I

Grundlagen der Thermodynamik

Grundlagen

1

Am Anfang steht die Mechanik. Die Thermodynamik wurde zunächst entwickelt um Wärmekraftmaschinen zu verstehen, die dazu notwendigen neuen Konzepte ruhen auf den Schultern mechanischer Begriffe wie Kraft und Arbeit. Das Konzept der Kraft und des Kräftegleichgewichts führt zum **mechanischen Gleichgewicht** und dem Druck. Dieser ist wichtig für die Einführung der Temperatur und der Zustandsgleichungen in Kap. 2. Das Konzept der Arbeit, z. B. eine Masse zu heben oder eine Feder zu spannen, ist zentral zum Verständnis der Begriffe der Energie und der Entropie.

Temperatur T, Energie U und Entropie S sind die fundamentalen Begriffe der Thermodynamik, die logisch nachvollziehbar eingeführt werden müssen. Diese sind der Menschheit nicht so einfach zugefallen. Die Thermodynamik ist ein schönes Beispiel dafür, wie Generationen von Forschern – die meisten heute nicht mehr sehr bekannt – um Konzepte und Begriffe gerungen haben. Arbeiten zur Geschichte der Wissenschaften haben dies im Detail nachgezeichnet. Dies geschah nicht durch meditatives Schauen in die Natur, sondern durch gezielte Experimente mit extrem vereinfachten Systemen, die eine Kontrolle wesentlicher Parameter erlauben. Wichtig sind die Wände, die das System – also das Gas, die Flüssigkeit oder den Festkörper – von der Umgebung auf wohl definierte Weise abschotten und dessen Eigenschaften kontrollierbar machen. Und nur für sehr vereinfachte Ausschnitte der Natur sind die neuen Begriffe zunächst definierbar. Später wird dann verallgemeinert, um die Konzepte auf komplexere Gegenstände anwenden zu können.

Dreh- und Angelpunkt ist das Konzept des **Thermodynamischen Gleichgewichts**. Nur für dieses Gleichgewicht kann man die Begriffe T, U und S einführen. Die Thermodynamik spricht zwar von Prozessen wie Ausdehnung eines Gases, Erwärmung eines Festköpers, oder das Mischen von Flüssigkeiten. Aber nicht wirklich: Sie macht das über einen Kniff, über Prozesse, die keine eigentliche Dynamik kennen und paradoxerweise unendlich lange dauern. Nur für diese Grenzprozesse kann der Formalismus in seiner heutigen Form entwickelt werden.

© Springer-Verlag GmbH Deutschland 2017
M. Elstner, *Physikalische Chemie I: Thermodynamik und Kinetik*,
https://doi.org/10.1007/978-3-662-55364-0_1

Die Unterscheidung und Definition von **reversiblen und irreversiblen Prozessen**, wie in diesem Kapitel eingeführt, ist zentral für das Verständnis der Konzepte Energie und Entropie. Deren Definition basiert auf dieser Grundlage.

Und damit sind schon viele der Schwierigkeiten der modernen Naturwissenschaften markiert. Wir wollen etwas über die „Natur" lernen, werden zunächst aber mit recht einfachen Systemen konfrontiert, wobei die hier entwickelten Konzepte schon recht komplex sind. Um diese auf chemische Fragestellungen anwenden zu können, sind dann noch weitere konzeptionelle Entwicklungen erforderlich, die im ersten Teil dieses Buches systematisch entwickelt werden.

1.1 Druck und mechanisches Gleichgewicht

Wir betrachten ein Gas in einem zylindrischen Gefäß mit Querschnittsfläche A mit einem reibungsfrei beweglichen Kolben, dessen Gewicht vernachlässigt werden soll, wie in Abb. 1.1 gezeigt. Von außen wirkt der Luftdruck p_0 auf den Kolben ein. Wenn das Volumen einen konstanten Wert hat, der sich zeitlich nicht ändert, wird der Zustand als **mechanisches Gleichgewicht**. Dann steht das Gas im Kolben selbst unter einem Druck p der dem Außendruck identisch ist. Der Druck p ist als Kraft F pro Fläche A definiert,

$$p = \frac{F}{A}.$$

Wenn sich der Kolben nicht bewegt, muss ein Kräftegleichgewicht herrschen, d. h. die Kraft F_a, die von außen auf die Fläche A einwirkt, muss durch eine „innere" Kraft F_i, die aus dem Druck p des Gases resultiert, kompensiert werden. Nun legen wir ein ein zusätzliches Gewicht der Masse m auf den Kolben, wodurch sich das Volumen verringern wird, bis sich das **mechanische Gleichgewicht** bei einem Volumen V' wieder eingestellt hat. Die Kraft F berechnet sich aus der Masse des Gewichts und der Erdbeschleunigung g (Abb. 1.2a). D. h., am Anfang wird die resultierende Kraft F_a aus äußerem Druck und Gewichtskraft größer sein als die „innere" Kraft F_i, die aus dem Druck des Gases auf die Wand resultiert. Das Gas wird dann komprimiert, bis diese beiden Kräfte gleich sind – im Gleichgewicht

Abb. 1.1 Gas in einem Kolben, dessen Druck durch den Außendruck und durch ein zusätzliches Gewicht bestimmt ist

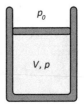
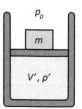

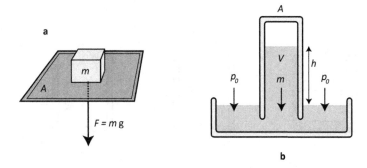

Abb. 1.2 (a) Kraft F pro Fläche A, (b) Barometer

herrscht also $F_i = F_a$. Dies dauert eine gewisse Zeit, die **Relaxationszeit** genannt wird. Das System ist also in einem neuen mechanischen Gleichgewicht, wenn gilt:

$$p' = p_0 + \frac{F}{A} = p_0 + \frac{m \cdot g}{A}.$$

In Abb. 1.2b ist das Schema eines Quecksilber-Barometers dargestellt. Man füllt dazu eine einseitig geschlossene Röhre mit Quecksilber, dreht sie um und stellt sie in ein Gefäß mit Quecksilber. Die Quecksilbersäule der Höhe h hat ein Volumen $V = A \cdot h$ und eine Dichte ρ, woraus sich die Masse dieser Säule berechnen lässt:

$$m_{Hg} = \rho V = \rho \cdot A \cdot h.$$

Mit $F_{Hg} = m_{Hg} \cdot g$ lässt sich damit die Gewichtskraft der Säule berechnen, was zu einem Druck

$$p = \rho \cdot g \cdot h$$

führt. Im **Gleichgewicht** stellt sich eine Höhe h der Säule so ein, dass der resultierende Druck dem Außendruck p_0 entspricht.

Druck messen wir also über das Kräftegleichgewicht. Direkt messen wir gar nicht einen Druck, sondern eine Länge, d. h. die Höhe der Quecksilbersäule. Das Messgerät „übersetzt" die Kraft in eine Länge. Auf diesem Weg kommen wir zu einem Maß für den Druck.

1.2 Thermodynamische Systeme

Nun definieren wir, was unter einem „**Thermodynamischen System**" zu verstehen ist: Als Chemiker denken wir hier an den Stoff im Reagenzglas, als Ingenieur an den Motorzylinder und dem Gas darin, aber auch an den Raum inklusive der Raumluft,

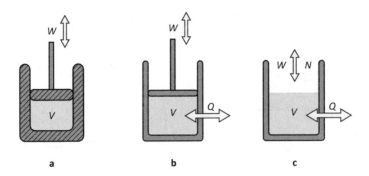

Abb. 1.3 Definition thermodynamischer Systeme: (**a**) Isoliert (adiabatisch) (**b**) geschlossen (diatherme Wand) (**c**) offen

das Wasser im Kochtopf etc.. Um dieses **System** zum Gegenstand der Forschung machen zu können, muss es klar von der **Umgebung** abgegrenzt sein. Im Folgenden betrachten wir zunächst homogene Systeme mit Teilchenzahl N oder Molzahl n, die von der Umgebung durch Wände, wie in Abb. 1.3 abgebildet, abgegrenzt sind:

1. **Adiabatische Wand**: Das Gleichgewicht hängt nur von mechanischen Eingriffen ab. Mechnische Eingriffe sind durch das Ausüben einer Kraft auf das System, z. B. durch Auflegen einer Masse m, definiert. Welche Werte von p und V vorliegen, hängt damit nur von der Masse m in Abb. 1.1a, b. Die sogenannte adiabatische Wand ermöglicht keinerlei Austausch mit der Umgebung, d. h. keinen Teilchenaustausch (d. h. feste Teilchenzahl N) mit der Umgebung, keine Abgabe oder Aufnahme von Wärme. Die Wärmeisolierung ist durch die dickere Wand symbolisiert. Das System wird **adiabatisch isoliert** genannt, Prozesse, die in einem solchen System ablaufen werden **adiabatisch** genannt.
2. **Diatherme Wand**: Das System ist in **thermischen Kontakt** mit der Umgebung. Das Gleichgewicht hängt nicht nur von mechanischen Eingriffen ab, sondern kann auch durch den Austausch von Wärme beeinflusst werden. Dies ist ein sogenanntes **geschlossenes System**. Welches Volumen sich einstellt hängt dann nicht nur von der Masse des aufgelegten Gewichts ab, sondern beispielsweise auch von der Temperatur der Umgebung,
3. **Offenes System**: Austausch von Wärme, Arbeit und Teilchen mit der Umgebung ist möglich.

Durch mechanische Eingriffe wird Arbeit, symbolisiert durch „W", am System geleistet. Die Arbeit werden wir im Folgenden besprechen. In späteren Kapiteln werden wir genauer spezifizieren, was unter Wärme zu verstehen ist. An dieser Stelle reicht ein vorwissenschaftliches Verständnis von Wärme. Man kann einen Körper z. B. durch „über ein Feuer halten" erwärmen. Dadurch wird eine Wärmemenge, mit „Q" bezeichnet, zugeführt. Eine diatherme Wand erlaubt eine solche Erwärmung, dadurch werden sich im System p und V auch ohne mechanischen Eingriff ändern, eine adiabatische Wand verhindert eben solch eine Erwärmung.

Chemische Beispiele:

1. Reaktion in einem isolierten Druckbehälter.
2. Reagenzglas, Stoff kann sich ausdehnen oder zusammenziehen. Es gibt jedoch keinen Stoffaustasuch mit der Umgebung. In der Chemie benötigt man nicht unbedingt eine Wand, um ein geschlossenes System zu erhalten. Hier kann die Umgebungsatmosphäre (Luft) zum Abschluss führen.
3. Anders ist dies z. B. bei Verbrennungsreaktionen. Hier könnte der Luftsauerstoff an der Reaktion teilnehmen, d. h. es wird Stoff ausgetauscht und man hätte ein offenes System. Man kann jedoch die Reaktion in einer Schutzgasumgebung (CO, N_2 etc.) durchführen. Dann ist das System wieder geschlossen. Es ist jedoch nicht adiabatisch isoliert, es kann Wärme mit der Umgebung ausgetauscht werden.

Ein thermodynamisches System enthält in der Größenordnung 10^{23} Moleküle, die je nach Molekülart unterschiedliche Wechselwirkungen haben können. Die Thermodynamik betrachtet nicht die mikroskopische Struktur, sie wurde in einer Zeit entwickelt, als diese noch strittig war.[1]

In der Mechanik ist der **Zustand** eines Körpers durch den Ort x und seine Geschwindigkeit v definiert. Für eine mikroskopische Beschreibung thermodynamischer Systeme mit N Atomen mit Hilfe der Newton'schen Mechanik, müsste man den **mikroskopischen** Zustand der Moleküle und ihre Wechselwirkungen genau kennen. Dann könnte man aus einem Anfangszustand die Entwicklung eines Systems berechnen. Diese Betrachtungsweise werden wir später in der **Statistischen Thermodynamik** vertiefen. Der **mikroskopische Zustand** eines Gases mit N Atomen wäre damit durch die x und v aller Atome im System bestimmt, dies ist eine sehr große Zahl von Variablen.

Das Besondere der Thermodynamik ist nun, dass sie keinen Bezug auf das mikroskopische Geschehen benötigt sondern eine Beschreibung mit Hilfe von **makroskopischen Variablen** vornimmt. Diese Größen beschreiben den **Zustand eines thermodynamischen Systems**, sie werden **thermodynamische Zustandsgrößen** genannt. Insbesondere interessieren in der Chemie:

- Druck: p
- Temperatur: T
- Volumen: V
- Teilchen- oder Molzahl: N oder n

Zur Beschreibung thermodynamischer Systeme werden zunächst die Größen V, p und T eingeführt.[2] Dies sind quantitative Größen, d. h. sie nehmen Zahlenwerte an. Wie kommt man auf diese Größen, wie erhalten sie die Zahlenwerte und wie misst man sie?

---

[1] Ein Großteil der Forscher glaubte nicht an Atome, Wärme wurde als „Stoff" verstanden. Dazu später mehr.

[2] Im folgenden werden wir zunächst homogene Systeme (eine Stoffart, eine Phase (fest-flüssig-gasförmig)) betrachten, wobei N (n) konstant sein sollen. Daher werden wir N nicht explizit als Parameter aufführen.

- Volumen V: ist eine **geometrische Größe**.
- Druck p: kann durch **mechanische Begriffe** („Kraft"), wie oben, bestimmt werden.
- Temperatur T: diese gibt es in der Mechanik nicht, T ein neuer Begriff, der erst mit der Thermodynamik eingeführt wird.

1.3 Arbeit

In diesem Unterkapitel beschäftigen wir uns mit der Arbeit, speziell der Volumenarbeit. Die Thermodynamik wurde von Ingenieuren entwickelt die von der Frage getrieben wurden, wie man die „Kraft der Wärme" in Arbeit umsetzen kann. Daher ist der Begriff der Arbeit für das Verständnis der Thermodynamik zentral, an ihn wird die Entwicklung der thermodynamischen Konzepte anknüpfen.

1.3.1 Arbeit in der Mechanik

Die **Arbeit** W ist in der Mechanik definiert als „Kraft $\cdot$ Weg":

$$\Delta W = F \cdot \Delta x.$$

Im Allgemeinen wird die Kraft vom Weg abhängen, d. h. sie ist eine Funktion $F(x)$. Dann muss man die Kraft entlang des Weges integrieren:

$$\Delta W = \int_{x_1}^{x_2} F(x)\mathrm{d}x.$$

Wir wollen hier das Komprimieren eines Gases mit dem Komprimieren einer Feder und dem Heben eines Gewichts vergleichen, wie in Abb. 1.4 skizziert. Der Weg sei jedesmal der gleiche, $\Delta x = x_2 - x_1$. In Abb. 1.5 ist jeweils die Kraft vs. Weg aufgetragen.

- **Gewicht hochheben**: Beim Heben des Gewichts bleibt die Kraft konstant, $F = m \cdot g$, sie hängt nicht von x ab, der Wert der Kraft hängt nur von der Masse m ab. Um sie im Gravitationsfeld der Erde senkrecht emporzuheben, wird die Arbeit $\Delta W = m \cdot g \cdot \Delta x$ geleistet. Da die Kraft entlang des Weges konstant ist, müssen wir nicht integrieren. Die aufgewendete Arbeit ist die Fläche unter der Gerade in Abb. 1.5c.
- **Feder spannen**: Bei der Feder ist die Kraft durch das Hook'sche Gesetz gegeben, $F = k \cdot x$, sie steigt linear mit x an und die Steigung ist durch die Federhärte „k" gegeben. Um nun die Feder zu spannen, müssen wir die Kraft entlang des Weges integrieren, da sich die Kraft mit x ändert:

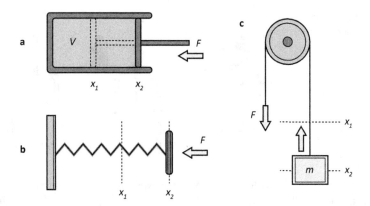

Abb. 1.4 Arbeit bei dem (**a**) Komprimierien eines Gases, (**b**) Komprimieren einer Stahlfeder und (**c**) Heben eines Gewichts

Abb. 1.5 Kraft vs. Weg bei dem (**a**) Komprimierien eines Gases im geschlossenen Kolben $F \sim \frac{1}{x}$, (**b**) Komprimieren einer Stahlfeder $F \sim x$ und (**c**) Heben eines Gewichts $F \sim m$

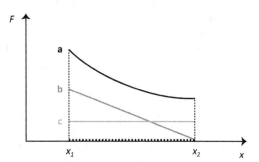

$$\Delta W = \int_{x_1}^{x_2} F(x)\mathrm{d}x = \int_{x_1}^{x_2} kx\mathrm{d}x = 0.5kx_2^2 - 0.5kx_1^2 .$$

Die aufgewendete Arbeit ist die Fläche unter der Gerade in Abb. 1.5b.

- **Gas komprimieren**: Wie unten weiter besprochen wird, ist die Kraft ist im geschlossenen System (diatherme Wand) proportional zu $1/x$ (Kurve in Abb. 1.5a). Wie kommt man hier nun auf eine Funktion $F(x)$, analog zu den mechanischen Beispielen, die man zur Integration der Arbeit benötigt?

1.3.2 Gase komprimieren und expandieren

Wir betrachten die Kompression/Expansion eines Gases (Abb. 1.4a). Eine Möglichkeit das Gasvolumen zu ändern ist, wie in Abb. 1.1 skizziert, weitere Gewichte aufzulegen oder herabzunehmen. Wie wir diskutiert haben, gibt es eine Relaxationszeit, die benötigt wird, bis sich nach einer plötzlichen Volumenveränderung (Auflegen eines Gewichts) wieder ein konstanter Druck einstellt. Während der Relaxationszeit werden im Gas Verwirbelungen auftreten, sodass nicht von einem

Abb. 1.6 Entfernen des
Gewichts, spontane Expansion
auf V_{10}

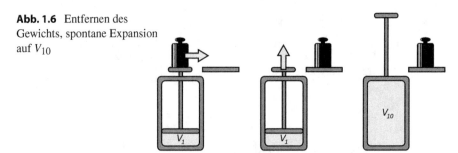

konstanten Druck im Gasvolumen gesprochen werden kann. Wenn man nun ein
Gewicht auf den Kolben legt, wird sich das Volumen von V auf V' verkleinern.
Den Druck p des Gases können wir aber nur für die Volumina V und V' über das
mechanische Gleichgewicht definieren. Für alle Volumina während der Relaxation
ist der Druck offensichtlich nicht definiert. Dies ist ein zentrales Charakteristikum
der Thermodynamik, das uns zu einer speziellen Art der Prozessführung bringt.

Dieser Punkt soll für die Expansion eines Gases vertieft werden. Das System
bestehe aus dem Gas im Zylinder und einem Gewicht der Masse M. Der Kolben
habe das Gewicht M_K. Nun betrachten wir drei verschiedene Prozesse:

1 Gewicht: Das Gewicht in Abb. 1.6 lasse sich horizontal reibungslos verschieben,
das Gas habe anfangs durch das Gewicht das Volumen V_1 und den Druck p_1. In
dem oberen Teil des Gefäßes ist ein Vakuum, d. h. der Kolben muss keine Arbeit
gegen einen Außendruck verrichten. Nun wird das Gewicht verschoben, als Folge
dehnt sich das Gas aus, bis der Gasdruck im Behälter der Gewichtskraft des Kolbens
$F = M_K \cdot g$ entspricht, das Endvolumen sei mit V_{10} bezeichnet, der entsprechende
Druck des Gases mit p_{10}.

- Für das Ausgangsvolumen V_1 hat man einen Druck p_1. Das **mechanische
  Gleichgewicht** in diesem Zustand ist durch das **Kräftegleichgewicht**

$$p_1 A = F_i = F_a = (M + M_K)g$$

  gegeben, A ist die Fläche des Kolbens. Wir können von einer äußeren Kraft F_a
  sprechen, die als Gewichtskraft auf das System einwirkt. Die aus dem Druck
  resultierende Kraft F_i, soll als innere Kraft bezeichnet werden.
- Für das Endvolumen V_{10} findet man einen Druck p_{10}. Das mechanische Gleichgewicht in diesem Zustand ist durch das **Kräftegleichgewicht**

$$p_{10} A = F_i = F_a = M_K g.$$

- Während der Ausdehnung von V_1 auf V_{10} kann kein Druck, d. h. keine Kraft
  F_i, bestimmt werden, da es sich um einen Relaxationsprozess handelt und
  hier ein Druck p nicht eindeutig definiert ist. Dieser stellt sich erst nach einer

Relaxationszeit ein und wir wollen annehmen, dass die Expansion schnell ist im Vergleich zu dieser Relaxationszeit.

• Zur Berechnung der Arbeit benötigen wir eine Kraft entlang des Prozesses, d. h. eine Kraft, wie sie entlang des Weges wirkt. Da F_i nicht zur Verfügung steht, kann man nur auf F_a zurückgreifen, d. h. auf die Gewichtskraft des Kolbens $F_a = M_k \cdot g$.

• Die Arbeit, die verrichtet wird, ist damit die Ausdehnung des Volumens gegen die konstante Gewichtskraft des Kolbens, die Arbeit ist demnach durch die rechteckige Fläche in Abb. 1.8a gegeben. Bitte beachten Sie, dass die waagrechte Linie die konstante Gewichtskraft des Kolbens angibt, nicht jedoch den Druck des Gases während der Expansion. Der Druck ist nur für V_1 definiert, hier ist er p_1, und für V_{10}, hier ist er p_{10}. Die Ausdehnung geschieht so lange, bis ein Druck $p_{10} = M_K g / A$ erreicht ist. In diesem Beispiel wurde nicht die maximal leistbare Arbeit abgegeben. Das Gas könnte offensichtlich mehr tun, als nur den Kolben zu heben.

9 Gewichte: Um die mögliche Arbeit besser zu nutzen, wollen wir den Versuch verfeinern. Die neun kleinen Gewichte in Abb. 1.7 sollen zusammen die gleiche Masse haben wie das eine Gewicht im letzten Beispiel. Die kleinen Gewichte

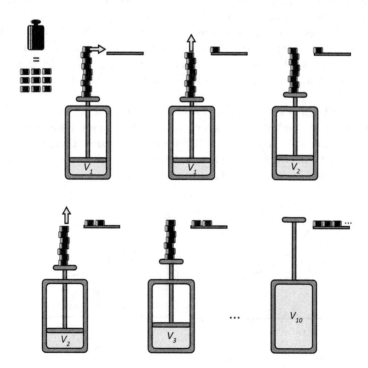

Abb. 1.7 Stückweises Entfernen der Gewichte, spontane Expansion auf V_{10} in neun Schritten

sind nicht alle gleich schwer, sie sind so dimensioniert, dass bei Entfernen eines Gewichts der Kolben immer um die gleiche Länge expandiert, wie in Abb. 1.7 gezeigt. Damit kann man immer eines der Gewichte (reibungsgsfrei!) in das Regal verschieben, nun leistet das System Arbeit, indem es die Gewichte anhebt, bis das letzte im Regal ist.

- Wieder ist der Druck p nicht für alle Volumina während der Expansion definiert. Es wird ein Gewicht entfernt, das Gas relaxiert in ein neues Gleichgewicht, für das nun wieder $F_a = F_i$ gilt. Der Druck ist damit zu jedem der Gleichgewichtsvolumina V_1, $V_2 \ldots V_{10}$ definiert, nicht aber für die Zwischenzustände, die während der Relaxation auftreten.
- Auch hier kann man die Arbeit wieder über das Heben der Gewichte und des Kolbens bestimmen. Die Arbeit ist die gesamte Fläche der neun Rechtecke unter der Kurve in Abb. 1.8b. Nun wird nun mehr Arbeit geleistet, es wurden der Kolben und insgesamt 8 kleine Gewichte um ein kleines Stück angehoben (das oberste Gewicht wurde nur verschoben, aber nicht angehoben!). Offensichtlich hat das Gas nun mehr Arbeit verrichtet als beim ersten Beispiel mit nur einem Gewicht.

„∞ viele" Gewichte: In beiden Beispielen wurde nicht die maximale Arbeit genutzt, die das Gas bei der Expansion leisten kann. Dies man man offensichtlich noch optimieren, indem man die Gewichte kleiner macht. Im Grenzfall verschwindender Gewichte nähert sich die geleistete Arbeit der Fläche unter der Kurve in Abb. 1.8 an. Dies ist die maximal von dem System leistbare Arbeit. Man sieht damit, dass die in den ersten zwei Beispielen nicht genutzte Arbeit die weiße Fläche zwischen der Kurve und den „Rechtecken" ist, die die an den Gewichten verrichtete Arbeit darstellt.

Damit passieren zwei Dinge: Der Prozess ist nun unendlich langsam, aber für jede der infinitesimalen Volumenänderungen ist das Gas im **mechanischen Gleichgewicht**, da der Prozess langsamer verläuft als die Relaxation. Dadurch ist nun für jedes Volumen V ein Druck $p(V)$ definiert, d. h. die durchgezogene Kurve gibt nun wirklich den Druck bei einem gegebenen Volumen wieder.

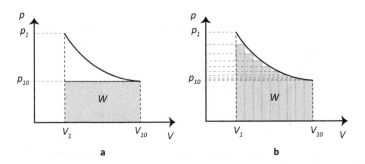

Abb. 1.8 Arbeit bei (**a**) Heben des Gewichts des Kolbens (**b**) Heben der Gewichte und des Kolbens. Die Arbeit ist die Fläche der Rechtecke, es ist die an den Gewichten geleistete Arbeit

1.4 Quasistatische Prozesse

Da dieser Prozess bei ∞ vielen Gewichten auch unendlich lange dauert ist eigentlich ist keine Bewegung mehr involviert, der Prozess wird **quasi-statisch** genannt. Diese Prozesse sind an jedem Punkt in einem mechanischen Gleichgewicht, sie werden sich nicht von alleine von dort wegbewegen. Damit sind diese Prozesse einfach eine Summe von Gleichgewichtszuständen, kein realer Prozess wird genau so ablaufen. Natürlich ist dies eine Idealisierung, wie die Reibungsfreiheit in der Mechanik. Aber diese Idealisierung ist zentral für die Berechnung der Arbeit.

Bei einer Kompression/Expansion ändern sich p und V, man nennt dies eine **Zustandsänderung** oder einen **thermodynamischen Prozess**. p hängt von V ab, man kann den Druck nun auch als Funktion $p(V)$ schreiben. $p(V)$ ist nun offensichtlich nur für eine quasistatische Prozessführung definiert, d. h. für das obige Vorgehen mit ∞ vielen Gewichten.

Entlang eines quasistatischen Prozesses stellt sich der Druck p entsprechend der auf den Kolben einwirkenden Kraft ein (Abb. 1.9a), es gilt

$$F_{\text{außen}} = -F_{\text{innen}} = -p \cdot A. \tag{1.1}$$

Die beiden Kräfte sind gegengleich, haben also unterschiedliche Vorzeichen. Entlang des Kompressionsweges ist damit die von außen verrichtete Arbeit gegengleich der Arbeit des Kolbens am Gas:

$$\int_1^2 F_{\text{außen}} dx = -\int_1^2 F_{\text{innen}} dx = -\int_1^2 p \cdot A dx = -\int_{V_1}^{V_2} p dV.$$

Wir integrieren $p(V)dV$ entlang des Volumens, für jedes V muss ein Wert von $p(V)$ vorliegen, was nur für die quasistatischen Prozesse der Fall ist.

Beim quasistatischen Komprimieren eines Gases steigt die Kraft, im Gegensatz zu Feder und Gewicht, nicht-linear an (Abb. 1.5). Stark verdünnte Gase zeigen ein Verhalten, das durch sehr einfache Gesetzmäßigkeiten beschrieben werden kann, man nennt Gase unter diesen Bedingungen **ideale Gase**. Hier findet man im **geschlossenen** Zylinder experimentell das **Gesetz von Boyle-Mariotte**

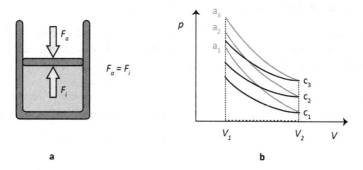

a   b

Abb. 1.9 (a) Kräftegleichgewicht und (b) p-V Diagramme für eine quasistatische Kompression eines Gases im geschlossenen und isolierten Zylinder

$$p \cdot V = c, \tag{1.2}$$

wenn man einen **adiabatisch isolierten** Zylinder verwendet, findet man

$$p \cdot V^{\kappa} = a. \tag{1.3}$$

κ ist eine Konstante die von der Gasart abhängt, a und c sind weitere Konstanten, die in der Thermodynamik eine große Bedeutung haben. Nun kann man $p(V)$ als eine Funktion von V auftragen, wie in Abb. 1.9b gezeigt. Wenn das Volumen kleiner wird, steigt der Druck. Der Kurvenverlauf ist für adiabatisch isolierte und geschlossene Systeme (Kurven „c" und „a") verschieden. Für das geschlossene System unterscheiden sich die Kurven durch die Werte von c, für das adiabatisch isolierte System durch die Werte von „a". Offensichtlich kann bei gleichem Volumen unterschiedlicher Druck herrschen, das Gas auf der Kurve c_2 hat einen höheren Druck bei gleichem Volumen als das Gas auf der Kurve c_1.

Bei einem quasistatischen Prozess ist die Kraft daher direkt proportional zum Druck $p = F/A$ und der Weg ist direkt proportional zum Volumen $V = x \cdot A$. Wir können z. B. für das Gas im geschlossenen Zylinder schreiben ($p \cdot V = F \cdot x = c$):

$$F = \frac{c}{x} \qquad \text{und} \tag{1.4}$$

$$\Delta W = - \int_{x_1}^{x_2} F(x) \mathrm{d}x = -c \int_{x_1}^{x_2} \frac{\mathrm{d}x}{x}.$$

Das ist interessant, die Arbeit bei der Kompression hängt also von der Wahl des Systems (geschlossen, isoliert) ab. Die Arbeit ist durch die Fläche unter der Kurve in Abb. 1.5a gegeben. Wenn man die Konstanten a und c kennt, kann man damit analog zu Feder und Gewicht die Arbeit bestimmen.

> **Wichtig**
> Für **quasistatische Prozesse**
>
> - kann man den Prozess in einem p-V-Diagramm durch Kurven darstellen. Für schnelle Prozesse ist der Druck p nicht für jedes V definiert, man kann sie damit nicht durch eine Kurve darstellen, und damit ist die Arbeit nicht mehr durch eine Fläche unter einer p-V-Kurve gegeben.
> - läßt sich die Arbeit über den Druck $p(V)$ durch Integration berechnen. Man muss nicht mehr die äußere Kraft zur Bestimmung der Arbeit verwenden.

Die Tabelle 1.1 fasst dies noch einmal zusammen:

Tab. 1.1 Vergleich von Kraft und Arbeit bei dem (**a**) Komprimieren eines Gases, (**b**) Komprimieren einer Stahlfeder und (**c**) Heben eines Gewichts. dW soll die Arbeit für eine infinitesimale Änderung dx bezeichnen, ΔW die Arbeit für eine finite Weglänge $\Delta x = x_2 - x_1$

	Feder	Gewicht	Gaskolben
$F =$	$k \cdot x$	$m \cdot g$	$p \cdot A$
d$W =$	$k \cdot x\mathrm{d}x$	$m \cdot g \cdot \mathrm{d}x$	$-p\mathrm{d}V$
$\Delta W =$	$0.5kx_2^2 - 0.5kx_1^2$	$mg\Delta x$	$-\int_{V_1}^{V_2} p\mathrm{d}V.$

Konvention

Es hat sich folgende Vorzeichenkonvention etabliert, die im Folgenden verwendet wird:

- $\Delta W > 0$, wenn **am** System Arbeit geleistet wird.
- $\Delta W < 0$, wenn **vom** System Arbeit geleistet wird.

Diese Vorzeichenkonvention kann man mit $\Delta W = \int F \mathrm{d}x$ wie folgt verstehen: Wenn das System Arbeit leistet, expandiert es gegen eine äußere Kraft, die Kraft F und das Wegstück dx haben entgegengesetzte Vorzeichen, damit ist das Integral negativ. Wenn am System Arbeit geleistet wird, haben beide das gleiche Vorzeichen, das Integral ist positiv. Daher schreiben wir

$$\Delta W = -\int_{V_1}^{V_2} p \mathrm{d}V.$$

1.5 Reversible Arbeitsspeicher

In der Thermodynamik ist die **quasistatische Prozessführung** zentral, die wir zunächst über die ∞ vielen Gewichte eingeführt haben. Um die Arbeit „aufzufangen", die das System bei der Expansion maximal leisten kann, wollen wir im Folgenden eine Vorrichtung, wie in Abb. 1.10a skizziert, verwenden.

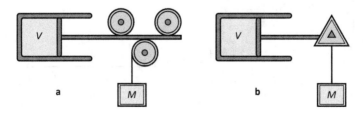

Abb. 1.10 (**a**) Ausdehnung des Kolbens treibt ein Rad an, das zum Aufwickeln des Seils führt (**b**) Ausdehnung des Gases führt über eine entsprechende Vorrichtung zum Anheben des Gewichts

Wie in Abb. 1.5 gezeigt, treten bei den drei Systemen unterschiedliche Kräfte bei unterschiedlichen Auslenkungen x auf. Man kann also den Gaskolben nicht direkt an die Schnur des Gewichts, oder direkt an die Feder koppeln, wie in 1.10(**a**) skizziert. Hier treibt der Kolben ein Rad an, das die Schnur des Gewichts aufwickelt. Bei der Expansion nimmt der Druck, d. h. die Kraft $F = p/A$ für zunehmende x ab, das Heben des Gewichts setzt jedoch eine konstante Kraft voraus. In dem Rad, das angetrieben wird, müsste z. B. ein Getriebe verbaut sein, das mit fortlaufender Expansion weniger Seil aufwickelt. Bei der Expansion wird der Druck kleiner, d. h. durch das Getriebe muss auch die äußere Kraft verkleinert werden, damit das System zu jedem Volumen in einem Kräftegleichgewicht ist.

Genau das soll aber in einer Vorrichtung Abb. 1.10b realisiert sein, einem Arbeitsspeicher der die maximal leistbare Arbeit des Kolbens in das Heben des Gewichts umgewandelt. Die Arbeit bei Expansion wird vollständig in Form der Lageenergie des Gewichts gespeichert, diese kann zur Kompression wieder abgegeben werden. Da die Arbeit vollständig gespeichert wird, kann man den Prozess umkehren. Solche Prozesse nennt man **reversibel,** daher nennt man das System Vorrichtung Abb. 1.10b einen **reversiblen Arbeitsspeicher.** Im Folgenden werden wir das nur schematisch durch das Dreieck und ein Gewicht darstellen, wie in Abb. 1.10b skizziert. Das System kann nun alle Punkte auf der Kurve in Abb. 1.8 durchlaufen, es treten keine Sprünge mehr auf.

1.6   Reversible und irreversible Prozesse

Anstatt des Gaskolbens kann man im Prinzip auch die Feder so an das Gewicht koppeln. Die Kopplung soll derart sein, dass die in der komprimierten Feder gespeicherte Arbeit vollständig in das Heben des Gewichts umgesetzt wird (Abb. 1.11a). Wenn die Feder von x_1 auf x_2 expandiert, wird das Gewicht von h_2 auf h_1 angehoben, und umgekehrt. Das Heben der Masse durch Expansion der Feder stellt in solch einer Vorrichtung einen **reversiblen** Prozess dar. Reversibel heißt umkehrbar ohne Eingriff von außen, die Masse oder die Feder speichern die gleiche

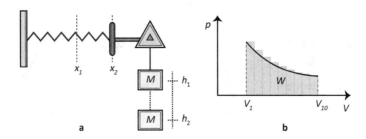

Abb. 1.11 (**a**) Kopplung der Feder an einen reversible Arbeitsspeicher, (**b**) Arbeit für die Umkehrung der Expansion mit 9 Gewichten

Arbeit, und geben sie wieder frei. Feder und Masse sind somit **reversible Arbeitsspeicher**. Die gespeicherte Arbeit kann zwischen den beiden Systemen beliebig verschoben werden, wenn wir annehmen dass dieser Prozess reibungsfrei verläuft. Dabei muss von außen keine zusätzliche Arbeit zugeführt werden.

> **Wichtig**
>
> Ein Prozess ist **reversibel**, wenn er umgekehrt werden kann, ohne dass zusätzlich Arbeit von außen aufgewendet werden muss.

Der Prozesses mit 9 Gewichten in Abb. 1.7 ist dagegen **nicht-reversibel**. Wir nehmen an, dass auch dieser Prozess reibungsfrei ist, dennoch geht es nicht ohne Zufuhr von zusätzlicher Arbeit von außen. Zur Umkehrung muss man nämlich jedes der 9 Gewichte, ausgehend von dem Volumen V_{10} ein Stück anheben, um letztlich zum Volumen V_0 zurückzukommen. Dabei wird die Arbeit wie in Abb. 1.11b gezeigt, aufgewendet. Vergleichen Sie dies mit der Arbeit in Abb. 1.8b, die bei der Expansion abgegeben wird. Diese ist offensichtlich kleiner als die Arbeit, die zur Kompression nötig ist. Solch einen Prozess nennt man irreversibel.

> **Wichtig**
>
> Bei einem **irreversiblen Prozess** wird somit nicht die Arbeit gespeichert, die zur Umkehrung des Prozesses aufzuwenden ist. Wenn man diesen Prozess umkehren möchte, müsste man von außen Arbeit zuführen, anders als bei der Feder.

Im Grenzfall unendlich vieler Gewichte wird die Arbeit, die bei Expansion und Kompression verrichtet wird, durch die durchgezogene Kurve repräsentiert. Beide sind gleich, damit ist der quasistatische Prozess reversibel. Bei diesem, unendlich langsamen Grenzprozess, wird daher die Arbeit zur Umkehrung des Prozesses vollständig gespeichert. Dies gilt für die quasistatische Kompression eines Gases im geschlossenen sowie im isolierten Zylinder wie in Abb. 1.9b im p-V-Diagramm eingezeichnet. Beide Prozesse sind wie die Kompression der Feder reversibel.

Spontane Prozesse: Die Prozesse mit einem oder neun Gewichten verlaufen schnell und spontan, jeweils nach Entfernen der Gewichte. Wenn ein Prozess schnell/spontan verläuft, kann offensichtlich nicht die maximal leistbare Arbeit abgegeben werden. Ein Teil dieser maximal leistbaren Arbeit „verpufft" dabei. Im Gegensatz dazu sind reversible Prozesse nicht spontan, sie sind eine Reihe von Gleichgewichtszuständen.

Deshalb werden wir im Folgenden nur solche Prozesse untersuchen, bei denen der Gaskolben an einen reversiblen Arbeitsspeicher gekoppelt ist. Dadurch sind die Prozesse reversibel, der Druck $p(V)$ ist immer definiert und die Prozesse lassen sich als Kurven in einem p-V-Diagramm einzeichnen.

1.6.1 Arbeit und Wärme

Die verschiedenen Kurven in Abb. 1.9 unterscheiden sich durch den Druck bei einem bestimmten Volumen, dies ist durch die Konstanten „a" und „c" ausgedrückt. Und um die Arbeit bei der Kompression zu berechnen, benötigen wir die Werte der Konstanten „a" und „c". Nun stellt man fest, dass man durch Erwärmen des Gases z. B. bei V_2 zu Kurven mit einem größeren Wert $c_2 > c_1$ usw. kommt. Erwärmen erhöht also den Druck. Nach dem Erwärmen muss man mehr Arbeit leisten, um die gleiche Kompression auf V_1 zu bewerkstelligen. Offensichtlich hängt der Druck, und damit die Kraft, auch noch von dem „Wärmezustand"des Gases ab, wir wollen das vorläufig so schreiben:

$$p(V, c).$$

Das ist ungewöhnlich, das Komprimieren der Feder oder Heben des Gewichts hängt nicht von deren Wärmezustand ab. Um thermische Systeme technisch nutzbar zu machen, brauchen wir eine Wärmevariable. Wir müssen den Begriff der Wärme quantifizieren. Erst dann haben wir $p(V, c)$ als Funktion so spezifiziert, dass wir sie zur Berechnung der Arbeit verwenden können. Aber was ist ein Maß für Wärme? Gibt es eine Wärmemenge? Wie wird gemessen, wie warm etwas ist? Diese Fragen bringen uns im Folgenden auf die Begriffe der Temperatur T und der Wärme ΔQ.

1.6.2 Spezielle Schreibweise der infinitesimalen Arbeit

An dieser Stelle ist es angezeigt eine Schreibweise einzuführen, deren Sinn sich erst im Folgenden vollständig erschließen wird. Wir sehen am Beispiel der Arbeit, dass diese für einen Prozess definiert ist. Arbeit tritt zwischen zwei Zuständen (p_1, V_1) und (p_2, V_2) auf, sie ist die Fläche unter der entsprechenden Kurve, die die Zustandsänderung beschreibt. Man kann daher einem Zustand (p_1, V_1) keine bestimmte Arbeit W_1 zuordnen. Arbeit ist immer mit einem Übergang zwischen zwei Zuständen assoziiert. Der Betrag der Arbeit hängt jedoch vom Prozess ab, d. h. von dem speziell eingeschlagenen Weg zwischen den Zuständen.

Betrachten Sie folgende Prozesse in Abb. 1.9: (i) Sie starten bei V_2 auf der Kurve a_2 mit einem isolierten Kolben und komprimieren so lange, bis Sie die Kurve c_3 schneiden, dann entfernen Sie die Isolierung vom Kolben und folgen c_3 bis zum Volumen V_1. (ii) Sie folgen von V_2 zunächst c_2, und sobald sie die Kurve a_1 schneidet bringen Sie eine Isolierung am Kolben an und komprimieren bis V_1. Die Arbeit ist jeweils durch die Fläche unter den Kurven gegeben. Je nach Prozess wird offensichtlich eine ganz andere Arbeit geleistet! Die Arbeit hängt also nicht von dem Zustand ab, auch lässt sie sich nicht aus den Anfangs- und Endzuständen alleine berechnen. Sie hängt ganz entscheidend vom Weg ab!

Die geleistete Arbeit (zwischen Zustand 1 und 2) bezeichnen wir daher mit ΔW. Wenn wir aber das Δ infinitesimal klein machen, wollen wir es NICHT mit dW bezeichnen, sondern wir werden im Folgenden einen differentiellen

Arbeitsübertrag mit

$$\delta W = -p\mathrm{d}V$$

bezeichnen. Dies machen wir um anzuzeigen, dass die Arbeit nicht von einem Zustand (p, V) abhängt, sondern von der Zustandsänderung, die zwei Zustände verbindet. Mathematisch hat das einen tieferen Sinn, den wir im Folgenden besprechen wollen.

1.7 Zusammenfassung

Wir haben in diesem Kapitel die folgenden wichtigen Begriffe und Konzepte eingeführt:

- **Systeme:** adiabatisch isoliert, geschlossen, offen.
- **Mechanisches Gleichgewicht:** Stellt sich nach einer bestimmte Relaxationszeit ein und ist durch ein Kräftegleichgewicht definiert.
- **Druckmessung:** Dieses Gleichgewicht erlaubt die Messung des Drucks. Der Druck kann über die Gewichtskraft der Quecksilbersäule gemessen werden, damit wird der Druck auf eine Längenangabe abgebildet. Druck ist daher nur in einem Kräftegleichgewicht definiert.
- **Quasistatischer Prozess (QS):** Zustandsänderung, die sehr langsam abläuft, sodass das System immer im Gleichgewicht ist. Sonst ist p nicht definiert. In einem p-V-Diagramm ist ein QS-Prozess eine Menge von Gleichgewichtszuständen, daher ist dies ein Grenzprozess.
- **Arbeit:** Tritt bei Zustandsänderungen auf, ist daher keine Größe, die einem Zustand zugeordnet werden kann. Für quasistatische Prozesse ist der Druck $p(V)$ definiert, und die Arbeit kann über den Druck des Gases,

$$\Delta W = -\int p(V)dV,$$

berechnet werden. Der Druck ist die vom Gas auf die Fläche A ausgeübte Kraft. Das Minuszeichen resultiert aus einer Konvention, der Druck führt zu einer Kraft, die der äußeren Kraft entgegengesetzt ist. Für schnelle Prozesse ist das nicht der Fall. Dann muss die Arbeit über die von außen wirkende Kraft, hier für das Heben der Gewichte $W = m * g * h$, berechnet werden. Ein Druck entlang des Weges kann in das p-V-Diagramm nicht eingezeichnet werden, wohl aber die äußere Kraft.
- **Gespeicherte Arbeit:** Mechanische Systeme können Arbeit aufnehmen und wieder abgeben. Arbeit kann also gespeichert werden. Das können thermodynamische Systeme ebenso.
- Wenn bei einem Prozess die Arbeit, die zu seiner Umkehrung nötig ist, gespeichert wird, nennt man den Prozess **reversibel**. Für thermodynamische Systeme

ist das nur bei quasistatischen Prozessen möglich. Wenn der Prozess so verläuft, dass die Arbeit zu seiner Umkehrung nicht gespeichert werden kann, so
nennt man diesen Prozess **irreversibel**. Wie hier eingeführt, gilt das für nicht-
quasistatische Prozesse, wir werden aber auch quasistatisch geführte Prozesse
kennen lernen, die irreversibel sind.

- Für ideale Gase findet man das **Gesetz von Boyle-Mariotte**

$$p \cdot V = c,$$

für einen **geschlossenen** Zylinder. Wenn man einen **adiabatisch isolierten**
Zylinder verwendet, findet man

$$p \cdot V^\kappa = a.$$

Temperatur und Zustandsgleichungen

2

Bisher haben wir die Begriffe Druck, Arbeit und Volumen präzise definiert und als Funktionen bzw. Integrale dargestellt. Den Begriff des Drucks hat uns die Mechanik zu Verfügung gestellt, er basiert auf dem Kraftbegriff, ebenso der Begriff der Arbeit. Wärme ist kein Begriff der Mechanik. Bei der Verwendung des Begriffs der Wärme und den der wärmeleitenden (diathermen) Wand haben wir bisher an unserem Alltagsverständnis angeknüpft. Wir wissen, wie wir Dinge erwärmen (z. B. in die Sonne oder über ein Feuer halten), aber wir haben bisher nicht definiert, was Wärme ist, bzw. wie man sie misst. Im Alltag verwenden wir die Adjektive „warm" und „kalt", offensichtlich werden diese **qualitativen**, d. h. nur vergleichenden Begriffe, in der Thermodynamik durch den **quantitativen** Begriff der Temperatur ersetzt, der präzise durch Zahlen ausgedrückt werden kann. Wie und warum das geht, davon handelt der **0. Hauptsatz der Thermodynamik**.

Die Besonderheit der thermodynamischen Hauptsätze ist, dass sie zunächst nur Aussagen über die Existenz bestimmter Größen machen. Der 0. Hauptsatz sagt, dass es eine Eigenschaft T gibt, und dass diese eine Funktion von Druck und Volumen ist, $T(p, V)$. Wie diese Funktion genau aussieht, das sagt er nicht. Solche Funktionen erhält man nur für sehr einfache Modelle der Materie, das Modell des **idealen Gases** und das des **realen Gases.** Für andere Stoffklassen wird es schon schwieriger, hier wird man auf **Materialkonstanten** verwiesen.

Die allgemeine Formulierung der sogenannten **Zustandsgleichungen** führt mathematisch auf die **vollständigen Differentiale.** Dieses mathematische Konzept, das zentral für die Thermodynamik ist, wird am Beispiel der Funktion $T(p, V)$ eingeführt.

2.1 Wie „warm"?

Nun kann man sagen, wir wissen doch alle was Temperatur ist, wozu hier noch ein extra Kapitel darüber und wieso ein extra Hauptsatz? Dies hat folgende Gründe:

© Springer-Verlag GmbH Deutschland 2017
M. Elstner, *Physikalische Chemie I: Thermodynamik und Kinetik*,
https://doi.org/10.1007/978-3-662-55364-0_2

- **Subjektivität:** Die Empfindung von „warm" ist subjektiv. Eisen und Wolle bei 0°Celsius unterscheiden sich sehr im Wärmeempfinden. Zwei Menschen kommen zu unterschiedlichen Einschätzung, aber auch ein Mensch kann in der Wärmeempfindung differieren, je nachdem ob er gerade friert oder ihm warm ist.

- **Wärmekapazität:** Wenn man einem Kilogramm Eisen und Wasser jeweils die gleiche Wärmemenge zuführt (z. B. gleich lange mit Hilfe derselben Wärmequelle erhitzt), haben sie am Ende nicht die gleiche Temperatur. Offensichtlich muss man den Gegenständen unterschiedlich viel Wärme zuführen, um sie auf die gleiche Temperatur zu bringen. Haben dann unterschiedliche Körper gleicher Temperatur unterschiedlich viel Wärme gespeichert? Der naive Begriff der Wärmemenge und der der Temperatur fallen offensichtlich nicht zusammen.

- **Universalität** „Warm" könnte nun eine Eigenschaft wie „hart" oder „beständig" sein. „Hart" oder „beständig" sind nun aber keine universellen physikalische Eigenschaften, die durch fundamentale Variable bezeichnet werden. Wieso gibt es eine universelle Eigenschaft „Temperatur", die alle Gegenstände besitzen? Was ist der Unterschied zur Eigenschaft „hart", die sehr von Definitionen und Messverfahren abhängt? Es gibt keine grundlegende physikalische Variable, die „hart" quantifiziert.[1] Unterschiedliche Eigenschaften können demnach unterschiedlichen physikalischen Status haben, sie können objektiv als grundlegende Eigenschaften vorliegen, sie können abhängig von einem bestimmten Messverfahren definierbar sein („hart"), oder sie können physikalisch undefinierbar sein. Die Temperatur hängt offensichtlich mit einer Empfindung zusammen, aber nicht jeder Empfindung resultiert aus einer korrespondierende Eigenschaft in der Natur. Denken sie dazu z. B. an Geruchsempfindungen. Oder auch, etwas weiter weg, als Analog von „warm" an das Wort „schön". Wir können problemlos Dinge als schöner oder weniger schön klassifizieren, und oft auch untereinander übereinstimmen. Das heißt aber nicht, dass es etwas wie „objektive Schönheit" gibt, die universell in den Dingen zu finden ist. Was für eine Eigenschaft also ist „warm"?

- **Definition, Interpretation und Messung:** Wenn wir einen Begriff in der Wissenschaft einführen müssen wir ihn definieren, aufzeigen wie man ihn misst und dann auch interpretieren. Zur Einführung in der Theorie brauchen wir jedoch eine Definition, wie beim Druck: Druck ist „Kraft pro Fläche". Wir Fragen zum einen nach einer genauen Definition, zum anderen aber nach der Bedeutung. Was ist also Temperatur? Antwort: ein Maß für Wärme. Aber was ist dann Wärme? Definieren Sie dies durch andere Begriffe der Physik! Geht nicht? Genau! Die Temperatur ist kein „Ding", auf das man einfach zeigen kann, offensichtlich kann man Temperatur nicht so einfach auf andere Eigenschaften oder andere physikalische/geometrische Größen zurückführen. Die Temperaturdefinition, wie wir unten sehen werden, hat etwas Eigenartiges. Wir bekommen

---

[1] Es gibt verschiedene Verfahren, die Härte eines Gegenstandes zu klassifizieren. Verschiedene Verfahren klassifizieren auf unterschiedliche Weise. Die Eigenschaft Härte ist also keine universelle physikalische Eigenschaft, sondern hängt von Definitionen und Messverfahren ab, auf die man sich geeinigt hat. Härte ist eine Konvention.

keine explizite Definition, sondern nur die recht abstrakte Aussage, dass im **thermodynamischen Gleichgewicht** die Temperatur existiert. Dies hinterlässt viele Leute unzufrieden.

Bei der **Interpretation** fragt man nach der **Bedeutung**, man möchte wissen, was Temperatur „seinem Wesen nach" ist. Druck können wir als Kraft verstehen, wie kann man Temperatur verstehen? Auch hier bleibt eine Leerstelle. Wenn man etwas nicht durch eine explizite Definition klären kann, vielleicht kann man es festlegen, indem man angibt wie man es misst?[2]

Was misst man also, wenn man T misst? Dabei fällt auf, dass wir so etwas wie T gar nicht direkt messen, ein Thermometer „misst" keine Temperatur. Ein Thermometer misst z. B. die Längenausdehnung eines Körpers (d. h. die Volumenausdehnung einer Flüssigkeit, eines Gases oder eines Festkörpers). Man misst also gar nicht T „direkt", sondern p oder V. Wie ist das möglich? Kommt man da nicht in einen Zirkel? Man möchte eine neue Eigenschaft einführen (definieren), misst aber dabei nur die schon bekannten Eigenschaften. Wie geht das?

Der Übergang von qualitativen/vergleichenden (komparativen) Begriffen warm/kalt zu einem quantitativen Begriff der Temperatur ist eine außerordentliche Kulturleistung gewesen. Temperatur ist nichts, was man so einfach in den Gegenständen findet, es ist eine komplexe Konstruktion, es ist ein Maß für den umgangssprachlichen Begriff „warm". Genau das wollen wir hier nachzeichnen, weil es auch ein Licht auf die anderen Schlüsselbegriffe der Thermodynamik wirft.

2.2 Die Temperatur

Wir haben oben von einem „Wärmezustand" thermodynamischer Systeme gesprochen, den wir nun genauer einführen wollen. Die Einführung geschieht durch Festlegungen und Definitionen, braucht aber auch ein Messgerät. Wir brauchen etwas, das bei verschieden warmen Gegenständen unterschiedliche Zahlen anzeigt.

2.2.1 Ein empirisches Vorgehen

Eine Besonderheit thermodynamischer Systeme besteht darin, dass sie sich i. A. ausdehnen, wenn sie erwärmt werden. Sie ändern also Volumen oder Länge, und die kann man messen. Kann man also eine Luftpumpe als Temperaturmessgerät verwenden? Wenn man diese erwärmt, drückt sich der Kolben heraus. Wenn man das reibungsfrei macht, kann man dann die Ausdehnung als Maß für die Erwärmung verwenden?

---

[2]Im Gegensatz zu einer expliziten Definition wie bei dem Druck, der auf andere bekannte Begriffe (Kraft, Fläche) zurückgeführt wird, nennt man solch ein Vorgehen **operationale Definition**. Dabei wird nicht gesagt, was der Begriff bedeutet, sondern wie man ihn misst. Es wird eine Operation zur Bestimmung der numerischen Werte angegeben.

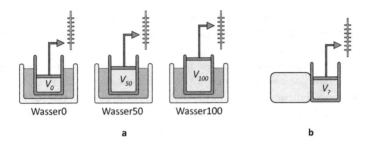

Abb. 2.1 (**a**) Luftpumpe in Wasser0, Wasser50 und Wasser100, (**b**) Kontakt der Pumpe mit einem Gegenstand

   Wie kann man das realisieren? Wir brauchen zunächst zwei Referenzpunkte, z. B. kochendes und gefrierendes Wasser. Nun bringen wir unsere Pumpe einmal mit dem gefrierenden Wasser in Kontakt, messen die Länge (Volumen V_0), und dann mit dem kochenden, messen die Länge (Volumen V_{100}), und teilen die Wärmeausdehnung in 100 Einheiten. Entsprechend bezeichnen wir die Volumina der Pumpe V_0, V_1, ... V_{100}, wie in Abb. 2.1a skizziert. Wir wollen die entsprechenden Wasserzustände Wasser0, Wasser1 ... Wasser100 nennen. Durch die Wahl des Referenzsystems und die Unterteilung in 100 Einheiten haben wir die CelsiusSkala eingeführt. Wir sagen, das System Wasser50 hat die Temperatur 50 Grad (Celsius). Damit haben wir die Pumpe als Messgerät geeicht (Eichung), wir haben zunächst Folgendes erreicht:

- Wir haben nun ein Gerät, das uns für Wasser ein Maß für dessen Wärme anzeigt, wobei die Skala und die Referenzpunkte Konvention sind.
- Und nun können wir die Pumpe an einen beliebigen Wasserbottich halten, wie in Abb. 2.1c skizziert, und haben eine **empirische Temperaturskala**

$$T = a_{gas} \left(\Delta V + V_0^{gas} \right). \tag{2.1}$$

definiert. Man misst die Volumenausdehnung ΔV in Bezug auf das Gasvolumen V_0^{gas}, bei dem die Pumpe in Kontakt mit Wasser0 ist. Man findet ein Volumen $V_0^{gas} + \Delta V$ und der Maßstab sagt, das Wasser in dem Bottich hat die Temperatur X Grad. Diese Umrechnung von Volumen in Grad macht die Konstante a_{Gas}.

   Alles klar, warum dann aber noch der 0. Hauptsatz?

Problem 1: Materialabhängigkeit   Wir haben oben ein Gasthermometer geeicht und dabei Luft verwendet. Für verschiedene Gase findet leicht unterschiedliche Temperaturangaben, mit diesen kleinen Abweichungen hat man lange Zeit gelebt.[3] Nun verwenden wir aber irgendeine andere Flüssigkeit, und eichen die Länge der Säule wie oben:

---

[3]Dies ist schön dargestellt in: Max Planck, Vorlesungen über Thermodynamik, und Hasok Chang, Inventing Temperatur: Measurement and Scientific Progress.

$$T = a_{Fl} \left(\Delta V + V_0^{Fl} \right).$$

Durch diese Eichung wird sichergestellt dass das Gas und Flüssigkeitsthermometer in dem Bereich zwischen 0 und 100 Grad gleiche Temperaturangaben machen, aber nun kann es sein, dass sie außerhalb dieses Bereichs nicht mehr übereinstimmen. Heißt das, man kann eine Temperatur nur in Bezug auf ein bestimmtes Messgerät (Material) einführen, wie es das Beispiel der Eigenschaft „Härte" zeigt? Dann hätte man eine Gastemperatur und eine Flüssigkeitstemperatur, Temperatur wäre keine universell definierte Größe, die man durch eine Variable T angeben kann.

Das a wurde als Konstante angesetzt, woher weiss man das? Was wenn a selber davon abhängt, wie warm das Thermometer gerade ist? Kann man dann noch eichen? Zwischen 0 und 100 Grad hat man eine lineare Volumenausdehnung wenn dies bei 200 Grad nicht mehr so ist, was macht man dann? Man könnte dann das $a_{Fl}(T)$ so anpassen, dass das Flüssigkeitsthermometer die Angaben des Gasthermometers reproduziert. Dann hätte man die Gastemperatur als Referenz zur Eichung verwendet, aber woher weiss man, dass das die richtige Referenz für die Einführung einer universellen Temperatur ist? Dies zeigt, dass man die **Universalität** der Temperatur nicht empirisch bestimmen kann. Diese muss anders garantiert sein.

Problem 2: Spezifizität der thermischen Wechselwirkung Wenn man zwei Gegenstände in thermischen Kontakt bringt, wird einer kälter und der andere wärmer, umgangssprachlich sagt man, es fließt Wärme von einem zu dem anderen Körper. Wie wir oben gesehen haben, kann bei unterschiedlichen Materialien die gleiche Wärmemenge zu einer unterschiedlichen Temperaturerhöhung führen. Nun könnte es sein, dass unterschiedliche Materialien untereinander eine unterschiedliche thermische Wechselwirkung haben. Woher weiß man, dass wenn das Gasthermometer an einen Eisenklotz gehalten wird und es „50" anzeigt, es dann dieselbe Temperatur wie Wasser50 hat? Prinzipiell wäre es möglich, dass aufgrund einer spezifischen Wechselwirkung ein Flüssigkeits- und Gas-Thermometer zwar durch die Eichung bei Wasser das gleiche anzeigen, aber nicht, wenn sie an Eisen gehalten werden. Kann man das ausschließen?

Und wenn wir konsistente Angaben bekommen, wieso dürfen wir dann sagen, die beiden haben die gleiche Temperatur? Kann man nun sagen, der Gegenstand **hat** eine bestimmte Eigenschaft, die Temperatur genannt wird?

Problem 3: Hysterese Am Beispiel der Arbeit haben wir gesehen, dass diese keine Funktion des Zustands ist, was für die Wärme, wie wir später sehen werden, ebenso gilt. Unser Wärmeempfinden hängt davon ab, was wir vorher angefasst haben. Ein Gegenstand fühlt sich unterschiedlich warm an, wenn wir vorher die Hand in Eiswasser oder warmes Wasser getaucht haben. Es könnte also sogenannte Hystereseeffekte geben, sodass die angezeigte Temperatur davon abhängt, was man vorher gemessen hat. Dies muss ausgeschlossen werden, wie wir sehen werden ist für die Temperaturmessung zentral, dass T nur eine Funktion des Zustands (p, V), und nicht wegabhängig ist.

Problem 4: Konstanz der Fixpunkte Wir haben oben den Gefrierpunkt und
Siedepunkt des Wassers als Fixpunkte der Eichung verwendet. Wenn man aber noch
keinen Temperaturbegriff hat, woher weiß man dann, dass die Fixpunkte konstant
sind? Woher weiß man, dass Wasser immer bei 0° friert und bei 100° verdampft?[4]
Die Fixpunkte hängen ja in der Tat vom Druck und der „Reinheit" des Wassers ab.

All das wirft die Frage auf, ob es wirklich eine universelle Eigenschaft T gibt,
die alle Gegenstände gemeinsam haben, wenn sie in einem thermodynamischen
Kontakt sind. Gibt es einen universellen Maßstab, oder gibt es immer nur relative Temperaturen, bezogen auf ein Material/Messverfahren?[5] Der 0. Hauptsatz
enthebt uns all dieser Zweifel und zeigt mathematisch, dass es eine solche Größe Temperatur gibt. Wie er das macht, bleibt aus den oben genannten Gründen z.T.
unbefriedigend. Er gibt keine inhaltlich explizite Definition, die die Temperatur auf
andere Begriffe zurückführt, er sagt uns nicht, was T ist. Aber er führt T mathematisch auf p und V zurück, und das reicht für die Verwendung von T als objektive
Größe. Er bietet ein Verfahren,

- das die Temperaturmessung der Zirkularität enthebt,
- das eine objektive Messgröße bereitstellt,
- die aus dem qualitativen Begriffen warm/kalt eine quantitative Größe macht, die
  unabhängig vom Messverfahren ist.

2.3   0. Hauptsatz der Thermodynamik: Thermisches Gleichgewicht

Wir führen zunächst den Begriff **thermisches Gleichgewicht** ein: Zwei Körper
sind in einem thermischen Kontakt, wenn sie durch eine diatherme Wand getrennt
sind. Dadurch wird eine sogenannte **thermische Wechselwirkung** ermöglicht. Als
dessen Folge werden sich ihre thermodynamischen Parameter p und V ändern.

Nach einer gewissen Zeit (Relaxationszeit, wie oben beim mechanischen
Gleichgewicht) stellt sich das thermische Gleichgewicht ein. Im Gleichgewicht ändern sich p und V nicht mehr, sie stellen sich auf konstante Werte ein. Zunächst soll
der 0. Hauptsatz vorgestellt werden:

---

[4]Der historische Weg dorthin war sehr mühsam. Es war ein langer Prozess, diese beiden Fixpunkte
technisch wirklich stabil zu bekommen, das ist sehr schön dargestellt in: Hasok Chang, Inventing
Temperatur: Measurement and Scientific Progress.

[5]Dies wäre nicht verwunderlich, viele Eigenschaften hängen vom Messverfahren ab, und sind
nur durch Konvention zu vereinheitlichen, denken Sie z.B. an technische Standards am Beispiel
der „Härte"von oben. Es würde für viele Anwendungen schon reichen, wenn man sich auf einen
Standard einigt. Beispiel Fieber: *Wenn sich das Flüssigkeitsthermometer um y cm oder das Gasthermometer um x cm ausdehnt, bist Du tot!* Mehr muss man an der Stelle nicht wissen, an
der Stelle wäre es Ihnen egal, ob die Temperatur nun objektiv existiert oder nicht. Aber der
physikalische Temperaturbegriff will mehr, er sagt dass es eine objektive Größe Temperatur gibt.

> **0. Hauptsatz der Thermodynamik:**
>
> **Stehen zwei Körper mit einem Dritten in einem thermischen Gleichgewicht, so sind sie auch untereinander in einem thermischen Gleichgewicht.**

Als direkte Folge dieses Hauptsatzes, wie in Abschn. 2.3.1 ausgeführt, ergibt sich Folgendes:

- Aus dem thermischen Gleichgewicht folgt, dass die drei Körper eine gemeinsame Eigenschaft T haben, die Temperatur genannt wird.
  Wenn also ein Thermometer im thermischen Gleichgewicht mit einem Eisenstück und einem Wasserbottich ist, so haben die beiden die gleiche Temperatur, die über eine Skala am Thermometer angezeigt wird. Dies ist die Grundlage der Temperaturmessung.
- Dieses T ist eine Funktion der Variablen p und V. Da p und V den Zustand des Systems angeben, nennt man

$$T(p, V)$$

  eine **Zustandsfunktion**. Der Wert von $T(p, V)$ ist durch die Werte von p und V eindeutig bestimmt. T hängt nur von p und V ab, von nichts sonst!
- Diese Funktion kann nach p oder V aufgelöst werden und wir erhalten die **Zustandsfunktionen**

$$p(V, T) \qquad V(p, T) \qquad T(p, V) \tag{2.2}$$

die eine vollständige Beschreibung des thermodynamischen Zustands erlauben. Diese Zustandsfunktionen sagen aus, das z. B. T eine Funktion von p und V ist. Wenn man das explizit als Gleichung hinschreiben kann, hat man eine sogenannte **Zustandsgleichung.** Der 0. Hauptsatz impliziert also die **Existenz von Zustandsgleichungen**, die zentral für den Formalismus der Thermodynamik sind. Man kann dann $T(p, V)$ eines Materials verwenden, um eine Temperaturskala zu definieren.

Der 0. Hauptsatz erlaubt es nun zunächst nur zu sagen, wann Körper die gleiche Temperatur haben: nämlich wenn sie im Gleichgewicht sind. Bitte beachten Sie, dass außerhalb des Gleichgewichts Temperatur NICHT definiert ist. Die gesamte Thermodynamik, so wie wir sie hier lernen, gilt nur im Gleichgewicht.

> **Wichtig**
> Nur im Gleichgewicht gilt, dass die thermischen Eigenschaften von Körpern durch einige wenige Variable, p, V und T bestimmt sind. Sobald man das Gleichgewicht verlässt, gilt das nicht mehr. Dann benötigt man mehr

Variablen. So ist der Druck z. B. nicht mehr konstant im Volumen, man könnte hier eine komplexere Druckverteilung finden, deren Beschreibung dann mehr Parameter benötigt. Ebenso für die Temperatur.

2.3.1　Die Existenz von Zustandsgleichungen $T(V,p)$

Dieser Abschnitt gibt den Beweis des gerade Gesagten. Es ist etwas technischer und kann daher beim ersten Lesen übersprungen werden.

Betrachten wir nun ein wärmeisoliertes Gefäß in Abb. 2.2a, das mit Gas gefüllt ist. Das Gewicht m führt zu einem bestimmten Druck $p = m \cdot g/A$ in dem Gefäß, aufgrund dessen sich ein Volumen V einstellt. Verschiedene Gewichte m führen zu unterschiedlichen Volumina V. Ein p stellt ein bestimmtes V ein, wir haben in Abschn. 1.4 für das ideale Gas im adiabatischen Zylinder folgende Abhängigkeit gefunden,

$$p \cdot V^{\kappa} = a \qquad p \cdot V^{\kappa} - a = 0$$

Dies kann man als Gleichung wie folgt schreiben:

$$f(p, V) = p \cdot V^{\kappa} - a = 0.$$

Die Funktion $f(p, V)$ besagt nun, wie sich p und V abhängig voneinander ändern.

In Abb. 2.2b sind zwei solche Systeme dargestellt. Da sie gegeneinander wärmeisoliert sind, gelten diese Gleichungen unabhänig voneinander, d. h.

$$f(p_1, V_1) = 0, \qquad f(p_2, V_2) = 0.$$

Die V_i ändern sich gemäß der von außen wirkenden Kraft, was sich einstellt ist das anfangs diskutierte **mechanische Gleichgewicht** . Dieses hängt nur von den mechanischen Eingriffen von außen ab.

Wenn man aber nun die Zwischenwand wärmedurchlässig (diatherm) macht (bei festen p_1, p_2), Abb. 2.2c, werden sich die Volumina ändern, bis sie konstante Werte angenommen haben.[6]

---

[6]Nun erkennt man den Wert der Systemdefinitionen in Abschn. 1.2 etwas besser. Für eine adiabatische Wand ist das Gleichgewicht nur durch die mechanischen Eingriffe definiert, z. B. durch Auflegen oder Herabnehmen von Gewichten, bei einer diathermen Wand hängt das Gleichgewicht zudem noch von dem Zustand des benachbarten Gefäßes ab. Umgekehrt kann man damit die adiabatische und diatherme Wand definieren: Eine adiabatische Wand ist gegeben, wenn sich der Zustand nur durch mechanische Eingriffe ändert, im anderen Fall ist es eine diatherme Wand.

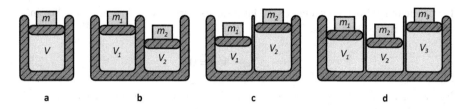

Abb. 2.2 (a) Isoliertes thermodynamisches System, (b) zwei Systeme, durch eine adiabatische Wand getrennt, zwei (c) bzw. (d) drei thermodynamische Systeme, durch diatherme Wände getrennt

> **Definition**
> Diesen Zustand nennt man **thermisches Gleichgewicht.**

Gegenüber dem mechanische Gleichgewicht passiert hier etwas Neues: Man kann z. B. m_2 größer machen, dann wird sich nicht nur V_2 ändern, sondern auch V_1. Die Variablen der beiden Systeme sind nun gekoppelt. Im Gleichgewicht[7] gibt es dann eine Beziehung zwischen den Variablen, sie bedingen sich gegenseitig, sie sind damit nicht mehr voneinander unabhängig und man kann wie folgt schreiben:

$$f(p_1, V_1, p_2, V_2) = 0. \tag{2.3}$$

Diese Formel beschreibt das **thermische Gleichgewicht** zwischen System „1" und „2". Wenn man Volumen „1" komprimiert, d. h. p_1 erhöht, wird Volumen „2" expandieren, wenn p_2 (d. h. m_2) gleich bleibt. Die Variablen sind also gekoppelt, sie sind nicht mehr unabhängig voneinander. Je drei Variablen, z. B. p_1, V_1, p_2 legen die vierte, in dem Fall V_2, fest. Das ist durch die diatherme Wand, d. h. die thermische Wechselwirkung, wie oben eingeführt, bedingt. Für die drei thermisch gekoppelten Systeme in Abb. 2.2d erhält man dann zwei Gleichungen:

$$f(p_1, V_1, p_2, V_2) = 0, \qquad g(p_3, V_3, p_2, V_2) = 0. \tag{2.4}$$

---

[7] Erfahrungsgemäß geht jedes **isolierte** System nach einer bestimmten Zeit, der **Relaxationszeit**, in den Gleichgewichtszustand über. Dies is analog dem mechanischen Gleichgewicht, wie oben diskutiert.
Beispiele:

- Kurzes Erhitzen eines Topfes mit Wasser: Wie lange benötigt das System, eine gleichmäßige Temperatur zu haben?
- Schnelles Eindrücken eines Kolben führt zu Verwirbelungen. Es dauert eine Zeit bis zur Einstellung des Gleichgewichts. Dies ist ein wichtiges Beispiel. Wenn man den Kolben langsamer bewegt als die Relaxationszeit, wird das System immer im Gleichgewicht sein.
- Eiswürfel in einem Wasserglas.
- Wärmflasche in einem Bett.

Durch die obige Formulierung des 0. Hauptsatzes fordern wir, dass auch solche eine Gleichung für System 1 und 3 gilt,

$$h(p_1, V_1, p_3, V_3) = 0. \tag{2.5}$$

Nun können wir z. B. untersuchen, wie sich V_2 einmal in Abhängigkeit von p_1, V_1, p_2 und einmal in Abhängigkeit von p_3, V_3, p_2 ändert. Dazu lösen wir f und g nach V_2 auf und erhalten:

$$V_2 = F(p_1, V_1, p_2), \qquad V_2 = G(p_3, V_3, p_2).$$

Die Funktionen F und G geben die Abhängigkeit von V_2 von den anderen Variablen an. F erhält man aus f, wenn man nach V_2 auflöst. Damit können wir V_2 eliminieren und erhalten:

$$F(p_1, V_1, p_2) = G(p_3, V_3, p_2). \tag{2.6}$$

Das ist interessant:

- Die Funktion h (Gl. 2.5) stellt die Abhängigkeit der Variablen p_1, V_1, p_3, V_3 untereinander dar: Man wähle nun jeweils einen Wert für V_1, p_3, V_3. Durch h ist der Wert für p_1 dann bestimmt. Dies kann man nun für beliebige Werte von V_1, p_3, V_3 durchspielen.
- Die neue Relation Gl. 2.6 macht das gleiche, auch sie stellt die Abhängigkeit der Variablen p_1, V_1, p_3, V_3 untereinander dar. Sie hat aber noch den zusätzlichen Parameter p_2. Man wähle nun jeweils einen Wert für V_1, p_3, V_3. Durch Gl. 2.6 ist der Wert für p_1 dann ebenfalls bestimmt. Das darf nun aber nicht von vom Wert von p_2 abhängen, sonst gäbe es einen Widerspruch zur Gleichung h! Und das hieße ja, dass der 0. Hauptsatz nicht gilt, im Gegensatz zur Erfahrung.

Wichtig
An dieser Stelle kommt die Erfahrung ins Spiel: Die Transitivität des thermischen Gleichgewichts kann man mit genau diesen Apparaturen feststellen.

Daher kann der Parameter p_2 keinen Einfluss auf die Gleichheit von F und G haben und man kann die Abhängigkeit von p_2 in Gl. 2.6 eliminieren. Man wählt z. B. ein festes $p_2 = p_2^f$ und schreibt:

$$T_1(p_1, V_1) = F(p_2^f, p_1, V_1), \qquad T_3(p_3, V_3) = G(p_2^f, p_3, V_3).$$

Damit erhält man die **Zustandsgleichung**

$$T_1(p_1, V_1) = T_3(p_3, V_3).$$

Somit wurde gezeigt,

- dass es eine eindeutige Funktion

$$T(p, V)$$

gibt, die Temperatur genannt wird. Wie genau diese Funktion aussieht, wird nicht gesagt. Diese Funktion im Detail zu bestimmen, ist eine empirische Angelegenheit.
- Gezeigt wurde einzig die „mathematische" Existenz von $T(p, V)$. Was dieses T bedeutet, d. h. die Interpretation, ist hier nicht mitgeliefert. Was wir gemacht haben, ist die Gegenstände der Welt in verschiedene Klassen einzuteilen, nämlich in Klassen von Gegenständen die miteinander im Gleichgewicht sind. Diesen Klassen kann dann ein T zugeordnet werden, was den universellen Charakter der Temperatur auszeichnet. Jeder Gegenstand einer Klasse hat die gleiche Temperatur, unabhängig von seiner materiellen Beschaffenheit.

T ist als Eigenschaft von Gegenständen eingeführt, es ist eine Größe, die eine Ordnung in der Welt der Gegenstände schafft. Damit kann man es mit dem Begriff der Länge vergleichen. Eine Länge gibt es auch nicht in der Natur, sie ist eine durch Konvention und ein Messverfahren eingeführte Größe, die eine Naturbeschreibung erst ermöglicht.

2.3.2   Zustandsgleichungen, empirische Temperatur und Materialkonstanten

Die Thermodynamik als Theorie bleibt sehr allgemein, sie behauptet zunächst nur die Existenz der Zustandsgleichungen. Wie die **Zustandsgrößen** voneinander abhängen, d. h., wie die **Zustandsgleichungen** $T(p, V)$ konkret aussehen, hängt von dem betrachteten Material ab. Hier können gar keine allgemeinen Aussagen erwartet werden. Dies ist auch direkt einsichtig.

Man kann die Federkraft $F = kx$ direkt mit den Zustandsgleichungen $p(V, T)$ vergleichen. Beide haben die gleiche Rolle bei der Berechnung der Arbeit, sie bestimmen die Kraft entlang des Weges. Und die Arbeit, einen Gegenstand zu komprimieren, hängt nun von dem speziellen Material ab, so wie die Federhärte k von der speziellen Beschaffenheit der Feder. Die „Hook'sche" Feder ist ein Modell von Materialien, die Federhärte „k" kann man experimentell bestimmen. Dies ist vollkommen analog in der Thermodynamik. Wir müssen nun Modelle von Materialien entwickeln, um $p(V, T)$ oder $T(p, V)$ explizit zu bestimmen.

Dann können wir ein Material nehmen und dessen $T(p, V)$ als empirische Temperatur definieren. Ursprünglich wurden dazu verdünnte Gase verwendet, die wir im nächsten Kapitel besprechen wollen.

2.4   Das ideale Gas

Im Folgenden wollen wir dieses für ein Gas unter speziellen Bedingungen, betrachten. Es ist die Rede von dem **idealen Gas**. Dies wird in der Thermodynamik immer wieder auftauchen, da es sehr einfache Zustandsgleichungen zur Verfügung stellt. Die Näherungen des idealen Gases werden wir später vertiefen, wenn wir sie auf molekularer Ebene diskutieren. In der **phänomenolgischen Thermodynamik** ist das ideale Gas durch eine sehr geringe Dichte $\rho = N/V$ charakterisiert. Durch die geringe Dichte kann man annehmen, dass die Ausdehnung der Teilchen vernachlässigbar ist (Punktteilchen) und die Teilchen auch effektiv keine Wechselwirkung untereinander haben.

Betrachten wir nun die Kurven in Abb. 2.3. Wir können in jeder Wasserumgebung die Pumpe expandieren oder zusammendrücken, daraus resultieren dann die verschiedenen p-V-Kurven in Abb. 2.3. Das Produkt von p und V ist dann entlang dieser Kurven jeweils eine Konstante, dieser Umstand ist als **Gesetz von Boyle und Mariotte**

$$p \cdot V = \text{const}$$

bekannt. Der Unterschied zwischen den einzelnen Kurven ist, dass das Gas erwärmt wurde. Wenn man p und V durch eine Messung bestimmt, ist jede der Kurven durch eine Zahl charakterisiert. Die Punkte auf den Kurven haben jeweils den gleichen „Wärmezustand", daher werden sie **Isothermen** genannt. Die Werte der Konstanten „const" können also dazu verwendet werden, die Kurven durchzunummerieren. Die Zahlen 0 bis 100 charakterisieren damit den „Wärmezustand".

- Dies ist die fehlende Information, die nötig ist, um die Arbeit zu berechnen (jede der Kurven überdeckt eine andere Fläche, die Arbeit zur Kompression von V_{100} zu V_0 ist unterschiedlich).
- Damit kann eine neue Größe eingeführt werden, die den Wärmezustand quantitativ charakterisiert, die Temperatur T genannt wird. Wir hatten oben ja schon anschaulich gemacht, dass höher liegende Isothermen durch Erwärmen erhalten werden. Der neu eingeführte Temperaturbegriff stimmt also mit unserem alltäglichen Verständnis von „warm" überein.
- Da die Werte von $p \cdot V$ entlang der Systeme Wasser0 ... Wasser100 ansteigen, sind die Isothermen durch eine steigende Temperatur geordnet.

Wenn man nun p und T konstant hält, findet man

$$V \sim n,$$

gleiche Volumina verdünnter Gase enthalten die gleiche Stoffmenge. Dies ist als **Prinzip von Avogadro** bekannt, d. h. wir haben eine Abhängigkeit von n, die wir explizit machen sollten,

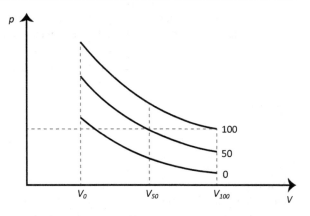

Abb. 2.3 p-V Diagramme für die Pumpe in thermischem Kontakt mit Wasser0, Wasser50 und Wasser100

$$pV = n \cdot \mathrm{C}.$$

„C" könnte man nun schon als Temperatur verwenden. Wir haben aber oben schon die Temperaturunterteilung in Grad Celsius unternommen, daher wird „C" in eine Konstante R und eine Variable T aufgeteilt,

$$T = \frac{pV}{n\mathrm{R}}. \tag{2.7}$$

Die Konstante resultiert aus dieser Definition[8]. Wir nehmen konstante p und n an, und finden zwischen Eiswasser und kochendem Wasser einen Volumenunterschied ΔV, die **Gaskonstante R** rechnet das in dann 100 Temperatureinheiten um,

$$\Delta T = \frac{p\Delta V}{n\mathrm{R}}.$$

$p/n\mathrm{R}$ entspricht also der oben diskutieren Konstante a_{gas} in Gl. 2.1.

Betrachten wir die Einheiten: $[p] = \mathrm{N/m}^2$, $[V] = \mathrm{m}^3$ und $[n] = \mathrm{mol}$. Die Einheit der Temperatur soll mit Kelvin bezeichnet werden $[T] = \mathrm{K}$, eine Konvention, die Konstante R konvertiert diese Einheiten und hat damit die Einheit (Druck $\cdot$ Volumen/Molzahl $\cdot$ Temperatur),

$$\mathrm{R} = 8,314\,\mathrm{Pa\,m}^3\,\mathrm{K}^{-1}\,\mathrm{mol}^{-1} = 8,314\,\mathrm{J\,K}^{-1}\,\mathrm{mol}^{-1}$$

$(1\,\mathrm{Pa} = 1\,\mathrm{Nm}^{-2})$.

---

[8]Max Born macht darauf aufmerksam, dass dies schlicht die einfachste Definition ist. Man hätte die Temperatur auch anders definieren können, z. B. über $T = \left(\frac{pV}{n\mathrm{R}}\right)^2$ oder $T = \sqrt{\left(\frac{pV}{n\mathrm{R}}\right)}$. Allerdings könnte dann der thermodynamische Formalismus insgesamt komplexer werden. (Kritische Betrachtungen zur traditionellen Darstellung der Thermodynamik, S. 218)

Man kann die Gasgleichung auch explizit mit der Anzahl der Teilchen $N = nN_A$ schreiben. Dazu verwendet man dann die Boltzmann-Konstante

$$k = \frac{R}{N_A} = 1,3805 \cdot 10^{-23} \, \text{J/K}$$

und erhält:

$$pV = NkT \tag{2.8}$$

> **Wichtig**
> Die ideale Gasgleichung ist also streng genommen kein Gesetz, sondern die Definitionsgleichung der Temperatur. Die unterlegten Gesetze sind $pV = $ const. und $V \sim n$, die ideale Gasgleichung selbst ist dann eine Definition. Temperatur ist also eine Ordnung im p-V-Raum. T ist damit nichts anderes als eine Durchnummerierung der Isothermen. Und damit ist es ein Maß für „warm", wir haben den **qualitativen** Begriff „warm" in den **quantitativen** Begriff Temperatur überführt.

Man kann das Verhalten der Variablen p, V und T in zwei oder drei Dimensionen (für konstantes n) grafisch darstellen. In zwei Dimensionen wird eine Variable konstant gehalten, im Falle $T = $ konst. erhalten wir die **Isothermen** ($p = $ const., **Isobare**, $V = $ const. **Isochore**). Isobare und Isochore sind einfache Geraden im Gegensatz zu den Isothermen, die in Abb. 2.3 dargestellt sind.

Man kann das Verhalten der Variablen auch in drei Dimensionen auftragen. Für konstantes n hängt beispielsweise p (analog für V, T) von V und T ab, es ist eine Funktion der beiden Variablen, d. h., es ist vollständig durch diese beiden Variablen definiert:

$$p = f(V, T) = nRT/V.$$

p ist also eine Funktion von V, T, und wie Sie das für Funktionen $f(x, y)$ kennengelernt haben, kann man diese als Flächen in einer 3-dimensionalen Auftragung darstellen, wie in Abb. 2.4 gezeigt. Für jedes V und T ist p eindeutig bestimmt, d. h., es gibt keine Punkte außerhalb der gezeichneten Fläche, denn sonst gäbe es ja für ein bestimmtes V und T verschiedene Drücke p!

Im Folgenden werden wir **Zustandsänderungen** diskutieren. Diese können erfolgen, indem beispielsweise das Gas komprimiert oder expandiert wird, wobei Arbeit geleistet und Wärme aufgenommen oder abgegeben wird. **Quasistatische Zustandsänderungen** sind dann Pfade auf dieser Fläche. Dabei wird die Zustandsfläche in Abb. 2.4 nicht verlassen. Für andere Zustandsänderungen, wie z. B. die schnelle Expansion des Gases gegen den Außendruck, die nicht quasistatisch verläuft, sind p und T nicht definiert. Damit können diese Prozesse im Zustandsraum nicht eingetragen werden.

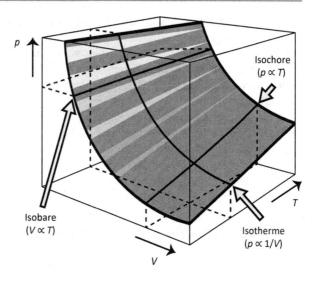

Abb. 2.4 Darstellung des Drucks p als Funktion von V und T (n konstant)

Arbeit   Mit der Zustandsgleichung des idealen Gases

$$p(V, T) = \frac{nRT}{V}$$

sind wir nun in der Lage, die Arbeit bei isothermer (T = konst.) Kompression oder Expansion eines idealen Gases auszurechen:

$$\Delta W = -\int_{V_1}^{V_2} p(V)\mathrm{d}V = -nRT \int_{V_1}^{V_2} \frac{\mathrm{d}V}{V} = -nRT \ln \frac{V_2}{V_1}$$

2.5   Reales Gas

Die Zustandsgleichungen des idealen Gases gelten nur für hohe Temperaturen und geringe Drücke. Wie wir später sehen werden, ist die mikroskopische Modellvorstellung hinter dem idealen Gas eine, die die Gasteilchen als ausdehnungslose Punktteilchen ohne Wechselwirkung untereinander darstellt. Für hohe Temperaturen und geringe Drücke, d. h. im Fall geringer Dichte des Gases, ist dies eine gerechtfertigte Vorstellung, da die Gasteilchen große Abstände voneinander haben und die Wechselwirkung untereinander keine nennenswerte Rolle spielt.

Bei geringen Dichten wird die Wechselwirkung zwischen den Teilchen zunehmend wichtiger, und auch das Eigenvolumen der Gasteilchen bekommt eine Bedeutung. Das Modell des **realen Gases** besteht mikroskopisch gesehen aus Kugeln mit einem bestimmten Eigenvolumen, die eine effektive Wechselwirkung haben. Die Wechselwirkung und das Eigenvolumen führt zu einer Modifikation der Zustandsgleichungen.

Reale Gase weichen für große Drücke und kleine Temperaturen erheblich von der Vorhersage der idealen Gasgleichung ab. Diese Abweichung läßt sich empirisch durch einen **Realgasfaktor** z beschreiben,

$$z = \frac{pV}{nRT}.\tag{2.9}$$

Für das ideale Gas ist $z = 1$, und Abweichungen von $z = 1$ besagen beispielsweise, dass bei gleichem Druck p und geringerer Temperatur T das reale Gas wegen

$$V^r = znRT/p = zV^i$$

ein größeres oder kleineres Volumen V^r als das ideale Gas V^i einnimmt. Dieses z ist nun selbst abhängig von den Zustandsvariablen, beispielhaft ist das in Abb. 2.5 dargestellt. Wir benötigen also eine Erweiterung des idealen Gasgesetzes, das aber im Grenzfall idealen Verhaltens in dieses übergeht. Im Folgenden eliminieren wir die Molzahl n aus den Gleichungen, indem wir das **molare Volumen**

$$V_m = \frac{V}{n}$$

verwenden. Beim idealen Gas ist p eine Funktion von $1/V_m$,

$$p = RT/V_m.$$

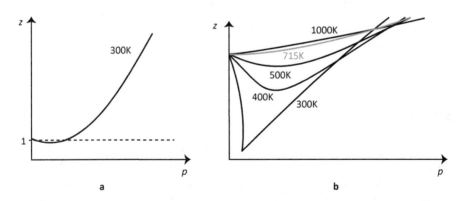

Abb. 2.5 (a) Realgasfaktor $z(p, T)$, für konstantes T schematisch dargestellt. (b) Für hohe Temperaturen ist die Abweichung vom idealen Gas für einen bestimmten Druckbereich gering, d. h., hier gilt das ideale Gasgesetz in guter Näherung

I. A. wird p bei konstantem T eine Funktion von $1/V_m$ sein, $p = f(1/V_m)$, man kann also eine Taylorreihe in $1/V_m$ aufschreiben und erhält die sogenannte **Virialgleichung**:

$$p = RT \left(\frac{1}{V_m} + \frac{B(T)}{V_m^2} + \frac{C(T)}{V_m^3} + \ldots \right)$$

$$= \frac{RT}{V_m} \left(1 + \frac{B(T)}{V_m} + \frac{C(T)}{V_m^2} + \ldots \right) =: \frac{RT}{V_m} z. \tag{2.10}$$

Der Realgasfaktur z ist also durch die Terme in der Klammer der letzen Zeile definiert. Die Koeffizienten kann man aus experimentellen Daten bestimmen. $C(T)$, $D(T)$ ... sind im Vergleich zu $B(T)$ von geringerer Bedeutung, sie können je nach Genauigkeitsanforderungen vernachlässigt werden. In dieser Näherung kann der **effektive Druck** als

$$p_{\text{eff}} = p + \frac{RTB(T)}{V_m^2} = p + \frac{n^2 a}{V^2} \tag{2.11}$$

beschrieben werden, wobei a die Konstanten und Parameter kompakt zusammenfasst.

Eine weitere Korrektur resultiert aus dem **Eigenvolumen**

$$v = V/N,$$

der Gasteilchen, d. h., Teilchen können sich, im Gegensatz zum Modell des idealen Gases, nicht beliebig nahe kommen. Das Modell des realen Gases berücksichtigt, dass jedes Teilchen ein Eigenvolumen v_e hat, das nicht komprimiert werden kann. Das effektive Volumen pro Teilchen ist damit

$$v - v_e$$

oder auf das Gesamtvolumen gerechnet:

$$V_{\text{eff}} = V - N v_e = V - n \frac{RN}{k} v_e =: V - n\text{b}. \tag{2.12}$$

Wenn wir nun diese effektiven Größen in die ideale Gasgleichung einsetzen, erhalten wir die **van-der-Waals-Gleichung** (VdW-Gleichung):

$$p_{\text{eff}} V_{\text{eff}} = \left(p + \frac{n^2 a}{V^2} \right) (V - n\text{b}) = nRT. \tag{2.13}$$

a und b sind substanzabhängige Materialkonstanten.

Man kann diese Gleichung nach dem Druck p auflösen und erhält

$$p(V, T) = \frac{nRT}{V - \text{b}} - \frac{\text{n}^2 a}{V^2}. \tag{2.14}$$

Diese weicht von der idealen Gasgleichung zum einen durch das Eigenvolumen b ab, zum anderen durch den zusätzlichen Druckterm $\pi = \frac{n^2 a}{V^2}$, der **innerer Druck** genannt wird. Dieser resultiert aus den Wechselwirkungen zwischen den Teilchen. Wegen der homogenen Verteilung mitteln sich die Wechselwirkungen für Teilchen im Gasvolumen heraus, für Teilchen an der Wand bleiben aber effektive Kräfte, die sie ins Gasvolumen ziehen, daher ist der Druck gegen die Wand p geringer als der effektive Druck p_{eff} im Volumen.

Wir sehen, dass der Druck des realen Gases gegenüber dem des idealen um den Faktor $\frac{n^2 a}{V^2}$ reduziert ist, es gilt also

$$p_{\text{real}} < p_{\text{ideal}}.$$

Gleichzeitig ist das Volumen des realen Gases größer als das des idealen,

$$V_{\text{real}} > V_{\text{ideal}}.$$

Kritischer Punkt Abb. 2.6 zeigt drei Isothermen im p-V-Diagramm für das reale Gas. Offensichtlich hat die Isotherme $T < T_c$ ein Maximum und ein Minimum, diese Extrema findet man durch $\frac{\partial p}{\partial V} = 0$. Für eine bestimmte Temperatur T_c, **kritische Temperatur** genannt, verschwinden Minimum und Maximum und man erhält einen Sattelpunkt. Mathematisch ist dieser durch die Nullstelle der 2. Ableitung bestimmt. Der Sattelpunkt wird kritischer Punkt genannt, man erhält durch Nullsetzen der 2. Ableitung:

$$V_{mc} = 3b \qquad T_c = \frac{8a}{27bR} \qquad p_c = \frac{3RT_c}{8V_{mc}}. \qquad (2.15)$$

Für $T < T_c$ findet man experimentell 2 Phasen, rechts der schraffierten Kurve ist der gasförmige Bereich, links davon der flüssige. Innerhalb der schraffierten Kurve koexistieren beide Phasen. Hier ist die Beschreibung durch die VdW-Gleichung unphysikalisch, denn im linken Teil hat die $p(V)$ Kurve eine negative Steigung,

Abb. 2.6 Isothermen des realen Gases

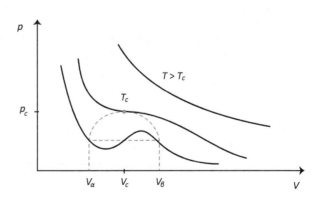

d. h., der Druck sinkt bei Verkleinerung des Volumens. Dies resultiert daher, dass man bei der Ableitung der VdW-Gleichung von einer homogen Phase ausgegangen ist, faktisch aber Flüssigkeit und Gas im Gleichgewicht vorliegen.

In solch einem Gleichgewicht passiert Folgendes: Startet man bei V_α, wo nur die flüssige Phase vorliegt, und vergrößert das Volumen, so bleibt der Druck konstant, und ein Teil der Flüssigkeit verdampft, bis in Punkt V_β nur noch die gasförmige Phase vorliegt. Man muss also die Kurve durch eine gerade Linie ersetzen, und zwar so, dass die schraffierten Flächen gleich sind, dies wird **Maxwell-Konstruktion** genannt.

Für große T und V oberhalb von T_c kann man den zweiten Term in Gl. 2.14 vernachlässigen und die Gleichung geht in die des idealen Gases über.

$$p(V_m, T) \approx \frac{RT}{V_m - b} \approx \frac{RT}{V_m} \qquad (2.16)$$

Beim idealen Gas gibt es keine unterschiedlichen Phasen, d. h., in diesem Bereich verschwindet die Unterscheidung zwischen flüssig und gasförmig.

Gesetz der korrespondierenden Größen
Führt man die **reduzierten** Größen

$$\pi = \frac{p}{p_c} \qquad v = \frac{V}{V_c} \qquad t = \frac{T}{T_c}$$

ein, erhält man eine VdW-Gleichung, in der die Materialkonstanten nicht auftreten:

$$\left(\pi + \frac{3}{v^2} \right) (3v - 1) = 8t. \qquad (2.17)$$

Zwei Substanzen mit den gleichen Werten von π, v und t befinden sich in korrespondierenden Zuständen. Diese universelle Gleichung ist i. A. besser erfüllt als die VdW-Gleichung. Insbesondere findet man

$$Z_c = \frac{p_c V_{mc}}{RT} = \frac{3}{8},$$

was erstaunlich gut für viele VdW-Gase gilt.

2.6 Reale Materialien

Die Beschreibung des idealen und realen Gases beruht auf Modellen, die uns relativ einfache Zustandsgleichungen an die Hand geben. Für die meisten Materialien sind jedoch solche Modelle nicht verfügbar, hier kann man durch eine Darstellung mit Hilfe von experimentell zu bestimmenden Parametern weiterkommen. Grundlage dafür ist die Existenz von Zustandsgleichungen, wie durch den 0. Hauptsatz verbürgt.

Für Materialen findet man oft eine lineare Ausdehnung mit steigender Temperatur:

$$V = V_0 + \alpha T. \tag{2.18}$$

Wenn α eine Konstante ist, erhält man für die Temperaturausdehnung:

$$\Delta V = \alpha \Delta T, \tag{2.19}$$

und wenn man ΔV sehr klein werden lässt, erhält man die infinitesimale Volumenänderung:

$$dV = \alpha dT. \tag{2.20}$$

Wie kann man das verstehen?

2.6.1 Zustandsgleichungen und vollständige Differentiale

Grundlage ist die Existenz der Zustandsgleichungen, also z. B. $V(p, T)$. Da $V(p, T)$ von den Variablen p und T abhängt, kann man die Differentialrechung mehrerer Veränderlicher hier anwenden. Insbesondere können wir $V(p, T)$ um Referenzwerte entwickeln. Man betrachtet die Veränderung von V mit kleiner Änderung von p und T,

$$dV = V(p + dp, T + dT) - V(p, T)$$

Diese Differenzenquotienten führen auf das sogenannte **vollständige Differential** von $V(p, T)$,

$$dV(p, T) = \left(\frac{\partial V}{\partial T}\right)_p dT + \left(\frac{\partial V}{\partial p}\right)_T dp, \tag{2.21}$$

die Mathematik dazu werden wir im Anschluss genauer ausführen. Hier wurde partiell differenziert, die Ableitung nach einer Variablen wird unter konstanthalten der anderen durchgeführt (dies ist durch den Index T und p an der Klammer angezeigt). Die partiellen Ableitungen haben eine physikalische Bedeutung. Sie sagen aus, wie sehr sich ein Material bei steigender Temperatur und steigendem Druck ausdehnt, sie sind also materialspezifisch. Üblicherweise definiert man:

Thermischer Ausdehnungskoeffizient

$$\alpha_p = \frac{1}{V} \left(\frac{\partial V}{\partial T}\right)_p \tag{2.22}$$

Dieser gibt die Änderung des Volumens bei Temperaturänderung an, bezogen auf das Volumen, er gibt eine prozentuale Volumenänderung an.

Isotherme Kompressibilität:

$$\kappa_T = -\frac{1}{V}\left(\frac{\partial V}{\partial p}\right)_T \tag{2.23}$$

Diese gibt analog die prozentuale Volumenänderung mit Druckänderung an.

Diese Größen sind für verschiedene Stoffe leicht messbar, sind damit **Materialkonstanten**. Auch werden sie i. A. von T, V und p abhängen. Man kann diese Konstanten für spezifische Materialien vermessen und für verschiedene T, V tabellieren.

Mit α_p und κ_T erhält man:

$$dV = (V\alpha_p)dT - (V\kappa_T)dp.$$

Mit diesen Konstanten kann man die Volumenänderung mit T und p berechnen, wenn man die Zustandsgleichung nicht explizit hat, wie im Falle des idealen Gases.

Wie stark sich ein Gegenstand z. B. bei Erwärmung ausdehnt, hängt auch von der Temperatur ab, bei der dies geschieht. Über bestimmte Temperaturbereiche kann α aber in guter Näherung als konstant angenommen werden und für Flüssigkeiten und Festkörper hängt das Volumen nur sehr schwach vom Druck ab, wir können dann den „dp"-Term vernachlässigen. Damit können wir einfach integrieren:

$$V(p, T) = V(p, T_0) + \int_{T_0}^{T} dV = V(p, T_0) + V\alpha(T - T_0).$$

Dies tritt an die Stelle der expliziten Zustandsgleichungen beim idealen und realen Gas. Offensichtlich haben wir für komplexe Materialien keine solch einfachen Zustandsgleichungen mehr, wir können aber das Gleiche über die Materialkonstanten erreichen. Damit können Zustandsänderungen berechnet werden. Die Existenz dieser Zustandsgleichungen, d. h. die Möglichkeit die Zustandsgrößen als Funktionen voneinander darzustellen und durch vollständige Differentiale darzustellen, wird durch den 0. HS garantiert.

Wir können für p und T analoge Gleichungen aufstellen:

$$dp(V, T) = \left(\frac{\partial p}{\partial V}\right)_T dV + \left(\frac{\partial p}{\partial T}\right)_V dT, \qquad dT(p, V) = \left(\frac{\partial T}{\partial p}\right)_V dp + \left(\frac{\partial T}{\partial V}\right)_p dV.$$

Eine wichtige Materialkonstante ist der

Spannungskoeffizient

$$\beta_V = \frac{1}{p} \left(\frac{\partial p}{\partial T} \right)_V \tag{2.24}$$

Dieser gibt analog die prozentuale Druckänderung mit Temperaturänderung an.

2.6.2 Relationen zwischen den Materialkonstanten

Die Materialkonstanten sind nicht alle unabhängig von einander. Die Zustandsgleichungen haben die Form $z(x, y)$, für die man (siehe **Beweis 2.1**)

$$\left(\frac{\partial x}{\partial y} \right)_z \left(\frac{\partial y}{\partial z} \right)_x \left(\frac{\partial z}{\partial x} \right)_y = -1 \tag{2.25}$$

findet.

Gl. 2.25 kann man umformen,

$$\left(\frac{\partial z}{\partial y} \right)_x = - \left(\frac{\partial x}{\partial y} \right)_z \left(\frac{\partial z}{\partial x} \right)_y$$

und erhält dann mit $z = p$, $y = T$ und $x = V$

$$\left(\frac{\partial p}{\partial T} \right)_V = - \left(\frac{\partial V}{\partial T} \right)_p \left(\frac{\partial p}{\partial V} \right)_T,$$

d. h. man erhält eine Beziehung zwischen den Materialkonstanten.

$$\beta_V = \frac{1}{p} \frac{\alpha_p}{\kappa_T}. \tag{2.26}$$

Mit diesen Materialkonstanten kann man die Zustandsgleichungen von Stoffen darstellen. Die Konstanten sind abhängig voneinander, man kann die Anzahl der
nötigen Messungen reduzieren. Dies ist sehr nützlich, da die Materialkonstanten
i.A. selbst von T und p abhängen, man muss sie also für verschiedene Zustände
messen und kann sie dann durch Polynome darstellen. Wir werden später darauf
zurückkommen.

Beweis 2.1 Wenn man die vollständigen Differentiale

$$\mathrm{d}z = \left(\frac{\partial z}{\partial x} \right)_y \mathrm{d}x + \left(\frac{\partial z}{\partial y} \right)_x \mathrm{d}y,$$

$$\mathrm{d}x = \left(\frac{\partial x}{\partial z} \right)_y \mathrm{d}z + \left(\frac{\partial x}{\partial y} \right)_z \mathrm{d}y.$$

bildet und dann dx in den Ausdruck von dz einsetzt erhält man nach Auflösen das
Ergebnis.   □

2.7 Absolute Temperatur

Das **Gasthermometer**, basierend auf der Zustandsgleichung des idealen Gases
erlaubt nun eine absolute Definition der Temperatur. Betrachtet man die **Isochoren**,
die durch den Gefrierpunkt und Siedepunkt von Wasser definiert sind, so ergibt sich
ein Druck von $p = 0$ bei -273.15 Grad (Celsius). Da negative Drücke keinen Sinn
machen muss hier der **absolute** Nullpunkt der Temperatur sein, der die **Kelvinskala**
festlegt, siehe Abb. 2.7.

Diese Entdeckung ist interessant, da sie auf dem idealen Gas basiert und
Phasenumwandlungen, die bei den tiefen Temperaturen offensichtlich auftreten,
nicht berücksichtigt. Die Bedeutung dieser Entdeckung wurde daher auch zuerst
nicht gewürdigt, bis eine Definition der absoluten Temperatur von Kelvin über den
Carnot-Prozess etabliert wurde, die wir später behandeln werden.

2.8 Zustandsfunktionen und vollständige Differentiale

In der Thermodynamik interessiert uns nun die Änderung von Zustandsgrößen wie
p, V und T durch eine Zustandsänderung. Wie ändert sich also T, wenn sich die
Variablen V und p ändern (n wollen wir konstant halten), wie also berechnet man
ΔT? Dazu müssen wir im Allgemeinen integrieren.

$T(p, V)$ ist eine Funktion zweier Variabler, daher kurz ein Exkurs in die Mathematik, um das aufzufrischen: Wenn wir eine Funktion einer Variablen haben, $f(x)$,
ist durch die Ableitung $f'(x)$ die Steigung gegeben, d. h. die Stärke der Änderung
von $f(x)$ entlang x,

$$\frac{df}{dx} = \frac{f(x + dx) - f(x)}{dx} = f'(x).$$

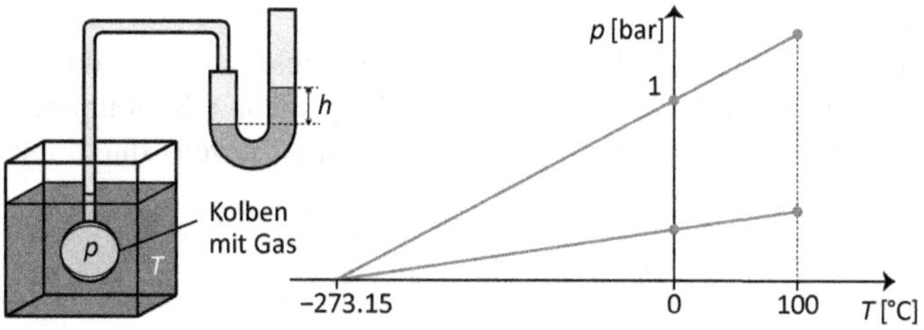

Abb. 2.7 Gasthermometer. Gasvolumen (V = const.) in einem Wärmebad

Abb. 2.8 Änderung $\mathrm{d}f(x)$ und
3D Darstellung der Funktion
$f(x,y) = -x^2 - y^2$

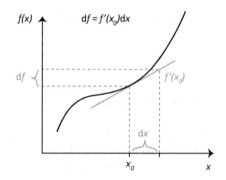

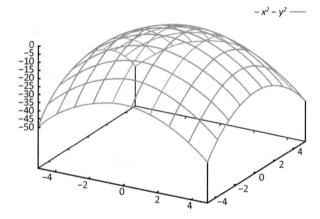

Die infinitesimale Änderung von $f(x)$, $\mathrm{d}f(x)$, ist dann

$$\mathrm{d}f = f(x + \mathrm{d}x) - f(x) = f'(x)\mathrm{d}x.$$

$\mathrm{d}f$ gibt also die Änderung von $f(x)$ wieder, wenn man sich ein kleines Stück in x-Richtung bewegt (Abb. 2.8).

Differenzen erhält man dann durch Integration,

$$\Delta f = f(x_2) - f(x_1) = \int_1^2 \mathrm{d}f = \int_1^2 f'(x)\mathrm{d}x.$$

Etwas Ähnliches erhalten wir für Funktionen von mehreren Veränderlichen, z. B. $f(x,y)$, ein Beispiel ist in Abb. 2.8 gegeben: Die Tangente in x-Richtung an der Stelle y_0 und die Tangente in y-Richtung an der Stelle x_0 ist jeweils durch die partielle Ableitung gegeben:

$$\frac{\partial f(x, y_0)}{\partial x}, \qquad \frac{\partial f(x_0, y)}{\partial y}.$$

Bitte beachten Sie, dass die partielle Ableitung nach x an einem bestimmten, festen Punkt y_0 gebildet wird (und umgekehrt). Die jeweils andere Variable ist also konstant. Dies kann man auch durch die Indices x und y an den partiellen Ableitungen anzeigen und wie folgt schreiben:

$$\left(\frac{\partial f(x,y)}{\partial x}\right)_y, \qquad \left(\frac{\partial f(x,y)}{\partial y}\right)_x.$$

Beispiel 2.1

Nun stellen wir uns vor, $f(x,y)$ misst die Höhe in den Alpen (wie in Abb. 2.8), dann ist $df(x,y)$ der Höhenunterschied, den wir in einem „Schritt" zurücklegen. Wenn wir in der vorderen Ecke starten, können wir direkt auf den „Gipfel" steigen, dann gehen wir entlang der Diagonalen der „Kästchen". Mit

$$df(x,y) = \left(\frac{\partial f(x,y)}{\partial x}\right)_y dx + \left(\frac{\partial f(x,y)}{\partial y}\right)_x dy \qquad (2.27)$$

messen wir den Höhenunterschied mit jedem Schritt, und wenn wir diese aufsummieren, erhalten wir die totale Höhendifferenz. Wir können aber auch erst 5 Schritte in y-Richtung, und 5 Schritte in x-Richtung gehen, dann sind wir auch am Gipfel. Die pro Schritt zurückgelegte Höhendifferenz ist anders, aber die Gesamthöhe ist die gleiche. Das ist der Witz der Zustandsfunktion $f(x,y)$. Die Änderung der Funktion ist nicht abhängig vom Weg, sondern nur von Anfangs- und Endzustand. ∎

Integration ist also Summation der Teilstücke entlang des Weges.

$$\Delta f(x,y) = \int_{x_1,y_1}^{x_2,y_2} df(x,y) = \int_{x_1,y_1}^{x_2,y_2} \left[\left(\frac{\partial f(x,y)}{\partial x}\right)_y dx + \left(\frac{\partial f(x,y)}{\partial y}\right)_x dy \right]$$

$$= \int_{x_1}^{x_2} \left(\frac{\partial f(x,y)}{\partial x}\right)_y dx + \int_{y_1}^{y_2} \left(\frac{\partial f(x,y)}{\partial y}\right)_x dy = f(x_2,y_2) - f(x_1,y_1).$$

Das bedeutet nun nichts anderes, als dass wir zur Berechnung des Höhenunterschiedes zuerst in x- und dann in y-Richtung die infinitesimalen Höhenunterschiede aufsummieren, oder umgekehrt. Der Höhenunterschied hängt nicht vom Weg ab. df nennt man **vollständiges Differential**. Dieses hat die obige Form, wenn $f(x,y)$ eine Zustandsfunktion ist. df hat für eine infinitesimale Änderung einen festen Wert. Deshalb dürfen wir für die Arbeit W nicht das „d" verwenden, denn der Wert einer infinitesimalen Änderung δW hängt vom Weg ab. Wir nehmen hier daher die „δ", wie oben eingeführt.

Beispiel 2.2

Stellen Sie sich eine dreidimensional Karte der Alpen vor. Sie haben die beiden Koordinaten x und y (West-Ost- und Nord-Süd-Richtung) und dann als Funktion die Höhe der Berge, $h(x, y)$. $E_{pot}(x, y) = m \cdot g \cdot h(x, y)$ ist die potenzielle Energie in Abhängigkeit der Koordinaten. Dies ist klarerweise eine Zustandsfunktion (Zustandsvariable x und y), denn die potenzielle Energie ist nur abhängig von x und y, jedoch nicht von dem Weg, auf dem Sie den Gipfel erklommen haben. Nun stellen Sie sich vor, Sie messen die Profiltiefe Ihrer Bergschuhe für jeden Punkt (x, y) Ihres Weges, sie bekommen eine Funktion $P(x, y)$. Dies ist nun klarerweise keine Zustandsfunktion, da die Abnutzung der Schuhe vom Weg abhängt, und nicht nur von den Koordinaten x, y. ■

Wichtig

Für Zustandsfunktionen $f(x, y)$ gilt:

- $df(x, y)$ ist ein totales Differential, d.h., es lässt sich gemäß Gl. 2.27 darstellen.
-

$$\int_{x_1, y_1}^{x_2, y_2} df(x, y) = f(x_2, y_2) - f(x_1, y_1).$$

- Die gemischten 2. Ableitungen sind gleich,

$$\frac{\partial^2 f(x, y)}{\partial x \partial y} = \frac{\partial^2 f(x, y)}{\partial y \partial x}.$$

Dies ist als **Satz von Schwarz** bekannt.

Damit können wir leicht zeigen, dass unser obiges Beispiel $f(x, y) = -x^2 - y^2$ eine Zustandsfunktion ist.

2.9 Zusammenfassung

In Kap. 1 hatten wir gesehen, dass der Druck alleine durch das Volumen noch nicht festgelegt ist, er ändert sich beim Erwärmen. Die erforderliche weitere Variable haben wir hier als die Temperatur T kennengelernt.

Der 0. Hauptsatz der Thermodynamik besagt, dass im thermischen **Gleichgewicht** zwei Körper eine gemeinsame Eigenschaft haben, die Temperatur T. Analog zum **mechanischen Gleichgewicht,** das wir in Kap. 1 eingeführt hatten, stellt sich das thermische Gleichgewicht nach einer Relaxationszeit ein. T ist also nicht generell definiert, analog zu p, sondern stellt sich bei Zustandsänderungen mit etwas Verzögerung ein. Daher muss man bei **thermodynamischen** Prozessen eine

quasistatische Prozessführung beachten. Sonst sind die Prozesse nicht als Kurven in einem **Zustandsdiagramm** darstellbar.

Die wichtige Aussage des 0. Hauptsatz ist, dass die Temperatur

$$T(p, V)$$

eine Zustandsfunktion ist. Dies hat bedeutsame physikalische Auswirkungen, und ist die Grundlagen der Temperaturmessung.

Die Thermodynamik gibt allerdings nur die allgemeine Form an, mit deren Hilfe man die **vollständigen Differentiale**

$$\mathrm{d}T(p, V) = \left(\frac{\partial T}{\partial p}\right)_V \mathrm{d}p + \left(\frac{\partial T}{\partial V}\right)_p \mathrm{d}V$$

bilden kann. Im allgemeinen Fall kann man die partiellen Ableitungen als **Materialkonstanten** identifizieren. Zustandsänderungen berechnet man dann durch Integration von dT, bzw. analog durch Integration von dp und dV.

Für spezielle einfache Modelle kann man diese **Zustandsgleichungen** auch explizit angeben.

- Das Modell des idealen Gases beruht auf den Ergebnissen der Versuche Boyle-Mariotte und dem Prinzip von Avogadro , was zu einer Temperaturdefinition mit Hilfe der **idealen Gasgleichung**

$$T = \frac{pV}{n\mathrm{R}}$$

geführt hat.

- Die näherungsweise Berücksichtigung von Teilchenwechselwirkungen und dem Eigenvolumen führt dann auf die **Van-der-Waals**-Gleichung

$$p(V, T) = \frac{n\mathrm{R}T}{V - \mathrm{b}} - \frac{n^2\mathrm{a}}{V^2}.$$

Energie und Wärme: 1. Hauptsatz der Thermodynamik

3

In diesem Kapitel wird die Energie eines thermodynamischen Systems eingeführt. In der Mechanik ist Energie als gespeicherte Arbeit definiert. Über den reversiblen Arbeitsspeicher kann man dem System eine genau definierte Menge Arbeit zuführen. Diese Energiemenge wird innere Energie U genannt.

Mit der zugeführten Arbeit kann man ein Volumen komprimieren, aber auch das System erwärmen. Wärme wird dadurch als eine Form von Energie erkannt, man kann eine Wärmemenge ΔQ durch das **Wärmeäquivalent** quantifizieren.

Arbeit und Wärme können ineinander umgewandelt werden, insgesamt gibt es eine Bilanz,

$$\Delta U = \Delta Q + \Delta W,$$

die nicht verletzt werden darf. Dies ist der 1. Hauptsatz der Thermodynamik.

Für jeden Zustand (V, T) hat $U(V, T)$ einen genau definierten Wert, U ist daher eine **Zustandsfunktion**. Wie bei den Zustandsfunktionen p, V und T sagt die Thermodynamik nichts über die genaue Form der Funktion aus. Man betrachtet daher das vollständige Differential,

$$dU = \left(\frac{\partial U}{\partial V}\right)_T dV + \left(\frac{\partial U}{\partial T}\right)_V dT,$$

und stellt die partiellen Ableitungen durch **Materialkonstanten** dar. Damit kann man beispielsweise die innere Energie eines einatomigen idealen Gases als

$$U = \frac{3}{2}nRT$$

erhalten.

© Springer-Verlag GmbH Deutschland 2017
M. Elstner, *Physikalische Chemie I: Thermodynamik und Kinetik*,
https://doi.org/10.1007/978-3-662-55364-0_3

3.1   Die Energie in der Mechanik

Der Begriff der **Energie** wurde im 19. Jahrhundert entwickelt und ist eng mit der Entstehungsgeschichte der Thermodynamik verknüpft. Und obwohl heute der Energiebegriff überall auftaucht, scheint Energie doch ein vages Konzept zu sein: Was ist Energie? Was kann man sich darunter vorstellen? Womöglich nichts, wie Feynman meint?

> „It is important to realize that in physics today, we have no knowledge what energy is. We do not have a picture that energy comes in little blobs of a definite amount."[1]

Energie
Energie ist definitiv nichts direkt Sichtbares, kein Objekt der Welt, das greifbar wäre, es ist eigentlich etwas sehr Abstraktes. In der **Mechanik** wird die Energie als gespeicherte Arbeit eingeführt.

- Man muss Arbeit aufwenden, um einen Bogen oder ein Katapult zu spannen. Dann kann man diese Spannung dazu nutzen, ein Geschoss abzufeuern.
- Man muss Arbeit aufwenden, um ein Gewicht nach oben zu heben. Dieses kann dann genutzt werden, um über einen Seilzug einen Gegenstand hochzuheben.

Wir schreiben also Dingen Energie zu, wenn diese in der Lage sind, eine bestimmte Arbeit zu verrichten. Dazu benötigen wir ein klares Maß für die aufgewendete Arbeit. Wir werden die Energie eines thermodynamischen Systems einführen, nämlich über die an ihm verrichtete Arbeit. Die Arbeit wird dabei von einem mechanischen System aufgebracht, z. B. einer Feder oder einer Masse. In dieser Weise bekommt die Energie in der Thermodynamik eine klare Bedeutung, nämlich über den Prozess, in dem einem thermodynamischen System die Energie zugeführt wird.

In der Physik haben vereinfachte und zum Teil idealisierte Beschreibungen eine zentrale Rolle. Sie helfen dabei, Konzepte und Begriffe in klarer Weise einzuführen. Wir betrachten daher Feder und Gewicht als idealisierte Modellsysteme, und vernachlässigen dabei zunächst Reibung und andere komplexe Effekte. Wir greifen auf die Definitionen der Arbeit und Energie in der Mechanik zurück, welche beipielsweise für die Feder (Hook'sches Gesetz) und das Gewicht bekannt sind. Energie wurde definiert über die Arbeit, die z. B. beim Spannen einer Feder oder Heben eines Gewichts aufgewendet wird. Diese ist dann **reversibel** gespeichert.

---

[1]Feynman R (1964) The Feynman lectures on physics, vol. I, 4-1 http://www.feynmanlectures. caltech.edu/I_04.html

> **Definition**
> **Reversibel** (umkehrbar) bedeutet, dass genau die gleiche Menge an Arbeit, die zugeführt wurde, in einem Umkehrprozess wieder abgegeben werden kann.

Die Energie $E(x)$ wird folgendermaßen eingeführt:

$$E(x_2) - E(x_1) = \Delta W = \int_{x_1}^{x_2} F(x)\mathrm{d}x. \tag{3.1}$$

Für das Heben der Masse ist die Kraft durch $F = m \cdot \mathrm{g}$ gegeben, für die Feder durch das Hook'sche Gesetz $F(x) = \mathrm{k} \cdot x$.

$$E_{\mathrm{pot}}(x_2) - E_{\mathrm{pot}}(x_1) = mgx_2 - mgx_1, \tag{3.2}$$

$$E_{\mathrm{Feder}}(x_2) - E_{\mathrm{Feder}}(x_1) = 0.5\mathrm{k}x_2^2 - 0.5\mathrm{k}x_1^2.$$

Man startet an einem Referenzpunkt x_1. Die Energiedifferenz zwischen zwei Punkten gibt dann die „gespeicherte" Arbeit an, die Arbeit, die nun in dem System (Feder, Masse) an dem Punkt x_2 „steckt", und wieder abgegeben werden kann. Der Referenzpunkt ist beliebig, und der Referenzwert $E(x_1)$ kann dementsprechend beliebig (z. B. $E(x_1) = 0$) gewählt werden.

> **Wichtig**
> Dies ist die Bedeutung der Energie. Sie ist sozusagen ein Index, den wir an ein System heften, der den Wert der Arbeit angibt, den das System leisten kann. Wir haben Energie über eine „**Operation**" definiert, über ein Verfahren, nach dem durch das Zuführen von Arbeit jedem Punkt x ein Energiewert $E(x)$ experimentell zugewiesen werden kann. Dadurch verliert der Begriff der Energie seinen vagen Charakter.

3.2 Die innere Energie *U*

3.2.1 Reversible adiabatische Volumenänderung

In der Thermodynamik schließen wir nun an die Mechanik an und führen dem System eine genau definierte Energiemenge zu, indem wir das System an eine Feder oder ein Gewicht koppeln. Wir verwenden den reversiblen Arbeitsspeicher in Abb. 3.1a, der Kolben soll reibungsfrei beweglich und das Gefäß adiabatisch isoliert sein. Wenn der Kolben verschoben wird, wird die Lageenergie der Masse in

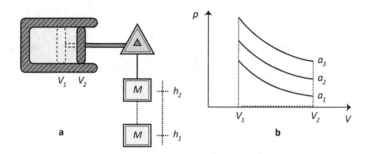

Abb. 3.1 (**a**) Reversibler adiabatisch isolierter Arbeitsspeicher, (**b**) Adiabaten

Kompressionsenergie des Gases umgewandelt. Bei Volumen V_2 ist das Gewicht in der Lage h_2, herablassen auf h_1 komprimiert das Gas auf V_1. Die aufgewendete Arbeit kann folgendermaßen bestimmt werden: Wenn beispielsweise ein Gewicht von 1 kg von h_2 nach h_1 um 1 m abgesenkt wird, ergibt sich folgende Energie:

$$1\,\mathrm{kg} \cdot 1\,\mathrm{m} \cdot 9,81\,\mathrm{N/kg} = 9,81\,\mathrm{J}.$$

Expansion des Gases auf V_2 führt zum Anheben des Gewichts auf h_2.

In Analogie zur Feder definieren wir die im System **reversibel gespeicherte** Arbeit wie folgt:

$$U_2 - U_1 = \int_{V_1}^{V_2} \mathrm{d}W = \int_{V_1}^{V_2} p(V)\mathrm{d}V. \tag{3.3}$$

Wir können U als Energie interpretieren, da das Gas die gespeicherte Arbeit ohne Verlust wieder abgeben kann, analog zur Feder und dem Gewicht. In der Thermodynamik wird für die innere Energie der Buchstabe U anstatt E verwendet. Man sagt nun, dass das Gas diese Energie gespeichert hat. Man spricht daher von „**innerer Energie**" des Gases, um anschaulich zu machen, dass nun die Energie „im Gas ist". Man kann also ein Gas unter diesen Bedingungen analog zu einer Feder komprimieren. Zentral ist daher der Begriff der **Reversibilität**, den wir in Abschn. 1.6 für das Gas eingeführt haben, wenn es einen quasistatischen Prozess ausführt, indem es an den reversiblen Arbeitsspeicher gekoppelt ist.

Die Kompression und Expansion verläuft entlang der Kurven „a_1, a_2 ..." in Abb. 3.1b, die aufgrund der adiabatischen Isolierung des Systems **Adiabaten** genannt werden. Es ändern sich also sowohl p, V als auch T, abhängig vom Anfangszustand. Wir starten auf einer Adiabaten a_i bei dem Volumen V_2, dann können wir eine Funktion $U(p, V)$ definieren, deren Wert genau die bis dorthin zugeführte Arbeit ist. Auf diese Weise kann man jedem Zustand auf einer Adiabate die Energie $U(p, V)$ zuordnen.

Aber offensichtlich können wir so nicht zwischen verschiedenen Adiabaten wechseln. Wie können wir nun jedem Punkt im Zustandsraum eine innere Energie $U(p, V)$ zuordnen? Dazu benötigen wir einen anderen thermodynamischen Prozess.

3.2.2 Erwärmung durch Arbeitsleistung

Wenn Sie ihr Rad aufpumpen, wird die Luftpumpe warm. Offensichtlich steigt die Temperatur des Gases, wenn Arbeit an ihm verrichtet wird. Etwas Ähnliches wurde von Graf Rumford (1753–1814) beim Kanonenbohren festgestellt. Stumpfe Bohrer führten zu einer größeren Temperaturerhöhung als scharfe. Rumford hat schon auszurechnen versucht, welche Arbeit für eine bestimmte Erwärmung nötig ist, James Prescott Joule (1818–1889) hat sich später auf diese Arbeiten bezogen und zur Bestimmung eine Apparatur, wie in Abb. 3.2a schematisch gezeigt, verwendet. Das Gewicht treibt ein Schaufelrad an, das durch Reibung die Flüssigkeit erwärmt. Dabei wird eine Temperaturerhöhung der Flüssigkeit gemessen. Das Gefäß ist adiabatisch abgeschlossen und man kann dem System eine genau spezifizierbare Energie zuführen und dann die Temperaturänderung messen. Dieser Prozess wird im p-V-Diagramm Abb. 3.2b durch die senkrechten Linien (a-b, c-d) dargestellt. Das Volumen bleibt gleich, der Druck und die Temperatur erhöhen sich, man nennt diesen Prozess eine **isochore Erwärmung**.

Ausgehend von Zustand a in Abb. 3.2 kann man eine Zustandsänderung auf verschiedenen Wegen erreichen, beispielsweise:

- Man erwärmt im pV-Diagramm von Zustand a nach b mit der Vorrichtung Abb. 3.2a, und komprimiert dann mit der Vorrichtung Abb. 3.1a auf der Adiabaten a_2 von b nach d.
- Man komprimiert entlang der Adiabaten a_1 von a nach c mit der Vorrichtung Abb. 3.1a und erwärmt von c nach d mit der Vorrichtung Abb. 3.2a.

Wichtig dabei ist: Man kann feststellen, dass jedesmal die gleiche Arbeit geleistet wurde. Auf beiden Wegen werden die zwei Vorrichtungen Abb. 3.2a und 3.1a verwendet, und zusammengenommen werden die Gewichte um die gleiche Höhe Δh abgesenkt. D. h. um von a nach d zu kommen ist die gleiche mechanische Energie $mg\Delta h$ aufzuwenden.

Damit kann man, mit dem analogen Argument wie bei Gl. 3.3 jedem Punkt eine Funktion $U(p, V)$ zuordnen mit

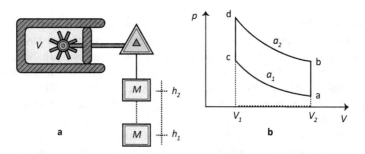

Abb. 3.2 **(a)** Vorrichtung zur Umwandlung von Arbeit in Wärme, **(b)** Darstellung des Prozesses im p-V-Diagramm

$$U_d - U_a = \Delta W_{da} = mg\Delta h. \tag{3.4}$$

Bemerkungen:

- Die innere Energie ist eine Funktion des Zustands $U(p, V)$, sie wird **Zustands-funktion** genannt. Der Wert von U ist durch die Angabe von (p, V) bestimmt und nicht vom Weg, auf dem (p, V) erreicht wurde. Allgemein ist die Arbeit W vom Prozess abhängig, aber für diesen speziellen Fall der adiabatischen Isolierung ist sie es nicht.
- Damit kann man sagen, das System (Gas) **hat** im Zustand (p, V) eine bestimmte Energie $U(p, V)$, so wie man sagen kann, das Gas hat im Zustand eine bestimmte Temperatur $T(p, V)$. Das ist der tiefere Sinn der Rede von „Zustandsfunktion". Durch eine solche Zustandsfunktion wird dem System eine bestimmte Eigenschaft **zugeordnet**.
- Wie bei den Zustandsgleichungen für p, V und T besagt der allgemeine Formalismus der Thermodynamik nur, dass sich die Größen als Funktionen schreiben lassen. Wie diese Funktionen im Detail aussehen, sagt die Thermodynamik nicht. Hier müssen wir, wie bei den Zustandsgleichungen (Kap. 2) für $p(V, T)$, $V(p, T)$ und $T(p, V)$, spezielle Modelle investieren.
- Wie in der Mechanik ist bei einer solchen Einführung der Absolutwert der inneren Energie immer bezüglich eines Referenzpunktes definiert. Wie man das genau macht, werden wir beispielsweise in dem Kapitel zur Thermochemie (Kap. 5) sehen.

3.2.3 Das Wärmeäquivalent

Arbeit kann also Wärme erzeugen. Auf der anderen Seite weiß man aber auch, dass Wärme in Arbeit umgewandelt werden kann, prominent untersucht beispielsweise in der Arbeit von Sadi Carnot „Betrachtungen über die bewegende Kraft des Feuers" von 1825, es ist das Zeitalter der Erfindung der Dampfmaschinen. Wir haben dem System, sofern in ihm Arbeit reversibel gespeichert ist, eine bestimmte Energie zugeordnet. Wenn Wärme Arbeit leisten kann, ist sie dann nichts anderes als Energie?

Julius Robert Mayer (1814–1878) kam zu genau dieser Auffassung, dass Wärme und Arbeit beides Energieformen sind, die ineinander umwandelbar sind. Zudem, und das ist zentral, ist die gesamte Menge dieser Energieformen erhalten, es geht nichts davon verloren. Der entscheidende Schritt hier ist, Wärme als Energieform erkannt zu haben. Wenn Arbeit immer zur gleichen Erwärmung führt, dann wurde Arbeit offensichtlich in Wärmeenergie umgewandelt. Wärmeenergie ist damit nichts anderes als die innere Energie des Gases, die bei entsprechender Vorrichtung (Wärmekraftmaschinen) in Arbeit umgewandelt werden kann.

Heute ist uns diese Vorstellung selbstverständlich, warum war das im 19. Jahrhundert eine solch überragende Erkenntnisleistung. Warum mussten Mayer und Joule sogar Gott zur Legitimation des Energiesatzes bemühen? So schreibt Joule:

„We may a priori assume that a complete destruction of force is supposedly impossible, since it is oviously absurd, that the properties, which God has endowed matter, could be destructed". Mit „force" ist hier Energie gemeint, Kraft und Energie wurde zu dieser Zeit noch nicht so trennscharf unterschieden wie heute. Bei Mayer findet man ähnliche Passagen. Was ist also das Problem?[2]

Wir haben zwei Prozesse verwendet, um jedem Punkt (p, V) im p-V-Diagramm einen eindeutigen Wert $U(p, V)$ zuzuordnen. Die adiabatische Volumenänderung ist reversibel, d. h., hier klappt die Interpretation von U als Energie. Die isochore Erwärmung ist jedoch ein irreversibler Prozess, wie wir unten noch im Detail ausführen werden. Man kann zwar Arbeit zuführen, bekommt sie jedoch nicht im selben Umfang wieder heraus. Kann man das dann als Energie interpretieren?[3] Das ist ein schwieriger konzeptioneller Punkt und vermutlich daher die obige religiös-metaphysische Spekulation von Mayer und Joule. Zudem zeigt der Versuch von Joule nur, dass eine bestimmte Arbeit zu einer bestimmten Temperaturerhöhung führt. Hätte man es mit einer „hinterhältigen" Natur zu tun, könnte es bei der Umwandlung von Arbeit in Wärme immer einen kleinen Verlust geben, sozusagen eine Gebühr der Natur, etwa wie beim Tausch von Währungen. Trotz „Gebühr" könnte man die Joule'schen Ergebnisse bekommen: Die Temperatur steigt mit der zugeführten Arbeit. Hinzu kommt, dass es zu dieser Zeit die Vorstellung von Wärme als Flüssigkeit (s. u.) gab, die eine Energieerhaltung gar nicht benötigt. Mit diesem Hintergrund hat etwa 25 Jahre früher Sadi Carnot die Entropie S eingeführt.

Aus diesen Gründen ist die Vorstellung der Wärme als Energieform zunächst kein Selbstläufer. Die Reversibilität auf den Adiabaten ist empirisch testbar, d. h. auf den Adiabaten ist Gl. 3.3 eine Erfahrungstatsache. Die Verwendung der Gl. 3.3 für die isochore Erwärmung ist jedoch eine Forderung, und ist als **1. Hauptsatz der Thermodynamik** bekannt. Die innere Energie für adiabatisch abgeschlossene Systeme kann nur um den Betrag ab- oder zunehmen, wie Arbeit von außen zu- oder abgeführt wird. Es geht nichts verloren und es kommt nichts hinzu!

Wärmeäquivalent
Wenn man also annimmt, dass die geleistete Arbeit **vollständig** in Wärme übergeht, kann man das sogenannte **mechanische Wärmeäquivalent**

---

[2]Und in der Tat ist die Gleichsetzung von Wärme und Energie der springende Punkt. Wie wir noch diskutieren werden, war die „Natur" der Wärme gar nicht klar. Eine gängige Vorstellung war die, dass Wärme eine Art Fluidum ist. Dass Wärme von warm nach kalt fließt, ließ sich dadurch gut verstehen. Und dass sie dabei Arbeit leisten kann wenn sie durch ein Maschine „strömt", so wie das Wasser das Wasserrad antreibt, war auch nicht völlig absurd. In dieser Vorstellung sind Wärme und Arbeit zwei unterschiedliche Dinge, sich davon zu lösen war daher die konzeptionelle Leistung.

[3]Ernst Mach thematisiert dies auf interessante Weise und scheint vorzuschlagen, dass man das auch anders hätte formulieren können. Ernst Mach, Die Geschichte und die Wurzel des Satzes von der Erhaltung der Arbeit, und, Über das Prinzip der Erhaltung der Energie.

bestimmen. Damit kann man ausrechnen, wieviel J (Nm) man benötigt, um
1 g Wasser um 1 K zu erwärmen. Es sind 4,19 J.

3.2.4   Definition der Wärme ΔQ

Bisher war das System adiabatisch isoliert, d. h. Energie wurde nur in Form von
Arbeit zu- oder abgeführt. Dadurch konnten wir allen Punkten eine Energie zuordnen, insbesondere haben wir $U(a)$, $U(b)$, $U(c)$, $U(d)$ und $U(a')$ in Abb. 3.3 definiert.
Nun kann man am Punkt (c) das System statt der adiabatischen mit einer diathermen Wand ausstatten und einen isothermen Prozess c-a' betrachten. Von „c" startend
dehnt sich das Gas aus und leistet Arbeit, man kann nun feststellen, dass dabei mehr
Arbeit $W_{ca'}$ freigesetzt wird als durch die Änderung der inneren Energie $\Delta U_{ca'}$ frei
wird, diese Differenz **definieren** wir als Wärme:

$$\Delta Q_{ca'} = \Delta U_{ca'} - \Delta W_{ca'}. \tag{3.5}$$

Energie in Form von Wärme fließt in das System und wird in Arbeit umgewandelt.
Adiabatisch würde nur die Arbeit repräsentiert durch die Fläche unter der Kurve
c-a frei, isotherm die Arbeit unter der Kurve c-a'. Gl. 3.5 wird oft auch als der 1.
Hauptsatz der Thermodynamik bezeichnet. Er besagt die Erhaltung der Energie, die
innere Energie kann sich bei Zustandsänderungen nur durch Aufnahme oder Abgabe
von ΔQ und ΔW ändern. Streng genommen ist Gl. 3.5 jedoch nur eine Definition
von ΔQ.

  Wir haben hier eine neue Größe eingeführt, nämlich die während eines Prozesses aufgenommene Wärme ΔQ. Wie die Arbeit ist die Wärme keine Zustandsgröße. Arbeit und Wärme sind Energieformen, die dem System während eines
Prozesses zugeführt werden können. U ändert sich, indem man mechanische Arbeit
zu- oder abführt, oder indem man durch thermischen Kontakt Wärme zu- oder
abführt.

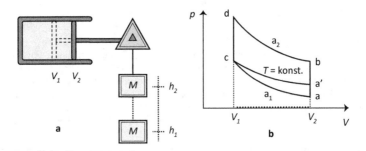

Abb. 3.3 (**a**) Diathermer Zylinder, gekoppelt an reversiblen Arbeitsspeicher, (**b**) Isotherme $T=$
konst

Wie bei der Arbeit, legen wir das Vorzeichen durch eine Konvention fest:

Definition

- $\Delta Q > 0$, wenn Wärme in das System hineingebracht wird.
- $\Delta Q < 0$, wenn Wärme aus dem System herausgebracht wird.

Jetzt kann man erst eine Wärmemenge ΔQ definieren, nämlich über das Wärmeäquivalent: Wenn Wasser über eine diatherme Wand um x K erwärmt wird, weiß man, dass das gleiche erreicht werden kann, wenn man isochor y kJ/mol Arbeit zuführt. Diese Energiemenge ist dann über den diathermen Kontakt in Form von Wärme zugeführt worden.

Interessant dabei ist, dass wir die Wärme ΔQ wieder, wie bei T, über den Umweg der Mechanik bestimmt haben. Wir können eine Wärmemenge über die mechanische Arbeit bestimmen. Damit ist die Wärme als vom selben Typ wie die Arbeit charakterisiert, sie sollte also, wie die Arbeit, wegabhängig sein. Dies schlägt sich im Formalismus nieder, indem wir δQ für infinitesimale Wärmemengen schreiben.

3.2.5 Die Wärmekapazität

Verschiedene Stoffe erwärmen sich nicht um die gleiche Temperaturdifferenz, wenn eine bestimmte Wärmemenge zugeführt wird. Dies zeigt, dass Temperatur und „im Körper enthaltene Wärmemenge" nicht identisch sind. Die sogenannten **Wärmekapazitäten** geben an, wie stark sich die Temperatur erhöht, wenn man eine bestimmte Wärmemenge ΔQ zuführt.

$$c_V = \left(\frac{\delta Q}{\mathrm{d}T} \right)_V, \tag{3.6}$$

Der Index „V" bedeutet, das die Temperaturveränderung bei konstantem Volumen gemessen wird.

Wichtig
Die spezifische Wärmekapazität von Wasser beispielsweise beträgt 4,19 J/gK. D. h., um 1 g Wasser um 1 K zu erwärmen benötigt man 4,19 J.

3.2.6 Was ist Wärme?

Die Frage ist nicht einfach und es hat lange gedauert, den heutigen Begriff der Wärme zu entwickeln. „Warm" ist ein Adjektiv und völlig unstrittig, wir haben jedoch gesehen, dass die Definition des Begriffs der Temperatur („gleich warm"?) nicht ganz trivial ist. Wenn wir von „Wärme" sprechen, suchen wir nach der Bedeutung dieses Substantivs. Als erste Vermutung bietet sich an, dass dieses Substantiv auf eine Substanz verweist, und dieser Weg wurde in der Geschichte der Thermodynamik auch zuerst ausprobiert.

Bis Mitte des 19. Jahrhunderts war die vorherrschende Meinung, dass Wärme ein Fluidum (Caloricum) ist, bestehend aus Wärmepartikeln, das von warmen Körpern in kalte fließt. Dies ist erstmal keine dumme Idee, erklärt es doch z. B. die Wärmeausdehnung von Körpern (mehr Wärmeteilchen drin) und warum Wärme von warmen zu kalten Körpern fließt (weil sie in den warmen Körpern dichter gepackt sind und sich dann abstoßen, im Kalten haben sie mehr Platz). Dann wäre auch die Temperatur direkt mit der Wärmemenge im Körper identisch, je mehr Wärme reinfließt, desto größer T. Eine Folge dieser Auffassung ist, dass die Wärme eine Erhaltungsgröße ist. Sie wird nicht mehr oder weniger in thermodynamischen Prozessen, ihre Menge bleibt gleich. Besonders interessant dabei ist die Vorstellung, dass Körper bei einer bestimmten Temperatur einen bestimmten Wärmeinhalt haben. Der Vorteil einer solchen Vorstellung ist, dass Wärme und Temperatur eine anschauliche Bedeutung bekommen.

Diese Therorie wurde revidiert als man feststellte,

- dass Wärme in Arbeit umwandelbar ist und umgekehrt, Wärme ist also keine erhaltene Substanz, sondern kann erzeugt oder vernichtet werden. Damit ist auch klar, warum wir zunächst nicht sagen können, was Wärme „wirklich" ist (die Essenz). Wärme ist kein Gegenstand in der Welt, sie ist nicht einmal eine Eigenschaft von Gegenständen, sondern mit einem Prozess verbunden. Wärme wird bei einer Zustandsänderung aufgenommen oder abgegeben. Damit wird die Sache komplizierter und auch sehr abstrakt.
- dass es latente Wärme gibt: So wird beim Schmelzen oder Verdampfen eines Stoffes dieser nicht proportional zur zugeführen Wärme heißer, da die Wärme in die Phasenumwandlung gesteckt wird. Damit ist der direkte Zusammenhang von Wärme und Temperatur unklar geworden.
- dass unterschiedliche Materialien ihre Temperatur auf unterschiedliche Weise ändern, wenn ihnen Wärme zugeführt wird. Sie haben eine unterschiedliche Wärmekapazität. Damit ist die Identität von Wärme und Temperatur komplett fraglich geworden.

Der heutige Begriff der Wärme ist ein sehr abstrakter, und darin liegt eine der Schwierigkeiten beim Verständnis der Thermodynamik. **Wärme**, mit ΔQ bezeichnet, wird als eine Energieform angesehen. Allerdings ist Wärme keine Eigenschaft von Körpern. Körper sind zwar warm, aber sie haben keine Wärme. Dies wäre ja wieder die Vorstellung von Wärme als Substanz. Körper können eine Energie haben (innere Energie U), aber sie haben keine Wärme, ebenso wie sie keine Arbeit „haben". Arbeit wird geleistet bei einem thermodynamischen Prozess, der zwischen zwei Zuständen (p_1, V_1) und (p_2, V_2) verläuft. Genauso verhält es sich mit der Wärme: Sie wird bei einem Prozess übertragen. Deshalb hängen Arbeit und Wärme nicht von den Zuständen ab, sie sind keine **Zustandsfunktionen** wie die Innere Energie U, sondern von den Prozessen (d. h. isochor, adiabatisch, isotherm,...). Wärme ist also weder eine **Substanz** (die erhalten bleibt), noch eine **Eigenschaft von Körpern** (die sie haben können), sondern ist eine **Prozesseigenschaft**. Das ist sehr abstrakt und wirkt sich auch in dem mathematischen Formalismus aus („δ" statt „d").

3.3 Der erste Hauptsatz der Thermodynamik

Durch Mayer und Joule wurde Wärme als Energieform erkannt, einem System kann demnach Energie in Form von Arbeit oder Wärme zugeführt werden und man kann schreiben:

$$dU = \delta W + \delta Q. \tag{3.7}$$

Dies ist die differentielle Form des **1. Hauptsatz der Thermodynamik**. Integriert zwischen zwei Zuständen „1" und „2" erhält man:

$$\Delta U_{12} = \int_1^2 (\delta W + \delta Q).$$

Sowohl die geleistete Arbeit als auch die übertragene Wärme sind wegabhängig, das ist durch das „δ" ausgedrückt. In der Summe sind sie aber nicht wegabhängig, das bringt der 1. HS in differenzieller Form zum Ausdruck. Auf einem Weg wird z. B. mehr Arbeit geleistet und weniger Wärme übertragen, auf einem anderen Weg zwischen denselben Zuständen mag es umgekehrt sein. Aber die insgesamt zu- oder abgeführte Energie ist die gleiche.

Es gibt kein Perpetuum mobile Da U eine Zustandsfunktion ist, hängt die innere Energie im Zustand (p, V) nicht von dem Weg ab, auf dem dieser Zustand erreicht wurde. Wenn dem so wäre, dann könnte man auf einem Weg, der wenig Arbeit erfordert diesen Zustand erreichen, und auf einem anderen, der viel Arbeit abgibt, wieder zum Ausgangszustand zurückkommen. Dies wäre ein Kreisprozess, in dem effektiv Energie erzeugt würde, ein **Perpetuum mobile erster Art**.[4] Dies kann man wie folgt einsehen:

Ein **Kreisprozess** ist eine Folge von einzelnen Zustandsänderungen, die hintereinander ausgeführt wieder zum Ausgangszustand zurückführen. Da U eine Zustandsfunktion ist, gilt für die Änderungen der inneren Energie ΔU_i entlang der Strecken in Abb. 3.4

---

[4]Der Zustatz „erster Art" kommt daher, dass eine solche Maschine vom ersten Hauptsatz ausgeschlossen wird. Wir werden später ein Perpetuum mobile kennenlernen, das nur durch den zweiten Hauptsatz ausgeschlossen wird.

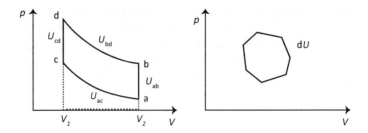

Abb. 3.4 Kreisprozesse

$$\sum_i \Delta U_i = \Delta U_{ab} + \Delta U_{bd} + \Delta U_{dc} + \Delta U_{ca} = 0$$

da

$$U_d - U_a = \Delta U_{ab} + \Delta U_{bd} = \Delta U_{dc} + \Delta U_{ca}$$

gilt.

Wenn man die einzelnen Zustandsänderungen infinitesimal klein macht, wird aus ΔU_i das vollständige Differential dU und man schreibt das Integral entlang einer geschlossenen Kurve im Zustandsraum als:

$$\sum_i \Delta U_i \rightarrow \oint dU = 0.$$

Die Änderung der inneren Energie entlang eines Kreisprozesses verschwindet. Dies haben wir aus dem Umstand abgeleitet, dass U eine Zustandsfunktion ist. Wenn wir einen Kreisprozess betrachten, so wird entlang der einzelnen Zustandsänderungen Wärme und Arbeit aufgenommen oder abgegeben. In der Summe muss dann gelten:

$$\sum_i (\Delta Q_i - \Delta W_i) = 0.$$

Diese Gleichung zeigt, dass die Summe der während des Kreisprozesses übertragenen Wärme genau die Arbeit kompensiert. Das bedeutet, dass es keine Maschine geben kann, die mehr Arbeit leistet als man Wärme zu ihrem Betrieb aufwenden muss, ein **Perpetuum mobile erster Art**. Es kann damit keine Energie aus dem Nichts erzeugt werden, dies ist die direkte Folge davon, dass U eine Zustandsfunktion ist. Aus bisher Gesagtem sollte klar sein, dass die folgenden Aussagen äquivalent sind:

- **Es gibt kein „Perpetuum mobile"**
- **Entlang eines Weges ändert sich die Energie U durch die zugeführte Wärme und Arbeit:**

$$dU = \delta W + \delta Q \qquad (3.8)$$

- **entlang eines Kreisprozesses ändert sich die innere Energie nicht:**

$$\oint dU = 0 \qquad (3.9)$$

- *U* **ist eine Zustandsfunktion**

Dies sind die mathematischen Aussagen des **1. Hauptsatzes der Thermodynamik**. Dieser verbietet damit jede Energieerzeugung aus dem Nichts-, Maschinen, die **Perpetuum mobile 1. Art** genannt werden (1. Art, weil sie der 1. Hauptsatz verbietet), erlaubt aber noch z. B. Wämekraftmaschinen mit einem Wirkungsgrad von 100% , d. h. die vollständige Umwandlung von Wärme in Arbeit.

> **Wichtig**
> **Innere Energie** ist eine Eigenschaft eines **Systems** in einem bestimmten Zustand, es kann viel oder wenig Energie haben. **Arbeit und Wärme** treten dagegen während eines **Prozesses** auf, sie sind die Formen, in denen Energie zwischen Körpern oder Systemen übertragen wird.
> Die innere Energie ist eine Zustandsgröße, also eine eindeutige Funktion der Zustandsvariablen:
>
> $$U = U(p, V).$$

3.4 Zustandsgleichungen für *U*

Bisher haben wir drei thermodynamische Variable kennengelernt, p, V und T, die durch die Zustandsgleichungen $p(V, T)$, $V(p, T)$ und $T(p, V)$ voneinander abhängig sind. Die Zustandsfunktion U kann daher als Funktion von jeweils zwei dieser Variablen geschrieben werden, wir wollen hier zunächst $U(V, T)$ betrachten. Wie in Abschn. 2.6 für p, T und V ausgeführt, legt die Thermodynamik nur die allgemeine Form der Zustandsgleichungen fest. Um zu einer spezifischen Gleichung zu kommen, benötigt man entweder ein Modell, wie das des idealen Gases, oder empirische Parameter.

Ausgangspunkt dafür ist das vollständige Differential

$$dU = \left(\frac{\partial U}{\partial V}\right)_T dV + \left(\frac{\partial U}{\partial T}\right)_V dT. \qquad (3.10)$$

In Abschn. 2.6 wurden die partiellen Ableitungen auf Materialkonstanten zurückführt. Für U kann man die Ableitung nach T sofort bestimmen, sie ist für konstantes V, d. h. $dV = 0$, durch die Wärmekapazität Gl. 3.6 gegeben:

$$\mathrm{d}U = \left(\frac{\partial U}{\partial T}\right)_V \mathrm{d}T = \left(\frac{\partial Q}{\partial T}\right)_V \mathrm{d}T = c_V \mathrm{d}T. \tag{3.11}$$

Die partielle Ableitung hat eine anschauliche (physikalische) Bedeutung. Sie gibt die „Steigung" von U entlang der „Koordinate" Temperatur an. Wie stark verändert sich die innere Energie, wenn die Temperatur um $\mathrm{d}T$ erhöht wird?

Für ein konstantes Volumen können wir die Energie in Bezug auf den Nullpunkt der Temperatur,

$$U(T) - U(0) = \int_0^T c_V(T)\mathrm{d}T, \tag{3.12}$$

bestimmen. Die Wärmekapazität c_V ist i. A. selbst von der Temperatur abhängig.

3.4.1   Das ideale Gas

Um die Wärmekapazität des idealen Gases zu bestimmen, verwendet man den Prozess der isochoren Erwärmung. Die aufgewendete Arbeit sowie die Temperaturerhöhung werden gemessen, der Quotient ergibt die Wärmekapaziät c_V. Für ein einatomiges ideales Gas erhält man

$$c_V = \frac{3}{2}n\mathrm{R},$$

für ein zweiatomiges $c_V = \frac{5}{2}n\mathrm{R}$, beide sind unabhängig von der Temperatur. Diese Werte können mit Hilfe der mikroskopischen Theorie verstanden werden (Kap. 16), in der Thermodynamik sind es experimentell zu bestimmende Materialkonstanten. Nun fehlt noch die Ableitung $\left(\frac{\partial U}{\partial V}\right)_T$. Das ideale Gas zeigt hier eine Besonderheit, die bei dem **Überströmversuch** von Gay-Lussac in Abb. 3.5 offenbar wurde. Hier dehnt sich ein ideales Gas nach Öffnen eines Ventils in ein Vakuum aus, das Gefäß ist adiabatisch isoliert. Dabei wurde festgestellt, dass die Temperatur gleich bleibt, d. h., es handelt sich um einen isothermen Prozess und es wird keine Energie von der Umgebung aufgenommen, d. h. U bleibt konstant. Da das Volumen größer wird, T aber gleich bleibt, d. h.

$$\left(\frac{dT}{dV}\right)_U = 0$$

Abb. 3.5 Überströmversuch von Guy-Lussac, bei dem das Gas ohne Verrichten von Arbeit expandiert. Dabei bleibt die Temperatur konstant

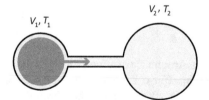

gilt, lässt darauf schließen, dass die innere Energie nicht vom Volumen abhängt. Um das zu sehen, verwenden wir Gl. 2.25

$$\left(\frac{\partial x}{\partial y}\right)_z \left(\frac{\partial y}{\partial z}\right)_x \left(\frac{\partial z}{\partial x}\right)_y = -1$$

mit $x = T$, $y = V$ und $z = U$, und erhalten nach Umformen

$$0 = \left(\frac{\partial T}{\partial V}\right)_U = -\frac{\left(\frac{\partial U}{\partial V}\right)_T}{\left(\frac{\partial U}{\partial T}\right)_V}.$$

Die Ableitung $\left(\frac{\partial U}{\partial T}\right)_V > 0$ ist die Wärmekapazität, daher muss $\left(\frac{\partial U}{\partial V}\right)_T = 0$ gelten.

Für das ideale Gas ist U nur eine Funktion von T, da die Ableitung nach V verschwindet. Damit können wir Gl. 3.12 verwenden, um $U(T)$ zu bestimmen. Man erhält die innere Energie für das einatomige Gas als

$$U(T) = \frac{3}{2}nRT, \tag{3.13}$$

wenn man $U(0) = 0$ setzt. Am absoluten Temperaturnullpunkt verschwindet die innere Energie des idealen Gases.

3.4.2 Reale Materialien

Bei realen Gasen findet man ein Abkühlung in einem Überströmversuch, d. h., U hängt auch von V ab, die Ableitung

$$\pi = \left(\frac{\partial U}{\partial V}\right)_T$$

verschwindet bei realen Materialien nicht. Bei konstanter Temperatur, d. h. $dT = 0$, reduziert sich Gl. 3.10 auf

$$dU = \pi\, dV.$$

Dies sieht aus wie der Ausdruck für die Volumenarbeit pdV, π hat also die Dimension eines Drucks und wird **Binnendruck** oder **innerer Druck** genannt.

Reales Gas Dazu das Beispiel des realen Gases: In Abschn. 2.5 haben wir gesehen, dass der Druck nach Gl. 2.11

$$p_{\text{eff}} = p + \frac{n^2 a}{V^2} \tag{3.14}$$

aus zwei Anteilen besteht, dem Druck p, der eine Kraft auf die Fläche der Wand ausübt, und dem sogenannten Binnendruck

$$p_b = \frac{n^2 a}{V^2},$$

der aus den Wechselwirkungen des Gases resultiert.

Mikroskopisch kann man das Abkühlen so verstehen: Wenn das Volumen expandiert, dann werden die mittleren Abstände zwischen den Teilchen größer, d. h., es werden Wechselwirkungen zwischen den Gasmolekülen schwächer oder aufgelöst. Dies benötigt Energie, die von außen zugeführt werden muss. Daher können reale Gase bei Expansion ohne Arbeitsleistung abkühlen. Abhängig vom Anfangszustand kann aber auch das Gegenteil passieren, wie wir in Abschn. 9.3 sehen werden.

Im Rahmen der Thermodynamik benötigen wir jedoch nicht zwangsläufig die mikroskopische Interpretation, wir berechnen einfach die Arbeit bei der Expansion

$$\delta W = p_{\text{eff}} dV.$$

Beim Überströmen wird keine Arbeit an der Wand verrichtet wird, d. h. das Integral

$$\int_{V_1}^{V_2} p \, dV = 0$$

verschwindet. Nicht jedoch das Integral über den Binnendruck,

$$\Delta W = \int_{V_1}^{V_2} p_b dV = \int_{V_1}^{V_2} \frac{n^2 a}{V^2} dV = -\left(\frac{n^2 a}{V_2} - \frac{n^2 a}{V_1}\right)$$

Wir können also die Identifikation $\pi = p_b$ vornehmen und erhalten für das vollständige Differential von U in Gl. 3.10:

$$dU = c_V dT + \pi \, dV. \tag{3.15}$$

Durch integrieren erhält man

$$U(T, V) = c_V T - \frac{n^2 a}{V}. \tag{3.16}$$

Diese Darstellung ist aber immer noch spezifisch für das spezielle Modell des realen Gases.

Reale Materialien Eine allgemeine Darstellung der Zustandsgleichung der inneren Energie als Funktion der Materialkonstanten werden wir in Abschn. 8.3.1 geben, wenn diese mit dem dort bereitgestellten Formalismus einfach abzuleiten sind, man erhält für das vollständige Differential

$$dU = c_v dT + (T\beta_V - 1) p \, dV$$

einen Ausdruck, der wie die Zustandsgleichungen für p, V und T in Abschn. 2.6 von **Materialkonstanten** abhängt. Man muss also den Wert U_0 für einen Referenzzustand (p_0, V_0) bestimmen, und kann von da aus den Wert von U für andere Zustände durch Integration von dU erhalten. Wir werden dies in Kap. 8 noch im Detail ausführen.

3.5 Zusammenfassung

Die innere Energie eines thermodynamischen Systems ist eine Zustandsfunktion $U(V, T)$, analog den anderen Zustandsgrößen p, V und T. Sie ändert sich durch Zu- oder Abführen von Wärme oder Arbeit, das ist durch den 1. Hauptsatz der Thermodynamik ausgedrückt:

$$dU = \delta Q + \delta W.$$

Q und W sind wegabhängig, sie sind keine Zustandsgrößen, sondern Energieformen, die bei Zustandsänderungen mit dem System ausgetauscht werden. Die Energieerhaltung, die Tatsache dass U eine Zustandsgröße ist, hat zur Folge, dass ein **Perpetuum mobile 1. Art** nicht möglich ist.

Die Thermodynamik gibt die allgemeine Form von U nicht an, man kann nur das vollständige Differential

$$dU = \left(\frac{\partial U}{\partial V} \right)_T dV + \left(\frac{\partial U}{\partial T} \right)_V dT$$

betrachten, wobei die partiellen Ableitungen auf **Materialkonstanten** führen. Damit kann man Änderungen in Bezug auf einen Referenzzustand bestimmen.

Für die innere Energie eines einatomigen idealen Gases kann dies einfach durchgeführt werden. Hier kann der Referenzzustand $T = 0$ K verwendet werden und man erhält

$$U(T) = \frac{3}{2} nRT,$$

da die Energie nicht vom Volumen abhängt.

Thermodynamische Prozesse und Kreisprozesse

4

Der allgemeine Formalismus der Thermodynamik besagt nur, dass es Zustandsfunktionen gibt wie für die Temperatur $T(p, V)$ und die innere Energie $U(p, V)$. Wie diese Zustandsfunktionen explizit aussehen, ist eine Sache der Empirie. Wir müssen die Materialkonstanten entsprechend bestimmen, um diese Funktionen darstellen zu können.

U wurde eingeführt als von außen zugeführte Arbeit bezüglich eines willkürlichen Referenzzustands. Zur Bestimmung von U und der Materialkonstante c_V wurde ein **isochorer** und ein **adiabatischer** Prozess betrachtet. Im Folgenden wollen wir weitere wichtige Prozesse untersuchen, und mit dem ersten Hauptsatz die dabei auftretenden Arbeitsleistungen und Wärmemengen berechnen.

Anschließend werden Kreisprozesse, die Grundlage von Wärmekraftmaschinen besprochen. Zentrales Konzept ist der Wirkungsgrad einer Maschine, d. h. das Verhältnis von aufgewendeter Wärme zu geleisteter Arbeit. Es scheint einen maximalen Wirkungsgrad zu geben, was besagt, dass Wärme nicht vollständig in Arbeit umgewandelt werden kann. Diese fundamentale Asymmetrie in der Natur liegt also irreversiblen Prozessen zugrunde.

In einem Dritten Teil werden die beiden wichtigen irreversiblen Prozesse genauer untersucht. Es gibt eine Verbindung zwischen der irreversiblen Erwärmung und der irreversiblen Expansion, die das Phänomen der Irreversibilität verdeutlicht.

4.1 Einfache Zustandsänderungen

Wir betrachten ein einfaches System mit Arbeitskoordinate V in einem Zylinder mit einer diathermen oder adiabatischen Wand. Die Zustandsänderungen sollen quasistatisch erfolgen, d. h., die Prozesse sollen so langsam stattfinden, dass T und p entlang des Prozesses definiert sind. Dann kann der Prozess als eine Kurve in einem p-V Diagramm eingetragen werden, wie in Abb. 4.1 gezeigt. Es kann Wärme ΔQ

© Springer-Verlag GmbH Deutschland 2017
M. Elstner, *Physikalische Chemie I: Thermodynamik und Kinetik*,
https://doi.org/10.1007/978-3-662-55364-0_4

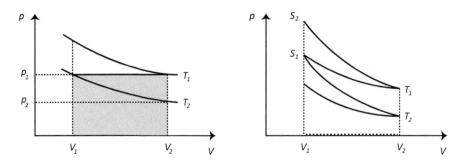

Abb. 4.1 Isobare, Isochore, Isotherme Zustandsänderungen (links) sowie isotherme und adiabatische Zustandsänderungen (rechts). Die Arbeit kann in einem $p - V$ Diagramm als Fläche unter
der entpsrechenden Kurve dargestellt werden, wie in Kap. 1 ausgeführt

mit der Umgebung ausgetauscht werden, dann ist die Wand diatherm, für $\Delta Q = 0$ ist
die Wand adiabatisch. Die Arbeit ΔW kann für diese quasistatischen Prozesse durch
die Fläche unter der Kurve zwischen zwei Punkten im Zustandsraum dargestellt
werden.

Mit Hilfe des ersten Hauptsatzes kann man entlang dieser Zustandsänderungen
die Größen ΔU, ΔQ und ΔW berechnen. Explizit geht dies mit dem Modell des
idealen Gases auf recht einfache Weise.

4.1.1 Isochore Zustandsänderungen

Bei **isochoren** Zustandsänderungen bleibt das Volumen konstant, die innere Energie kann über die Zufuhr von Arbeit, wie in Abschn. 3.2.2 durch Rühren, geschehen.
Das entsprechende System ist in Abb. 3.2 dargestellt. Über das **Wärmeäquivalent**
ist es gelungen, Wärmemengen quantitativ darzustellen. Die isochore Zustandsänderung kann daher auch durch Zufuhr einer Wärmemenge ΔQ durch eine diatherme
Wand erfolgen.

Mit der Wärmekapazität c_V erhält man

$$\Delta U = \Delta Q = \int_{T_1}^{T_2} c_V(T) \mathrm{d}T. \tag{4.1}$$

Dieser Prozess muss **quasistatisch** geführt werden, d. h., die Erwärmung verläuft
als Grenzprozess unendlich langsam. Nur so ist garantiert, dass entlang des Prozesses die Temperatur definiert ist und man die Integration ausführen kann. Die
quasistatische isochore Zustandsänderung kann dann durch eine senkrechte Linie in
Abb. 4.1 repräsentiert werden.

In Abschn. 3.4.1 haben wir den Prozess verwendet um die innere Energie des
einatomigen idealen Gases zu berechnen,

$$\Delta U = \frac{3}{2} n\mathrm{R}(T_2 - T_1).$$

Abb. 4.2 Systeme, die unter dem Außendruck p_0 bzw. dem Außendruck und einem zusätzlichen Druck durch ein Gewicht der Masse m stehen

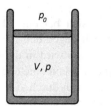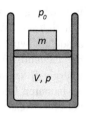

4.1.2 Isobare Zustandsänderungen

Bei der **isobaren** Zustandsänderung folgt der Prozess dem Pfad mit konstantem Druck. Wenn man die Systeme in Abb. 4.2 erwärmt, dann wird sich das Volumen gegen den Außendruck bzw. gegen die Summe aus Außendruck und Schwerkraft des Gewichts ausdehnen, der Druck p im Volumen bleibt jedoch gleich.

Für die Isobare lautet der erste Hauptsatz :

$$dU = -p\,dV + \delta Q,$$

d. h.

$$\Delta U + p\Delta V = (U_2 + pV_2) - (U_1 + pV_1) = \Delta Q \tag{4.2}$$

Offensichtlich ist die Funktion

$$H = U + pV, \tag{4.3}$$

Enthalpie genannt, eine Zustandsfunktion, da U, p und V Zustandsfunktionen sind. Das totale Differential ist

$$dH = dU + d(pV) = \delta Q - p\,dV + p\,dV + V\,dp = \delta Q + V\,dp. \tag{4.4}$$

Wenn man nun durch dT teilt findet man für die Isobare mit $dp = 0$

$$\left(\frac{dH}{dT}\right)_p = \left(\frac{dQ}{dT}\right)_p = c_p. \tag{4.5}$$

Die Temperaturänderung bei konstantem Volumen wird durch c_V beschrieben, die bei konstantem Druck durch die Wärmekapazität c_p.

Mit der idealen Gasgleichung entlang der Isobaren $p\Delta V = nR\Delta T$,

$$\Delta U = \Delta W + \Delta Q \qquad \rightarrow \qquad c_V \Delta T = -nR\Delta T + c_p \Delta T$$

erhält man

$$c_p - c_V = nR,$$

d. h.

$$c_p = nR + c_V = \frac{5}{2}nR. \tag{4.6}$$

Bedeutung: In der Chemie betrachten häufig wir Reaktionen bei konstantem Außendruck. Wenn sich bei einer Reaktion oder Phasenumwandlung der Stoff ausdehnt, wird Arbeit gegen den Außendruck verrichtet. Diese muss man immer berücksichtigen, deshalb wird in der Chemie die **Enthalpie** H anstatt der inneren Energie U verwendet. Wenn eine chemische Reaktion Wärme abgibt, ist diese unter isobaren Bedingungen durch $\Delta H = \Delta Q$ gegeben, da die Volumenveränderung bei einer Reaktion berücksichtigt werden muss. Im Gegensatz aber zu den in den nächsten Abschnitten besprochenen isothermen und adiabatischen Zustandsänderungen wird keine weitere **Volumenarbeit** geleistet, die an einen Arbeitsspeicher abgegeben werden könnte, da der Druck konstant gehalten wird, und nicht dazu verwendet wird, weitere Arbeit durch Ausdehnung des Gases zu verrichten.

4.1.3   Isotherme Zustandsänderungen

Die isotherme Expansion und Kompression wurde schon in Kap. 1 eingeführt. Für einen quasistatischen Prozess sind Druck und Temperatur entlang der Zustandsänderung definiert, die Zustandsänderung ist dadurch reversibel und wir können die Arbeit über $-p\mathrm{d}V$ berechnen. Das entsprechende System haben wir in Abb. 3.3 dargestellt. Über die diatherme Wand kann Wärme ΔQ mit der Umgebung ausgetauscht werden.

Für das ideale Gas ist $U = U(T)$, d. h., es gilt $\mathrm{d}U = 0$ für die Isotherme und wir erhalten

$$- \delta Q = \delta W = -p(V)\mathrm{d}V. \tag{4.7}$$

Da T konstant ist, kann man es vor das Integral ziehen, und man erhält für die Arbeit

$$- \Delta Q = \Delta W = \int_{V_1}^{V_2} p(V)\mathrm{d}V = -nRT \int_{V_1}^{V_2} \frac{\mathrm{d}V}{V} = -nRT \ln \frac{V_2}{V_1}, \tag{4.8}$$

wenn man für

$$p(V) = \frac{nRT}{V}$$

die ideale Gasgleichung verwendet. Die Arbeit, die entlang des Integrationsweges geleistet wird, wird als Wärme von der Umgebung aufgenommen. Leistet das System Arbeit, fließt die Energie in Form von Wärme ins System, wird am System Arbeit geleistet, ist es umgekehrt. Voraussetzung ist also eine **diatherme Wand**. Dadurch bleibt die Temperatur entlang des Prozesses gleich.

4.1.4   Adiabatische Zustandsänderungen

Diese sind definiert durch

$$\delta Q = 0 \rightarrow \mathrm{d}U = \delta W, \tag{4.9}$$

und das entsprechende System ist in Abb. 3.1 dargestellt. Der reversible Arbeits-speicher garantiert die quasistatische Prozessführung, damit kann man die Arbeit über

$$\Delta W = \int_{V_1}^{V_2} p(V)\mathrm{d}V$$

berechnen. Dazu benötigt man eine Funktion $p(V)$ analog zum isothermen Fall, die im Folgenden abgeleitet werden soll.

Die Adiabate schneidet die Isotherme in Abb. 4.1 mit T_1 bei V_1 und die Isotherme T_2 bei V_2. Bei der Expansion wird innere Energie in Arbeit umgesetzt, dabei wird das Gas kühler. Für das ideale Gas ist $U(T) = c_V T$ jedoch nicht von V abhängig,

$$\mathrm{d}U = \left(\frac{\partial U}{\partial V}\right)_T \mathrm{d}V + \left(\frac{\partial U}{\partial T}\right)_V \mathrm{d}T = -p\mathrm{d}V = \delta W,$$

d. h., die Ableitung nach V entfällt und man findet für das ideale Gas:

$$c_V \mathrm{d}T = -p\mathrm{d}V,$$

mit $pV = nRT$ kann man umformen:

$$c_V \frac{\mathrm{d}T}{T} = -nR\frac{\mathrm{d}V}{V}.$$

Beide Seiten integrieren:

$$c_V \ln T + \mathrm{a} = -nR \ln V + \mathrm{b}.$$

a und b sind die Integrationskonstanten, und mit $S = \mathrm{b} - \mathrm{a}$ erhält man:

$$S = c_V \ln T + nR \ln V. \tag{4.10}$$

Man kann mit $nR = c_p - c_V$ und der Definition $\kappa = c_p/c_V$ Gl. 4.10 umschreiben ($\mathrm{a}\ln x = \ln x^{\mathrm{a}}$):

$$S(T, V) = c_V \ln\left(TV^{\kappa-1}\right). \tag{4.11}$$

S ist eine Konstante für $\delta Q = 0$, d. h., für alle Werte von T und V auf der Adiabaten hat S den gleichen Wert.

Wichtig
Entlang adiabatischer Zustandsänderungen, $\delta Q = 0$, gilt also nach Gl. 4.10:

$$\mathrm{d}S = c_V \frac{\mathrm{d}T}{T} + nR\frac{\mathrm{d}V}{V} = 0. \tag{4.12}$$

Offensichtlich ist S eine Funktion von T und V, und entlang der Adiabaten gilt $dS = 0$, d. h., S ist eine Konstante. Damit ist

$$s = TV^{\kappa-1} \tag{4.13}$$

mit $s = e^{S/c_V}$ entlang der Adiabate ebenfalls eine Konstante. Adiabaten sind also Kurven, für die $TV^{\kappa-1}$ einen konstanten Wert hat. Dies ist die sogenannte **Adiabatengleichung**, mit $pV = nRT$ erhält man ähnliche Gleichungen auch für die anderen Variablenkombinationen:

$$TV^{\kappa-1} = s \qquad pV^{\kappa} = a \qquad T^{\kappa}p^{1-\kappa} = b. \tag{4.14}$$

a, und b sind ebenfalls Konstanten entlang der Adiabaten, z. B. $a = s \cdot nR$.

- S kann damit auch als $S(p, T)$ und $S(p, V)$ geschrieben werden.
- wir erhalten die Zustandsgleichung

$$p(V) = \frac{a}{V^{\kappa}}.$$

κ ist eine Materialkonstante und a erhält man durch s bzw. S, das wir unten in Kap. 6 genauer bestimmen werden

4.2 Thermodynamische Kreisprozesse

Der Carnot'sche Kreisprozess verwendet isotherme und adiabatische Zustandsänderungen, um Wärme in Arbeit umzuwandeln.

Diese beiden Prozesse haben wir in schon Anfangs in Abschn. 1.6 besprochen. Wenn man sie quasistatisch führt, wird genau so viel Arbeit geleistet und in dem reversiblen Arbeitsspeicher zwischengespeichert, dass der Prozess umgekehrt werden kann. Es sind beides **reversible Prozesse**.

Daher kann man den Kreisprozess auch umgekehrt laufen lassen, wobei Arbeit aufgewendet wird, um ein Reservoir zu erwärmen.

4.2.1 Der Carnot-Prozess

Betrachten Sie den Kreisprozess in Abb. 4.3, der aus zwei Adiabaten und 2 Isothermen besteht. Wir wollen nun die transferierte Wärme und geleistete Arbeit für das **ideale Gas** in jedem Teilschritt berechnen. Die entsprechende Maschine ist einfach ein Gaskolben, der im Schritt b $\rightarrow$ c mit dem Reservoir der Temperatur T_1 in Kontakt ist und die aufgenommene Wärme als Arbeit abgibt. Im Schritt c $\rightarrow$ d wird das Reservoir abgekoppelt und die Expansion geht adiabatisch weiter. Diese muss genügend „Schwung" erzeugt haben, damit im Schritt d $\rightarrow$ a durch Kopplung an das

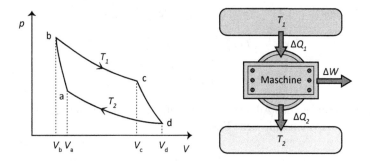

Abb. 4.3 Carnot-Prozess und symbolische Darstellung der Maschine

Reservoir mit $T_2 < T_1$ isotherm komprimiert werden kann, wobei die zugeführte Arbeit als Wärme abgegeben wird, und dann im Schritt a $\rightarrow$ b die Kompression adiabatisch zum Ausgangszustand fortgesetzt wird.

- **a $\rightarrow$ b, adiabatische Kompression:**

$$\Delta Q_{ab} = 0 \qquad \Leftrightarrow \qquad \Delta U = \Delta W_{ab} > 0$$

Die Arbeit ist aufgrund der Adiabaten schwierig zu berechnen, wir wissen jedoch, dass die innere Energie nur von T abhängt, d.h., sie ist konstant auf den Isothermen. Damit müssen wir nur die Energie berechnen, die z.B. isochor zur Erwärmung von T_2 nach T_1 nötig ist:

$$\Delta W_{ab} = c_V(T_1 - T_2)$$

- **b $\rightarrow$ c, isotherme Expansion:**

$$\Delta U = 0 \qquad \Leftrightarrow \qquad -\Delta Q_1 = \Delta W_{bc} < 0$$

$$\Delta W_{bc} = -n\mathrm{R}T_1 \ln \frac{V_c}{V_b} < 0$$

- **c $\rightarrow$ d, adiabatische Expansion:**

$$\Delta Q = 0 \qquad \Leftrightarrow \qquad \Delta U = \Delta W_{cd} < 0$$

$$\Delta W_{cd} = c_V(T_2 - T_1) = -\Delta W_{ab}$$

- **d $\rightarrow$ a, isotherme Kompression:**

$$\Delta U = 0 \qquad \Leftrightarrow \qquad -\Delta Q_2 = \Delta W_{da} > 0$$

$$\Delta W_{da} = -n\mathrm{R}T_2 \ln \frac{V_a}{V_d}$$

Auf den Adiabaten gilt $TV^{\kappa-1} = s$, damit erhalten wir wegen

$$T_2 V_{\mathrm{a}}^{\kappa-1} = T_1 V_{\mathrm{b}}^{\kappa-1}, \qquad T_2 V_{\mathrm{d}}^{\kappa-1} = T_1 V_{\mathrm{c}}^{\kappa-1},$$

$$\frac{V_{\mathrm{a}}}{V_{\mathrm{d}}} = \frac{V_{\mathrm{b}}}{V_{\mathrm{c}}}.$$

Da sich die Arbeit auf den Adiabaten genau aufhebt, ist die gesamte geleistete Arbeit (vom Kreisprozess umschlossene Fläche):

$$\Delta W = \Delta W_{\mathrm{bc}} - \Delta W_{\mathrm{da}} = -n\mathrm{R}(T_1 - T_2)\ln\frac{V_d}{V_a} < 0. \qquad (4.15)$$

Der **Wirkungsgrad** η ist definiert durch den Quotienten aus geleisteter Arbeit und aufgenommener Wärme, wir erhalten damit für die Carnot-Maschine

$$\eta_C = \frac{|\Delta W|}{\Delta Q_1} = 1 - \frac{T_2}{T_1}, \qquad (4.16)$$

oder

$$\eta_C = \frac{\Delta Q_1 - \Delta Q_2}{\Delta Q_1} = 1 - \frac{\Delta Q_2}{\Delta Q_1}$$

Nach dem 1. Hauptsatz ist die vollständige Umwandlung von Wärme in Arbeit im Prinzip möglich. Die letzten Gleichungen zeigen jedoch, warum das nicht geschieht: Für das kältere Reservoir müsste $T_2 = 0$K gelten. Faktisch kann man daher niemals ausschliesslich Wärme in Arbeit umwandeln. Im Carnot-Prozess tritt immer eine Kompression des Volumens auf, wobei die Wärme ΔQ_2 abgegeben werden muss. Der Wirkungsgrad wird sehr groß wenn T_1 groß und T_2 klein ist. Das ist auch sehr anschaulich, denn dann ist die umschlossene Fläche sehr groß.

Aber vielleicht gilt dieser Wirkungsgrad ja nicht allgemein und man kann Maschinen konstruieren, die einem anderen Gesetz folgen?

4.2.2 Carnot rückwärts: Wärmepumpe und maximaler Wirkungsgrad

Für den Carnot-Prozess kann man zeigen:

- Der Carnot-Prozess ist reversibel.
- Der Carnot-Prozess hat den höchsten Wirkungsgrad aller zwischen zwei Temperaturreservoirs arbeitenden Maschinen.
- η_C wird von allen reversibel arbeitenden Maschinen erreicht.

Reversible Prozesse kann man umkehren, alle Größen wechseln dann nur ihre Vorzeichen. Der Carnot-Prozess besteht aus zwei Isothermen und zwei Adiabaten, allesamt reversible Prozesse. Bei einem Umlauf wird von Reservoir 1 (mit

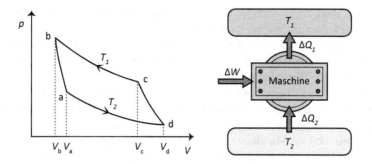

Abb. 4.4 Carnotprozess und Wärmepumpe

Abb. 4.5 „Supermaschine" gekoppelt an Wärmepumpe

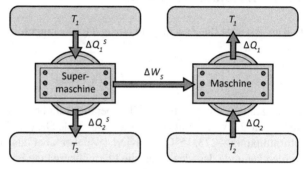

Temperatur T_1) die Wärme ΔQ_1 entnommen. Analoges gilt für das Reservoir mit der Temperatur T_2.

Daher kann man den Carnot-Prozess auch gegen den Uhrzeigersinn laufen lassen wie in Abb. 4.4 dargestellt. Wir können alle berechneten Größen (Arbeit, Wärme) wieder verwenden, indem wir ihr Vorzeichen umdrehen.

Hier wird nun die Arbeit ΔW aufgewendet, um das Gas von d) nach c) zu komprimieren, die Wärme ΔQ_1 wird an das wärmere Reservoir mit Temperatur T_1 abgegeben und die Wärme ΔQ_2 dem kälteren Reservoir mit Temperatur T_2 entzogen. Man nennt solch eine Maschine **WärmepumpeWärmepumpe**, das Prinzip ist z. B. in Kühlschränken realisiert.

Nun betrachten wir eine „Super"-Maschine, die einen Wirkungsgrad $\eta_S > \eta_C$ hat und die eine Carnot-Wärmepumpe antreibt (Abb. 4.5). Diese Wärmepumpe hat den gleichen Wirkungsgrad wie die Carnot-Maschine,

$$\eta_C = \frac{\Delta W_{ab}}{\Delta Q_1}.$$

Die von der „Supermaschine" geleistete Arbeit soll die Wärmepumpe antreiben, d. h., $\Delta W_S = \Delta W_{ab}$ und mit

$$\eta_S > \eta_C \quad \rightarrow \quad \frac{\Delta W_S}{\Delta Q_1^S} > \frac{\Delta W_{ab}}{\Delta Q_1}$$

folgt sofort, dass $\Delta Q_1^S < \Delta Q_1$. Diese Maschine würde nichts weiter machen, als Wärme vom kalten ins warme Reservoir zu pumpen. Mit der so erzeugten Wärme könnte man Arbeit generieren. Das wäre ein Perpetuum mobile, das nach dem ersten Hauptsatz nicht verboten wäre, die Energie bleibt erhalten, sie würde nur in einer extrem nützlichen Weise umgewandelt.

So wie es nicht gelungen ist ein Perpetuum mobile erster Art zu konstruieren, ist es auch nicht gelungen eine Maschine mit $\eta > \eta_C$ zu bauen. Also muss man folgern, dass η_C der maximale Wirkungsgrad für Wärmekraftmaschinen ist, der von allen reversibel arbeitenden Maschinen erreicht wird. Diese empirische Einsicht wird als 2. Hauptsatz der Thermodynamik formuliert, den wir in Kap. 6 einführen werden.

4.2.3 Absolute Temperatur

In Kap. 2 wurde die Zustandsgleichung $T(p, V)$ eingeführt. Die Längenausdehnung von Stoffen

$$T = T_0 + \alpha \Delta V$$

wurde genutzt, um eine relative Temperaturskala bezüglich $T_0 = 0°C$ einzuführen. In Abschn. 2.7 wurde mit Hinweis auf die ideale Gasgleichung ein absoluter Temperaturnullpunkt $-273,15°C$ motiviert, welcher aber als problematisch angesehen werden kann, da das ideale Gas die Phasenübergänge ignoriert.

Eine absolute Temperaturskala, die **Kelvin-Skala**, wurde von Lord Kelvin mit Hilfe des Carnot-Wirkungsgrades Gl. 4.16

$$\eta_C = 1 - \frac{T_2}{T_1} = 1 - \frac{\Delta Q_2}{\Delta Q_1}$$

formuliert. Wenn man einen Referenzwert nimmt, z. B. den Tripelpunkt von Wasser, so erhält man

$$T = T_{ref} \frac{\Delta Q_2}{\Delta Q_1}.$$

Da bei tieferer Temperatur die Wärmemenge ΔQ_2 immer kleiner wird, gibt es einen Zustand, in dem diese verschwindet. Dieser Zustand wird **absoluter Temperaturnullpunkt** genannt. Er tritt auf, wenn der Carnot-Wirkungsgrad $\eta_C = 1$ wird.

4.3 Reversible und irreversible Prozesse

Wir haben bisher vier Prozesse diskutiert, die dadurch charakterisiert sind, dass jeweils eine Größe p, V, T oder S konstant gehalten wird. Die Isothermen und Adiabaten sind reversible Zustandsänderungen. Im Zusammenhang mit der Einführung der inneren Energie haben wir jedoch zwei Zustandsänderungen kennengelernt, die irreversibel sind, die irreversible isochore Erwärmung und die irreversible isotherme Expansion.

4.3.1 Irreversible Expansion

Ein interessanter Fall ist insbesondere der Überströmversuch. Der wichtige Aspekt dieses Prozesses ist, dass dabei keine Arbeit verrichtet wird. Dadurch küht das ideale Gas nicht ab. Wenn Arbeit verrichtet würde hätte man den Fall der adiabatischen Expansion. Hier sinkt die Temperatur entlang der Adiabaten, da innere Energie wird in Arbeit umgewandelt wird.

In Abb. 3.5 wird ein Ventil geöffnet, wodurch sich das Gas gleichförmig im größeren Volumen verteilt. Bis sich ein neues Gleichgewicht eingestellt hat, sind die thermodynamischen Parameter p und T nicht definiert. Man nennt dies einen **Nichtgleichgewichtsprozess**, bei dem nur der Anfangs- und Endpunkt Gleichgewichtszustände sind.

Bei Zustandsänderungen sind wir an der Änderung der Zustandsvariablen wie etwa U interessiert. Um dies zu berechnen, benötigen wir einen Prozess, für den die p und T in allen Punkten definiert sind. Allerdings ist der Prozessweg unwichtig, da U eine **Zustandsfunktion** ist, für jeden Prozessweg zwischen zwei Zuständen erhält man das gleiche Ergebnis. Um einen kontinuierlichen Prozess zu definieren, kann man diese Expansion auch als stufenweisen Prozess wie in Abb. 4.6 darstellen. Wenn man die Expansionsschritte immer kleiner macht und die Anzahl der Schritte immer größer, erhält man einen quasistatischen Prozess. Nun ist in jedem Schritt p und T definiert, und man kann den Überströmprozess als Isotherme in Abb. 4.1 einzeichnen. Dies nennt man einen **quasistatischen Ersatzprozess**.

Wie kann man verstehen, dass dieser Prozess des Überströmens nicht reversibel ist? Der Prozess kann auch wie in Abb. 4.7 beschrieben werden: Man entfernt die Kopplung an das Gewicht, d. h., eine Expansion von V_1 auf V_2 geschieht, ohne dass Arbeit geleistet wird (Gewicht wird nicht gehoben!), wenn wir annehmen das das Verschieben des (idealisiert masselosen) Stempels reibungsfrei ist. Dabei wird das Überströmen, d. h. die Expansion des Volumens von V_1 auf V_2 durch sukzessive

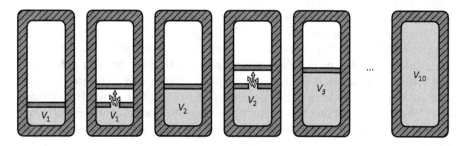

Abb. 4.6 Überströmversuch von Guy-Lussac in mehreren Stufen

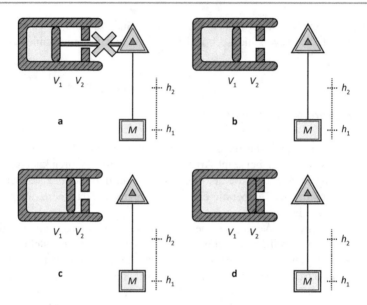

Abb. 4.7 Überströmversuch von Guy-Lussac. Entfernen der Kopplung an Gewicht und schrittweise Expansion zum Volumen V_2, ohne dass Arbeit geleistet wird, da das Gewicht auf der Höhe h_1 verbleibt. Im Grenzfall unendlich vieler infinitesimaler Schritte ist dieser Prozess quasistatisch

kleine Schritte dargestellt, für die das System immer im Gleichgewicht ist, d. h. p, V und T definiert sind.

Ob man nun quasistatisch führt oder spontan expandieren lässt, wie schon in in Abschn. 1.3.2 mit Abb. 1.6 veranschaulicht, führt auf das selbe Ergebnis. Man müsste von außen eingreifen und Energie zuführen, um den Anfangszustand wieder herzustellen. Das System selbst ist nicht in der Lage, den Prozess umzukehren.

4.3.2 Irreversible Erwärmung

Warum ist nun die isochore Erwärmung, realisiert durch die Vorrichtung Abb. 3.2, irreversibel? In der Thermodynamik ist dies eine Erfahrungstatsache und wird in Kap. 6 als zweiter Hauptsatz eingeführt.

Nach der Diskussion des Carnot-Prozesses kann man verstehen, warum das so ist. Offensichtlich kann man die Joules'che Erwärmung nicht umkehren, da es bei der Umwandlung von Wärme in Arbeit immer einen Prozess geben muss, bei dem ein „Verlust" von Wärme in Form von ΔQ_2 auftritt. Diese Energie geht nicht wirklich verloren, sie ist nun in Reservoir 2 und der 1. Hauptsatz behält seine Geltung, aber sie kann eben nicht in Arbeit umgewandelt werden. Das ist der Hintergrund des Postulats von Joule und Mayer: Auch wenn man die Energie bei der Erwärmung nicht direkt wieder als Arbeit herausbekommt, kann man sie in der Energiebilanz als Wärme aufführen.

Abb. 4.8 Isotherme und adiabatische Volumenänderung, isochore Erwärmung

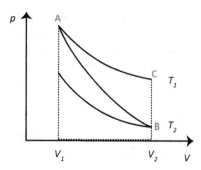

Wir erwärmen also mit dem Joule'schen Rührer ein System, indem wir die Wärme $\Delta Q_1 = \Delta W$ über Arbeit zuführen, können diese Wärme nicht wieder komplett in Arbeit umsetzen, da wir die Abwärme ΔQ_2 abziehen müssen.

Man kann zeigen, dass aus der Irreversibilität der Erwärmung die Irreversibilität der isothermen Expansion (ohne Arbeit) folgt.[1] Dazu verwendet man den Kreisprozess in Abb. 4.8. Man kann das aber auch umgekehrt betrachten:

- Bei der adiabatischen Kompression in Abb. 3.1 wird das Gewicht von h_2 nach h_1 abgesenkt, dabei wird das Volumen von V_2 auf V_1 komprimiert und die Temperatur von T_2 auf T_1 erhöht. Dabei wird die Kurve B-A in Abb. 4.8 durchlaufen. Die Arbeit ist

$$\Delta W = U_A - U_B.$$

- Bei der isochoren Erwärmung in Abb. 3.2 wird dieselbe Arbeit aufgewendet, das Volumen bleibt bei V_2 und die Temperatur wird ebenfalls von T_2 auf T_1 erhöht. Es wird die Gerade B-C in Abb. 4.8 durchlaufen. Die zugeführte Wärme ist

$$U_C - U_B = \Delta Q = c_V(T_1 - T_2)$$

Da für das ideale Gas $U_A = U_C$ entlang der Isotherme gilt, ist also $\Delta W = \Delta Q$.

In beiden resultierenden Zuständen A und C ist das Gewicht unten. Von Zustand A aus kann man allerdings wieder expandieren, d. h. den Prozess umkehren, was von Zustand C aus nicht geht. Man kann die isochore Erwärmung also als Folge von zwei Prozessen verstehen: (a) der adiabatischen Kompression B-A und (b) der isothermen Expansion ohne Arbeit A-C in Abb. 4.8. Da Letztere irreversibel ist, muss es die isochore Erwärmung B-C auch sein.

Auf diese Weise kann man verstehen, was Irreversibilität bedeutet. Nach dem ersten Hauptsatz geht Energie nicht verloren. Aber sie kann offensichtlich so im System verteilt sein, dass sie nicht mehr zur Umkehrung zur Verfügung steht. Die

---

[1]Max Planck, Vorlesungen über Thermodynamik, § 110, Planck stellt die Irreversibilität der isochoren Erwärmung als Naturtatsache dar (§ 109), die Irreversibilität des Überströmversuchs ist dann daraus ableitbar (§ 110).

Zustände A und C, haben beim idealen Gas die gleiche Energie. Im Punkt A ist die Energie jedoch so konzentriert, der Druck p ist höher, dass sie zur Expansion wieder zur Verfügung steht. Im Punkt C ist dieselbe Energie jedoch als Wärme über ein größeres Volumen verteilt, sodass man vom Punkt C nicht mehr nach A oder B zurückkommt.

Wichtig

Wenn ein Prozess nicht umkehrbar ist, dann ist die Energie im System so verteilt, dass sie entlang der Arbeitskoordinate zur Umkehrung nicht zur Verfügung steht.

4.4   Zusammenfassung

In diesem Kapitel wurden vier Zustandsänderungen betrachtet, die in der Thermodynamik besonders relevant sind. Diese sind dadurch definiert, dass jeweils eine thermodynamische Variable konstant ist. Der erste Hauptsatz erlaubt, die Änderungen der inneren Energie ΔU sowie der Arbeit ΔW und Wärme ΔQ entlang dieser Prozesse zu berechnen. Für das ideale Gas ist das mit der Gasgleichung $pV = nRT$ besonders einfach.

- **Isochore, V = konst.**: $\mathrm{d}U = \delta Q$
- **Isobare, p = konst.**: Zur Beschreibung wurde eine neue Zustandsfunktion, die **Enthalpie H**, eingeführt, die in der Chemie eine besondere Bedeutung hat. $\mathrm{d}H = \delta Q$.
- **Isotherme, T = konst.**: Für das ideale Gas gilt hier $\mathrm{d}U = 0$, und damit $\delta W = \delta Q$.
- **Adiabate, S = konst.**: S ist ebenfalls eine neue Zustandgröße, deren Bedeutung später klar wird. Auf der Adiabate gilt $\delta Q = 0$, d. h. innere Energie wird vollständig in Arbeit umgewandelt, oder umgekehrt.

Alle betrachteten Prozesse werden **quasistatisch** geführt, sonst sind p und T entlang des Weges nicht definiert. Adiabate und Isotherme sind **reversible** Zustandsänderungen, die Isochore und der Überströmprozess sind **irreversible** Zustandsänderungen.

In Kap. 1 haben wir irreversible Prozesse als solche eingeführt, bei denen die Arbeit bei der Expansion nicht vollständig gespeichert, wurde, sodass diese nun zum Umkehren fehlt. Der Überströmversuch ist sozusagen der Extremfall dieser Klasse. Hier wird bei der Expansion komplett darauf verzichtet, die Arbeit zu speichern. Daher ist er irreversibel.

Die Erwärmung kann man einerseits als das Paradebeispiel irreversibler Prozesse verstehen. Es gibt keine Möglichkeit, ein System abzukühlen und daraus ausschließlich Arbeit zu gewinnen. Im Zustandsdiagramm kann man die Erwärmung allerdings auch als Folge zweier Prozesse verstehen: der adiabatischen

Kompression gefolgt von der irreversiblen Expansion. In dieser Perspektive wird bei der Erwärmung dem System in solcher Weise Energie zugeführt, dass es unmöglich ist, diese als Arbeit wieder abzugeben.

Die obigen Prozesse können zu einem Kreisprozess kombiniert werden. Der Carnot-Prozess besteht aus zwei Isothermen und zwei Adiabaten. Der Wirkungsgrad eines Kreisprozesses ist definiert als Quotient aus abgegebener Arbeit und zugeführter Wärme,

$$\eta = \frac{\Delta W}{\Delta Q_1}.$$

- Mit Hilfe des Carnot-Prozesses läßt sich die absolute Temperatur und die Kelvin-Skala einführen.
- Der Carnot-Prozess hat den maximal möglichen Wirkungsgrad für Wärmekraft-maschinen.
- Dies bedeutet, dass niemals Wärme ausschließlich in Arbeit umgewandelt werden kann, es muss immer auch Wärme an ein kälteres Reservoir abgeführt werden.
- Die Irreversibilität der isochoren Erwärmung ist mit dem maximalen Wirkungs-grad verknüpft. Man kann mit einem Carnot-Prozess niemals den Prozess der isochoren Erwärmung umkehren.

Enthalpie *H* und Thermochemie

Betrachten wir eine Stoffumwandlung

$$A \to B,$$

passieren auf thermodynamischer Ebene zwei Dinge. Es wird Wärme aufgenommen oder abgegeben, und es gibt eine Volumenänderung, da A und B unterschiedliche Volumina einnehmen können. Wenn die Reaktion nicht in einem Druckbehälter stattfindet, sondern bei Umgebungsdruck, wird damit Volumenarbeit geleistet. Das Volumen des Systems dehnt sich gegen den Umgebungsdruck aus, oder kontrahiert. Dabei wird die Arbeit $p\Delta V$ an die Umgebung abgegeben oder von ihr aufgenommen. Für diese **isobaren Prozesse** wurde die Enthalpie H eingeführt, die daher für chemische Reaktionen besonders relevant ist.

5.1 Die Enthalpie

In Kap. 4 haben wir für die Isobare eine neue Zustandsfunktion

$$H = U + p \cdot V, \tag{5.1}$$

die **Enthalpie,** eingeführt, für die gilt:

$$dH = dU + d(p \cdot V) = dU + pdV + Vdp = \delta Q - pdV + pdV + Vdp \tag{5.2}$$
$$= \delta Q + Vdp$$

Betrachten wir einen isobaren Prozess ($dp = 0$), so gilt:

$$dH = \delta Q. \tag{5.3}$$

© Springer-Verlag GmbH Deutschland 2017
M. Elstner, *Physikalische Chemie I: Thermodynamik und Kinetik,*
https://doi.org/10.1007/978-3-662-55364-0_5

Wir teilen durch dT und erhalten damit die partielle Ableitung

$$\left(\frac{dH}{dT}\right)_p = \left(\frac{\delta Q}{dT}\right)_p = c_p.$$

Damit können wir, analog zu U, das vollständige Differential von H bilden,

$$dH = \left(\frac{\partial H}{\partial T}\right)_p dT + \left(\frac{\partial H}{\partial p}\right)_T dp \qquad (5.4)$$

$$= c_p dT + \left(\frac{\partial H}{\partial p}\right)_T dp$$

H ändert sich mit p und T, es ist also eine Funktion $H(p, T)$. Die partielle Ableitung nach p werden wir später bestimmen (Kap. 9), momentan brauchen wir diese nicht, denn uns interessieren isobare Prozesse mit d$p = 0$.

Die Reaktion $A \rightarrow B$ finde bei konstantem Druck statt, dann hat das System am Anfang die Enthalpie H_A, am Ende die Enthalpie H_B. Die bei dieser Reaktion abgegebene oder aufgenommene Wärme, die **Reaktionswärme** ΔQ, ist dann nach Gl. 5.3 genau die Differenz der Enthalpien,

- $\Delta Q = H_B - H_A$.

Die Reaktionswärme ist daher durch die Enthalpiedifferenz von Edukten und Produkten gegeben, bei chemischen Reaktionen wird Wärme frei (exotherm) oder das System kühlt ab (endotherm). In der Enthalpieänderung ist damit schon immer die Volumenarbeit der Substanz enthalten. Es ist die Arbeit, die bei einer Expansion/Kompression gegen den Außendruck (z. B. $p_0 = 1$ bar),

$$\Delta W = -p_0 \Delta V,$$

geleistet wird.

Bei der Einführung der inneren Energie in Abschn. 3.2 gab es einen Bezug auf einen Referenzzustand (p, V), es wurde kein Absolutwert definiert. Dies werden wir im Folgenden für die Enthalpie vorstellen. In der Chemie wird i.A. direkt die Enthalpie von Stoffen bestimmt, nicht die innere Energie. Diese erhält man für einen Referenzzustand, den sogenannten **Standardzustand**. Stoffumwandlungen können dann energetisch auf diesen Standardzustand bezogen werden.

5.2 Reaktionsenthalpie

Bisher haben wir nur Einkomponentensysteme betrachtet, d. h., wir sind von einer chemischen Spezies ausgegangen. Nun wollen wir die Thermodynamik von Reaktionen wie etwa

$$\nu_a A + \nu_b B \rightarrow \nu_c C + \nu_d D \tag{5.5}$$

untersuchen. Die ν_i ($i=$ A, B, C, D) sind die **stöchiometrischen Koeffizienten** der einzelnen Komponenten, deren Stoffmenge durch die **Molzahlen** n_i gegeben ist. Die **Konzentration** der Komponenten sei durch $[i]$ bezeichnet.

Was ist nun die Enthalpie einer Substanz, sagen wir von 1 mol Wasser? Wenn wir diese Werte für alle relevanten Elemente und Moleküle hätten, könnte man die Reaktionswärmen leicht ausrechnen! Die Enthalpie einer Substanz hängt nun:

- von Druck und Temperatur ab.
- vom Aggregatzustand (fest–flüssig–gasförmig) ab.

Wenn man also den Energieinhalt (Enthalpie) der Stoffe tabellieren möchte, muss man sich auf einen **Standardzustand** einigen. Der ist festgelegt als $p = 1$ **bar** und $T = 298{,}15$ **K** (25°C). Die Enthalpie eines Stoffes im Standardzustand wird dann mit $H^{\ominus}$ bezeichnet, die **Enthalpie pro mol** mit $H_m^{\ominus}$.

> **Wichtig**
>
> Wenn wir nun die Reaktionsenthalpien berechnen wollen, müssen wir nur eine Differenz der Enthalpien der beteiligten Reaktanten und Produkte berechnen:
>
> $$\Delta_r H^{\ominus} = \sum_{i \in \text{Produkte}} \nu_i H_{mi}^{\ominus} - \sum_{i \in \text{Reaktanden}} \nu_i H_{mi}^{\ominus}. \tag{5.6}$$
>
> Dies ist die **Standardreaktionsenthalpie**.

Neben der **chemischen Umwandlung** gibt es noch die (physikalischen) Prozesse der **Phasenumwandlungen**, die eine Enthalpieänderung mit sich bringen. Wir definieren:

> **Wichtig**
>
> - **Schmelzenthalpie (melt):** $\Delta_m H$
> - **Verdampfungsenthalpie (vaporize):** $\Delta_v H$
> - **Sublimationsenthalpie:** $\Delta_s H$

Sie geben an, welche Energie nötig ist, um einen Stoff zu schmelzen, zu verdampfen oder zu sublimieren.

Wenn man Folgereaktionen mit (mehreren) Zwischenschritten betrachtet, kann man die Gesamtreaktionsenthalpie mit Hilfe des **Hess'schen Satzes** bestimmen.

Wichtig
Die Gesamtenthalpiedifferenz ist die Differenz der Enthalpien der Edukte und der Produkte. Die Zwischenschritte müssen nicht betrachtet werden, da H eine Zustandsfunktion ist. Es gilt Gl. 5.6.

Beispiel 5.1

$$A \rightarrow B$$
$$B \rightarrow C$$
$$C \rightarrow D$$
$$\Delta_r H^\ominus = H_D^\ominus - H_A^\ominus.$$
∎

5.3   Standardbildungsenthalpie

Die **Standardbildungsenthalpie** $\Delta_f H^\ominus$ eines Stoffes AB ist definiert als die Reaktionsenthalpie:

$$A(\text{Standardzustand}) + B(\text{Standardzustand}) \rightarrow AB.$$

Der **Standardzustand** der Stoffe A und B sind dann die Stoffe in den Aggregatszuständen, in denen sie unter Standardbedingungen vorliegen. Beispielsweise ist der Standardzustand von Wasserstoff $H_2(g)$, der von Kohlenstoff $C(s)$ (solid), hier in seiner stabilsten Form, dem Graphit. Die Standardenthalpien der Elemente in ihrem Referenzzustand werden zu null gesetzt.

Beispiel 5.2

$$C(s) + O_2(g) \rightarrow CO_2(g) \qquad \Delta_f H^\ominus = -394\,\text{kJ/mol}$$
$$6C(s) + 3H_2(g) \rightarrow C_6H_6(l) \qquad \Delta_f H^\ominus = +49\,\text{kJ/mol}\ .$$
∎

Die $\Delta_f H^\ominus$ sind für viele Verbindungen gemessen und tabelliert, die NIST-Datenbank stellt eine Vielzahl von chemischen Informationen zur Verfügung:[1] http://webbook.nist.gov/chemistry/

Mit Hilfe der tabellierten Werte kann nun die **Standardreaktionsenthalpie** aus den Standardbildungsenthalpien der Edukte und Produke berechnet werden:

---

[1]Gehen Sie z. B. auf „formular", um nach spezifischen Verbindungen zu suchen.

Wichtig

$$\Delta_r H^{\ominus} = \sum_{i\,\epsilon\,\text{Produkte}} v_i \Delta H_f^{\ominus} - \sum_{i\,\epsilon\,\text{Reaktanden}} v_i \Delta H_f^{\ominus}. \qquad (5.7)$$

5.4 Messung von Reaktionsenthalpien

Die Standardbildungsenthalpie einer Substanz kann man z. B. durch Verbrennung bestimmen, indem man die Verbrennungswärme misst.

Beispiel 5.3

$$C_{12}H_{22}O_{11}(s) + 12O_2(g) \rightarrow 12CO_2(g) + 11H_2O(g)$$

$$X\,\text{kJ/mol} + 0\,\text{kJ/mol} \rightarrow -394\,\text{kJ/mol} - 242\,\text{kJ/mol} = \Delta H_c. \qquad \blacksquare$$

Die chemische Reaktion findet in einem adiabatisch isolierten Behälter statt, der ein konstantes Volumen garantiert. Dieser Behälter ist in einem Wasserbad, dessen Temperatur gemessen wird (Abb. 5.1). In diesem Fall ist das Volumen konstant, d. h. die Reaktionswärme führt zu einer Temperaturerhöhung des Wassers.

$$\Delta Q = C \Delta T$$

Abb. 5.1 Bombenkalorimeter

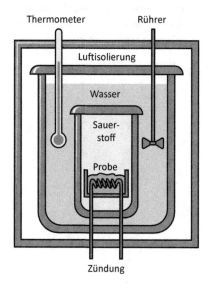

Nun muss man die Apparatur zunächst eichen, indem man die Konstante C bestimmt. Dies kann durch eine kontrollierte Wärmezufuhr geschehen, z. B. elektrisch, indem man für eine Zeit elektrisch heizt, oder indem man eine bestimmte Menge einer Substanz verbrennt, deren Wärmeinhalt bekannt ist.

Da $V=$konst., wird mit ΔT die Änderung der inneren Energie gemessen. Dennoch können die Reaktionswärmen zur Bestimmung der Enthalpien verwendet werden. Bei Festkörpern und Flüssigkeiten ist der pV-Term vernachlässigbar klein, bei Gasen aber nicht: hier wird er durch das ideale Gas als $pV = nRT$ approximiert.

5.5   Zusammenfassung

Die für die Chemie wichtige Größe, die den Energieinhalt von Stoffen angibt, ist die **Enthalpie *H*.**

- Die Thermodynamik arbeitet immer in Bezug auf Referenzen, daher wird die Enthalpie von Stoffen für den **Standardzustand** angegeben.
- Die **Standardenthalpien** der Elemente in ihrem Referenzzustand werden zu null gesetzt.
- Die **Standardbildungsenthalpien** $\Delta H_f^{\ominus}$ können kalorimetrisch bestimmt werden.
- Mit diesen Werten können dann Reaktionswärmen aus

$$\Delta_r H^{\ominus} = \sum_{i \in \text{Produkte}} v_i \Delta H_f^{\ominus} - \sum_{i \in \text{Reaktanten}} v_i \Delta H_f^{\ominus}.$$

erhalten werden. Diese Energie wird bei einer isobaren Reaktion als Wärme frei (exotherm) oder aufgenommen (endotherm).

- Bei Folgereaktionen muss nach dem Hess'schen Satz nur die Gesamtenthalpiedifferenz berechnet werden, da *H* eine Zustandsfunktion ist.

Der zweite Hauptsatz: Entropie

6

In der **Mechanik** hat die Energie eine zentrale Rolle, entsprechend fundamental ist dann das Prinzip der Energieerhaltung. Mit Angabe der Energie kann man das Verhalten der Systeme vollständig beschreiben. Kräfte sind Ableitungen der Energie nach den Koordinaten, das System bewegt sich in Richtung dieser Kräfte auf das Minimum der Energie zu (Abb. 6.1a). Die Energieerhaltung drückt aus, dass dabei potenzielle in kinetische Energie umgewandelt wird.

Kann man thermodynamische oder chemische Prozesse analog beschreiben? Findet eine chemische Reaktion nur dann statt, wenn $\Delta_r H^\ominus > 0$ gilt? Wie gelingt es chemischen Reaktionen dann, Reaktionsbarrieren (Abb. 6.1b) zu überwinden, warum gibt es endotherme Reaktionen mit $\Delta_r H^\ominus < 0$ und warum findet man in chemischen Gleichgewichten auch bei exothermen Reaktionen immer noch eine kleine Menge der Reaktanten A und B, warum reagieren diese nicht vollständig zu C und D ab?

Für thermodynamische Systeme ist die Energie nicht ausreichend zur Beschreibung des Systemverhaltens, es ist eine weitere Größe, die Entropie S erforderlich. Der **2. Hauptsatz der Thermodynamik** ist eine Existenzbehauptung, er sagt dass es so eine Größe S gibt, die eine **Zustandsgröße** ist und ein **Maß für die Irreversibilität von Prozessen** darstellt. Wie bei $T(p, V)$ und $U(p, V)$ sagt die Thermodynamik aber nicht, welche funktionale Form $S(p, V)$ hat.

Eine Ausnahme ist wieder das Modell des idealen Gases. Hier haben wir T und U schon explizit dargestellt, und mit Hilfe der Adiabatengleichungen in Abschn. 4.1.4 bekommt man $S(p, V)$ frei Haus geliefert. Die Wahl der Funktion für S ist aber dennoch ein Stück weit Konvention, das sieht man bei dem Vorgehen nach Caratheodory sehr schön. In Abschn. 6.2 werden wir daher die Entropie am Beispiel des idealen Gases einführen und ihre Eigenschaften analog zu U und T diskutieren. Der anschließend diskutierte 3. Hauptsatz erlaubt es, für die Entropie Absolutwerte zu bestimmen. Damit sind die Grundlagen eingeführt, und wer akzeptiert, dass es eine Entropiefunktion für beliebige thermodynamische Systeme gibt, der kann beim ersten Lesen direkt zu Kap. 7 gehen.

© Springer-Verlag GmbH Deutschland 2017
M. Elstner, *Physikalische Chemie I: Thermodynamik und Kinetik*,
https://doi.org/10.1007/978-3-662-55364-0_6

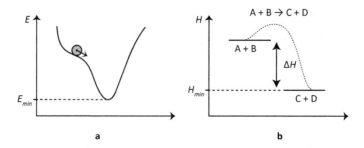

Abb. 6.1 (**a**) Kugel in einem Potenzial (Dies könnte z. B. eine schematische Darstellung der Energielandschaft einer Kugel sein, die von einem Berg ins Tal rollt) (**b**) Enthalpiedifferenz und Barriere einer chemischen Reaktion

In Abschn. 6.4 wird das Entropieprinzip interpretiert, um ein vertieftes Verständnis zu erlangen. S ist ein Maß für Irreversibilität, aber was ist der Grund dafür, dass Prozesse reversibel oder irreversibel sind? Was passiert bei einem irreversiblen Prozess, dass er nicht umkehrbar ist? In Abschn. 6.5 wird diskutiert, dass eine Entropiefunktion für beliebige Materialien mit beliebig vielen Arbeitsvariablen existiert.

6.1 Der Weg zur Entropie

6.1.1 Etwas fehlt

Bestimmte physikalische Vorgänge, die nach dem ersten Hauptsatz erlaubt sind, finden trotzdem nicht statt. Dies hat drei Aspekte, die bei der Anwendung der Thermodynamik wichtig werden.

- **Irreversible Prozesse:** In Abschn. 3 haben wir zwei Prozesse beschrieben, die nur in eine Richtung laufen, die isochore Erwärmung in Abb. 3.2 (Abschn. 3.2.2) und der Überströmversuch Abb. 3.5 (Abschn. 3.4.1). Beide umgekehrten Prozesse wären nach dem ersten Hauptsatz erlaubt, das Gas könnte sich abkühlen und das Gewicht heben, das Gas könnte sich von alleine wieder komprimieren, beide Umkehrprozesse sind energieneutral, warum passiert das dann nicht?
- **Unmögliche Keisprozesse:** In Abschn. 4.2.2 haben wir eine Maschine vorgestellt die nichts anderes macht, als Wärme aus einem Reservoir in Arbeit umzuwandeln. Dies nennt man ein **Perpetuum mobile zweiter Art**. Nach dem 1. Hauptsatz wäre beispielsweise Folgendes erlaubt: ein Schiffsmotor, der dem Ozean Wärme entzieht und in Arbeit umwandelt. Energie wird damit zwar nicht aus dem Nichts erzeugt, aber der Umgebung entzogen. Warum geht das nicht?
- **Zustände, die ihre Energie nicht wieder herausgeben:** Mit den unmöglichen Prozessen verbunden ist, dass man bei bestimmten Zuständen offensichtlich die in dem System steckende Energie nicht so ohne Weiteres wieder herausbekommt.

Man kann natürlich einen warmen Köper als wärmeres Temperaturreservoir in einem Carnot-Prozess verwenden. Aber auch da bekommt man nicht alle Energie heraus, es muss immer Abwärme an ein kälteres Reservoir abgeführt werden. Warum steckt Energie in einem System fest?

Es muss also eine weitere Gesetzmäßigkeit geben die angibt, welche Prozesse möglich sind und welche nicht. Diese ist als **2. Hauptsatz der Thermodynamik** bekannt. In den obigen Beispielen geht es zum Einen um die Unmöglichkeit bestimmter thermodynamischer **Prozesse** (Zustandsänderungen), zum Anderen um die Energieumsetzung in **Kreisprozessen**. Entsprechend gibt es zwei Formulierungen des 2. Hauptsatzes, die diese Erfahrungstatsachen zusammenfassen:

- **Clausius'scher Grundsatz:** Es gibt keine Zustandsänderung, deren einziges Ergebnis die Übertragung von Wärme von einem kälteren auf einen wärmeren Körper ist.
- **Kelvin & Planck:** Es ist nicht möglich, eine periodisch arbeitende Maschine zu konstruieren, die nichts anderes macht als Arbeit zu verrichten und dabei ein Wärmereservoir abzukühlen.

6.1.2 Mehrere Wege nach Rom

Die beiden Sätze sind beschreibend, die Physik jedoch braucht Konzepte, die sich in Zahlen umsetzen lassen. Der Energieerhaltungssatz ist durch die Zustandsfunktion $U(T, V)$ in der Theorie implementiert. Die Differenzen von U sind Zahlen, damit sind Energieunterschiede zahlenmäßig ausgedrückt, sie sind **quantifiziert**.

Analog sucht man nun eine Größe, die die obigen Sätze in eine mathematische Funktion umsetzt, die „zahlenmäßig" ausdrückt, dass bestimmte Prozesse nicht möglich sind oder nur in eine Richtung laufen. Irreversibel ist bisher nur ein qualitativer Begriff. Er bedeutet, dass ein Prozess nur eine Richtung kennt. Wie kann man aber sagen, dass bestimmte Prozesse irreversibler sind als andere? Kann man Prozesse vergleichen? Und weitergehend, kann man die Irreversibilität mit einem Zahlwert beschreiben wie die anderen Größen p, V, T und U?

Historisch wurde die Entropie mit Hilfe von Kreisprozessen eingeführt. 1824 veröffentlichte Sadi Carnot die Schrift „Betrachtungen über die bewegende Kraft des Feuers", die die wesentlichen Aspekte des zweiten Hauptsatzes enthält. Die Schrift wurde zunächst wenig beachtet und basiert interessanterweise auf der Vorstellung des Caloricums, was aber nicht zentral für den Gedanken ist. Er ist auch mit dem Konzept der Energieerhaltung konsistent formulierbar. Dies wurde in der Nachfolge von Clausius, Thomson (Lord Kelvin) und Planck ausgeführt. Seitdem wurde die Theorie weiterentwickelt und vor allem in ihrer Fundierung und Darstellung überarbeitet. Trotz der bahnbrechende Einsichten, die sie ermöglicht, gab es eine Vielzahl von mathematischen und konzeptionellen Kritikpunkten an der Orientierung an Kreisprozessen. Dies wurde zunächst von Caratheodory in seiner Arbeit *Über die Grundlagen der Thermodynamik* (1909) formuliert, im Anschluss u. a.

von Giles weitergeführt, einen gewissen Abschluss kann man in der Formulierung von Lieb und Yngvason (1999) sehen. Die zentrale Idee ist eine Zustandsfunktion $S(V, T)$ – die Entropie – einzuführen, die jedem Prozess zwischen zwei Zuständen einen Wert ΔS zuweist und damit angibt, wie irreversibel dieser Prozess ist.

Wir wollen hier dem Zugang von Caratheodory (1909) folgen, dessen Überlegungen wir schon bei Einführung von T und U verwendet haben. Dieser orientiert sich nicht an Kreisprozessen, sondern formuliert direkt eine mathematische Beschreibung von Prozessen, die nur in eine Richtung möglich sind.

6.1.3   Wie bringt man etwas auf einen Begriff?

Seit Kap. 1 sind wir mit Irreversibilität konfrontiert und haben entlang des Weges Konzepte entwickelt die es uns nun erlauben, dieses Phänomen quantitativ zu fassen.

- In Abschn. 1.6 haben wir an einem sehr einfachen System definiert, was irreversible Expansion ist. Dort haben wir Prozesse anhand eines einfachen Kriteriums in zwei Klassen eingeteilt. Wird bei der Expansion so viel Arbeit geleistet und entsprechend gespeichert, dass damit der Prozess umkehrbar ist? Dies ist zunächst nur eine Unterscheidung von technischen Prozessen.
- Als Nächstes kann man fragen: wenn die Arbeit zur Umkehrung nicht mehr zur Verfügung steht, wo ist sie dann hin? Die Frage konnten wir erst nach Einführung des 1. Hauptsatzes und des Konzepts der Wärme stellen, und haben sie in Abschn. 4.3 zu beantworten versucht. Die Energie ist nun so im System gespeichert, dass sie entlang der Arbeitskoordinate nicht mehr zur Verfügung steht. Diese Idee werden wir noch weiter vertiefen.

Innerhalb dieses Rahmens entwickeln wir eine mathematische Beschreibung für irreversible Prozesse, die dann auch auf Vorgänge in der Natur anwendbar sein sollen. Betrachten wir nochmals Abb. 6.1a. Im reibungsfreien Fall wird die Kugel in dem Potenzial auf und ab rollen, wobei kinetische in potentielle Energie umgewandelt wird, und umgekehrt. Sobald aber Reibung ins Spiel kommt, wird der Ball vielleicht nach ein paar Oszillationen im Energieminimum zur Ruhe kommen. Wie kann man das interpretieren? Durch die Reibung gibt die Kugel Energie an die Atome des Untergrunds ab. Diese Energie wird nun auf viele andere Teilchen verteilt, sodass sie nicht mehr in Bewegungsrichtung der Kugel, d. h. in Richtung der x-Koordinate, zur Verfügung steht. Das bisher entwickelte Schema für irreversible Prozesse klappt also auch in komplexen Fällen. Nur wie dies in mathematische Formeln bringen? Wir müssen daher zunächst zu den sehr einfachen Systemen zurück, und können die dort gewonnenen Methoden später stückweise auf komplexere Phänomene ausdehnen.

Wir wollen im Folgenden die beiden irreversiblen Prozesse in Abb. 6.2 als Musterprozesse verwenden, anhand derer wir die grundlegenden Ideen entwickeln werden. Dabei gehen wir wie folgt vor:

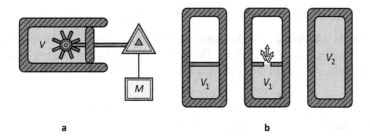

Abb. 6.2 Irreversible Prozesse, (**a**) isochores Erwärmen und (**b**) Überströmversuch

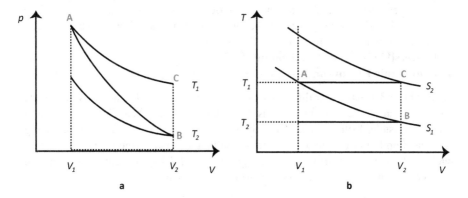

Abb. 6.3 Isotherme (A-C) und adiabatische (A-B) Expansion in einem (**a**) p-V und (**b**) T-V-Diagramm

- Wir betrachten zunächst alle Zustände im Zustandsdiagramm, die in Bezug auf die „Irreversibilität identisch sind". Dies sind die Zustände, die sich durch reversible Prozesse verbinden lassen, d. h. alle Zustände auf einer Adiabaten.
- Offensichtlich sind dann Zustände auf verschiedenen Adiabaten nur durch irreversible Prozesse zu verbinden.
- Um dies zu quantifizieren, sucht man nach einer **Zustandsfunktion**, die für irreversible Prozesse zunimmt, für reversible aber nicht.

6.2   Irreversible Prozesse und Entropie für das ideale Gas

6.2.1   Abbildung im Zustandsraum

Nun wollen wir das Ganze im thermodynamischen Zustandsraum betrachten. Wir stellen die bisher diskutierten quasistatischen Prozesse daher zunächst für das ideale Gas in einem p-V oder T-V Diagramm (Abb. 6.3) dar. Dazu betrachten wir einen adiabatisch isolierten Zylinder mit reversiblem Arbeitsspeicher.

Bisher haben wir drei zentrale Prozesse betrachtet:

- **Reversible adiabatische Volumenänderung**, mit deren Hilfe die innere Energie eingeführt wurde (Abb. 3.1). Diese wird durch die Adiabatengleichungen beschrieben, dargestellt durch die Kurve A-B in Abb. 6.3:

$$TV^{\kappa-1} = s = e^{S/c_V}, \qquad pV^\kappa = a = s \cdot nR.$$

Diese beiden Gleichungen hatten wir in Abschn. 4.1.4 aus der Funktion Gl. 4.11

$$S = c_V \ln(TV^{\kappa-1}) \tag{6.1}$$

abgeleitet, welche wir im Folgenden zur Beschreibung der Prozesse verwenden wollen. S bleibt entlang der Adiabaten konstant, nimmt aber für verschiedene Adiabaten unterschiedliche Werte $S_1, S_2, \ldots$ an.
- **Irreversible isochore Erwärmung (B-C).**
- **Irreversible Expansion (A-C)** wie in Abschn. 4.3 diskutiert

In Abschn. 4.3.1 haben wir diese Prozesse anhand eines p-V-Diagramms diskutiert, im Folgenden werden wir uns auf das T-V-Diagramm beziehen. Entlang der Adiabate (A-B) ist der Kolben an das Gewicht gekoppelt, Expansion führt zur Abkühlung des Gases und zum Heben des Gewichts. Entlang der Isotherme (A-C) ist das Gewicht entkoppelt, es wird keine Arbeit geleistet und T bleibt gleich. Die Isochore (B-C) repräsentiert die Joule'sche Erwärmung duch Rühren.

6.2.2 Adiabatische Erreichbarkeit: welche Prozesse sind möglich?

- **Reversible Prozesse** bleiben immer auf einer Adiabaten. Die Adiabaten sind durch $S(V, T) = c_V \ln(TV^{\kappa-1})$ gegeben. Die Werte von S nehmen also im T-V-Diagramm vom Koordinatenursprung aus mit steigenden Werten von T und V (also entlang der Diagonalen) zu. Wenn wir die Adiabaten im Diagramm von links unten nach rechts oben aufsteigend durchnummerieren, wie in Abb. 6.3 angezeigt, haben wir: $S_1 < S_2 < S_3 < \ldots$
- **Irreversible Prozesse** verlaufen nur von einer Adiabaten zu einer anderen mit aufsteigender Nummerierung. Wir haben die Adiabaten soeben entsprechend durchnummeriert. Unsere beiden Musterprozesse, der Überströmversuch sowie die isochore Erwärmung, verlaufen von S_1 nach S_2. Es gibt keine Prozesse, die andersherum verlaufen, das ist eine **Erfahrungstatsache**.
- Der Wert von S kann direkt als ein Maß für die Irreversibilität verwendet werden. S ist eine Zahl, sie steigt entlang der irreversiblen Musterprozesse. Die beiden Prozesse verlaufen erfahrungsgemäß nur in eine Richtung, man kann sie aber umkehren, wenn man von außen Arbeit zuführt. Ein Prozess ist umso schwieriger umzukehren, je mehr er zu Adiabaten mit größeren S verläuft.
  - **Isotherme A-C:** Je mehr Adiabaten der Expansionsprozess schneidet, desto größer die Expansion, ohne dass Arbeit gespeichert wurde. Desto mehr Arbeit muss man von außen wieder zuführen, um den Prozess umzukehren.

– **Isochore Erwärmung B-C:** Je mehr Adiabaten der Erwärmungsprozess schneidet, desto mehr Arbeit wurde in Wärme umgewandelt.

Die Adiabaten im Zustandsraum sind also ein Maß dafür, wie schwierig es ist, einen Prozess umzukehren, d. h. wieviel Energie man von außen aufwenden muss, um zum Ausgangszustand zurückzukommen. Und für die Energie haben wir oben schon ein quantitatives Maß eingeführt.

Definition: Adiabatische Erreichbarkeit

Dieser Begriff drückt aus, dass in adiabatisch isolierten Systemen nicht alle Zustände von einem Ausgangszustand aus erreicht werden können. Die empirische Tatsache ist die Irreversibilität von Prozessen. „Adiabatisch erreichbar" bezieht sich auf die Zustände in Zustandsdiagrammen (p-V, T-V).

- Durch die Reduktion auf einfache Systeme können wir die Prozesse in dem thermodynamischen Zustandsraum abbilden, d. h. in Zustandsdiagramme eintragen.
- Reale Prozesse haben in der Natur nur eine Richtung. Dies spiegelt sich im Zustandsraum, wo sie auch nur eine Richtung haben: ausgehend beispielsweise von Adiabate S_1 im T-V-Diagramm, können alle Adiabaten zwischen S_1 und S_2 erreicht werden, aber offensichtlich keine, die unterhalb von S_1 liegen. **Reversible Prozesse** bleiben daher auf einer Adiabate. Die Adiabaten repräsentieren reversible Prozesse (als Grenzprozesse). Sie können als Markierungen im Zustandsraum angesehen werden. Je mehr Adiabaten geschnitten werden, desto irreversibler ist der Prozess. **Irreversible Prozesse** wechseln zwischen den Adiabaten, aber immer nur in eine Richtung zu Adiabaten, die im T-V-Diagramm „oberhalb" der Ausgangsadiabate liegen. Damit sind also **mögliche** und **unmögliche** Prozesse gekennzeichnet.

Mit dem letzten Punkt haben wir ein **qualitatives Merkmal** für irreversible Prozesse. Wir können sagen, ein Prozess ist irreversibler als ein anderer. Wenn man nun den Adiabaten einen Zahlenwert zuweist, ist eine Zahlenangabe für die Irreversibilität möglich, man bekommt einen quantitativen Begriff.

6.2.3   Die Entropiefunktion

Bei der Einführung der Temperatur haben wir gesehen, dass wir die Isothermen durchnummerieren können und entsprechende Funktionen $T(V, p)$ definieren, die uns diese „Nummern" als Funktion des Zustands (p, V) angibt (Abb. 2.1).

Analoges machen wir nun für die **Irreversibilität**, wir quantifizieren Irreversibilität. Offensichtlich leistet genau dies die Funktion

$$S(T, V) = c_V \ln (TV^{\kappa-1}), \tag{6.2}$$

Abb. 6.4 Adiabaten und
Isothermen

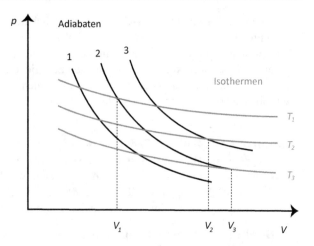

die in Abschn. 4.1.4 zur Beschreibung der Adiabaten verwendet wurde.

Die Adiabaten charakterisieren also die Irreversibilität des Prozesses. Durch
$S(T, V)$ ist jede Adiabate durch eine Zahl charakterisiert:

- $S(T, V)$ ist konstant auf den Adiabaten.
- Aber es gilt $S_1 < S_2$ in Abb. 6.3. S wird größer, wenn man der Nummerierung
  der Adiabaten in Abb. 6.4 folgt. D. h., es wird größer für wachsendes T entlang
  der Isochore (B-C) und für steigendes V entlang der Isotherme (A-C).
- Man kann die Irreversibilität eines Prozesses also durch die Differenz $S_2 - S_1$
  charakterisieren. Je weiter die Adiabaten im Zustandsraum auseinander sind, desto irreversibler ist der Prozess. Desto mehr Arbeit wurde nicht gespeichert oder
  desto mehr Arbeit wurde durch eine Joule'sche Maschine irreversibel in Wärme
  umgewandelt.
- $S(T, V)$ ist damit qua Konstruktion eine **Zustandsfunktion**, sie ist eine eindeutige Funktion von T und V, da die Adiabaten sich nicht schneiden.

Wir haben also die Adiabaten als Ankerpunkte verwendet, da diese sich durch
Zahlen charakterisieren lassen. Dadurch, dass irreversible Prozesse immer nur zu
Adiabaten mit größerem S fortschreiten können, haben wir einen quantitativen
Begriff der Irreversibilität entwickelt. Wir können die Irreversibilität des Pro-
zesses durch eine Zahl charakterisieren, und damit auch verschiedene Prozesse
vergleichen.

Mit dem vollständigen Differential Gl. 4.12

$$dS = c_V \frac{dT}{T} + n\mathrm{R}\frac{dV}{V} \qquad (6.3)$$

kann man mit $dU = c_V dT$ und $pV = n\mathrm{R}T$ auch schreiben:

$$dS = \frac{dU}{T} + \frac{p}{T}dV \qquad (6.4)$$

d. h.

$$T dS = dU + p dV \qquad (6.5)$$

und mit dem 1. Hauptsatz $\delta Q = dU - p dV$ können wird identifizieren:

$$\delta Q = T dS. \qquad (6.6)$$

Auch erhält man durch Vergleich mit Gl. 6.4:

$$dS = \frac{\partial S}{\partial U} dU + \frac{\partial S}{\partial V} dV = \frac{1}{T} dU + \frac{p}{T} dV. \qquad (6.7)$$

Dies ist eine interessante Gleichung: Sie zeigt uns, dass sich S verändert, wenn sich U und V ändern, da dS von den Änderungen dU und dV abhängt. S ist also eine Funktion von U und V, wir können schreiben:

$$S = S(U, V).$$

6.2.4   Warum der Logarithmus?

Nun kann man fragen, warum mit Gl. 6.1 ausgerechnet $S(V, T)$ verwendet wird, warum nimmt man nicht z. B.

$$s = T V^{\kappa - 1}?$$

s erfüllt ebenso die Bedingung, ein Maß für Irreversibilität zu sein, wie auch jede andere (monotone) Funktion $f(s)$. Im Prinzip gibt es unendlich viele Funktionen, die die gleiche Aufgabe lösen. Wir haben den Logarithmus $\ln(s)$ gewählt, und dies hat in der Tat nur praktische Gründe. Zum Einen wird der Formalismus der Thermodynamik damit relativ einfach, wie wir in Kap. 8 sehen werden, zum Anderen ergibt sich eine einleuchtende Interpretation von $S(V, T) = c_V \ln(s)$:

- $T dS$ hat also die Dimension einer Energie, wie man aus Gl. 6.5 ablesen kann. Wir werden die Entropie als Umverteilung von Energie interpretieren, dass deren „Menge" ein Maß für Irreversibilität darstellt. Durch $T dS$ wird also genau diese Energiemenge ausgedrückt.
- dS ist aber eine angemessenere Größe als δQ oder δW, da sie nicht wegabhängig ist. Wir haben die Idee verworfen, die Arbeit, die nötig ist einen reversiblen Prozess umzukehren, als Maß für Irreversibilität zu verwenden, da die Arbeit keine Zustandsfunktion ist. Im Prinzip ist auch δQ ein Maß für Irreversibilität, es verschwindet entlang von Adiabaten und ist ungleich null bei Übergängen zwischen den Adiabaten. Allerdings ist es vom Weg abhängig, damit kann es für verschiedene Prozesse, die zwei Zustände verbinden, unterschiedliche Werte haben.

- Die wegabhängige Größe δQ wird durch den Faktor $1/T$ in Gl. 6.6 wegunabhängig. Einen solchen Faktor nennt man **integrierenden Faktor**. Die Änderung der Entropie S zwischen zwei Zuständen ist also, anders als die übertragene Wärme, wegunabhängig. Damit erst hat man ein quantitatives Maß für Irreversibilität erhalten.
- Wir finden für diese Wahl von S, dass der integrierende Faktor gleich der absoluten Temperatur ist. Wir könnten durchaus ein anderes Entropiermaß einführen, z. B. das „s" von oben. Damit würde dann analog

$$\tau\,\mathrm{d}s = \delta Q$$

gelten, der integrierende Faktor von s ist dann nicht die absolute Temperatur T, sondern eine von T verschiedene Funktion τ.
- Die partiellen Ableitungen von S sind intensive Größen, wie man aus Gl. 6.7 ersehen kann. Wir werden in Kap. 8 ausführen, dass dies zu einer großen Einfachheit und Transparenz des Formalismus führt. Ableitungen von Zustandsfunktionen sind wieder Zustandsfunktionen. Wenn man nicht S sondern s als Entropiemaß wählt, wird der Formalismus wesentlich komplexer, möglich wäre das womöglich. Man sieht, die Wahl von T und S ist im Prinzip beliebig, hängt aber miteinander zusammen. Die konkrete Wahl ergibt sich aus Gründen der Einfachheit.

6.2.5 Änderung der Entropie

Um die Entropieänderung entlang eines beliebigen Prozesses zu berechnen, integrieren wir S partiell nach den Variablen T und V entlang der isochoren und isothermen Zustandsänderungen (T = konst., V = konst.), wie in Abb. 6.5 gezeigt. Entlang der Isochoren verwendet man den 1. Hauptsatz $\mathrm{d}U = \delta Q$ für das ideale Gas $\delta Q = c_V\mathrm{d}T$ und erhält durch Integration von Gl. 6.4:

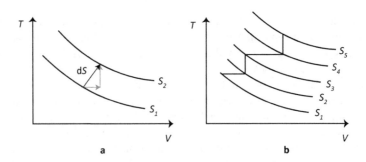

Abb. 6.5 (a) Änderung von S, $\mathrm{d}S$. Dargestellt sind die Komponenten entlang V und T. (b) Integrationsweg von S im T-V (bzw. U-V) Diagramm

$$\Delta S = \int_{T_1}^{T_2} c_V \frac{dT}{T} + \int_{V_1}^{V_2} \frac{p}{T} dV = c_V \int_{T_1}^{T_2} \frac{dT}{T} + nR \int_{V_1}^{V_2} \frac{dV}{V} \qquad (6.8)$$

$$= c_V \ln \frac{T_2}{T_1} + nR \ln \frac{V_2}{V_1}.$$

1. Man kann dies nun so interpretieren: Jeder Prozess, der eine Komponente senkrecht zu den Adiabaten hat, ist irreversibel. Denn reversibel ist er nur, wenn

$$\delta Q = 0, \qquad dS = 0$$

gilt. δQ gibt damit die Abweichung von der Adiabaten an, zeigt also Irreversibilität an. Im Gegensatz zu δQ ist dS jedoch ein wegunabhängiges Maß, der integrierende Faktor T macht aus dQ ein vollständiges Differential. dS steht senkrecht auf den Adiabaten und kann in die Komponenten in dV und dT, wie in Abb. 6.5 gezeigt, zerlegt werden. Diese können dann aufintegriert werden.
2. Die Abb. 6.5b ist sehr aufschlussreich. Wir haben hier einen beliebigen Weg in infinitesimale Komponenten aufgespalten, bestehend aus isochoren und isothermen Prozessen. Für jedes dieser (infinitesimalen) Stücke kann man T als konstant ansehen, für die Waagrechten ist dann $TdS = dW$. Dies ist die Arbeit die man von außen zuführen muss, um den Prozess wieder umzukehren. Für die Senkrechte ist TdS die irreversibel zugeführte Wärme. Beide Prozesse sind komplett irreversibel.

ΔS gibt also die Komponente eines Prozesses an, die senkrecht auf den Adiabaten steht. Das ist ein direkter Indikator für die Irreversibilität.

6.2.6 Thermodynamische Prozesse

Nun berechnen wir die Entropieänderung des idealen Gases für einige Zustandsänderungen aus Abschn. 4, dabei wird der erste Hauptsatz der Thermodynamik und $\delta Q = TdS$ oder direkt Gl. 6.7 verwendet. Energie, d. h. Arbeit und Wärme, werden zwischen dem System S und der Umgebung U ausgetauscht. Diese muss dann, analog zur Bestimmung der inneren Energie zwischen zwei Zuständen integriert werden. Wir betrachten nur eine Prozessrichtung, die andere ist dann analog zu bestimmen.

- **Adiabate:** Hier gilt definitionsgemäß

$$\Delta S = 0 \qquad (6.9)$$

- **Isochore:** $dV = 0$, $dU = \delta Q = c_V(T)dT$,

$$dS_S = \frac{c_V(T)dT}{T} \qquad \Delta S_S = \int_{T_1}^{T_2} \frac{c_V(T)dT}{T} = c_V \ln\left(\frac{T_2}{T_1}\right). \qquad (6.10)$$

Dies ist die Entropieänderung des Systems S. Die Entropieänderung der Umgebung U kann davon verschieden sein. Das letzte Gleichheitszeichen gilt, wenn c_V temperaturunabhängig ist, wie z. B. beim idealen Gas.

- **Isobare:** $dp = 0$, $TdS = \delta Q = dH$. Die Berechnung ist analog zur Isochore, dabei wird jedoch c_p verwendet,

$$dS_{\mathrm{S}} = \frac{c_p(T)dT}{T} \qquad \Delta S_{\mathrm{S}} = \int_{T_1}^{T_2} \frac{c_p(T)dT}{T} = c_p ln\left(\frac{T_2}{T_1}\right). \qquad (6.11)$$

- **Isotherme:** $TdS = \delta Q = \delta W$, also ist beispielsweise die von der Umgebung U zugeführt Wärme ΔQ gleich der vom System verrichteten Arbeit. Die Entropieänderung des Systems S ist:

$$TdS_{\mathrm{S}} = nRTpdV \qquad \Delta S_{\mathrm{S}} = nR ln\left(\frac{V_2}{V_1}\right) \qquad (6.12)$$

und daher ist:

$$\Delta S_{\mathrm{S}} = -\Delta S_{\mathrm{U}}.$$

Die Entropie der Umgebung nimmt infolge der Abgabe von Wärme ab, und zwar genauso wie die Entropie des Systems zunimmt, man erhält

$$\Delta S_{\mathrm{S+U}} = \Delta S_{\mathrm{S}} + \Delta S_{\mathrm{U}} = 0. \qquad (6.13)$$

Daher ist die Isotherme ein reversibler Prozess obwohl Wärme ausgetauscht wird, wie schon in Abschn. 1.6 festgestellt.

6.2.7   Umkehrung irreversibler Prozesse

Irreversibilität bedeutet nicht, dass die Prozesse selbst nicht umkehrbar sind. Man kann diese umkehren wenn von außen Energie aufgewendet wird, denken Sie an die Diskussion in Abschn. 1.6. Dadurch wird aber in der Umgebung Entropie produziert. So kann man die Prozesse (A-C) und (B-C) in Abb. 6.3 durch einen Eingriff von außen umkehren, d. h. durch Zuführung von Arbeit von außen.

Betrachten wir zunächst A-C, das Überströmen. Das Volumen ist anfangs V_2, das Gewicht ist unten. Um den Prozess umzukehren müsste man als Erstes das Gewicht anheben, sodass dem System Arbeit zugeführt werden kann, um es auf V_1 zu komprimieren. Wenn das System von C aus nun adiabatisch komprimiert wird, steigt die Temperatur. Man kommt also nur durch Gewichte anheben nicht zum Anfangszustand zurück. Man muss gleichzeitig Wärme an die Umgebung abführen, daher ersetzen wir die adiabatische durch eine isotherme Wand und erlauben, dass bei der Kompression Wärme und die Umgebung abgegeben wird.

Um die irreversible Expansion umzukehren, muss man also von außen (der Umgebung) die Arbeit

$$\Delta W_{2-1} = nRT \ln \frac{V_2}{V_1}$$

aufbringen, dabei wird die Wärme $\Delta Q = \Delta W$ an die Umgebung abgegeben (Reservoir, das sich dabei aber nicht erwärmt), und da T konstant bleibt, erhalten wir

$$T\Delta S = \Delta W.$$

Die Entropie der Umgebung wird dadurch um ΔS erhöht. $T\Delta S$ gibt also die Energiemenge an, die von außen in Form von Arbeit ΔW zunächst aufzuwenden ist, dann aber als Wärme ΔQ zurückkommt. Die Umgebung hat effektiv keine Energie verloren, hier wurde nur eine Energiemenge bei der Umkehr des Prozesses von Arbeit in Wärme umgewandelt. Diese Energiemenge ist also in der Umgebung anders verteilt, steht nicht mehr als Arbeit zur Verfügung, sie wurde dissipiert. Die irreversible Veränderung des Systems durch das Überströmen hat sich damit in die Umgebung fortgepflanzt.

Ein irreversibler Prozess ist also umkehrbar, aber nur um den Preis der Veränderung der Umgebung, die Entropie der Umgebung steigt um ΔS[1].

Analoges findet man bei der Umkehrung des Joule'schen Prozesses (isochore Erwärmung, Prozess B-C). Dazu muss man das Gewicht wieder anheben und das Gas abkühlen. Dabei wird die Umgebung erwärmt und beispielsweise ein Gewicht in der Umgebung abgesenkt. Die Gesamtenergie der Umgebung bleibt gleich, aber die irreversible Veränderung wurde an die Umgebung weitergegeben. $T\mathrm{d}S = \delta Q$ ist ein Wärmebeitrag. $T\mathrm{d}S$ ist also der Energiebeitrag, der irreversibel in die Erwärmung des Systems umgesetzt wird, der dann zur Umkehrung fehlt. Oder umgekehrt, wenn man den Prozess umkehren will ist es der Wärmebeitrag, den die Umgebung aufnehmen muss.

6.3 Der dritte Hauptsatz

Bisher haben wir nur Entropiedifferenzen ΔS betrachtet. Für die innere Energie U (und damit auch für H) haben wir schon einen Absolutwert eingeführt, z. B. die innere Energie eines idealen Gases $U = (3/2)nRT$.

In der Chemie betrachten wir oft isobare Prozesse, dafür hatten wir oben ausgerechnet:

$$\mathrm{d}S = \frac{\delta Q}{T} = \frac{c_p \mathrm{d}T}{T}.$$

---

[1]Und wenn man den Prozess der Umgebung umkehren möchte, braucht man eine weitere Umgebung, dass geht so weiter ad Infinitum. D. h., ein irreversibler Prozess in einem System lässt die Entropie des ganzen Universums ansteigen!

I. A. sind die Wärmekapazitäten jedoch temperaturabhängig, d. h., man muss das Integral

$$\Delta S = S(T_2) - S(T_1) = \int_{T_1}^{T_2} \frac{c_p \mathrm{d}T}{T}$$

berechnen, was sich auch in Bezug auf einen Anfangszustand

$$S(T_2) = S(T_1) + \int_{T_1}^{T_2} \frac{c_p \mathrm{d}T}{T} \tag{6.14}$$

darstellen lässt. Mit dieser Formel können wir nun die Entropie eines Stoffes über die Wärmekapazität bestimmen.

Wir haben bisher die Entropie nur für das ideale Gas eingeführt. Dass eine Entropiefunktion für beliebige Materialien existiert, ist das Thema in Abschn. 6.5. Für die nun folgenden Diskussion der 3. Hauptsatzes wollen wir diese Ergebnis jedoch vorwegnehmen. Beim Erwärmen von Festkörpern treten die Phasenübergänge fest-flüssig (fe-fl) und flüssig-gasförmig (fl-ga) auf, die auch mit einer Entropieänderung verknüpft sind. Bei diesen Übergängen ändert sich die Enthalpie der Stoffe, da Wärme zugeführt wird, während sich die Temperatur nicht ändert. Man hat also ($\Delta H_{\text{Übergang}} = \Delta Q_{\text{Übergang}}$):

$$\Delta S_{\text{fe-fl}} = \frac{\Delta H_{\text{fe-fl}}}{T_{\text{fe-fl}}}, \qquad \Delta S_{\text{fl-ga}} = \frac{\Delta H_{\text{fl-ga}}}{T_{\text{fl-ga}}}.$$

Damit ist die absolute Entropie eines Stoffes oberhalb des Siedepunktes:

$$S(T) = S(T = 0) + \int_0^{T_{\text{fe-fl}}} \frac{c_p^{\text{fe}} \mathrm{d}T}{T} + \frac{\Delta H_{\text{fe-fl}}}{T_{\text{fe-fl}}} + \int_{T_{\text{fe-fl}}}^{T_{\text{fl-ga}}} \frac{c_p^{\text{fl}} \mathrm{d}T}{T}$$

$$+ \frac{\Delta H_{\text{fl-ga}}}{T_{\text{fl-ga}}} + \int_{T_{\text{fl-ga}}}^{T} \frac{c_p^{\text{ga}} \mathrm{d}T}{T}. \tag{6.15}$$

All diese Größen lassen sich durch Kalorimetrie, wie in Kap. 5 besprochen, bestimmen. Man braucht aber einen Referenzzustand, für absolute Werte muss man noch $S(T = 0)$ kennen. Das regelt der

3. Hauptsatz: Die Entropie perfekt kristalliner Stoffe bei 0 K ist null.[2]

Dies ist im Rahmen der klassischen Thermodynamik eine Setzung. Man wählt einen absoluten Nullpunkt.

---

[2]Motivieren kann man das mit Hilfe des Nernst'schen Theorems, demzufolge die Entropieänderung bei Stoffumwandlungen nahe 0 K gegen null geht. Wenn man die Entropie der perfekten Kristalle der Element zu null setzt, so sind auch die Entropien aller anderen perfekten Festkörper bei 0 K gleich null.

Analog zu den $H^{\ominus}$ in Kap. 5 können damit auch Standardentropien $S^{\ominus}$ bestimmt werden. Man benötigt dazu die $c_p(T)$ für die jeweiligen Aggregatzustände, die als gefittete Funktionen tabellarisch erfasst sind, wir werden das später nochmals aufgreifen.

Entsprechend der Formulierung für $\Delta_r H^{\ominus}$ (Gl. 5.6) erhalten wir für die **Standard-Reaktionsentropie**

$$\Delta_r S^{\ominus} = \sum_{i \in \text{Produkte}} v_i S_{mi}^{\ominus} - \sum_{i \in \text{Reaktanden}} v_i S_{mi}^{\ominus}. \qquad (6.16)$$

Wir haben bisher die Entropie nur für das ideale Gas eingeführt, in diesem Unterlapitel haben wir aber angenommen, dass die Entropie als Funktion der Zustandsvariablen für thermodynamische Systeme allgemein formulierbar ist, d. h. dass eine Entropiefunktion für beliebige Materialien existiert. Das werden wir in Abschn. 6.5 noch genauer diskutieren.

6.4 Interpretation

Der Begriff **reversibel** ist zentral für die Energiedefinition. Energie ist als gespeicherte Arbeit definiert, was impliziert, dass das speichernde **System** die aufgenommene Arbeit wieder vollständig abgeben kann. In der Thermodynamik haben wir meist eine Kopplung des Systems an die Umgebung. Dadurch können auch irreversible Prozesse umgekehrt werden. Für eine saubere Begriffsbildung mussten wir das zunächst ausblenden, und haben daher Reversibilität Abschn. 1.6 in etwas artifiziell anmutender Weise definiert. Reversibel bedeutet, dass ein Ausgangszustand **mit den Mitteln des Systems** wieder hergestellt werden kann. Dies haben wir mit Hilfe des reversiblen Arbeitsspeichers in Abb. 1.10 realisiert.

Irreversible Prozesse sind dann solche, bei denen eine Umkehrung unter adiabatischer Isolierung nicht funktioniert, oder, bei deren Umkehrung dann in der Umgebung ein irreversibler Vorgang initiiert wird. Es gilt der erste Hauptsatz, d. h., Energie kann nicht verloren gehen, sie kann nur umgewandelt werden. Bei der Umkehrung von Prozessen benötigt man Energie. Wenn die Umkehrung nicht gelingt, kann das nur daran liegen, dass die Energie nicht in einer Weise vorliegt, die eine Umkehrung erlaubt.

6.4.1 Entropiezunahme als Umverteilung der Energie

Bei der Definition reversibler Prozesse hatten wir zunächst das Beispiel in Abb. 6.6 diskutiert, die Expansion ohne Arbeit bzw. der Überströmprozess. Wenn die Energie

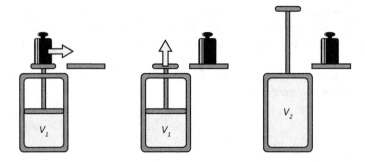

Abb. 6.6 Irreversible Expansion auf V_2

zur Umkehrung „irgendwie verloren" gegangen ist, dann muss das auf eine Weise passiert sein, die mit dem 1. Hauptsatz verträglich ist. Wo ist die Energie also hin? Betrachten wir dazu nochmals die Darstellung im T-V-Diagramm Abb. 6.3. Man kann von Zustand A zum Zustand C auf zwei Wegen kommen:

- Man speichert nicht die Arbeit, die bei der Expansion geleistet werden könnte (Weg A-C).
- Man speichert diese Arbeit, aber wandelt sie dann in Wärme um (Weg A-B-C).

Wir können also A-C durch A-B-C interpretieren. Energie, die in Form eines hohen Drucks bei Volumen V_1 vorliegt und die in Form von Arbeit freigesetzt werden kann, wird in Wärme bei einem niedrigeren Druck bei Volumen V_2 umgewandelt. Die Arbeit, die durch Expansion von V_1 auf V_2 geleistet werden könnte, ist nicht mehr verfügbar. Man könnte bei V_2 versuchen, mit einem Carnot-Prozess die Wärme wieder in Arbeit umzuwandeln, aber genau das gelingt nie vollständig.

> **Wichtig**
> Nach dem 1. Hauptsatz kann Energie nicht verloren gehen. Aber offensichtlich kann sie so umgewandelt werden – derart im System verteilt werden – dass sie dem System nicht mehr zur Leistung von Arbeit zur Verfügung steht. Genauer: Es gibt eine Arbeitskoordinate, das ist das Volumen, entlang derer Arbeit geleistet werden kann. Die Energie ist zwar nicht verloren gegangen, sie ist nun aber so im System gespeichert, dass sie entlang dieser Arbeitskoordinate nicht mehr abgerufen werden kann. Diese Art von **Energie-Umverteilung** nennt man **Dissipation**.
>
> **Die Entropie ist ein Maß für diese Dissipation.**   Die Energie-Umverteilung führt dazu, dass die Energie in Form von Wärme im System vorliegt. Und Wärme ist eine Energieform, die sich nie vollständig in Arbeit verwandeln lässt. Dies zeigt der Carnot-Prozess, der den maximal möglichen Wirkungsgrad aufweist.

6.4.2 Reale Prozesse

Alle Prozesse, die wir bisher thermodynamisch beschrieben haben, sind quasis-tatische Prozesse, bei denen wir von Reibungseffekten abgesehen haben. Diese Prozesse verlaufen unendlich langsam, sie sind gedachte Prozesse und das gegenteil von „spontan".

Reale Prozesse dagegen sind spontan und nicht reibungsfrei:

- **Reibung:** Wenn die Expansion des Kolbens auf der Adiabaten Abb. 6.3 nicht rei-bunsfrei ist, bedeutet das, dass nicht alle innere Energie in Arbeit umgewandelt und stattdessen das Gas erwärmt wird. Man kann dies über zwei Prozesse dar-stellen: (a) die reibungsfreie Expansion A-B, gefolgt von der um die in Wärme umgewandelte Arbeit, die man als isochore Erärmung ein Stück weit entlang B-C verstehen kann. Ein realer Prozess mit Reibung endet also irgendwo auf der Isochoren B-C, je nach Stärke der Reibung.
- **Spontane Prozesse:** Wir haben zwei Extreme diskutiert, die reversible Expansi-on A-B, bei der die innere Energie komplett in Arbeit umgewandelt wird, aber unendlich langsam verläuft, und die irreversible Expansion ohne Arbeit A-C, die sehr schnell verläuf. Reale Prozesse werden sich irgendwo dazwischen ansie-deln, je nach Prozessführung. Dabei wird die innere Energie, die nicht in Arbeit umgewandelt wird, als Wärme im System verbleiben.

6.4.3 Die drei Bedeutungen des Entropieprinzips

1. Kreisprozesse

Der 2. Hauptsatz in der Formulierung von Kelvin & Planck besagt, dass es kei-ne Maschine gibt, die nur unter Abkühlung eines Reservoirs Arbeit leisten kann (Perpetuum mobile 2. Art). Was das bedeutet, haben wir bei der Diskussion des Carnot-Prozesses gesehen. Einem Reservoir wird Wärme ΔQ_1 entzogen, diese kann aber nicht komplett in Arbeit umgesetzt werden, da es immer eine Wärmemenge ΔQ_2 gibt, die an ein kälteres Reservoir abgeführt werden muss.

Zur Illustration vergleichen wir den direkten Temperaturausgleich von zwei Körpern mit dem durch den Carnot-Prozess vermittelten, wie in Abb. 6.7 skizziert. In Abb. 6.7a wird die Wärme ΔQ_1 nicht genutzt, in Abb. 6.7b wird Arbeit ΔW ge-leistet. Der 2. Hauptsatz nach Kelvin & Planck sagt nun, dass niemals die ganze Wärme in Arbeit umgesetzt werden kann, es gibt immer einen Verlust (Abwär-me), der durch den Betrag ΔQ_2 gegeben ist. Dieser kann auch durch die Entropie $\Delta S_2 = \Delta Q_2/T_2$ beziffert werden. Dies ist der reversible Teil der Entropieänderung, da ja durch Umkehren des Prozesses diese Entropieänderung wieder rückgängig ge-macht werden kann. Wenn die Arbeit gespeichert wurde, kann der Carnot-Prozess damit umgekehrt werden.

Im ersten Fall des Wärmeübertrags wird nicht einmal die Arbeit ΔW geleistet, d. h. die gesamte Wärmeenergie ΔQ_1 wird irreversibel übertragen. Dieser Prozess kann nun auch nicht aus sich heraus rückwärts laufen, das ist nach dem 2. Hauptsatz

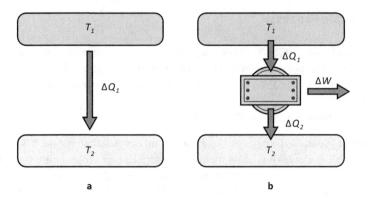

Abb. 6.7 Wärmeaustausch (**a**) ohne und (**b**) mit Arbeitsleistung

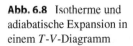 **Abb. 6.8** Isotherme und adiabatische Expansion in einem T-V-Diagramm

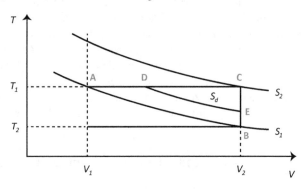

verboten. Der Wärmeausgleich zwischen zwei Körpern (Abb. 6.7a) ist irreversibel da die Arbeit, die nötig wäre den Prozess wieder umzukehren, nicht gespeichert wurde.

2. Entropieänderung während eines Prozesses

Diesen Fall haben wir in diesem Kapitel eingehend diskutiert: Die Entropiezunahme

$$\Delta S$$

kann als **Dissipation** interpretiert werden, Energie wird im System so umverteilt, dass sie entlang der Arbeitskoordinate nicht mehr zur Verfügung steht.

3. Entropie eines Zustands

$S(V, T)$ ist eine Zustandsfunktion, was hat das für eine Bedeutung, zu sagen, ein Zustand habe eine bestimmte Entropie? Die Entropieänderung ist ein Maß für die Irreversibilität eines Prozesses, aber was ist die Entropie eines Zustands?

Dazu betrachten wir das System, dargestellt in einem T-V Diagramm in Abb. 6.8, jetzt mit folgenden Einschränkungen, die man beliebig modifizieren kann ohne die Grundaussage zu abzuändern: Wir nehmen an, es sind nur

Zustandsänderungen zwischen V_1 und V_2 erlaubt, d. h., das Gewicht erreicht bei der Höhe h_2 (Abb. 3.1a) seinen oberen Anschlag, bei der Höhe h_1 setzt es beispielsweise auf dem Boden auf, tiefer geht nicht.

Entlang der Isotherme A-C bleibt die innere Energie U gleich, die Entropie wächst. Was ändert sich faktisch? Betrachten wir dazu Abb. 6.8. An jedem Punkt D entlang A-C kann das System im Prinzip Arbeit leisten, dazu würde es auf einer Adiabaten S_d zwischen S_1 und S_2 expandieren, und die Isochore irgendwo zwischen B und C im Punkt E erreichen. Die Fläche unter der Adiabaten S_d ist die maximal leistbare Arbeit, die dem System dann noch entzogen werden kann. Je weiter man also von A entlang A-C entfernt ist, desto weniger Arbeit kann das System dann noch abgeben, d. h., die Energie ist zwar identisch, aber je mehr die Entropie wächst, desto weniger Energie steht entlang der Arbeitskoordinate zur Verfügung.

Die Entropie eines Zustands sagt also, inwieweit die innere Energie als nutzbare Arbeit vorliegt. Bei gleicher Energie und steigender Entropie ist weniger Energie als Arbeit nutzbar. Machen wir das mal explizit. Wir setzen willkürlich $S_A = S_1 = 0$ und $U_B = U(T_2) = 0$. Dann ist $U_A = U(T_1)$ die innere Energie, die im Punkt A in Arbeit umgewandelt werden kann, auf der Adiabaten A-B gelingt das vollständig. Entlang A-C bleibt U gleich, jedoch TS wächst, im Punkt C kann keine Arbeit mehr extrahiert werden und es gilt

$$U_C - TS_C = 0, \qquad \Delta W = 0$$

TS ist also der Anteil der inneren Energie U, den man nicht in Arbeit umwandeln kann, der sozusagen im System als Wärme „feststeckt", im Punkt C kompensiert dann TS genau U. D. h.,

$$\Delta W = \Delta U - T \Delta S$$

gibt die maximale Arbeit an, die das System leisten kann.

Wir werden später das Konzept der freien Energie

$$F = U - TS$$

kennenlernen, welche genau diese vom System maximal leistbare Arbeit bezeichnet. Man kann das so sehen, dass der Energiebetrag TS so in dem System gespeichert ist, dass er nicht als Arbeit abrufbar ist.

Mit dem 3. Hauptsatz haben wir die Entropie einer Substanz eingeführt. Damit können wir diese Einsichten für chemische Umsetzungen nutzbar machen. TS ist dann die derart in den Stoffen gespeicherte Energie, die nicht genutzt werden kann. Bei chemischen Umwandlungen sind wir meist nicht an Volumenarbeit interessiert, man verwendet daher anstatt U die Enthalpie H. Die bei einer Reaktion auftretende Enthalpiedifferenz

$$\Delta_r H^\ominus = \sum_{i \in \text{Produkte}} v_i H_{mi}^\ominus - \sum_{i \in \text{Reaktanden}} v_i H_{mi}^\ominus.$$

kann in isobar-isothermen Prozessen nicht vollständig umgewandelt werden, sei es
in Wärme oder beispielsweise in elektrochemische Arbeit. Es gibt immer einen Enthalpiebeitrag TS, der in den Stoffen so gespeichert ist, dass er nicht nutzbar ist. Bei
Reaktionen müssen wir

$$\Delta_r S^\ominus = \sum_{i \in \text{Produkte}} \nu_i S_{mi}^\ominus - \sum_{i \in \text{Reaktanden}} \nu_i S_{mi}^\ominus$$

berücksichtigen. Daher wird man eine Größe betrachten, die das schon beinhaltet,
die sogenannte Freie Enthalpie $G = H - TS$, bzw. für Reaktionen

$$\Delta_r G^\ominus = \Delta_r H^\ominus - T \Delta_r S^\ominus.$$

Zustätzlich wird bei chemischen Reaktionen noch die Gesamtentropie steigen.
Chemische Reaktionen können als thermodynamische Zustandsänderungen nur in
die Richtung ablaufen, die adiabatisch erreichbar ist.

6.5   Das Entropieprinzip für den generellen Fall

Eine physikalische Theorie enthält, wie wir bisher gesehen haben, Definitionen und
Begriffe, die sich auf die Natur beziehen. Quantitative Aussagen werden durch
mathematische Methoden ermöglicht. Man kann allerdings eine Theorie nicht so
einfach aus der Natur „herauslesen", die lange Geschichte der Entwicklung na-
turwissenschaftlicher Theorien mit all ihren Verzweigungen macht dies deutlich.
Es gibt immer bestimmte Setzungen, manchmal Axiome, in der Thermodynamik
Hauptsätze genannt, die nicht empirisch evident sind, und die sich am Ende durch
das Funktionieren der Theorie insgesamt rechtfertigen lassen.

Wie Eingangs erwähnt, gibt es seit Einführung der Thermodynamik eine lange
Tradition der Auseinandersetzung mit der Theorie, da anfangs nicht klar dargestellt
wurde, was Definition, was empirisches Faktum, das in die Theorie eingeht, und
was Setzung ist. Die Thermodynamik, obwohl eine recht einfache Theorie, gilt unter
Lehrenden und Studierenden oft als schwierig zu vermittelnde und zu verstehende
Theorie, die konzeptionelle Unschärfe der traditionellen Darstellung mag Teil dieses
Problems sein.

Ein wichtiger Punkt ist die Interpretation. Was bedeutet T, U und S? Die Klärung dieser Frage ist der zentrale Schritt zum **Verstehen** der Theorie. Man kann
erfolgreich mit der Thermodynamik operieren und alle Übungsaufgaben lösen,
trotzdem können einige der Begriffe im Dunkeln bleiben. Seit der Formulierung
des zweiten Hauptsatzes durch Clausius ist die Interpretationsfrage virulent. Sie gab
Anlass zu philosophischen Spekulationen, wie dem Wärmetod des Universums, als
auch zu Fehlinterpretationen, wie der Aussage, dass Entropie als Unordnung zu
deuten sei. Dies wird später noch diskutiert.

In diesem Buch wurde der Zugang von Caratheodory gewählt, da er eine klare Interpretation erlaubt. Sie ermöglich zwei Einsichten.

- **Qualitativ:** Irreversible Prozesse kennen nur eine Richtung in der Natur. Wenn man diese Prozesse so fasst, dass sie als Zustandsänderung eines thermodynamischen Systems beschreibbar sind, dann haben diese Prozesse nur eine Richtung in einem Zustandsdiagramm (z. B. p-V-Diagramm).
- **Quantitativ:** Um Prozesse vermessen zu können, brauchen wir Referenzpunkte und einen Maßstab. Dieser Maßstab soll eine Zustandsfunktion sein, aus den oben genannte Gründen. Die Referenz sind dann die adiabatischen Kurven, da entlang dieser Kurven die Prozesse reversibel sind. Wenn man eine Adiabatenkurve verlässt, ist der Prozess irreversibel und das sollte durch das Maß angegeben werden.

Die Entropie ist ein Maßbegriff wie Länge, Gewicht etc. Sie misst die Länge eines Prozesses in Bezug auf seine Umkehrbarkeit. Der Begriff ist nur anwendbar, wenn das physikalische System als thermodynamisches mit entsprechenden Wänden, Arbeitskoordinaten etc. beschreibbar ist. So gibt es von Anfang an die Frage: Ist das Universum als Ganzes überhaupt ein thermodynamisches System? Zentral für das Programm ist der erste Hauptsatz:

$$\delta Q = \mathrm{d}U - \delta W.$$

Für Adiabaten, d. h. reversible Zustandsänderungen, ist $\delta Q = 0$, d. h., hier wird eine Änderung von U komplett in Arbeit umgesetzt. Diese Arbeit ist dann vorhanden zur Umkehrung des Prozesses, daher sind die adiabatischen Zustandsänderungen reversibel, so wie in Kap. 3 eingeführt. δQ misst daher die Abweichung von der Reversibilität, ist allerdings keine Zustandsfunktion. Die Frage ist also, wie bekommt man aus Q eine Zustandsfunktion s mit

$$\delta Q = \lambda \mathrm{d}s.$$

λ haben wir oben als integrierenden Faktor eingeführt, er macht aus δQ ein vollständiges Differential, das nun ein geeignetes Maß für Irreversibilität ist. Aber was ist s, und wie erhält man es für beliebige thermodynamische Systeme? Der erste Hauptsatz für ein System mit zwei Zustandsvariablen U und V lautet

$$\delta Q = \mathrm{d}U + p\mathrm{d}V.$$

Wenn wir mehrere Arbeitsvariable X_i haben, so schreibt man

$$\delta Q = \mathrm{d}U - \delta W = \mathrm{d}U - \sum_i y_i \mathrm{d}X_i. \tag{6.17}$$

Die X_i können mehrere komprimierbare Volumina sein, aber auch andere Formen, dem System Arbeit zuzuführen, wie über magnetische oder elektrische Felder. Die y_i sind die dazugehörigen intensiven Variablen, bei Volumenarbeit ist das der Druck.

Wichtig

Gl. 6.17 hat eine einleuchtende Interpretation: Auf einer Adiabaten gilt $\delta Q = 0$, d. h. die gesamte Änderung der inneren Energie für diesen Prozess wird in Arbeit umgewandelt. Diese Arbeit wird nach „Außen" abgegeben, und kann beispielsweise in einem Arbeitsspeicher so aufbewahrt werden, dass der Prozess umkehrbar ist.

Wenn man nun einen Prozess hat, bei dem ΔU nicht vollständig in Arbeit umgewandelt wird, so gibt δQ diese Differenz an. Da Q keine Zustandsfunktion ist, müssen wir es so umformen, dass wir eine erhalten. Man sucht also nach einem integrierenden Faktor der aus Q eine Zustandsfunktion macht. Erst dann hat man ein wegunabhängiges Maß für Unumkehrbarkeit.

Die zentrale Aussage des Entropieprinzips ist die der adiabatischen Erreichbarkeit. Es sind nur solche Prozesse möglich, für die d$S > 0$ gilt. Dies muss man nun noch auf allgemeine Weise zeigen. Dies bedeutet, dass man bei spontanen Prozessen niemals alle innere Energie vollständig in Arbeit umwandeln kann.

Dem Programm sind wir in diesem Kapitel gefolgt, und haben recht einfach eine Formel für die Entropie aufgestellt. Wenn man die Orginalarbeiten von Caratheodory und Mitstreitern betrachtet, ist das vergleichsweise kompliziert dargestellt. Daher hier nochmals kurz zusammengefasst, warum das Programm für das ideale Gas so leicht zu erfüllen war:

• Wir haben nur sehr einfache Systeme betrachtet, beschrieben durch zwei Zustandsvariable U und V. Wenn man ein System mit nur einer Arbeitsvariablen hat, kann man mathematisch zeigen, dass es immer einen integrierenden Faktor gibt. D. h., man kann immer eine Zustandsfunktion s finden, die die Abweichung von reversiblen Prozessen angibt.[3]
• Wir haben das Modell des idealen Gases verwendet. Hier haben wir die Zustandsfunktionen $p(V)$ und $U(T)$ explizit als Funktionen dargestellt. Die adiabatischen Zustandänderungen sind explizit durch die Adiabaten gegeben, d. h. wir konnten problemlos eine Funktion hinschreiben, die die Abweichung von reversiblen Prozessen angibt.
• Der zentrale Schritt war dann aber die Festlegung

$$S = \ln (s).$$

Dies war nicht zwingend, wir haben es in Abschn. 6.2.4 durch die Einfachheit des dadurch entstehenden Formalismus begründet, und durch die Interpretation von $T\mathrm{d}S$ als Energieform. Diese Festlegung bestimmt dann den integrierenden

---

[3]Dies ist auf einfache Weise gezeigt in M. Born, Kritische Betrachtungen zur traditionellen Darstellung der Thermodynamik, oder A. Lande, Axiomatische Begründung der Thermodynamik durch Caratheodory

Faktor zu

$$\frac{1}{T}.$$

- Insbesondere hätte man auch

$$S = -\ln(s)$$

wählen können. Dann wären die Adiabaten in umgekehrter Reihenfolge durchnummeriert und S würde entlang irreversibler Prozesse abnehmen, und nicht zunehmen.
- Bei der Erwärmung wird eine Wärmemenge δQ zugeführt, damit muss $T\mathrm{d}S = \delta Q$ positiv sein, da T eine positive Größe ist. S mit einem positiven Vorzeichen zu versehen folgt damit der Konvention bei der Definition von Wärmemengen.

An dieser Diskussion sieht man, dass die Einführung eines Irreversibilitätsmaßes einige Entscheidungen verlangt, die nicht durch „die Natur" selbst erzwungen werden. Der Zugang von Caratheodory macht diese explizit. Zum Vergleich wollen wir jedoch zunächst die traditionelle Darstellung über Kreisprozesse kurz erläutern.

6.5.1 Einführung der Entropie über einen Kreisprozess

Hier wird die Entropie über einen Kreisprozess definiert. Das macht einiges einfacher, aber verschleiert auch zentrale Punkte bei der Begriffsbildung. In Abschn. 4.2.1 haben wir gesehen dass

$$\eta_C = 1 - \frac{T_2}{T_1} = 1 - \frac{|\Delta Q_2|}{|\Delta Q_1|}$$

gilt, was man umformen kann zu

$$\frac{\Delta Q_1}{T_1} + \frac{\Delta Q_2}{T_2} = 0,$$

da ΔQ_1 und ΔQ_2 entgegengesetzte Vorzeichen haben. Die entlang der Isothermen auftretenden Wärmemengen geteilt durch die jeweiligen Temperaturen sind also gegengleich. Da entlang der Adiabaten $\delta Q = 0$ gilt, kann man das Kurvenintegral über den Carnot-Prozess berechnen, und erhält

$$\oint \frac{\delta Q}{T} = 0.$$

Das ist analog zur inneren Energie

$$\oint \mathrm{d}U = 0,$$

wie in Abschn. 3 ausgeführt, und bedeutet, dass es eine Zustandsgröße S mit

$$\mathrm{d}S = \frac{\delta Q}{T}$$

Abb. 6.9 Beliebiger
Kreisprozess, dargestellt durch
Carnot-Prozesse

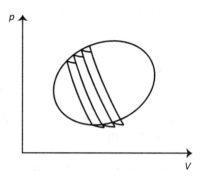

gibt, wenn man zeigen kann, dass

$$\oint dS = 0$$

für **beliebige** Kreisprozesse gilt.Dazu zerlegt man einen beliebigen Kreisprozess in viele Carnot-Zyklen, wie in Abb. 6.9 skizziert. Auf den Adiabaten treten keine Wärmemengen auf, daher muss man für das Kurvenintegral nur die Isothermen berücksichtigen. Man muss also eine Summe über die $\frac{\delta Q}{T}$ entlang der Isothermen bilden, wobei sich jeweils der obere und untere Beitrag eines der Carnot-Zyklen herausheben, weshalb das Integral für beliebige Kreisprozesse verschwindet. S ist also eine Zustandsfunktion.

Da der Carnot-Prozess unabhängig vom verwendeten Material ist, hat man so gezeigt, dass es für beliebige thermodynamische Systeme eine Zustandsfunktion S gibt. Nun muss man noch zeigen, dass für Prozesse in adiabatisch isolierten Systemen $dS \geq 0$ gilt. Die Carnot-Maschine besteht aus dem Arbeitsgas in einem Kolben, das die Arbeit verrichtet, und den beiden Reservoirs, die Wärme abgeben und aufnehmen. Das Gesamtsystem wird als adiabatisch abgeschlossen betrachtet. Wir müssen nun die Entropieänderung des Reservoirs betrachten, denn für einen Zyklus des Arbeitsgases in der Maschine ist die Entropieänderung $\Delta S = 0$ da S eine Zustandsfunktion ist.

- Für den Carnot-Zyklus ist die Entropieänderung des oberen und unteren Reservoirs

$$\Delta S = \frac{\Delta Q_1}{T_1} + \frac{\Delta Q_2}{T_2} = 0, \qquad (6.18)$$

und da für eine Carnot-Zyklus die Entropieänderug des Arbeitsgases in der Maschine verschwindet, verschwindet auch die Gesamtentropieänderung. Der reversible Carnot-Prozess ist also der eine Extremfall.

- Nun betrachten wir das andere Extrem, wir nehmen wie in Abb. 6.7a die Maschine aus den Spiel und untersuchen den direkten Wärmeaustausch. Die

Entropieänderung der Reservoirs ist durch

$$\Delta S = \frac{\Delta Q_1}{T_1} + \frac{\Delta Q_2}{T_2}$$

gegeben. Da die Wärme nur aus dem wärmeren ins kältere Reservoir strömt, und nicht umgekehrt, so der zweite Hauptsatz nach Clausius, erhalten wir $\Delta Q_1 = -\Delta Q_2$ und

$$\Delta S = \left(\frac{1}{T_2} - \frac{1}{T_1}\right) \Delta Q_2 \geq 0.$$

Da das kältere System die Wärme aufnimmt, gilt $\Delta Q_2 > 0$ und $T_1 > T_2$, daher ist die Entropieänderung positiv.

- Als Mittelweg untersuchen wir einen leicht veränderten Carnot-Prozess. Die obere Isotherme wird durch einen irreversiblen Prozess ersetzt, z. B. durch den Expansionsprozess mit 9 Gewichten, wie in Abschn. 1.3.2 besprochen. Dann passiert Folgendes: Die so irreversibel geleistete Arbeit bei der Expansion ist kleiner als die reversibel geleistete, das haben wir in Abb. 1.8 erkennen können (Fläche unter den Prozesskurven). Da bei der Expansion die gleichen Endpunkte erreicht werden, ist die Differenz der inneren Energie aber die gleiche, d. h. die von dem Reservoir mit Temperatur T_1 irreversibel aufgenommene Wärmemenge ist betragsmäßig kleiner als die reversibel aufgenommene,

$$|\Delta Q_1^{irr}| < |\Delta Q_1|,$$

ΔQ_1^{irr} wird vom Reservoir abgegeben, ist also eine negative Größe. Damit ist nun die Entropieänderung

$$\Delta S = \frac{\Delta Q_1^{irr}}{T_1} + \frac{\Delta Q_2}{T_2} \geq 0,$$

was man durch Vergleich mit Gl. 6.18 sehen kann.

Sobald man also irreversible Prozesse betrachtet, steigt die Entropie. Das ist die zentrale Aussage des **2. Hauptsatzes der Thermodynamik**. Die Interpretation ist immer die gleiche: Durch die irreversible Prozessführung wird nicht genug Arbeit an den Speicher abgegeben, um den Prozess umkehren zu können. Die Entropie ist die Größe, die das protokolliert.

Wichtig

S kann also in beliebigen **adiabatischen** Prozessen nur zunehmen. Das $T dS = \delta Q$ können wir nun in Gl. 6.17 einsetzen und erhalten, dass in realen Prozessen niemals die gesamte innere Energie in Arbeit umgewandelt werden kann, da T positiv ist und dS nur positiv sein kann.

Aber Achtung: dies gilt nur für eine Entropie, die wir als

$$S(U, X_1, \ldots, X_N),$$

als Funktion von Arbeitsvariablen X_i schreiben. Wir werden später die Entropie als Funktion der Molzahlen n_i der Komponenten eines chemischen Gemischs schreiben. Der Übertrag des hier Gefundene auf das Problem variabler Molzahlen ist nicht trivial, da die Molzahlen keine klassischen Arbeitsvariablen sind, wir brauchen dann ein weiteres Prinzip.

6.5.2 Integrierender Faktor nach Caratheodory

Für ein System mit einer Arbeitskoordinate, d. h. zwei Variablen, findet man immer einen integrierenden Faktor, für ein System mit mehr als drei Variablen gilt das aber nicht mehr, hier gibt es Gegenbeispiele.

Mathematisch gibt es also nicht zu jedem Differentialausdruck Gl. 6.17 einen integrierenden Nenner. Thermodynamische Systeme müssen also spezielle mathematische Eigenschaften haben, damit eine Funktion $S(U, X_i)$ möglich ist. Caratheodory hat hierfür die Bedingungen angegeben: *Er hat gezeigt, dass wenn es für δQ einen integrierenden Nenner gibt, dann gibt es zu jedem Zustand (U, X_i) andere Zustände in der Umgebung, die von diesem Zustand aus adiabatisch nicht erreichbar sind. Und umgekehrt, wenn es in der Nähe eines Zustands andere Zustände gibt, die von diesem aus adiabatisch nicht erreichbar sind, dann hat δQ einen integrierenden Nenner.*

Die involvierte Mathematik ist zu komplex, um sie hier kompakt darstellen zu können, aber die Aussage ist die: für alle Systeme, für die es unumkehrbare Zustandsänderungen gibt, existiert eine Funktion $S(U, X_i)$. Und das ist alles was wir brauchen.

Betrachten wir als einfaches Beispiel Abb. 6.10a. Das System hat zwei Arbeitskoordinaten, die Volumina sind durch eine diatherme Wand getrennt, das System besteht aus einem beliebigen realen Stoff. Abb. 6.10b zeigt die Darstellung in einem Zustandsdiagramm. Reversible Zustandsänderungen können nun innerhalb einer Fläche stattfinden, die durch die quasistatischen adiabatischen Zustandsänderungen der beiden Volumina definiert sind, es sind Adiabatenflächen. Irreversible Zustandsänderungen finden als Übergänge zwischen zwei Flächen statt. Das Prinzip der adiabatischen Erreichbarkeit sagt, dass jeweils nur Flächen in aufsteigender Nummerierung erreicht werden können. Analog zur Einführung anhand des idealen Gases muss man nun die Entropie als Parametrisierung der Adiabaten einführen.

$s(T, V_1, V_2)$ sei die Koordinatendarstellung der Adiabatenflächen. Für Prozesse, die entlang der Fläche verlaufen, gilt

$$\delta Q = 0, \qquad \mathrm{d}s = 0$$

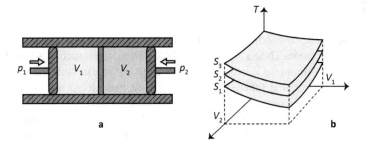

Abb. 6.10 (a) System mit zwei Arbeitskoordinaten, (b) Adiabatenflächen

ds steht senkrecht auf der Adiabatenfläche, gibt also den Anteil eines beliebigen Prozesses an, der die Fläche „verlässt" und damit irreversibel ist. Kann man eine Verbindung von s und Q finden? Der Satz von Caratheodory garantiert nun, dass es einen integrierenden Faktor gibt, mit dem gilt:

$$\delta Q = \lambda \mathrm{d}s.$$

In der Folge kann man λ in zwei Teile zerlegen, der eine ist die absolute Temperatur T, der andere eine Funktion $f(s)$, und man erhält nach Umformen

$$\delta Q = Tf(s)\mathrm{d}s = T\mathrm{d}S.$$

$S(s)$ mit $\mathrm{d}S = f(s)\mathrm{d}s$ ist damit eine Funktion der Adiabatenfläche, genau das haben wir oben für das einfache System anhand des idealen Gases als $S = \ln(s)$ ausgenutzt.

Fazit:
Reversible Prozesse verlaufen auf Adiabatenflächen, irreversible nur in eine Richtung zwischen den Flächen, z. B. in Abb. 6.10b nur zwischen Flächen mit ansteigender Nummerierung. Die Entropie ist schlichtweg eine Parametrisierung der Adiabatenflächen. Die Probleme, die für das ideale Gas beschrieben wurden, bleiben. Man muss eine Funktion $f(s)$ finden und deren Vorzeichen festlegen. Das Prinzip von Caratheodory besagt, dass es überhaupt unumkehrbare adiabatische Prozesse gibt. Es ist damit allgemeiner als das Prinzip von Clausius, das zudem angibt, welche Prozesse nicht umkehrbar sind (nämlich Wärmeaustausch). Die fehlende Information muss man dann in den Festlegungen berücksichtigen.

6.6   Zusammenfassung

Die Entropie wurde eingeführt als ein Maß für die Unumkehrbarkeit von Prozessen. Gibt es Entropie in der „Natur"? Sicher nicht als Ding, auch nicht als eine Eigenschaft, es ist eine komplexe Zuschreibung. Die Entropie ist ein Maß wie räumlicher Abstand, Temperatur und innere Energie. D. h., im Prinzip hat die Entropie eine rein „mathematische Existenz", sie ist eine Funktion im Zustandsraum, eine Funktion der Variablen p, V, T. Entsprechend ist sie auch nicht „direkt" messbar, sondern nur als Funktion von messbaren Variablen und den Materialkonstanten zu erschließen. Man sieht diese Maße den Dingen selbst nicht an. Entsprechend langwierig war auch der Weg ihrer „Entdeckung".

Wir hatten irreversible Prozesse als solche eingeführt, bei denen die Arbeit zur Umkehrung „verloren" wurde. Insgesamt verschwindet bei irreversiblen Prozessen also **verfügbare Energie**, d. h., die Energie im System, die zur Umkehrung der Prozesse genutzt werden kann. Diese Energie ist nach dem ersten Hauptsatz nicht verloren, sie ist nur in dem System so gespeichert, dass sie entlang der Arbeitskoordinate des Systems nicht mehr abrufbar ist. Irreversible Prozesse **dissipieren** Energie, d. h. Energie wird so im System verteilt, dass sie zur Umkehrung der Prozesse nicht mehr zur Verfügung steht.

Die Entropie S ist über die Wärme definiert,

$$\delta Q = dU + \delta W = T dS.$$

Für Adiabaten ist $\delta Q = 0$. Hier wird die gesamte Änderung der inneren Energie in Arbeit umgewandelt. Wenn diese entsprechend gespeichert wird, kann sie zur Umkehrung des Prozesses verwendet werden. Wenn nicht alles in Arbeit umgewandelt wird, gibt δQ den Fehlbetrag an. Eindeutig kann man das aber nur über eine Zustandsfunktion quantifizieren, nämlich über dS, welche über den **integrierenden Faktor** mit δQ verbunden ist. S ist ein Maß für die Irreversibilität von Prozessen. Mit dem ersten Hauptsatz kann man schreiben,

$$dS = \frac{1}{T}dU + \frac{p}{T}dV,$$

$S(U, V)$ ist eine Zustandsfunktion der Variablen U und V. Zustandsgleichugen für S können, wie bei $U(T, V)$ durch Materialkonstanten angegeben werden. Insbesondere müssen Referenzwerte $S^{\ominus}$ bei Standardbedingungen bestimmt werden, die in der Thermochemie Verwendung finden.

Ab und zu findet man saloppe Formulierungen, nach denen beispielsweise Prozesse in der Natur so ablaufen, dass die Entropie maximiert wird. Als ob die Entropie eine Instanz wäre, die darüber wacht, wie Prozesse ablaufen. Dies verwechselt Indikatoren mit Ursachen. Irreversible Prozesse sind das, was wir in der Natur vorfinden, sie laufen so ab wie sie eben ablaufen. Die Entropie ist ein Mittel zur quantitativen Beschreibung dieser Prozesse. Die Entropie selbst kommt in der Natur nicht vor, sondern ist mathematisches Beschreibungsmittel.

Mit Hilfe der Entropie kann man das Geschehen allerdings zusammenfassend behandeln. Was ist das Gemeinsame bei der irreversiblen Expansion und der irreversiblen Erwärmung? In beiden Fällen steigt S. Mit Hilfe von S kann man also das Naturgeschehen in genereller Weise beschreiben, einen gemeinsamen Indikator festmachen, sozusagen die Naturabläufe auf einen gemeinsamen Begriff bringen.

Für die Chemie ist der Austausch und die Umwandlung von Stoffen zentral. Wir benötigen also eine Erweiterung auf Stoffumwandlungen, was in den folgenden Kapiteln geschehen wird. Stoffumwandlungen laufen so ab, dass der Indikator $S \geq 0$ anzeigt. Das gibt ein mathematisches Prinzip an die Hand, mit dessen Hilfe die Stoffmengen in chemischen Gleichgewichten bestimmt werden können.

Ausgleichsprozesse und Prinzip der maximalen Entropie

7

Bisher wurde ein einphasiges adiabatisch isoliertes System mit einer Arbeitskoordinate V (Volumenänderung) betrachtet, wobei die Arbeit durch einen reversiblen Arbeitsspeicher aufgefangen wurde. Das Entropieprinzip besagt, dass in solch einem adiabatisch isolierten System nicht alle thermodynamischen Prozesse möglich sind, sondern nur diejenigen, bei denen die Entropie zunimmt. In vielen Anwendungen, vor allem auch in der Chemie hat man jedoch Folgendes: Wir betrachten eine chemische Reaktion oder einen Phasenübergang, beschrieben durch die Reaktion

$$A \rightarrow B,$$

wobei dann die Stoffmenge n_A in n_B in einem spontanen Prozess umgewandelt wird. Solch ein spontaner Prozess wird **Ausgleichsprozess** genannt. Bei dieser Umwandlung wird die freiwerdende Energie oft nicht direkt in Arbeit umgewandelt, meist „verpufft" sie als Wärme. Das System ist dabei in Kontakt mit der Umgebung bei konstanter Temperatur und konstantem Druck.

Um die Anwendung der Thermodynamik auf chemische Probleme vorzubereiten modifizieren wir jetzt das betrachtete System: die Ankopplung an einen reversiblen Arbeitsspeicher fällt weg, und das System besteht nun aus zwei oder mehr Komponenten, zwischen denen ein Ausgleichsprozess stattfindet. Für solch einen spontanen Prozess kann man zunächst nur eine Entropiedifferenz zwischen Anfangs- und Endzustand berechnen, da alle Zwischenzustände keine Gleichgewichtszustände sind. Daher kann man auch nichts über die Entropieänderung während des Prozesses aussagen. Um dies zu Ermöglichen, werden sogenanne **quasistatische Ersatzprozesse** eingeführt für die man eine stetige Entropiezunahme entlang des Prozesses findet,

$$dS \geq 0.$$

© Springer-Verlag GmbH Deutschland 2017
M. Elstner, *Physikalische Chemie I: Thermodynamik und Kinetik*,
https://doi.org/10.1007/978-3-662-55364-0_7

7.1   Extensive und intensive Größen

Wir betrachten ein System mit einer bestimmten inneren Energie U und einem Volumen V, und schieben in der Mitte des Volumens eine Trennwand ein (Abb. 7.1). Offensichtlich gilt:

$$V = V_1 + V_2, \qquad n = n_1 + n_2 \tag{7.1}$$

Solche Größen wie das Volumen V und die Stoffmenge n, die sich additiv aus den Komponenten des Systems zusammensetzen, nennt man **extensive Größen.** Sie wachsen mit der Systemgröße. Im Gegensatz dazu gilt

$$p = p_1 = p_2 \qquad T = T_1 = T_2 \tag{7.2}$$

Diese Größen sind im Gleichgewicht unabhängig von der Systemgröße, man nennt sie **intensive Größen.** Offensichtlich sind U, H und S ebenfalls extensive Größen, man kann z. B. für U

$$U(S, V) = U_1(S_1, V_1) + U_2(S_2, V_2) = U(S_1, S_2, V_1, V_2) \tag{7.3}$$
$$S(U, V) = S_1(U_1, V_1) + S_2(U_2, V_2) = S(U_1, U_2, V_1, V_2).$$

schreiben, da man jedem Teilsystem eine innere Energie und Entropie zuordnen kann.

Extensive Größen werden zu intensiven, wenn man sie auf die Stoffmenge bezieht. Beispiele sind das molare Volumen V_m und die molare Enthalpie H_m

$$V_m = \frac{\Delta V}{\Delta n} \to \frac{\partial V}{\partial n} \qquad H_m = \frac{\Delta H}{\Delta n} \to \frac{\partial H}{\partial n},$$

also das Volumen und die Enthalpie pro Mol. Diese bleiben gleich, wenn man das System vergrößert.

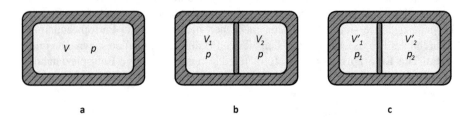

Abb. 7.1 Druckausgleich: (**a**) System mit Volumen V, (**b**) Einziehen einer Wand und (**c**) Verschieben der Wand, um den Ausgangszustand herzustellen

7.2   Einfache Ausgleichsprozesse

Chemische Ausgleichsprozesse starten im obigen Beispiel mit der Stoffmenge n_A, die im Verlauf der Reaktion in n_B umgewandelt wird. Man beginnt damit in einem Zustand der nicht einem Gleichgewichtszustand entspricht und ist interessiert daran, wie sich das chemische Gleichgewicht zwischen A und B einstellt. Ein thermodynamisches Modell für solche Vorgänge ist durch den Zustand in Abb. 7.1c gegeben. Hier wurde die Wand verschoben und in einer Position mit $V = V_1' + V_2'$ arretiert. Eine solche Arretierung nennt man **Hemmung**, das System befindet sich durch die arretierte Zwischenwand in einem **gehemmten Gleichgewicht**.

Im Folgenden wollen wir die Prozesse des Temperatur- und Druckausgleichs untersuchen.

7.2.1   Temperaturausgleich

U und V des Gesamtsystems seien konstant, die beiden Teilvolumina anfangs durch eine adiabatische Wand getrennt. Für den Anfangszustand wollen wir durch einen Eingriff von außen die eine Seite erwärmen und die andere Seite entsprechend abkühlen, wie in Abb. 7.2 gezeigt:

$$U = U_1 + U_2 \qquad U_1 > U_2$$

Dies erzeugt einen Temperaturunterschied $T_1 > T_2$.

Wenn wir die Zwischenwand nun wärmeleitend machen, wird ein Ausgleichsprozess stattfinden, bis ein Gleichgewicht erreicht ist. Wir sind interessiert an den Werten von U_1 und U_2 im Gleichgewicht. Da das System adiabatisch isoliert ist, gilt

$$0 = dU = dU_1 + dU_2 \qquad dU_1 = -dU_2.$$

Der erste Hauptsatz sorgt nur für eine ausgeglichene Bilanz, die Abnahme der Energie auf der einen Seite muss durch eine Zunahme auf der anderen Seite kompensiert werden. Aber im Prinzip sind alle Energien U_1 und U_2 erlaubt, die diese Bilanz erfüllen. Wir erhalten also keine Aussage über die Lage des Gleichgewichts.

Daher müssen wir den zweiten Hauptsatz konsultieren. $S(V, U_1, U_2)$ ist nun eine Funktion von drei Parametern, V ist konstant, d. h. das totale Differential von S (Gl. 6.7) ist

$$dS = \left(\frac{\partial S_1}{\partial U_1} \right)_V dU_1 + \left(\frac{\partial S_2}{\partial U_2} \right)_V dU_2 = \frac{1}{T_1} dU_1 + \frac{1}{T_2} dU_2 \tag{7.4}$$

Abb. 7.2 Temperaturausgleich, wenn die Trennwand wärmeleitend ist

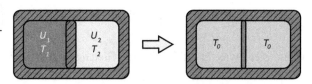

und mit $dU_1 = -dU_2$ ergibt sich

$$dS = \left(\frac{1}{T_2} - \frac{1}{T_1} \right) dU_2 \geq 0$$

Nach dem 2. Hauptsatz sind nur solche Prozesse möglich, für die S ansteigt. Für $T_1 > T_2$ ist das dann der Fall, wenn Wärme aus Teilsystem 1 zum Teilsystem 2 fließt, d. h. der vom 2. Hauptsatz nach Clausius erlaubte Fall. Dann ist dU_2 und $\frac{1}{T_2} - \frac{1}{T_1}$ positiv, d. h., dS ist eine positive Größe.

Bei einem Temperaturausgleich steigt S an. Dies geht so lange, bis es ein **Maximum** erreicht hat. Vom Maximum aus würde jede Zustandsänderung eine Entropieverminderung bedeuten, was anzeigt, dass vom Entropiemaximum aus solche Zustände adiabatisch nicht erreichbar sind.

Der Prozess endet also in einem Zustand maximaler Entropie, den wir **Gleichgewichtszustand** nennen. Um das Gleichgewicht zu finden, muss man daher nur nach den Werten von U_1 und U_2 suchen, für die S maximal wird, d. h. die erste Ableitung verschwindet:

$$0 = dS = \left(\frac{1}{T_2} - \frac{1}{T_1} \right) dU_2 \qquad \rightarrow \qquad \frac{1}{T_1} = \frac{1}{T_2}. \tag{7.5}$$

Im Gleichgewicht sind also die intensiven Parameter T gleich.

Um die Entropieänderung zwischen Anfangs- und Endzustand zu berechnen, benötigt man einen Prozess, der diese verbindet. Da die Entropie eine Zustandsfunktion ist, ist der genaue Prozess unwichtig, solange die intensiven Größen entlang des Prozesses definiert sind. Wir betrachten daher eine diatherme Wand, die nur sehr schwach wärmeleitend ist, d. h., es werden schrittweise so kleine Wärmemengen

$$\delta U_1 = -\delta U_2$$

übertragen, die dem System jeweils die Relaxation in ein Gleichgewicht erlauben. Dieser **quasistatische Prozess** ist also eine Menge von Gleichgewichtszuständen, die sich jeweils nur infinitesimal in den U_1 und U_2, d. h. in den T_1 und T_2 unterscheiden, bis diese sich angeglichen haben.

Für jeden infinitesimalen Schritt ändert sich die Temperatur um dT, mit der Näherung für das ideale Gas $dU = c_V dT$ erhalten wir für die isochore Erwärmung durch Integration von Gl. 7.4,

$$\Delta S = \int dS_1 + \int dS_2 = -c_V \int_{T_1}^{T_0} \frac{dT_1}{T_1} + c_V \int_{T_2}^{T_0} \frac{dT_2}{T_2} \tag{7.6}$$

$$= c_V \ln (T_1/T_0) - c_V \ln (T_0/T_2) = c_V \ln \left(\frac{T_1 T_2}{T_0^2} \right),$$

wenn sich wie in Abb. 7.2 im Gleichgewicht die Temperatur T_0 einstellt ($T_1 > T_0 > T_2$).

7.2.2 Druckausgleich

Wir nehmen den Zustand in Abb. 7.1c mit $p_1 > p_2$ als Ausgangspunkt, die Zwischenwand sei diatherm, das Gesamtsystem adiabatisch isoliert, d. h. $dU = 0$. Wenn man die Hemmung nun löst, bei welchen Volumina wird sich das Gleichgewicht einstellen?

Wenn man das System sich selbst überlässt, sind nur solche Änderungen von V_1 und V_2 möglich, für die die Entropie ansteigt. Der Prozess geht nur so lange, wie S anwächst, und damit ist dann klar, dass sich im Gleichgewicht ein Maximalwert von S einstellt.

$$0 = dS = \frac{1}{T}dU_1 + \frac{p_1}{T}dV_1 + \frac{1}{T}dU_2 + \frac{p_2}{T}dV_2. \tag{7.7}$$

Das System ist nach außen isoliert, U ändert sich nicht, damit ist $0 = dU = dU_1 + dU_2$ und mit $-dV_1 = dV_2$ erhalten wir:

$$0 = dS = \left(\frac{p_1}{T} - \frac{p_2}{T}\right)dV_1. \tag{7.8}$$

Im Gleichgewicht kommt es, wie aus der Mechanik erwartet, zu einem Druckausgleich. Dies ist der Zustand maximaler Entropie.

Die **Entropieänderung** wollen wir für eine vereinfachte Version berechnen, nämlich für den Fall, dass die rechte Kammer in Abb. 7.4 leer ist, d. h. $p_2 = 0$. Damit berechnen wir die Expansion, bei der sich das Volumen V_1 auf $V = 2V_1$ quasistatisch ausdehnt (Gl. 7.8 für $p_2 = 0$):

$$\Delta S = \int_{V_1}^{2V_1} dS = \int_{V_1}^{2V_1} \frac{p_1}{T}dV_1 = nR \int_{V_1}^{2V_1} \frac{1}{V_1}dV_1 = nR \ln 2. \tag{7.9}$$

Für die Integration haben wir vorausgesetzt, dass entlang des Integrationsweges von $V_1 = 0,5V$ bis $V_1 = V$ der Druck p_1 und die Temperatur T definiert sind, die dann mit Hilfe der idealen Gasgleichung ($p_1 V_1 = nRT$) ersetzt werden können. Wir haben also einen quasistatischen Ersatzprozess verwendet, bei dem die Wand in infinitesimal kleinen Schritten verschoben wird, wie in Abschn. 4.3.1 besprochen.

7.2.3 Druck- und Temperaturausgleich

Nun betrachten wir ein Volumen mit beweglicher Trennwand und einem Gas mit verschiedenen Temperaturen und Drücken in den beiden Kompartimenten (Abb. 7.3). Im Gleichgewicht gilt wieder $dS = 0$:

$$0 = dS = \frac{1}{T}dU + \frac{p}{T}dV = \frac{1}{T_1}dU_1 + \frac{p_1}{T_1}dV_1 + \frac{1}{T_2}dU_2 + \frac{p_2}{T_2}dV_2. \tag{7.10}$$

Zusätzlich zu ($-dU_1 = dU_2$) haben wir ($-dV_1 = dV_2$)

Abb. 7.3 Druck- und Temperaturausgleich

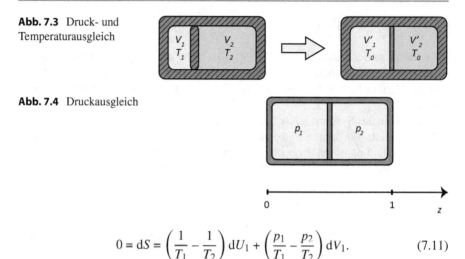

Abb. 7.4 Druckausgleich

$$0 = \mathrm{d}S = \left(\frac{1}{T_1} - \frac{1}{T_2}\right)\mathrm{d}U_1 + \left(\frac{p_1}{T_1} - \frac{p_2}{T_2}\right)\mathrm{d}V_1. \tag{7.11}$$

$\mathrm{d}S = 0$, wenn die Audrücke in den Klammern verschwinden, d. h. beide Klammern müssen unabhängig voneinander $= 0$ sein. Dies führt auf $T_1 = T_2$ und damit sofort auch auf $p_1 = p_2$.

7.3　Hemmungen: Innere Freiheitsgrade

Im Gleichgewicht werden thermodynamische Systeme nur durch einen kleinen Satz von Parametern beschrieben, nämlich p, V und T. Wenn man das Gleichgewicht verlässt, benötigt man mehr Parameter. In den gerade diskutieren Beispielen wird das System durch U und V beschrieben, das anfängliche Nichtgleichgewicht haben wird durch einen einfachen Eingriff von außen erzeugt, man benötigt zur Beschreibung des Systems danach jeweils einen weiteren Parameter, nämlich $S(U, V_1, V_2)$ oder $S(U_1, U_2, V)$. Man kann auch weitergehen und das System in viele Subsysteme unterteilen, entsprechend braucht man weitere Parameter zur Beschreibung.

7.3.1　Druckausgleich

Zur Beschreibung des Druckausgleichs könnte man einen Parameter

$$z_1 = V_1/V,$$

verwenden, der **Hemmung** genannt wird. z_1 kann Werte zwischen 0 und 1 annehmen. Mit

$$V = V_1 + V_2 = z_1 V + (1 - z_1)V$$

erhält man

$$S(U, V_1, V_2) = S(U, z_1 V, (1 - z_1)V) = S(U, V, z_1).$$

Wenn das System wegen der Einführung einer Hemmung z_1 nicht im Gleichgewicht ist, nennt man dies ein **gehemmtes Gleichgewicht**. Um die Lage des Gleichgewichts zu finden, leiten wir S nach z_1 ab,

$$0 = \frac{dS}{dz_1} = \frac{d}{dz_1}\left(\left[\frac{p_1}{T} - \frac{p_2}{T}\right]z_1 \cdot V\right).$$

Man kann sich vorstellen, dass man den Ausgleichsprozess mit dieser Hemmung kontrolliert, indem man z_1 nur langsam variiert, sodass das Gas in den Behältern jeweils im Gleichgewicht ist, d. h. für jedes z_1 definierte Werte von (p_1, p_2) vorliegen. Dies ist ein **quasistatischer Ersatzprozess**, mit dessen Hilfe man einen Integrationsweg im Zustandsraum erzeugt und damit die Entropieänderung berechnen kann.

7.3.2 Temperaturausgleich

Wie kann man den reversiblen Ersatzprozess für den Temperaturausgleich darstellen? Ähnlich dem Überströmversuch verwenden wir eine nur schwach wärmeleitende Wand zwischen den Teilsystemen in Abb. 7.2. Dies kann man als eine Hemmung der inneren Energie verstehen, mit $U = U_1 + U_2$, wenn U konstant ist und U_1 und U_2 variieren. Wenn diese sehr langsam (quasistatisch) verändert werden, sind für beide Teilsysteme immer die Temperaturen definiert, und es ergibt sich ein Integrationspfad im Zustandsraum. Um das zu realisieren, werden wir diese Wand daher immer nur ganz kurz wärmeleitend machen, sodass eine kleine Wärmemenge δQ übertragen wird. Dies soll quasistatisch passieren (δQ unendlich klein, unendlich viele Schritte), sodass die Systeme in jedem Schritt im Gleichgewicht sind. Dies ist gleichbedeutend mit einer schrittweisen Veränderung der Hemmung. Diese **Hemmung** z_2 soll die innere Energie auf bestimmten Werten festhalten, wir definieren:

$$U_1 = z_2 U \qquad U_2 = (1 - z_2)U \qquad U = U_1 + U_2.$$

z_2 kann Werte zwischen 0 und 1 annehmen.

7.4 Der Weg ins Gleichgewicht

Ausgangspunkt der obigen Prozesse sind Anfangszustände mit unterschiedlichen Werten von p und T in den beiden Teilsystemen. Was passiert nun, wenn man in Abschn. 7.2.2 einfach die Wand entfernt oder in Abschn. 7.2.1 über eine diatherme Wand einen Wärmestrom erlaubt?

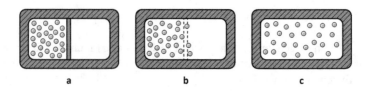

a   b   c

Abb. 7.5 Überströmversuch: Man startet in einem (gehemmten) Gleichgewicht (**a**), entfernt die Wand und endet in einem Gleichgewichtszustand (**c**). Während der Relaxation werden Nichtgleichgewichtszustände (**b**) durchlaufen

Beispiel Überströmversuch: Wenn die Wand bei V_1 entfernt wird, folgt ein Nichtgleichgewichtsprozess, wie in Abb. 7.5 skizziert, der das System in ein neues Gleichgewicht bei V bringt. Der Anfangszustand mit Volumen V_1 ist im Gleichgewicht, ebenso der Endzustand mit Volumen $V = V_1 + V_2$. Alle Zustände dazwischen, nennen wir sie NG_1-NG_n, sind Nichtgleichgewichtszustände (NG), T und p sind nicht definiert. Und obwohl sich das Volumen das Gases kontinuierlich auszudehnen scheint, kann man kein gesondertes Volumen angeben, das Volumen der Box nach entfernen der Wand ist schlicht das Gesamtvolumen V. Wenn die Ausgleichsprozesse schnell verlaufen, wird während des Ausgleichs kein Gleichgewicht vorliegen, d. h., T und p sind daher nicht definiert. Da die Entropie S von den Zustandsgrößen abhängt, wird auch sie nicht definiert sein, die Gleichgewichtsthermodynamik kann also nichts über diese Ausgleichsprozesse aussagen.

Da der Relaxationsprozess selbst nicht mit den Mitteln der Gleichgewichtsthermodynamik beschrieben werden kann, verwendet man zur Berechnung der Entropiedifferenz üblicherweise eine der folgenden Vorgehensweisen:

- Man bestimmt die Entropie des Anfangs- und Endzustandes und berechnet daraus die Entropiedifferenz. Dazu muss man aber die Entropie der beiden Zustände kennen, was oft nicht der Fall ist.
- Man verwendet einen beliebigen, aber praktischen Ersatzprozess, für den die Entropiedifferenz berechnet wird. Da die Entropie eine Zustandsgröße ist, hängt die Entropiedifferenz nicht vom Weg ab, d. h., der Umstand, dass der Ersatzprozess so in der Natur nicht vorkommt, spielt keine Rolle.

Nach der zweiten Möglichkeit benötigen wir eine Methode, mit der die thermodynamischen Variablen kontinuierlich von den Werten des Ausgangszustandes zu den Werten des Endzustandes übergehen können. Da U und S Zustandsfunktionen sind, ist der eingeschlagene Weg unwichtig, um die Differenz zu berechnen. Wir suchen also nach einem **quasistatischen Ersatzprozess**.

Nun betrachten wir einen Prozess in Abb. 7.6, bei dem die Wand stückweise **quasistatisch** verschoben wird. Damit ist jeweils V klar definiert, und da der Prozess quasistatisch verlaufen soll, p und T ebenfalls. Bei diesem Prozess wird bei der Verschiebung der Wand keine Arbeit gespeichert, d. h. der Prozess ist irreversibel. Da ein quasistatischer Prozess durchlaufen wird, sind die Volumina und Drücke zu jedem Zustand definiert, und wir finden

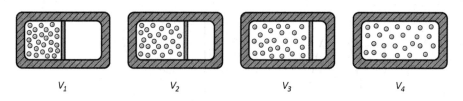

Abb. 7.6 Überströmversuch: Ersatzprozess

$$\mathrm{d}S = \left(\frac{p_1}{T} - \frac{p_2}{T}\right)\mathrm{d}V_1 > 0 \qquad \text{für} \qquad p_1 > p_2. \tag{7.12}$$

Dieser Prozess beschreibt also eine kontinuierliche Entropiezunahme, weil keine Arbeit entnommen wird. Allerdings hat dieser Prozess nichts mit den faktisch ablaufenden Ausgleichsprozessen zu tun. $\mathrm{d}S$ ist immer positiv, und je größer der Druckunterschied ist, desto größer ist die Entropiezunahme. Die analoge Aussage lässt sich auch für den Temperaturausgleich machen.

Die Aussage des 2. Hauptsatzes, $\mathrm{d}S \geq 0$, ist also nur für quasistatische Prozesse richtig. Für beliebige Relaxationsprozesse, bei denen die intensiven Variablen nicht definiert sind, kann kein Wert für S angegeben werden.

7.4.1   Das Maximum der Entropie

Betrachten wir nun ein allgemeines System mit den Zustandsgrößen $X_1 \ldots X_N$ (z. B. U, V, $\ldots$). Um das Gleichgewicht zu finden, d. h. die Werte X_i^0 der Variablen zu bestimmen, kann man nach der horizontalen Tangente suchen:

$$\mathrm{d}S(X_1, \ldots, X_N) = 0. \tag{7.13}$$

Wie man aber aus der Kurvendiskussion weiß, ist ein stabiles Gleichgewicht über die zweiten Ableitungen definiert (Abb. 7.7). Dabei betrachten wir nicht den realen Prozess, für den die intensiven Variablen sowie die Entropie nicht definiert sind, sondern einen quasistatischen Ersatzprozess, für den immer $\mathrm{d}S \geq 0$ gilt.

Maximum der Entropie: Für $\mathrm{d}S = 0$ muss ein Maximum der Entropie vorliegen: Wenn das System im Gleichgewicht ist, sind andere Zustände adiabatisch nicht erreichbar, dies ist durch das Maximum der Entropie in Bezug auf die Variablen V_1 und V_2 ausgedrückt (Abb. 7.7). Dieser Zustand stellt damit einen Endpunkt in der Dynamik dar, es ist ein **stabiler Zustand**, da kein anderer Zustand von hier aus mehr erreichbar ist. Dieser Zustand heißt **Gleichgewicht.**

An dieser Diskussion sieht man sehr gut, was der 2. Hauptsatz leistet: Er macht keine Aussage, wohin sich Systeme dynamisch bewegen, er sagt nur, dass im GG

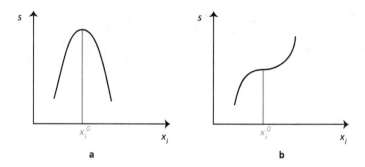

Abb. 7.7 Maximum der Entropie in Bezug auf die Zustandsvariablen X_i: (**a**) Stabiles und (**b**) metastabiles Gleichgewicht. $dS = 0$ muss also ein Maximum von S implizieren, sonst ist kein stabiles Gleichgewicht erreicht

die Entropie maximal sein muss, denn sonst könnte man es nicht als stabiles GG verstehen.

Wir haben also folgendes Vorgehen:

- Wir starten mit einem sogenannten gehemmten Gleichgewicht, für das der Parameter z_i einen bestimmten Anfangswert hat.
- Dann entfernen wir die Hemmung, das System relaxiert in ein Gleichgewicht, das dann durch einen Wert des Parameters z_i^0 beschrieben werden kann. Dabei sind einige der thermodynamischen Parameter (z. B. U, V, T, p) konstant, der Parameter z_i beschreibt einen inneren Freiheitsgrad, z. B. ein geteiltes Volumen V oder eine entsprechende Aufteilung von U.
- Dann verwenden wir einen quasistatischen Prozess, bei dem der Wert von z_i kontinuierlich nach z_i^0 übergeht. Offensichtlich hat die Entropie im Gleichgewicht ein Maximum, alle anderen Werte von z_i sind vom Zustand z_i^0 aus adiabatisch unerreichbar. Damit bekommen wir eine stetige Funktion

$$S(U, V, z_i),$$

- die ein Maximum im Gleichgewicht hat (Abb. 7.7a), welches wir durch

$$dS/dz_i = 0.$$

bestimmen können.
- Für den „realen" Nichtgleichgewichtsprozess ist die Entropie nicht definiert, wohl aber für den Ersatzprozess, für den die Entropie sogar kontinuierlich zunimmt. Dieser quasistatische Prozess ist eine Aneinanderreihung von Gleichgewichtszuständen, die eher „virtuellen" Charakter haben als dass das reale System sie wirklich durchläuft.

In der Physik spricht man hier von „virtuellen Verrückungen" um einen Referenzzustand. Das Verfahren geht also so: Suche einen Zustand, beschrieben durch die Variablen X_i^0. Wenn virtuelle Verrückungen der Variablen $\delta X_i = X_i - X_i^0$ zu einer

Erniedrigung der Entropie führen, dann ist das System im Gleichgewicht. Damit die Maximumssuche funktioniert, muss S also eine konkave Funktion sein, d. h., die zweiten Ableitungen müssen negativ sein wie in Abb. 7.7 schematisch dargestellt.

7.4.2 Innere Freiheitsgrade

Das thermodynamische System ist durch die Variablen U und V beschrieben, wenn man diese festlegt, ist der thermodynamische Zustand im Gleichgewicht dadurch bestimmt und man schreibt die Entropie als Funktion dieser beiden Variablen

$$S(U, V).$$

Wenn wir das System nun entweder in

$$U = U_1 + U_2$$

oder in

$$V = V_1 + V_2$$

(oder beides) unterteilen, so setzt sich die Entropie additiv aus diesen Komponenten zusammen. Die Hemmung z_i definiert die Unterteilung und kann als **innerer Freiheitsgrad** verstanden werden, denn er beschreibt die Aufteilung der Energie oder der Volumina, die Entropie schreibt sich formal als

$$S(U, V, z_i).$$

Wenn wir nun jedoch die **Hemmung**, die diese Unterteilung bestimmt, entfernen, so läuft das System in ein neues Gleichgewicht, und der Wert von z_i ist durch das Maximum der Entropie eindeutig bestimmt. z_i ist also kein unabhängiger thermodynamischer Parameter, sondern durch die Gleichgewichtsbedingungen festgelegt.

7.5 Mischen

Abb. 7.8a zeigt ein einfaches Modell des Mischens zweier Gase. Beide Gase stehen unter dem Druck p bei Temperatur T. Nach dem Entfernen der Wand mischen die Gase, dies ist ein irreversibler Prozess.

Zur Beschreibung betrachten wir zwei ideale Gase, die (i) nicht miteinander wechselwirken und (ii) deren innere Energie U nicht vom Volumen abhängt (Überströmversuch). Beim Mischen bleibt daher die innere Energie U, und damit die Temperatur T, konstant.

Die Entropieänderung ΔS beim Mischen berechnen wir mit einem quasistatischen Prozess wie folgt: Wir ersetzen die Wand in der Mitte durch

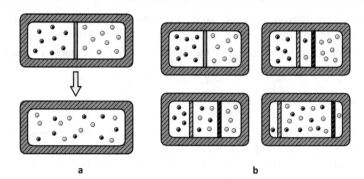

Abb. 7.8 Mischung zweier Gase (**a**) durch einfaches Entfernen einer Wand und (**b**) durch einen quasistatischen Prozess mit Hilfe von zwei semi-permeablen Membranen

zwei semi-permeable Membranen, wobei jede Membran nur für jeweils eine Teilchensorte durchlässig sein soll. Mit dieser Vorrichtung können wir dann die beiden Teilvolumina jeweils quasistatisch auf das Volumen V expandieren (Abb. 7.8b). Dadurch beschreiben wir das Mischen als isotherme Expansion der beiden Gase von jeweils $V/2$ auf V, die Entropieerhöhung dafür haben wir oben schon berechnet. Beide Gase dehnen ihr Volumen von $V/2$ auf V isotherm aus, für die Entropieänderung des Gesamtsystems berechnen wir

$$\mathrm{d}S = 2\mathrm{R}\frac{\mathrm{d}V}{V}, \qquad \Delta S = 2\mathrm{R}\int_{V/2}^{V}\frac{\mathrm{d}V'}{V'} = 2\mathrm{R}\ln 2 > 0. \qquad (7.14)$$

Die Entropieänderung beim idealen Mischen ist also nur durch die Ausdehung der Gase auf ein größeres Volumen bedingt, der Faktor 2 kommt daher, dass wir die Ausdehnung von zwei Komponenten betrachten. Das Vermischen der beiden Komponenten hat für sich keine physikalische Bedeutung, da es keine spezifische Wechselwirkung zwischen den Teilchen gibt.

Man kann die Gase **reversibel** entmischen (Abb. 7.9), d. h., ohne dass die Entropie steigt. Man drückt dabei das Gemisch aus der oberen Kammer durch zwei semi-permeable Membranen, ohne dass die Volumina der Komponenten vermindert werden. Das Entmischen bzw. Mischen in Abb. 7.9a hat keine Entropieänderung zur Folge. Der Prozess ist qualitativ in Abb. 7.9b dargestellt. Das Entmischen von zwei idealen Gasen ist reversibel, wenn deren Volumina nicht verändet werden. Da die Gase keine Wechselwirkung untereinander haben, passiert bei diesem Prozess faktisch nichts. Die Gase werden bei konstantem Volumen nur verschoben während sie zur Umkehrung des Prozesses in Abb. 7.8 jeweils komprimiert werden müssen.

7.5.1 Gibbs'sches Paradoxon

Wie kann man nun die Entropieerhöhung durch das Mischen verstehen? Wir hatten oben das Anwachsen der Entropie so verstanden, dass bei irreversiblen Prozessen

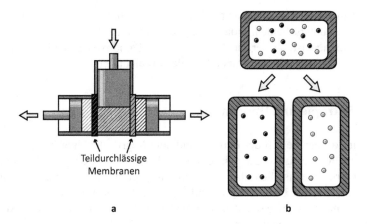

Abb. 7.9 Reversibles Entmischen (**a**), schematisch dagestellt in (**b**)

nicht die maximal leistbare Arbeit in einem reversiblen Arbeitsspeicher aufgefangen wird. Dadurch steht dem System keine Energie zur Verfügung, den Prozess umzukehren.

Und dies ist nun auch der Fall beim Mischen. Im Prinzip haben wir hier eine freie Expansion der beiden Gase von $V/2$ auf V. Wenn man beide semi-permeable Membranen an jeweils einen reversiblen Arbeitsspeicher koppeln würde, könnte man die gespeicherte Energie nutzen, um den Prozess umzukehren. Da dies nicht passiert, ist der Prozess nicht umkehrbar, wie oben diskutiert, und die Entropieerhöhung dokumentiert dieses. Der ungemischte und gemischte Zustand hat jeweils die gleiche innere Energie U. Jedoch kann man die Energie des gemischten Zustands nicht weiter nutzen, im Gegensatz zum Ungemischten.

Wir haben bisher ein adiabatisch isoliertes System betrachtet. Wenn man nun die äußeren Wände diatherm macht, ist

$$W = TS = 2RT \ln 2$$

die Arbeit, die man beim Mischen gewinnen kann, wenn man einen reversiblen isothermen Prozess verwendet.Wenn diese Arbeit nicht gespeichert wird, erhöht sich die Entropie um $S = 2R \ln 2$.

Gibbs'sches Paradoxon: Was passiert nun, wenn beide Gase identisch sind? Dann vermischen die Teilchen ebenso, man kann sich analog vorstellen, dass die beiden Hälften expandieren. Wenn man das formal so rechnet, erhält man aber auch eine Entropieerhöhung, was bei identischen Teilchen paradox erscheint?

Aber kann man sinnvoll von einer Mischung identischer Teilchen zu sprechen? Gleiche Teilchen kann man eben nicht durch semi-permeable Membranen trennen. Man benötigt eine Apparatur, die einen quasistatischen Prozess ermöglicht, und das ist bei identischen Teilchen nicht möglich. Die Teilchen müssen sich in ihren Eigenschaften unterscheiden, sodass eine Trennung mit Hilfe eines experimentellen Aufbaus möglich ist. Daher ist das Gibbs'sche Paradoxon eigentlich keines, es beruht auf einer undeutlichen Darstellung des Problems.[1]

7.5.2 Entropie und Unordnung

Leider wird oft der Begriff der Entropie mit dem Begriff der Unordnung in Verbindung gebracht. Dies ist weder richtig, noch hilfreich. Das treibende Prinzip hinter spontanen Prozessen ist die Entropiemaximierung. Wenn Entropiemaximierung mit der Maximierung der Unordnung in Verbindung gebracht wird, sieht es so aus, als würden spontane Prozesse so ablaufen, um Unordung zu maximieren. Und Mischen scheint hierfür ein Beispiel zu sein.

Ein suggestives Standardbeispiel ist dann der Schreibtisch. Es sieht so aus, als wäre der natürlich Zustand des Schreibtischs der der Unordnung. Aus einem Zustand der Ordnung strebt er immer in einen Zustand der Unordnung. Unordnung ist jedoch ein subjektiver Begriff, es kommt drauf an wie man das sieht.[2] Oft findet man physikalische Beispiele, um Entropie als Unordnung zu deuten. Eines ist das das Durchmischen der beiden Substanzen, wie oben dargestellt. Der geordnete Zustand geht in einen weniger geordneten Zustand über. Wenn aber die Unordnung die treibende Kraft wäre, müsste die Entropie auch in dem Beispiel Abb. 7.9 steigen. Was zeigt, dass Unordnung als Mechanismus nicht trägt, wohl aber die Expansion. In dieser Weise könnte man andere Beispiele durchdeklinieren. Manchmal sieht es so aus, als sei für Zustände höherer Entropie die Unordnung größer. Dabei muss man aber gewahr sein, dass „Unordnung" ein subjektiver Begriff ist, der nicht einmal quantifizierbar ist. Die Literatur ist voll von Beispielen, die zeigen, dass Zustände mit geringerer Entropie „unordentlicher" aussehen, als Zustände mit höherer Entropie.[3] Daher sollte man die Interpretation „Entropie als Unordnung" fallen lassen.

Und was noch viel wichtiger ist: Viele spontane Ordnungsprozesse, wie die Formation von Biomembranen, von „self-assembled monolayers" (SAM) oder das spontane Entmischen von Stoffen sind entropiegetrieben. Wie wir später sehen werden, sind alle chemischen Vorgänge entropiegetrieben, manchmal sieht das

---

[1]siehe z. B. Jaynes ET (1992), The Gibbs paradox. In: Smith C R, Erickson G J, Neudorfer P O (Hrsg) Maximum entropy and Bayesian methods. Kluwer Academic Publishers, Holland

[2]Stellen Sie sich vor, Sie befinden sich vor einer Prüfung und haben 100 Publikationen zu lesen. Sie gruppieren diese auf dem Boden Ihres Zimmers, geordnet nach Themen, die Sie sich der Reihe nach vornehmen wollen. Sie gehen joggen, Ihre Mutter kommt in Ihr Zimmer, denkt sich „das arme Gör, so eine Unordnung, wie will die denn bestehen?" und sortiert alle Publikationen geordnet nach der alphabetischen Reihenfolge der Autoren in einem Stapel auf Ihrem Schreibtisch: Was ist nun Ordnung?

[3]Dies ist sehr schön dargestellt in dem Artikel von Ben-Naim A (2011) J. Chem. Educ. 88: 594

Ergebnis ordentlicher aus, manchmal nicht. Ordnung und Unordnung sind sehr willkürliche Begriffe, die nicht einmal qualitativ das Geschehen richtig beschreiben.

7.6 Relevanz für die chemische Thermodynamik

Wir haben oben folgende zentrale Aussage gewonnen: Wenn man einen inneren Freiheitsgrad z hat, so stellt sich bei konstantem U und V das Gleichgewicht so ein, dass $S(z)$ ein Maximum hat. Das bedeutet, dass z durch U und V vollständig bestimmt ist. Wenn wir wie eingangs eine chemische Reaktion

$$A \to B$$

betrachten, bei der eine chemische Umwandlung der Stoffmengen n_A und n_B stattfindet, können wir diese Reaktion als Ausgleichsprozess betrachten. Wir gehen dann analog zu der obigen Beschreibung vor. Mit

$$n = n_A + n_B = zn + (1 - z)n$$

findet man durch Berechnung des Maximums von $S(U, V, n, z)$ den Wert von z, der im Gleichgewicht vorliegt.

Die Molzahlen n_A und n_B sind also durch den inneren Freiheitsgrad z vollständig bestimmt. z ist damit keine thermodynamische Variable wie U und V, denn sie ist ja gerade durch die Vorgabe von U und V festgelegt. Die Molzahlen n_A und n_B stellen also bei konstanten n innere Freiheitsgrade dar, die durch ein Maximumsprinzip ermittelt werden können.

7.7 Was der 2. Hauptsatz aussagt

Wir haben in Kap. 6 bemerkt, dass Entropiezunahme als „Verlust von Arbeit" angesehen werden kann in dem Sinne, dass die Arbeit nicht mehr entlang der Arbeitskoordinate zur Umkehrung des Prozesses zur Verfügung steht. Wie ist das bei Ausgleichsprozessen realisiert?

- Für den Druckausgleich ist die Sache klar: Ein Volumen expandiert, und diese Arbeit wird nicht vollständig genutzt, indem sie z. B. an einen Arbeitsspeicher abgeführt wird. Insofern ist die Diskussion genauso wie beim Überströmversuch.
- Für den Wärmeausgleich könnte man einen Carnot-Prozess als Referenz wählen: Anstatt die Wärme einfach von T_1 nach T_2 strömen zu lassen, könnte man diese noch nutzen, indem man eine Carnotmaschine zwischen die Reservoirs schaltet. Diese ist reversibel, und wäre in der Lage, den Temperaturausgleich wieder umzukehren, wie in Abschn. 6.4.3 diskutiert.

- Das Mischen ist analog dem Druckausgleich: hier könnte die Einführung von semi-permeablen Membranen dazu genutzt werden, Arbeit bei der Expansion zu speichern. Wenn dies nicht geschieht, ist das Mischen, d. h. die Expansion der Komponenten irreversibel, da die Arbeit, die nötig wäre den Prozess umzukehren, nicht gespeichert wurde.

Ausgleichsprozesse erhöhen die Entropie, laufen von alleine ab und gleichen die intensiven Variablen p und V aus.

1. Es werden Druckunterschiede nicht genutzt, um Arbeit zu verrichten, Druck-unterschiede werden ausgeglichen. p/T ist dabei die „treibende Kraft". Es werden Temperaturunterschiede nicht genutzt, um Arbeit zu verrichten, die Temperatur wird ausgeglichen. $1/T$ ist dabei die treibende Kraft.
2. Bei diesen spontanen Ausgleichsprozessen tritt Energiedissipation auf. Diese wird durch $T\Delta S$ quantifiziert. Die Energie wird dabei über die Systeme dissipiert (verteilt). Sie kann sich nicht **von alleine** wieder in einem System konzentrieren. Dies ist die Aussage des 2. HS: a) Wärme fließt nicht von alleine von „kalt" nach „warm". Offensichtlich haben wir das Prinzip hier erweitert, wir finden weitere Sätze: b) Ein Volumen ändert sich nicht von alleine hin zu höheren Drücken und c) Substanzen entmischen nicht von alleine.
3. Das Prinzip der maximalen Entropie besagt, dass sich die Energie „maximal ver-teilt". Dies kann man sich anhand von Abb. 7.10 verdeutlichen. Wenn wir anstatt von 2 Teilsystemen 4 oder 16 oder mehr betrachten, finden wir im Gleichgewicht, welches ein Zustand maximaler Entropie ist, immer eine gleichmäßige Vertei-lung, d. h. alle Subsysteme werden gleiches T, und p haben. Die Energie, die am Anfang in einem Untersystem konzentriert war, ist nun über alle Systeme gleich-mässig verteilt (dissipiert). **Entropiemaximierung bedeutet Dissipation von Energie.** Der 2. Hauptsatz sagt, dass dieser Ausgleichsprozess spontan abläuft, und dass der umgekehrte Fall nicht vorkommt! Diese Prozesse sind irreversibel, weil die Temperatur- oder Druckunterschiede im Prinzip dazu genutzt werden könnten, Arbeit zu leisten. Bei einer Gleichverteilung kann man aus dem System keine Arbeit mehr herausholen.

Während vorher eine Kammer mehr Energie besaß als die andere (Abb. 7.10), ist hinterher die Energie gleichmäßig verteilt. Die Energie ist damit nicht verloren, sondern nur so gleichmäßig verteilt, dass sie für das System nicht mehr nutzbar ist. Entropie ist also auch ein Maß dafür, wie gleichmäßig die Energie verteilt ist.

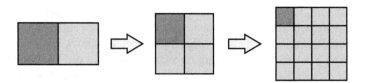

Abb. 7.10 Entropievermehrung bedeutet Ausgleich von T, und p in den Zellen.

Die innere Energie gibt die Möglichkeit (Potenzial) eines Körpers wieder, Arbeit zu leisten. Die Entropie ist dann das Potenzial, diese Energie so zu verteilen, dass sie nicht mehr für eine Arbeitsleistung zur Verfügung steht.

7.8 Zusammenfassung

In Kap. 6 haben wir Prozesse untersucht, bei denen Arbeit oder Wärme zu- oder abgeführt wurde. Dies wurde meist über ein Gewicht realisiert, das durch Absenken entweder das Volumen komprimiert oder erwärmt hat. Dabei kann die Entropie des Systems sinken oder steigen, je nach Prozess. Wir wollen diese Prozesse als Typ-I-Prozesse bezeichnen. Der Zustand wird durch die Variablen U und V beschrieben, wenn man diese von Außen zur Austausch von Arbeit und Wärme verändert, wird sich dadurch die Entropie

$$S(U, V)$$

verändern. Sie kann zu- oder abnehmen.

In diesem Kapitel haben wir Prozesse untersucht, bei denen keine Energie zu- oder abgeführt wird, sondern eine sogenannte Hemmung entfernt wird. Das System wurde aufgeteilt in

$$U = U_1 + U_2, \qquad V = V_1 + V_2 \qquad n = n_1 + n_2,$$

und die **innere Variable** z_i beschreibt diese Aufteilung, die sozusagen einen **inneren Freiheitsgrad** angibt. Sobald man die Variable z_i nicht mehr an einem Wert festhält, d. h. die **Hemmung** löst, wird das System zu einem neuen Gleichgewichtszustand relaxieren. Durch diesen Eingriff kann kein Prozess umgekehrt werden, es wird nur ein irreversibler Prozess initiiert. Wir wollen diese Prozesse als Typ-II-Prozesse bezeichnen. Bei einer quasistatischen Prozessführung hat dies eine Erhöhung der Entropie, die nun von der inneren Variable z_i abhängt,

$$S(U, V, z_i),$$

zur Folge,

$$dS \geq 0.$$

Hier ist eine Relaxation eines inneren Freiheitsgrades der Grund der Entropieerhöhung. Die Entropie ist das zentrale Konzept, um den Verlauf **spontaner Prozesse** zu verstehen.

- Der allgemeine Relaxationsprozess kann nicht beschrieben werden, zur Berechnung von Entropieunterschieden benötigen wir einen **quasistatischen Ersatzprozess.**
- Nur für diese ist ein thermodynamischer Prozess definiert, den man in einem Zustandsdiagramm (p-V-Diagramm) einzeichnen kann, und nur für diesen steigt die Entropie monoton.

$$dS \geq 0$$

- Prozesse können daher nur so verlaufen, dass die Entropie des Enzustands größer ist als die des Anfangszustands. Dies liegt daran, dass beim Ausgleichsprozess Arbeit nicht gespeichert wird, die zum Umkehren erforderlich wäre.
- Für den Endzustand hat $S(z)$ ein Maximum.

Insbesondere haben wir das Mischen von zwei idealen Gasen als Ausgleichsprozess untersucht. Da die idealen Gase keine Wechselwirkung untereinander haben, ist der Prozess isoenergetisch. Es ist einzig die Entropievermehrung, die das Mischen bestimmt. Die Entropie beim Mischen steigt nur, wenn dabei eine Volumenvergrößerung für die Gase einhergeht. Die Irreversibilität beim Mischen können wir daher als irreversible Expansion der Komponenten verstehen.

Extremalprinzipien und thermodynamische Potenziale

8

Für den Verlauf thermodynamischer Prozesse ist der zweite Hauptsatz von fundamentaler Bedeutung. Der erste Hauptsatz garantiert nur die korrekte Energiebilanz, der zweite Hauptsatz jedoch erlaubt es, den Endpunkt thermodynamischer Prozesse zu bestimmen: das thermodynamische Gleichgewicht.

Der zweite Hauptsatz besagt, dass Prozesse nur in Richtung adiabatisch erreichbarer Zustände ablaufen können. Wenn man in einem Nichtgleichgewichtszustand startet, dann kann das Gleichgewicht nur in dieser Richtung zu finden sein. In Kap. 7 haben wir das Gleichgewicht mathematisch bestimmen können. Ein Ausgleichsprozess wird so ablaufen, die gekoppelten Variablen werden sich so einstellen, dass S ein Maximum erreicht. Man hat damit ein mathematisches Extremalprinzip für das Gleichgewicht unter der Bedingung, dass U und V konstant gehalten wird.

In vielen chemischen Anwendungen wird jedoch V und T oder p und T konstant gehalten. Für die praktische Anwendung führt dies auf ein Minimum der sogenannten thermodynamischen Potenziale $F = U - TS$ und $G = H - TS$. Für die Chemie ist vor allem die **freie Enthalpie G** zentral. In den Anwendungen wird das Extremalprinzip für G verwendet, um die Stoffzusammensetzung im Gleichgewicht zu bestimmen.

8.1 Natürliche Variable, Maximumsprinzip und Potenziale

Wir haben U als Zustandsfunktion eingeführt, d. h. es ist eine Funktion der thermodynamischen Variablen, die den Zustand eindeutig festlegen. Dabei wurde U zunächst als Funktion von T und V angesetzt.

Nach Einführung der Entropie kann man mit dem ersten Hauptsatz U als Funktion von S und V zu schreiben. Analoges gilt für die Entropie, die wir zunächst als Funktion $S(V, T)$ angesetzt hatten. Dies kann man nun als Funktion $S(U, V)$ schreiben. Die jeweiligen Variablen nennt man **natürliche Variable**.

© Springer-Verlag GmbH Deutschland 2017
M. Elstner, *Physikalische Chemie I: Thermodynamik und Kinetik*,
https://doi.org/10.1007/978-3-662-55364-0_8

Die Variablenwahl hat Konsequenzen im Formalismus. Für die natürlichen Variablen gilt für U und S ein Extremalprinzip und die partiellen Ableitungen sind wieder thermodynamische Variable, für andere Variable erhält man die Zustandsgleichungen und die Ableitungen führen auf **Materialkonstanten**.

8.1.1   Natürliche Variable

Mit dem 1. Hauptsatz

$$dU = \delta Q + \delta W$$

und dem Entropieausdruck Gl. 6.6,

$$dS = \frac{\delta Q}{T},$$

erhalten wir die totalen Differentiale für S und U,

$$dS = \frac{1}{T}dU + \frac{p}{T}dV, \qquad dU = TdS - pdV, \tag{8.1}$$

wenn wir nur die Volumenarbeit $\delta W = -pdV$ betrachten.[1] Die Änderung von S, dS, ist durch die Änderung dU und dV gegeben, und Änderung von U, dU, ist durch die Änderung dS und dV gegeben. S ist damit eine Funktion von U und V, während U eine Funktion von S und V ist,

$$S = S(U, V), \qquad U = U(S, V). \tag{8.2}$$

Die vollständigen Differentiale

$$dU = \left(\frac{\partial U}{\partial S}\right)_V dS + \left(\frac{\partial U}{\partial V}\right)_S dV \tag{8.3}$$

$$dS = \left(\frac{\partial S}{\partial U}\right)_V dU + \left(\frac{\partial S}{\partial V}\right)_U dV$$

zeigen durch Vergleich mit Gl. 8.1, dass die partiellen Ableitungen durch

$$T = \left(\frac{\partial U}{\partial S}\right)_V, \qquad -p = \left(\frac{\partial U}{\partial V}\right)_S \tag{8.4}$$

$$\frac{1}{T} = \left(\frac{\partial S}{\partial U}\right)_V, \qquad \frac{p}{T} = \left(\frac{\partial S}{\partial V}\right)_U$$

---

[1]Für einen allgemeinen Ausdruck der Arbeit siehe Gl. 6.17.

gegeben sind. Diese Identifikation legt auch die Analyse der Ausgleichsprozesse nahe. Im Gleichgewicht sind T und p gleich. Die partiellen Ableitungen sind **Zustandsgrößen**. Die Variablen einer thermodynamischen Funktion, für die das der Fall ist, werden **natürliche Variablen** genannt.

8.1.2 Maximums- und Minimumsprinzip

Wir haben bisher zwei Prozesstypen (siehe Abschn. 7.8) kennengelernt, bei denen sich die Entropie ändert:

- In Kap. 6 wurden homogene Systeme betrachtet, deren Entropie sich ändern kann, wenn Arbeit oder Wärme zu- oder abgeführt wird. Das System ist also in Kontakt mit einem Wärmereservoir der Temperatur T und an einen reversiblen Arbeitsspeicher gekoppelt. Die Entropieänderung durch einen quasistatischen Prozess ist nach Gl. 8.1 durch die Änderung der extensiven Parameter U und V bestimmt. Diese kann positiv oder negativ sein, je nach Änderung von U und V.

  Nun kann man auch auf irreversible Weise dem System von Außen Wärme oder Arbeit zuführen. In diesem Fall ist z. B. die von außen aufgebrachte irreversible Arbeit, W^{irr}, wie am Beispiel der Gewichte in Kap. 1 diskutiert, größer als die reversible Arbeit $dW^{rev} = -p\,dV$. Dennoch ist die Entropieänderung des Systems nur durch die Änderung des Volumens und der inneren Energie bestimmt, ist also nach Gl. 8.1 zu berechnen, da S eine Zustandsfunktion ist. Dass insgesamt die Entropie steigt, liegt daran, dass in diesem Fall die Entropie der Umgebung durch diesen irreversiblen Prozess stärker ansteigt, als die des Systems abnimmt.
- In Kap. 7 haben wir Ausgleichsprozesse diskutiert, die von der Umgebung abgekoppelt sind. Es gibt keinen Wärmeaustausch mit der Umgebung und die Prozesse sind irreversibel, da bei Druck- oder Temperaturausgleich dem Arbeitsspeicher keine Energie zugeführt wird. Das System wurde aufgeteilt in

$$U = U_1 + U_2, \qquad V = V_1 + V_2 \qquad n = n_1 + n_2,$$

und die **innere Variable** z_i beschreibt diese Aufteilung, die sozusagen einen **inneren Freiheitsgrad** angibt. Sobald man die Variable z_i nicht mehr an einem Wert festhält, d. h. die **Hemmung** löst, wird das System relaxieren. Bei einer quasistatischen Prozessführung hat dies eine Erhöhung der Entropie zur Folge,

$$dS \geq 0.$$

Hier ist eine Relaxation eines inneren Freiheitsgrades der Grund der Entropieerhöhung. Die Entropieänderung durch Relaxation des inneren Parameters z_i wird nicht von außen kontrolliert. Dieser Teil der Entropieänderung kann nur positiv sein, die z_i werden sich im Gleichgewicht nie so einstellen, dass die Entropie geringer wird. Durch das Gleichgewicht, in dem S ein Maximum hat, ist der Wert von z_i eindeutig festgelegt.

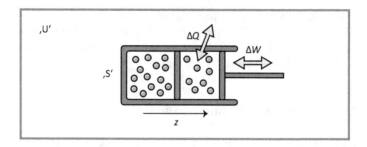

Abb. 8.1 Ein System mit einem inneren Freiheitsgrad z in Kontakt mit der Umgebung. Dabei kann Wärme und Arbeit sowohl reversibel, als auch irreversibel ausgetauscht werden, zudem ist die Relaxation des inneren Freiheitsgrades möglich

Abb. 8.1 fasst dies zusammen. Wir betrachten ein System „S" mit einem inneren Freiheitsgrad z und eine Umgebung „U", System und Umgebung „S + U" sollen adiabatisch isoliert sein. Dann gilt

$$S_{S+U} = S_U + S_S, \qquad dS_{S+U} = dS_U + dS_S \geq 0,$$

und

$$U_{S+U} = U_U + U_S, \qquad dU_{S+U} = dU_U + dU_S = 0, \qquad dU_U = -dU_S.$$

Die möglichen Prozesse kann man wie folgt auflisten:

1. Das System tauscht mit der Umgebung Wärme δQ und Arbeit δW aus. Dies kann reversibel oder irreversibel geschehen. Da S eine Zustandsfunktion ist, gilt mit $TdS = dU - \delta W$ in beiden Fällen

$$dS_S = \frac{1}{T}dU_S - \frac{1}{T}\delta W.$$

Der Unterschied liegt in der Umgebung:
– **reversibel:**

$$dS_{S+U} = 0, \qquad dS_U = -dS_S$$

– **irreversibel:**

$$dS_{S+U} \geq 0, \qquad dS_U + dS_S \geq 0$$

2. Es findet eine innere Relaxation der z_i statt,

$$dS_S \geq \frac{1}{T}dU_S - \frac{1}{T}\delta W, \qquad dS_{S+U} \geq 0,$$

d. h., jetzt wird auch im System ‚S' Entropie produziert, und nicht nur in der Umgebung ‚U'. Es gilt dann $dS_S \geq 0$ auch für den Fall, dass keine Arbeit und Wärme mit der Umgebung ausgetauscht wird, d. h. für $\delta Q = \delta W = 0$ In Kap. 7 haben wir diese innere Relaxation für sehr einfache Aufteilungen diskutiert, um das Konzept zu verstehen. In der chemischen Thermodynamik interessiert dann vor allem der Ausgleich von Molzahlen in chemischen Reaktionen, beim Mischen und bei Phasenübergängen.

Maximumsprinzip für S

Betrachten wir nun nur das System, so gilt:

$$dS_S \geq \frac{1}{T}dU_S - \frac{1}{T}\delta W, \qquad (8.5)$$

und schränken wir das weiter auf einen reinen Ausgleichsprozess ($\delta Q = \delta W = 0$, z relaxiert) ein, d. h., das System „S" ist adiabatisch isoliert und es gilt

$$dS_S \geq 0$$

für $dU_S = \delta W = 0$. Durch eine innere Relaxation steigt die Entropie des Systems. Wenn wir das System adiabatisch isolieren, findet die Relaxation so statt, dass S maximal wird.

Minimumsprinzip für U

Wir lösen Gl. 8.5 nach U_S auf und erhalten

$$dU_S \geq TdS_S + \delta W. \qquad (8.6)$$

d. h., für $dS_S = \delta W = 0$ gilt ein **Minimumsprinzip**

$$dU \leq 0. \qquad (8.7)$$

Damit U_S minimal wird, muss man die Entropie des Systems konstant halten. Dies geht nicht durch adiabatische Isolierung, denn da steigt S_S ja gerade oder bleibt gleich (adiabtisch isoliert, z relaxiert). Damit S_S gleich bleibt, muss also die Entropievermehrung im System durch die Relaxation von z gerade kompensiert werden, beispielsweise durch eine Wärmeabgabe $\delta Q = TdS_S$ an die Umgebung. Hieran sieht man, dass dieses in der Mechanik so erfolgreiche Prinzip der Energieminimierung im thermodynamischen Kontext sehr unpraktisch ist.

Bestimmung des Gleichgewichts

Diese Extremalprinzipien werden dazu genutzt, die Gleichgewichte zu bestimmen, d. h. die Werte z_i^0 der Hemmungen, die sich im Gleichgewicht einstellen. Diese erhält man nun, wie in Kap. 7 diskutiert, durch die Ableitungen von S und U:

- Wenn man U_S und V konstant hält, so ergibt sich z_i^0 durch das Minimum von $S(U, V, z_i)$,

$$\frac{\mathrm{d}S_S(z_i)}{\mathrm{d}z_i} = 0.$$

- Wenn man S_S und V konstant hält, so ergibt sich z_i^0 durch das Minimum von $U(S, V, z_i)$,

$$\frac{\mathrm{d}U_S(z_i)}{\mathrm{d}z_i} = 0.$$

Damit haben wir nun den mathematischen Formalismus in der Hand, die Gleichgewichte zu bestimmen, und wir werden für die chemischen Anwendungen auch genau nach diesem Prinzip vorgehen.

8.1.3   Die freie Energie und freie Enthalpie

Allerdings entsprechen die Nebenbedingungen der konstanten U und V oder S und V nicht den üblichen Arbeitsbedingungen. Normalerweise halten wir entweder V und T oder p und T konstant, und das Gleichgewicht wird sich unter diesen Umgebungsbedingungen einstellen.

Unser System ist z. B. ein Reagenzglas, bei einer Reaktion wird δQ und δW mit der Umgebung ausgetauscht, die Reaktion ist ein innerer Freiheitsgrad, der sich so einstellt, dass die Gesamtentropie S_{S+U} maximal wird. Dies bestimmt den Ausgang einer Reaktion. Was uns nun interessiert, ist der Ausgleichsprozess im System „S", d. h. die Stoffmengen n_i im Gleichgewicht. Um das Prinzip der maximalen Entropie anwenden zu können, müssen wir also die Entropie des Systems und des Rests des Universums maximieren. Das ist unpraktikabel, daher wollen wir nun die „Umgebung", d. h. den ‚Rest' des Universums, aus unseren Gleichungen eliminieren.

Die freie Energie F
Das System „S" sei im Gleichgewicht mit der Umgebung „U" der Temperatur T. Wir betrachten einen Relaxationsprozess im System und halten dessen Volumen konstant, d. h. $\delta W = 0$. Wenn zudem die Umgebung wesentlich größer als das System ist, kann man die Temperatur als näherungsweise konstant ansehen, selbst wenn Wärme δQ zwischen „U" und „S" übertragen wird.

$$0 \leq \mathrm{d}S_{S+U} = \mathrm{d}S_S + \mathrm{d}S_U = \mathrm{d}S_S - \frac{\delta Q}{T} = \mathrm{d}S_S - \frac{\mathrm{d}U_S}{T}.$$

Die bei konstanter Temperatur übertragene Wärme $\delta Q = T\mathrm{d}S_U = \mathrm{d}U_S$ führt also zu einer Entropieänderung der Umgebung und einer Erhöhung der innern Energie des Systems. Dieser Wärmeübertrag kann durchaus reversibel sein, eine

Entropieerhöhung ensteht auf alle Fälle durch die Relaxation (der Hemmung z). Durch Umformen erhält man:

$$\mathrm{d}U_S - T\mathrm{d}S_S \leq 0. \tag{8.8}$$

Das ist raffiniert. Wir haben die Entropieänderung im Rest des Universums als Änderung der inneren Energie des Systems umgeschrieben. Damit wissen wir, dass die Änderung von $\mathrm{d}U_S - T\mathrm{d}S_S$ während eines Prozesses kleiner gleich null ist. Nun nutzen wir

$$\mathrm{d}(TS) = T\mathrm{d}S + S\mathrm{d}T,$$

und da $\mathrm{d}T = 0$ (T = konst.) definieren wir eine Funktion F mit

$$\mathrm{d}U_S - \mathrm{d}(TS_S) = \mathrm{d}(U_S - TS_S) =: \mathrm{d}(F_S).$$

Im Folgenden merken wir uns, dass diese Zustandsfunktionen sich nur auf das System S beziehen und erhalten

$$F = U - TS \tag{8.9}$$

und

$$\mathrm{d}F = \mathrm{d}U - T\mathrm{d}S. \tag{8.10}$$

Ein Relaxationsprozess bei V = **konst.**, T = **konst.** wird so ablaufen, dass die **freie Energie** F minimal wird, da ihre Ableitung nach Gl. 8.8

$$\mathrm{d}F \leq 0$$

negativ ist. D. h., wir können wieder nach dem Wert der Hemmungen z_i^0 im Gleichgewicht fragen. Dies ist analog zu U, nur dass sich das Minimum von U bei konstantem S und V und das von F sich bei konstantem T und V einstellt.

Die freie Energie hat eine besondere Bedeutung: $\Delta F = F_2 - F_1 = W_{\max}$ ist die maximale Arbeit die ein System bei einem Übergang zwischen den Zuständen 1 und 2 verrichten kann. Nach Gl. 8.6 erhalten wir

$$\mathrm{d}W \geq \mathrm{d}U - T\mathrm{d}S = \mathrm{d}F.$$

Die maximal leistbare Arbeit ist größer oder gleich der freien Energie F. D. h., die innere Energie U kann niemals vollständig in Arbeit umgewandelt werden, ein Teil wird immer dissipiert durch die Entropieproduktion $T\mathrm{d}S$. Bitte beachten Sie an dieser Stelle nochmals die Diskussion in Abschn. 6.4.3, wo dies anschaulich an einem einfachen System dargestellt wurde. F ist also die maximale Arbeit, die vom System durch einen reversiblen Prozess unter isothermen Bedingungen geleistet werden kann.

Die freie Enthalpie G

Den gleichen Trick können wir auch für konstanten Druck p und konstante Temperatur T anwenden, $p = \text{konst.}, T = \text{konst.}$:

$$0 \leq \mathrm{d}S_{S+U} = \mathrm{d}S_S + \mathrm{d}S_U = \mathrm{d}S_S - \frac{\delta Q}{T} = \mathrm{d}S_S - \frac{\mathrm{d}H_S}{T}$$

(siehe Gl. 5.3) oder:

$$\mathrm{d}H_S - T\mathrm{d}S_S \leq 0. \tag{8.11}$$

Damit wissen wir, dass die Änderung von $\mathrm{d}H - T\mathrm{d}S$ während eines Prozesses kleiner gleich null ist, d. h. die sogenannte **freie Enthalpie**

$$G = H - TS \tag{8.12}$$

wird für $p = \text{konst.}, T = \text{konst.}$ während einer Relaxation minimal. Die z_i werden sich so einstellen, dass G ein Minimum erreicht, und das totale Differential ist

$$\mathrm{d}G = \mathrm{d}H - T\mathrm{d}S. \tag{8.13}$$

Die freie Enthalpie hat ebenfalls eine besondere Bedeutung: Die **freie Energie F** ist die maximale Arbeit, die ein thermodynamisches System leisten kann. G hat eine analoge Bedeutung: Sie ist die **maximale Nicht-Volumenarbeit**, die ein System leisten kann. Die Volumenarbeit ist über $-p\mathrm{d}V$ definiert, d. h. die Arbeit, die ein System durch Expansion seines Volumens abgeben kann. Nicht-Volumenarbeit ist dann jede andere Form von Arbeit, z. B. elektrische Arbeit, an der wir hier interessiert sind. In Abb. 8.1 kann sich das Volumen ändern, es wird sich bei einer inneren Relaxation so einstellen, dass der Druck gleich bleibt. Damit kann über diese Arbeitsvariable keine weitere Volumenarbeit geleistet werden.

Beweis 8.1 Mit $G = H - TS$ und $H = U + pV$ erhalten wir für die Differentiale

$$\mathrm{d}G = \mathrm{d}H - \mathrm{d}(TS) = \delta Q + \delta W + \mathrm{d}(pV) - \mathrm{d}(TS).$$

Nun betrachten wir reversible Prozesse, d. h., $\delta Q = T\mathrm{d}S$, und schreiben die reversibel geleistete Arbeit als zwei Teile, eine, die Volumenarbeit betreffend und einen anderen Teil, der diese gerade nicht beinhaltet:

$$\delta W_{\mathrm{rev}} = -p\mathrm{d}V + \delta W_{\mathrm{rev}}^{\mathrm{nV}}.$$

Wenn wir δQ und δW_{rev} so ersetzen erhalten wir:

$$\mathrm{d}G = \mathrm{d}W_{\mathrm{rev}}^{\mathrm{nV}} - S\mathrm{d}T + V\mathrm{d}p.$$

Für Prozesse, bei denen p und T konstant gehalten werden, ergibt sich

$$dG = dW_{\text{rev}}^{\text{nV}}.$$

$W_{\text{rev}}^{\text{nV}}$ ist für einen reversiblen Prozess genau die maximal aus einem thermodynamischen System extrahierbare Arbeit, die keine Volumenarbeit enthält. □

Wir werden diesen Formalismus in Kap. 12 auf chemische Reaktionen anwenden. Dabei werden wir die freie Enthalpie G von Stoffen verwenden, die sich aus den Enthalpien H und den Entropien S zusammensetzen. Bei einer chemischen Umwandlung wird die freie Reaktionsenthalpie $\Delta_r G$ umgesetzt.

- Bei den meisten Reaktionen wird diese als Wärme frei (exotherm) oder wird aus der Umgebung aufgenommen (endotherm), $\Delta_r G = \Delta Q$. Wenn dies quasistatisch passiert, kann der Wärmeaustausch durchaus reversibel sein, die Entropieerhöhung kommt dann nur aus dem Relaxationsprozess. Bei schnellen Reaktionen ist dann aber auch der Wärmeaustausch irreversibel.
- In der Elektrochemie (Kap. 15) versucht man, den Energiegehalt der Stoffe in elektrische Arbeit umzusetzen, d. h. Strom zu erzeugen. Dies ist ein Bespiel für eine Arbeit $dW_{\text{rev}}^{\text{nV}}$, die keine Volumenarbeit ist. Das obige Ergebnis sagt uns also, dass unter reversiblen Bedingungen der Energieinhalt der Stoffe vollständig in elektrische Energie umgewandelt werden kann, die Grundlage von Batterien und Akkumulatoren.

8.2 Thermodynamische Potenziale und Maxwell-Relationen

Wir haben nun vier Energiefunktionen U, H, F und G kennengelernt, die **thermodynamische Potenziale** genannt werden.

- Diese Potenziale können durch **natürliche Variable** dargestellt werden, ihre ersten Ableitungen sind daher thermodynamische Variable.
- Die Potenziale haben unterschiedliche natürliche Variablen und nehmen daher unter unterschiedlichen Bedingungen ihr Minimum an. Wenn die experimentellen Bedingungen derart sind, dass die entsprechenden Variablen (z. B. T und p) konstant sind, dann werden sich die inneren Freiheitsgrade z_i so einstellen dass die Potenziale ihr **Minimum finden, wenn das Gleichgewicht erreicht ist**. Dies können wir dann nutzen, um aus der Ableitung der Potenziale die Gleichgewichtsbedingungen zu berechnen.

Achtung: Denken Sie an die Diskussion zur Entropie der Ausgleichsprozesse in Kap. 7! Wir gehen vom Gleichgewicht aus und analysieren, wann dieses stabil ist; nämlich wenn in der Umgebung des Gleichgewichts keine Zustände existieren, die adiabatisch erreichbar sind. Dies gilt auch hier, wir haben das Problem nur auf andere Parameter umgeschrieben, aus dem Maximumsprinzip für S

wird ein Minimumsprinzip für die Potenziale. Dabei betrachten wir immer den quasistatischen Ersatzprozess mit Parameter z_i.

- Die Funktionen $A = U, H, F$ und G sind Zustandsfunktionen, d. h., für sie gilt der **Schwartz'sche Satz** (Abschn. 2.8) bezüglich der gemischten Ableitungen nach den Variablen X_i ($= p, V, T, \ldots$)

$$\frac{\partial^2 A}{\partial X_i \partial X_j} = \frac{\partial^2 A}{\partial X_j \partial X_i}. \tag{8.14}$$

Angewandt auf die Potenziale führt diese Gleichung zu den sogenannten **Maxwell-Relationen.** Diese zweiten Ableitungen führen im allgemeinen Fall dann auf Materialkonstanten, die es erlauben, thermodynamische Zustandsgleichungen darzustellen.

Dies soll nun für die unterschiedlichen Potenziale zusammenhängend dargestellt werden.

8.2.1　Die innere Energie U

Für ein homogenes System in Kontakt mit einem Wärmereservoir und reversiblen Arbeitsspeicher haben wir mit Gl. 8.1 abgeleitet,

$$dU = T dS - p dV. \tag{8.15}$$

Die Änderung von U, dU hängt von dS und dV ab, U ändert sich also mit S und V, ist also eine Funktion dieser beiden Variablen

$$U = U(S, V).$$

Nun können wir davon das vollständige Differential

$$dU = \left(\frac{\partial U}{\partial S}\right)_V dS + \left(\frac{\partial U}{\partial V}\right)_S dV$$

bilden und der Vergleich mit Gl. 8.1 gibt uns sofort die ersten Ableitungen

$$T = \left(\frac{\partial U}{\partial S}\right)_V \qquad p = -\left(\frac{\partial U}{\partial V}\right)_S.$$

Zweite Ableitungen gehorchen den Maxwell-Relationen, man erhält

$$\left(\frac{\partial p}{\partial S}\right)_V = -\left(\frac{\partial T}{\partial V}\right)_S.$$

Wenn wir nun innere Freiheitsgrade haben, wird Gl. 8.15 zu

$$dU \leq T\mathrm{d}S - p\mathrm{d}V \qquad (8.16)$$

und man erhält für einen Prozess, bei dem Volumen und Entropie konstant gehalten werden die Ungleichung

$$dU \leq 0, \qquad S = \text{konst.}, \quad V = \text{konst.}$$

Die Diskussion der anderen Potenziale ist völlig analog.

8.2.2 Die Enthalpie H

Die Enthalpie wurde in Kap. 4 eingeführt. Wir starten mit $H = U + pV$ und $\mathrm{d}(pV) = p\mathrm{d}V + V\mathrm{d}p$ und erhalten für das vollständige Differential

$$\mathrm{d}H = \mathrm{d}(U + pV) = \mathrm{d}U + p\mathrm{d}V + V\mathrm{d}p = T\mathrm{d}S + V\mathrm{d}p.$$

H hängt also von den Variablen p and S ab,

$$H = H(S, p).$$

Wir können damit das vollständige Differential

$$\mathrm{d}H = \left(\frac{\partial H}{\partial S}\right)_p \mathrm{d}S + \left(\frac{\partial H}{\partial p}\right)_S \mathrm{d}p,$$

bilden mit den ersten partiellen Ableitungen

$$T = \left(\frac{\partial H}{\partial S}\right)_p, \qquad V = \left(\frac{\partial H}{\partial p}\right)_S.$$

Die zweiten Ableitungen gehorchen den Maxwell-Relationen, man erhält

$$\left(\frac{\partial V}{\partial S}\right)_p = \left(\frac{\partial T}{\partial p}\right)_S.$$

Nun betrachten wir einen inneren Relaxationsprozess. Um die entsprechende Ungleichung zu erhalten, addieren wir zu Gl. 8.16 auf beiden Seiten den Term $\mathrm{d}(pV)$,

$$\mathrm{d}U + \mathrm{d}(pV) \leq T\mathrm{d}S - p\mathrm{d}V + \mathrm{d}(pV),$$

und wir finden für H die Ungleichung

$$\mathrm{d}H \leq T\mathrm{d}S - V\mathrm{d}p.$$

Für einen Prozess, bei dem Druck und Entropie konstant gehalten werden, gilt damit die Ungleichung

$$dH \leq 0, \qquad S = \text{konst.}, \; p = \text{konst.},$$

$H(S, p)$ wird also unter diesen Bedingungen minimal, d. h. die inneren Freiheitsgrade werden derart relaxieren, dass H minimal wird.

8.2.3   Die Freie Energie F

Die freie Energie ist eine Funktion von T und V,

$$F(T, V) = U - TS,$$

mit dem vollständigen Differential

$$dF = d(U - TS) = TdS - pdV - TdS - SdT = -pdV - SdT,$$

den ersten Ableitungen

$$dF = \left(\frac{\partial F}{\partial T}\right)_V dT + \left(\frac{\partial F}{\partial V}\right)_T dV,$$

$$-S = \left(\frac{\partial F}{\partial T}\right)_V \qquad -p = \left(\frac{\partial F}{\partial V}\right)_T$$

und den zweiten Ableitungen

$$\left(\frac{\partial S}{\partial V}\right)_T = \left(\frac{\partial p}{\partial T}\right)_V. \tag{8.17}$$

Bei Vorhandensein innerer Freiheitsgrade erhalten wird die Ungleichung

$$dF \leq -SdT - pdV,$$

und für T und V konstant ergibt sich

$$dF \leq 0, \qquad T = \text{konst.}, \; V = \text{konst.}$$

Unter diesen äußeren Bedingungen relaxieren die inneren Freiheitsgrade also derart, die freie Energie minimal wird.

8.2.4   Freie Enthalpie G

Die freie Enthalpie ist eine Funktion von T und p,

$$G(p, T) = H - TS,$$

mit dem vollständigen Differential

$$dG = d(H - TS) = dH - TdS - SdT = TdS + Vdp - TdS - SdT = Vdp - SdT,$$

den ersten Ableitungen

$$dG = \left(\frac{\partial G}{\partial T}\right)_p dT + \left(\frac{\partial G}{\partial p}\right)_T dp,$$

$$-S = \left(\frac{\partial G}{\partial T}\right)_p \qquad V = \left(\frac{\partial G}{\partial p}\right)_T$$

und zweiten Ableitungen

$$\left(\frac{\partial S}{\partial p}\right)_T = -\left(\frac{\partial V}{\partial T}\right)_p . \qquad (8.18)$$

Wenn innere Freiheitsgrade vorhanden sind, gilt

$$dG \leq -SdT + Vdp$$

und bei konstantem T und p

$$dG \leq 0, \qquad T = \text{konst.}, \; p = \text{konst.}$$

Am Beispiel von G bedeutet das[2]: wenn wir unter Umgebungsdruck bei konstanter Temperatur arbeiten, ist im Gleichgewicht ein Minimum der freien Enthalpie erreicht,

$$dG = 0.$$

G ist daher eine zentrale Größe für die Chemie. Die **natürlichen Variablen** von G sind T und p. Ein System, das bei $p, T = \text{konst.}$ gehalten wird, strebt also nicht in ein Maximum der Entropie, sondern in ein Minimum der freien Enthalpie. Dabei wird Wärme mit der Umgebung ausgetauscht, die Reaktionen können exo- oder endotherm sein. Eine endotherme Reaktion $\Delta_r H < 0$ ist möglich, wenn der Entropieterm $T\Delta_r S < 0$ überwiegt, sodass $\Delta_r G > 0$ gilt. Die Reaktion findet statt, wobei Wärme von der Umgebung aufgenommen wird. Zudem wird Arbeit mit der Umgebung ausgetauscht, das System kann sich gegen den Außendruck ausdehnen oder kontrahieren. Allerdings wird der Druck konstant gehalten, es wird daher bei exothermen Reaktionen aus der Reaktionsenergie keine Volumenarbeit gewonnen. Die Ableitungen von G nach p und T sind dabei die treibenden Kräfte.

Die Bedingung $dG = 0$ werden wir bei den chemischen Anwendungen immer wieder verwenden. Dabei geht es dann um die Bestimmung der Molmengen im Gleichgewicht, die durch $dG = 0$ eindeutig festgelegt sind.

---

[2] Analog für die anderen Potenziale.

8.3   Materialkonstanten, Zustandsgleichungen und Stabilität

Die ersten Ableitungen der Potenziale sind die Zustandsgrößen S, T, p und V. In den Maxwell-Relationen werden partielle Ableitungen, in denen die Entropie auftritt durch Ableitungen von p, V und T nach jeweils einer der anderen Größen ausgedrückt. Solche partiellen Ableitungen haben wir in Abschn. 2.6 als **Materialkonstanten** kennengelernt. Diese sind materialspezifisch, sind meist leicht messbar und sagen aus, wie sich z. B. das Volumen bei Temperaturerhöhung ändert. U. a. haben wir die Konstanten

$$\alpha_p = \frac{1}{V}\left(\frac{\partial V}{\partial T}\right)_p, \qquad \kappa_T = -\frac{1}{V}\left(\frac{\partial V}{\partial p}\right)_T, \qquad \beta_V = \frac{1}{p}\left(\frac{\partial p}{\partial T}\right)_V$$

eingeführt. Diese haben es erlaubt, Zustandsgleichungen für reale Materialien zu formulieren.

Die Potenziale lassen sich ebenfalls durch Materialkonstanten darstellen. Dazu benötigt man zum einen die Ableitungen der Potenziale nach T,

$$c_V = \left(\frac{\partial U}{\partial T}\right)_V, \qquad c_p = \left(\frac{\partial H}{\partial T}\right)_p,$$

zum anderen aber nach p und V.

8.3.1   Zustandsgleichungen für U

In Abschn. 3.4 haben wir das vollständige Differential von U,

$$dU = \left(\frac{\partial U}{\partial V}\right)_T dV + \left(\frac{\partial U}{\partial T}\right)_V dT = \pi dV + c_V dT, \qquad (8.19)$$

betrachtet, konnten aber für den allgemeinen Fall nur die partielle Ableitung nach T auswerten. Mit Hilfe der Maxwell-Relationen kommen wir nun weiter und können π bestimmen. Wir verwenden

$$dU = TdS - pdV,$$

betrachten eine Isotherme und teilen beide Seiten durch dV

$$\left(\frac{\partial U}{\partial V}\right)_T = T\left(\frac{\partial S}{\partial V}\right)_T - p. \qquad (8.20)$$

Dabei haben wir die Quotienten von dU (dS) und dV in partielle Ableitungen bei konstantem T umgewandelt. Mit der Maxwell-Relation Gl. 8.17,

$$\left(\frac{\partial S}{\partial V}\right)_T = \left(\frac{\partial p}{\partial T}\right)_V,$$

erhalten wir

$$\pi = \left(\frac{\partial U}{\partial V}\right)_T = T\left(\frac{\partial p}{\partial T}\right)_V - p. \tag{8.21}$$

Ideales Gas

Mit der idealen Gasgleichung erhält man

$$\pi = \left(\frac{\partial U}{\partial V}\right)_T = T\left(\frac{\partial p}{\partial T}\right)_V - p = T\frac{nR}{V} - p = 0.$$

Die innere Energie ist daher durch das vollständige Differential

$$dU = c_v dT$$

darzustellen, Differenzen erhält man durch Integration.

Reales Gas

Mit der Van-der-Waals-Gleichung (Gl. 2.14) für das reale Gas,

$$p = \frac{RT}{V - nb} - \frac{n^2 a}{V^2}$$

ergibt sich

$$\pi = \left(\frac{\partial U}{\partial V}\right)_T = T\left(\frac{\partial p}{\partial T}\right)_V - p = T\frac{R}{V - nb} - \frac{RT}{V - nb} + \frac{n^2 a}{V^2} = \frac{n^2 a}{V^2}.$$

Das vollständige Differential ist

$$dU = c_v dT + \frac{n^2 a}{V^2} dV.$$

Die innere Energie erhält man durch Integration, wie in Abschn. 3.4.2 durchgeführt.

Reale Materialien

Die partielle Ableitung $\left(\frac{\partial p}{\partial T}\right)_V = p\beta_V$ ist durch eine Materialkonstante gegeben,

$$\pi = \left(\frac{\partial U}{\partial V}\right)_T = T\left(\frac{\partial p}{\partial T}\right)_V - p = pT\beta_V - p$$

und man erhält für das vollständige Differential

$$dU = c_v dT + (T\beta_V - 1)\, p dV.$$

8.3.2   Relationen zwischen Materialkonstanten

In Abschn. 2.6 haben wir schon die Relation

$$\beta_V = \frac{\alpha_p}{p\kappa_T}$$

kennengelernt. Die Wärmekapazitäten stehen aber auch in Zusammenhang mit den anderen Materialkonstanten. Wir verwenden den ersten Hauptsatz und Gl. 8.19,

$$\delta Q - p\mathrm{d}V = \left(\frac{\partial U}{\partial V}\right)_T \mathrm{d}V + \left(\frac{\partial U}{\partial T}\right)_V \mathrm{d}T.$$

Entlang einer Isobare ist die ausgetauschte Wärme $\delta Q = c_p \mathrm{d}T$,

$$c_p\mathrm{d}T = c_v\mathrm{d}T + \left[\left(\frac{\partial U}{\partial V}\right)_T + p\right]\mathrm{d}V.$$

Nun teilen wir durch $\mathrm{d}T$ und verwenden Gl. 8.20 und Gl. 8.17

$$c_p - c_v = T\left(\frac{\partial p}{\partial T}\right)_V\left(\frac{\partial V}{\partial T}\right)_p = TV\frac{\alpha_p^2}{\kappa_T}.$$

8.3.3   Unerreichbarkeit des absoluten Temperaturnullpunkts

Nach dem dritten Hauptsatz ist die Entropie bei $T = 0$ konstant, d. h.

$$0 = \mathrm{d}S.$$

Damit verschwinden alle partiellen Ableitungen von S, wie beispielsweise $\left(\frac{\partial S}{\partial V}\right)_T$. Da diese Ableitungen mit den Materialkonstanten über die Maxwell-Relationen verknüpft sind, verschwinden auch diese für $T = 0$ K.

Dies bedingt auch, dass $T = 0$ K durch keinen Prozess erreicht werden kann, man kann also kein System auf 0 K abkühlen. Abkühlen kann man z. B. durch eine Folge von isothermen Kompressionen und adiabatischen Expansionen. Bei der isothermen Kompression wird Wärme aus dem System abgeführt, bei der adiabatischen Expansion das Gas abgekühlt, wie durch die Prozesse in Abb. 8.2 dargestellt. Die vertikalen Linien beschreiben eine isotherme Kompression. Die Entropie sinkt bei der Kompression, weil Wärme an die Umgebung abgegeben wird. Die horizontalen Linien beschreiben eine adiabatische Abkühlung, die Temperatur sinkt bei adiabatischer Expansion.

Bei einer adiabatischen Abkühlung sinkt die Temperatur mit dem Volumen,

$$\mathrm{d}V = \alpha\mathrm{d}T.$$

Abb. 8.2 Prozesse bei geringen Temperaturen

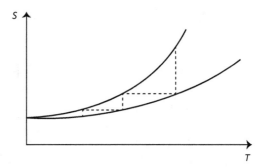

Wenn nun $\alpha \rightarrow 0$ für $T \rightarrow 0$ geht, kann man durch Expansion keine weitere Abkühlung erreichen, und da die Potenziale ebenfalls von den Materialkonstanten abhängen, heißt das, dass man durch eine Veränderung der Variablen V, T oder p keine weitere Energie aus dem System abführen kann. Man erreicht also nicht in endlich vielen Prozessschritten den absoluten Temperarturnullpunkt.

8.3.4 Potenziale und thermodynamische Stabilität

Wichtig
In der Mechanik ist die **Gesamtenergie** durch

$$E = T(v) + V(x)$$

mit der kinetischen Energie $T = \frac{1}{2}mv^2$ gegeben. Die $V(x)$ **werden Potenziale** genannt. Die **Kräfte** $F(x)$ sind Ableitungen der Potenziale $V(x)$:

$$F(x) = -\frac{dV}{dx}.$$

Im Minimum von $V(x)$ gilt damit $F(x) = 0$. Dies ist ein stabiler Punkt (Abb. 6.1). Wenn die Kugel losgelassen wird, wird sie Energie z. B. durch Reibung verlieren, und dann im Minimum der Energie zu liegen kommen. Die Stabilität dieses Punktes ist durch die positive Krümmung der Energiekurve bedingt. Eine kleine Auslenkung aus dem Gleichgewichtzustand führt zu Kräften, die das System in den stabilen Punkt zurücktreiben.

In der Thermodynamik wird nun ein **analoges** Konzept eingeführt. Wir haben gesehen, dass die Zustandsfunktionen S und U die gleiche Eigenschaft wie klassische Potenziale haben: Dem stabilen Punkt in der Mechanik entspricht dann

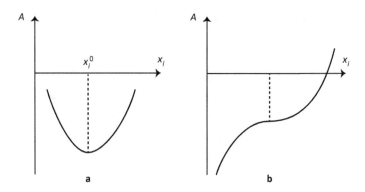

Abb. 8.3 (a) Minimum der Potenziale $A = (U, H, F, G)$. Diese Funktionen sind konkav, d. h., die zweiten Ableitungen sind positiv. (b) Metastabiler Punkt. Eine kleine Auslenkung führt zum Verlassen dieses Punktes

das Gleichgewicht in der Thermodynamik. Die entsprechenden **Kräfte**,[3] die das System ins Gleichgewicht bringen, sind dann die partiellen Ableitungen der Zustandsfunktionen. Zustandsfunktionen, die eine solche Eigenschaft haben, werden **thermodynamische Potenziale** genannt. Allerdings klappt das nur, wenn wir für die Zustandsfunktionen die **natürlichen** Variablen wählen.

Dies ist, analog zur Diskussion der Entropie in Abb. 7.7, in Abb. 8.3a dargestellt. Die Potenziale A sind konkave Funktionen ihrer Variablen, d. h., die zweiten Ableitungen sind positiv und eine kleine Auslenkung aus dem Gleichgewicht führt zu „Kräften", die das System zurück in das Gleichgewicht treiben. Wenn dem nicht so wäre, würde eine kleine Auslenkung aus dem metastabilen Punkt in Abb. 8.3b zum Verlassen dieses Zustandes führen.

Die ersten Ableitungen stellen die Kräfte ins Gleichgewicht dar, dies wurde in Kap. 7 für die Entropie diskutiert. In den dort vorgestellten Beispielen sind die Kräfte dann durch p/T oder $1/T$ gegeben. Im Gleichgewicht verschwinden die Kräfte, je größer die Abweichung vom Gleichgewicht desto größer die rücktreibende „Kraft".

Die zweiten Ableitungen führen auf Materialkonstanten, die interessante Einblicke in das Systemverhalten erlauben.

• Betrachten wir zunächst die zweiten Ableitungen nach einer Variablen. Für $S(U, V)$ bedeutet das:[4]

$$\left(\frac{\partial^2 S}{\partial U^2}\right)_V \leq 0, \qquad (8.22)$$

---

[3]Lassen Sie sich hier nicht durch den Begriff Kraft verwirren: Es sind „Kräfte" in einem verallgemeinerten Sinn. Sie sind nicht identisch mit mechanischen Kräften, die formal-mathematische Analogie motiviert diese Ableitungen Kräfte zu nennen.

[4]Eine weiterführende Diskussion findet man beispielsweise in: Callen H (1985) Thermodynamics and an introduction to thermostatics. John Wiley and sons, New York.

$$\left(\frac{\partial^2 S}{\partial V^2}\right)_U \leq 0,$$

Die erste Bedingung führt zu

$$\left(\frac{\partial^2 S}{\partial U^2}\right)_V = \frac{\partial}{\partial U}\left(\frac{\partial S}{\partial U}\right)_V = \frac{\partial}{\partial U}\left(\frac{1}{T}\right)_V = -\frac{1}{T^2}\left(\frac{\partial T}{\partial U}\right)_V = -\frac{1}{T^2 c_V} \leq 0.$$

Die Wärmekapazität muss in einem stabilen System positiv sein, eine Wärmezufuhr erhöht die Temperatur. Je höher die Temperatur, desto weniger hat das System die Tendenz, noch mehr Wärme aufzunehmen, es wirkt der Wärmeaufnahme entgegen. Wenn es umgekehrt wäre, d. h. $c_V < 0$, wäre das System instabil.

Für die Potenziale U, H, F und G erhält man ähnliche Bedingungen, z. B. ergibt sich für F

$$\left(\frac{\partial^2 F}{\partial U^2}\right)_{V,N} = -\left(\frac{\partial p}{\partial V}\right)_T = \frac{1}{V\kappa_T} \geq 0.$$

Die Kompressibilität κ_T muss also positiv sein, d. h., eine Verminderung des Volumens erhöht den Druck. Je stärker das Volumen verkleinert wird, desto größer wird der Druck und desto mehr arbeitet das System gegen eine weitere Verkleinerung des Volumens.

• Zudem gibt es eine Kopplung der Variablen. Diese wird durch die gemischten zweiten Ableitungen beschrieben. Wir wollen dies nur qualitativ diskutieren. Bei einer Expansion wird auch die Temperatur verändert,

$$\mathrm{d}T = \left(\frac{\partial T}{\partial V}\right)\mathrm{d}V.$$

Dadurch wird Wärme ins System ein- oder austreten, was wiederum zu einer Veränderung des Druckes führt,

$$\mathrm{d}p = \frac{1}{T}\left(\frac{\partial p}{\partial S}\right)\delta Q.$$

Diese Druckänderung wirkt der anfänglichen Expansion entgegen.

Das Prinzip der thermodynamischen Stabilität induziert ein Systemverhalten, das als Prinzip von **Le Chatelier** für den direkten Effekt und als Prinzip von **Le Chatelier-Braun** für den indirekten Effekt bekannt ist. Ein System reagiert auf eine äußere Störung derart, dass es dieser äußeren Störung entgegenwirkt. Wird es durch eine Störung aus dem Gleichgewicht ausgelenkt, so reagiert es so, dass es wieder in das Gleichgewicht kommt.

Für die Chemie sind diese Prinzipien von großer Bedeutung. Möchte man beispielsweise durch Temperarturerhöhung die Ausbeute einer exothermen Reaktion verbessern, wird das System dem entgegenwirken. Das Gleichgewicht wird auf die Seite der Reaktanten verschoben, weil das die Wärmeentwicklung reduziert. Man kann die Natur nicht so einfach austricksen, wie wir in Kap. 12 bei der Diskussion der **chemischen Gleichgewichte** darstellen werden.

8.4 Zusammenfassung

Wenn man die Potenziale $A = (U, H, F, G)$ als Funktionen ihrer **natürlichen Variablen** schreibt, dann

- haben sie eine **Extremaleigenschaft**: Ihre Extrema charakterisieren die Werte der Variablen z_i^0, die sich im **Gleichgewicht** einstellen. Man kann dieses dann nutzen, um das Gleichgewicht zu bestimmen.
- Ihre partiellen Ableitungen sind die korrespondierenden **intensiven Parameter**, die sich im Gleichgewicht einstellen (T, p).

Die praktische Funktion ist Folgende: Wenn man die natürlichen Parameter konstant hält, stellen sich die inneren Parameter (Hemmungen) so ein, dass ein Gleichgewicht erreicht wird.

Wenn man nun die Potenziale nicht durch die natürlichen Variablen darstellt, sondern z. B. als $U(T, V)$ und $H(T, p)$ wie eingangs eingeführt, so können die partiellen Ableitungen durch die Materialkonstanten dargestellt werden. Man kann damit berechnen, wie sich z. B. U mit Erhöhung von Temperatur und Druck ändert, was wir in Kap. 9 speziell für H und G ausführen werden.

Für die Chemie von spezieller Bedeutung ist $G(p, T)$. G erreicht bei konstantem p und T ein Minimum, d. h., wir können das Reaktionsergebnis durch Minimierung von G nach den Molzahlen der Komponenten n_i erhalten.

Teil II

Chemische Thermodynamik

Thermochemie II: Zustandsgleichungen für *H* und *G*

9

Die Thermodynamik stellt einen sehr allgemeinen Formalismus bereit, die Hauptsätze geben im Prinzip nur an, dass Zustandsgleichungen für die thermodynamischen Größen

$$T(p, V), \qquad U(V, T), \qquad S(V, T) \tag{9.1}$$

existieren.

Diese konkret zu formulieren ist dann eine empirische Angelegenheit. Für das ideale Gas kann man sie explizit angeben,

$$pV = nRT, \qquad U = \frac{3}{2}nRT, \qquad \ldots \tag{9.2}$$

jedoch sind sie in allgemeiner Form nicht bekannt.

Daher verwendet man die vollständigen Differentiale der thermodynamischen Größen, wie in Abschn. 2.6 am Beispiel des Volumens Gl. 2.21 ausgeführt,

$$dV(p, T) = \left(\frac{\partial V}{\partial p}\right)_T dp + \left(\frac{\partial V}{\partial T}\right)_p dT.$$

Die partiellen Ableitungen führen auf Materialkonstanten und eine Änderung der Größe kann nun in Bezug auf einen Referenzzustand berechnet werden.

In diesem Kapitel wollen wir analog für die Enthalpie *H* und freie Enthalpie *G* vorgehen. Mit Bezug auf den Standardzustand mit den **Standardbildungsenthalpien** $\Delta_f H^{\ominus}$ (Kap. 5), kann dann die Zustandsgleichung $H(p, T)$ bestimmt werden, die die Enthalpie als Funktion von *T* und *p* darstellt. Auf dieser Basis kann man danach fragen, wie sich durch Veränderung von *p* und *T* die Reaktionsausbeute beeinflussen lässt, was wir in Kap. 12 diskutieren werden.

Die partiellen Ableitungen führen bei $H(p, T)$ auf Materialkonstanten, bei $G(p, T)$ jedoch auf thermodynamische Variable, da *p* und *T* die **natürlichen Variablen** von *G* sind. *G* hat für diese Variablen im Gleichgewicht ein Minimum, daher die große Bedeutung für die Chemie.

© Springer-Verlag GmbH Deutschland 2017
M. Elstner, *Physikalische Chemie I: Thermodynamik und Kinetik*,
https://doi.org/10.1007/978-3-662-55364-0_9

9.1   Zustandsgleichungen für die Enthalpie *H*

$H(p, T)$ ist als Funktion von T und p dargestellt, das vollständige Differential ist daher

$$dH = \left(\frac{\partial H(p, T)}{\partial p}\right)_T dp + \left(\frac{\partial H(p, T)}{\partial T}\right)_p dT. \tag{9.3}$$

Nun müssen wir die Ableitungen berechnen. Die Ableitungen nach T haben wir schon in Abschn. 5.1 diskutiert, wir erhalten hier die Wärmekapazität.

$$\left(\frac{\partial H}{\partial T}\right)_p = \left(\frac{\delta Q}{\partial T}\right)_p = c_p.$$

Die Ableitung nach p ist aber nicht ganz so einfach, sie ist nicht einfach durch V gegeben, auf das analoge Problem sind wir schon bei der inneren Energie gestoßen. Betrachten wir die Darstellung von $H(S, T)$ durch die natürlichen Variablen,

$$dH = TdS + Vdp, \tag{9.4}$$

sehen wir, dass

$$\left(\frac{\partial H}{\partial p}\right)_S = V$$

gilt. Die Ableitung betrachtet also die Enthalpieänderung bei konstanter Entropie, und nicht bei konstanter Temperatur. Nur im ersten Fall ist die Ableitung durch V gegeben.

Um die partiellen Ableitungen in eleganter Weise auszurechnen, verwenden wir alle Tricks, die uns die Thermodynamik zur Verfügung stellt, wir verwenden Gl. 9.4, um bei konstantem T die Ableitung nach p zu bilden,

$$\left(\frac{\partial H}{\partial p}\right)_T = T\left(\frac{\partial S}{\partial p}\right)_T + V.$$

Die letzte Gleichung ist etwas komplizierter, da die natürlichen Variablen von H uns zwar die Ableitung $\left(\frac{\partial H}{\partial p}\right)_S = V$ liefern, wir aber nicht nach der Ableitung bei konstantem S, sondern bei konstantem T fragen. Mit der Maxwellrelation Gl. 8.18

$$\left(\frac{\partial S}{\partial p}\right)_T = -\left(\frac{\partial V}{\partial T}\right)_p$$

erhalten wir dann für $H(p, T)$

$$dH = c_p dT + \left[V - T\left(\frac{\partial V}{\partial T}\right)_p\right]dp = c_p dT + V(1 - T\alpha_p)dp. \tag{9.5}$$

Dies zeigt nochmals die Bedeutung der Variablenwahl. Wenn ein Potenzial durch seine **natürlichen Variablen** dargestellt ist, sind die partiellen Ableitungen Zustandsgrößen, für eine andere Variablenwahl erhält man Materialkonstanten. Was man wählt, hängt von der Anwendung ab. Hier wollen wir wissen, wie sich H mit Änderung von p und T verändert. Und diese Änderung kann man mit Hilfe der Materialkonstanten c_p und α_p durch Integration berechnen.

9.1.1 Temperaturabhängigkeit

Für konstantes p, d. h. $\mathrm{d}p = 0$, ist die Auswertung einfach:

$$\mathrm{d}H = \left(\frac{\partial H}{\partial T}\right)_p \mathrm{d}T = c_p \mathrm{d}T,$$

d. h. wir können integrieren:

$$H(T_2) = H(T_1) + \int_{T_1}^{T_2} c_p(T)\mathrm{d}T. \tag{9.6}$$

c_p ist i. A. eine Funktion der Temperatur, kann aber mit Hilfe empirischer Fitparameter (z. B. A_i, B_i, C_i) tabelliert werden[1]:

$$c_p^i = A_i + B_i T + C_i T^2.$$

Wenn wir $c_p^i(T)$ für jeden der Reaktanten i haben, können wir sofort schreiben (siehe Kap. 5):

$$\Delta_r H(T_2) = \Delta_r H(T_1) + \int_{T_1}^{T_2} \Delta c_p(T)\mathrm{d}T. \tag{9.7}$$

$\Delta c_p(T)$ ist die Differenz der Wärmekapazitäten der Produkte und Reaktanden.

9.1.2 Temperatur- und Druckabhängigkeit

Mit Gl. 9.5 können wir H für beliebige p und T aus den Standarbildungsenthalpien berechnen,

$$H(p, T) = H^\ominus + \int_{T^\ominus}^T c_p(T)\mathrm{d}T + \int_{p^\ominus}^p V\left(1 - T\alpha_p(p)\right)\mathrm{d}p, \tag{9.8}$$

sofern die Materialkonstanten tabelliert vorliegen.

---

[1]Weitere Beispiele finden Sie in der NIST-Datenbank.

9.2 Temperatur- und Druckabhängigkeit von G

Mit dem 3. Hauptsatz kann man Absolutwerte für S bestimmen, etwa die Entropien der Stoffe bei Standardbedingungen $S^\ominus$, d. h., zusammen mit $H^\ominus$ kann man für G freie Standardreaktionsenthalpien $\Delta_r G^\ominus$ und freie Standardbildungsenthalpien $\Delta_f G^\ominus$ erhalten. Damit stellt sich wieder die Frage nach der Temperatur- und Druckabhängigkeit von G. Wenn wir nach $G(p, T)$ für andere Werte von p und T fragen, müssen wir, wie bei H, integrieren. Dazu benötigt man die partiellen Ableitungen.

$$dG = V dp - S dT.$$

Da p und T die natürlichen Variablen sind, sind die partiellen Ableitungen thermodynamische Zustandsgrößen. Damit wird der Formalismus relativ einfach.

9.2.1 Temperaturabhängigkeit

Für $dp = 0$ gilt

$$dG = -S dT.$$

Für die Integration würden wir $S(T)$ benötigen, durch eine Umformung kann man das Integral so schreiben, dass $H(T)$ benötigt wird, was wir oben schon durch die Materialkonstanten dargestellt haben. Diese Größe ist einfacher zu bestimmen ($G=H-TS$),

$$\left(\frac{\partial G}{\partial T}\right)_p = -S = \frac{G - H}{T}.$$

Hieraus kann man die **Gibbs-Helmholtz-Beziehung** ableiten (**Beweis 9.1**):

$$\left(\frac{\partial(G/T)}{\partial T}\right)_p = -\frac{H}{T^2}. \tag{9.9}$$

Die freie Reaktionsenthalpie $\Delta_r G$ ist analog zur Reaktionsenthalpie $\Delta_r H$ (Kap. 5) definiert. Mit Gl. 9.9 ist eine entsprechende Beziehung für die Reaktionsenthalpie gegeben:

$$\left(\frac{\partial(\Delta_r G/T)}{\partial T}\right)_p = -\frac{\Delta_r H}{T^2}. \tag{9.10}$$

Diese kann man integrieren:

$$\frac{\Delta_r G(T_2)}{T_2} = \frac{\Delta_r G(T_1)}{T_1} - \int_{T_1}^{T_2} \frac{\Delta_r H(T)}{T^2} dT. \tag{9.11}$$

T_1 könnte nun der Standardzustand sein. Um $\Delta_r G(T)$ für andere Temperaturen T zu erhalten, benötigen wir $\Delta_r H(T)$, welches wir mit Gl. 9.8 auf die Materialkonstanten zurückgeführt haben.

Beweis 9.1

$$\left(\frac{\partial(G/T)}{\partial T}\right)_p = \frac{1}{T}\left(\frac{\partial G}{\partial T}\right)_p - \frac{G}{T^2} = \frac{G-H}{T^2} - \frac{G}{T^2} = -\frac{H}{T^2}.$$

$\square$

9.2.2 Druckabhängigkeit

Für $T = 0$ hat man

$$dG = V dp,$$

was formal einfach zu intergrieren ist

$$G(p_2) = G(p_1) + \int_{p_1}^{p_2} V(p)dp \tag{9.12}$$

Flüssigkeiten und Festkörper
Diese sind i. A. wenig kompressibel für einen großen Druckbereich $p < 1$ kbar, d. h. für diesen kann man $V(p) = $ konst. annehmen,

$$G(p_2) = G(p_1) + V(p_2 - p_1).$$

Ideale Gase
Für das **ideale Gas** kann man das Integral mit $V^{id}(p) = nRT/p$ einfach auswerten und erhält

$$G^{id}(p_2) = G^{id}(p_1) + nRT \ln\frac{p_2}{p_1}. \tag{9.13}$$

Reale Gase
Für das **reale Gas** ist die Sache etwas komplizierter. Wie wir in Kap. 2 diskutiert haben, weichen reale Gase unter bestimmten Bedingungen erheblich vom Verhalten idealer Gase ab. Diese Abweichung lässt sich durch einen **Realgasfaktor z** nach Gl. 2.9 mit dem Volumen für das reale Gas

$$V^{re} = znRT/p = zV^{id}$$

beschreiben. Da wir für $G(p)$ das Volumen über den Druck integrieren, muss die durch den Realgasfaktor z in Gl. 2.9 beschriebene Abweichung berücksichtigt werden. $G^{re}(p_2)$ wird nicht identisch mit $G^{id}(p_2)$ aus Gl. 9.13 sein.

Die Korrektur kann man wie folgt berechnen,

$$G^{re}(p_2) = G^{re}(p_1) + \int_{p_1}^{p_2} V^{re}(p)\mathrm{d}p$$

$$= G^{re}(p_1) + \int_{p_1}^{p_2} V^{id}(p)\mathrm{d}p + \int_{p_1}^{p_2} (V^{re}(p) - V^{id}(p))\mathrm{d}p$$

$$=: G^{re}(p_1) + \int_{p_1}^{p_2} V^{id}(p)\mathrm{d}p + \Delta G^{ex}(p_1, p_2)$$

$$= G^{re}(p_1) + nRT \ln \frac{p_2}{p_1} + \Delta G^{ex}(p_1, p_2). \tag{9.14}$$

Bei der Druckänderung werden zwei Beiträge berücksichtigt. Zum Einen der Beitrag des idealen Gases, zum Anderen die Enthalpiekorrektur zum idealen Gas, $\Delta G^{ex}(p_1, p_2)$, welche **Exzessenthalpie** genannt wird. Diese kann man im Prinzip berechnen, wenn man $z(p, T)$ kennt. In Kap. 2 wurden in den Grafiken 2.5 Beispiele für die Abhängigkeit von z von p und T gegeben, d. h. $z(p, T)$ ist aus Zustandsdiagrammen prinzipiell ablesbar, und man erhält

$$\Delta G^{ex}(p_1, p_2) = \int_{p_1}^{p_2} (z - 1)V^i(p)\mathrm{d}p = \int_{p_1}^{p_2} (z - 1)\frac{nRT}{p}\mathrm{d}p =$$

$$= nRT \int_{p_1}^{p_2} \frac{z - 1}{p}\mathrm{d}p = nRTI(p_1, p_2).$$

Der Wert des Integrals $I(p_1, p_2)$ hängt von den beiden Drücken p_1 und p_2 ab und stellt eine Enthalpiekorrektur dar, die aus den Wechselwirkungen zwischen den Teilchen resultiert. Wenn man nun eine Funktion $\gamma(p_1, p_2)$ wie folgt definiert,

$$\ln\gamma(p_1, p_2) := I(p_1, p_2),$$

dann hat $\Delta G^{ex}(p_1, p_2)$ eine Form, die der Enthalpieänderung des idealen Gases identisch ist,

$$\Delta G^{ex}(p_1, p_2) = nRT\ln\gamma(p_1, p_2)$$

und man kann Gl. 9.14 kompakt schreiben als:

$$G^{re}(p_2) - G^{re}(p_1) = \Delta G^{re} = \Delta G^{id} + \Delta G^{ex} = nRT \ln \frac{p_2}{p_1} + nRT \ln \gamma(p_1, p_2)$$

$$= nRT \ln \frac{\gamma p_2}{p_1} \tag{9.15}$$

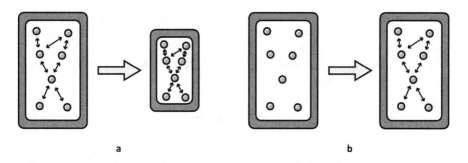

Abb. 9.1 (**a**) Kompression des realen Gases, (**b**) ideales vs. reales Gas. Die Pfeile symbolisieren die Wechselwirkungen zwischen den Teilchen im realen Gas

Die thermodynamischen Größen sind i. A. auf Referenzen bezogen. Dies gilt insbesondere auch für $\gamma(p_1, p_2)$, das die Änderung der Enthalpie zwischen zwei Zuständen angibt. Anhand der obigen Definition kann man zwei Fälle unterscheiden:

- Beim Druck p_1 gilt $z \neq 1$. Dann beschreibt $\Delta G^{ex}(p_1, p_2)$ die Änderung der Wechselwirkungen durch den Druckunterschied. Der Referenzzustand ist das reale Gas bei Druck p_1. $\Delta G^{ex}(p_1, p_2)$ beinhaltet die Änderung von G aufgrund der Änderung der Teilchenwechselwirkungen zwischen p_1 und p_2. Bei höheren Drücken werden die Teilchen im Mittel geringere Abstände haben, was zu einer Veränderung der Wechselwirkungsenergie führt wie in Abb. 9.1a dargestellt.
- Der Druck des Referenzzustandes ist so niedrig, dass in guter Näherung $z = 1$ gilt, das Gas sich also ideal verhält. Die **Referenz ist das ideale Gas** bei Druck p_1,

$$G^{re}(p_1) = G^{id}(p_1)$$

und der Exzessterm $\Delta G^{ex}(p_1, p_2)$ kann als Energieterm angesehen werden, der effektiv auf die Wechselwirkungen des realen Gases zurückgeführt werden kann. Damit gibt $\Delta G^{ex}(p_1, p_2)$ die Wechselwirkungsenergie des realen Gases bei einem Druck p_2 an (Abb. 9.1b).

Mit der sogenannten **Fugazität**

$$f = \gamma p$$

kann man Gl. 9.14 auch wie folgt schreiben

$$G^{re}(p_2) = G^{re}(p_1) + n\mathrm{R}T \ln \frac{f_2}{p_1}. \tag{9.16}$$

Diese Gleichung hat den Vorteil, dass sie so aussieht wie die des idealen Gases Gl. 9.13. Man kann mit dem Formalismus des idealen Gases fortfahren und korrigiert nur den Druck p_2 durch f_2.

Damit kann man die freie Enthalpie für das reale Gas folgendermaßen schreiben ($\ominus$: Standardbedingungen):

$$G(p) = G^{\ominus} + nRT \ln \frac{f}{p^{\ominus}}. \tag{9.17}$$

Wenn bei $p^{\ominus}$ $z = 1$ gälte, wäre die Referenz das ideale Gas, ansonsten ist sie das reale. Der theoretische Unterschied ist der, dass γ eine jeweils andere Bedeutung hat. Im ersten Fall repräsentiert es sozusagen die gesamten Wechselwirkungen des realen Gases, im zweiten nur die Differenz in Bezug auf die Druckänderung. In praktischer Hinsicht hat man dies aber durch den Formalismus unter einen Hut gebracht. Man bestimmt die freie Enthalpie des Gases im Referenzzustand, und der Korrekturterm gibt die Änderung mit dem Druck an.

9.3 Anwendung: Joule-Thomson-Versuch und Gasverflüssigung

Alternativ zu Gl. 9.5 kann man dH auch durch den **Joule-Thomson-Koeffizienten**

$$\mu = \left(\frac{\partial T}{\partial p}\right) \tag{9.18}$$

darstellen, man erhält

$$dH = -\mu c_p dp + c_p dT, \tag{9.19}$$

Beweis 9.2 Unter Verwendung von Gl. 2.25

$$\left(\frac{\partial x}{\partial y}\right)_z \left(\frac{\partial y}{\partial z}\right)_x \left(\frac{\partial z}{\partial x}\right)_y = -1,$$

Mit $z = H$, $x = p$ und $y = T$ erhalten wir nach Umformen

$$\left(\frac{\partial H}{\partial p}\right)_T = -\left(\frac{\partial H}{\partial T}\right)_p \left(\frac{\partial T}{\partial p}\right)_H = -c_p \mu. \qquad \square$$

Bemerkungen:

- Für das ideale Gas gilt $\left(\frac{\partial U}{\partial V}\right)_T = 0$ und $\left(\frac{\partial H}{\partial p}\right)_T = 0$. Man findet keine Abhängigkeit der inneren Energie vom Volumen oder entsprechend der Enthalpie vom

Druck. Die Druckabhängigkeit von H bedeutet bei realen Gasen, dass durch beispielsweise Expansion die Enthalpie kleiner oder größer werden kann, je nach Vorzeichen dieser Ableitung. Dieser Effekt entsteht offensichtlich durch die Wechselwirkungen im Gas, wie bei der Diskussion des Überströmversuchs (Abschn. 3.4.1) diskutiert. Im Gegensatz zum idealen Gas ändert sich beim realen Gas bei einer adiabatischen Expansion ohne Arbeitsleistung (z. B. Joule'scher Überströmversuch) die Temperatur des Gases.

- Der **Joule-Thomson-Koeffizient** μ wird bei konstanter Enthalpie (H = konst.) bestimmt. Wie man p, T und V kontrolliert ist klar, aber wie hält man H fest?

Dazu der Versuchsaufbau (Abb. 9.2) zur Messung des Joule-Thomson-Effekts: Hierbei lässt man ein Gas durch eine Drossel (kann auch ein poröses Medium sein) expandieren, der Druck auf beiden Seiten wird kontrolliert, die Temperatur wird gemessen. Der Versuch insgesamt ist thermisch isoliert, d. h. der Prozess ist adiabatisch ($\delta Q = 0$). Damit gilt nach dem 1. HS:

$$\Delta U = -\Delta W.$$

Das eine Volumen wird von V_A nach „0" komprimiert, das andere expandiert von „0" nach V_E (Abb. 9.2), d. h. die gesamte Arbeit ist:

$$\Delta W = p_A V_A - p_E V_E$$

d. h.

$$0 = U_E - U_A + p_A V_A - p_E V_E = H_E - H_A$$

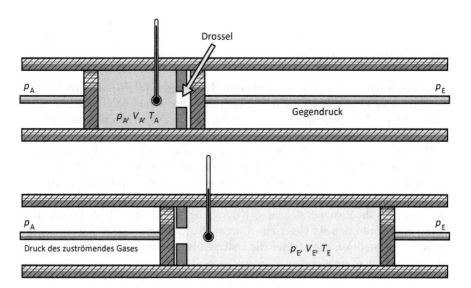

Abb. 9.2 Joule-Thomson-Versuch

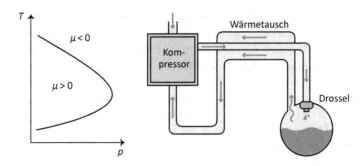

Abb. 9.3 μ in Abhängigkeit von p und T und Lindeverfahren zur Gasverflüssigung

d. h., mit $H_E - H_A = 0$ ist das ein isenthalpischer Prozess. Die Änderung der Temperatur mit dem Druck, $\frac{\Delta T}{\Delta p}$, d. h. der Joule-Thomson-Koeffizient μ, kann damit einfach gemessen werden.

μ ist abhängig von p und T und kann sowohl negative wie auch positive Werte annehmen, wie in Abb. 9.3 gezeigt. Gase haben bei gleichem p typischerweise zwei sogenannte **Inversionstemperaturen**, bei denen sich das Vorzeichen von μ sich ändert (Abb. 9.3). Wenn μ positiv ist, kühlt das Gas bei Expansion ab, wenn μ negativ ist erwärmt es sich. Dies wird z. B. im Lindeverfahren zur Gasverflüssigung genutzt. Dabei wird ein Gas im Bereich $\mu > 0$ durch eine Drossel, wie im Überströmversuch, entspannt, wodurch es sich abkühlt. Dabei kondensiert ein Teil, der nichtkondensierte Rest wird genutzt um neues Gas vorzukühlen. In einem Kreislaufverfahren kann es wieder komprimiert werden und danach erneut expandieren.

9.4 Zusammenfassung

In diesem Kapitel haben wir die **Zustandsgleichungen** für $H(p,T)$ und $G(p,T)$ diskutiert. Man kann dies für die innere Energie U und freie Energie F analog darstellen, aufgrund der Bedeutung für chemische Anwendungen haben wir uns jedoch auf H und G beschränkt.

Die Thermodynamik liefert im Prinzip nur einen sehr kargen Theorierahmen, sie sagt, dass die Zustandsgleichungen existieren, ihre konkrete Form überlässt sie der Empirie, und zeigt ein paar Tricks, wie man die partiellen Ableitungen auswertet. Daher muss man Referenzzustände wählen, für diese die Enthalpien bestimmen, und kann dann die Zustandsgleichungen durch die vollständigen Differentiale darstellen. Hier ergibt sich ein Unterschied, wenn die Enthalpie nicht durch natürliche Variable dargestellt ist, dann führen die ersten Ableitungen auf Materialkonstanten, wie man an $H(p,T)$ sieht,

$$H(p,T) = H^\ominus + \int_{T^\ominus}^{T} C_p(T)\mathrm{d}T + \int_{p^\ominus}^{p} V\left(1 - T\alpha_p(p)\right)\mathrm{d}p.$$

Im Fall von G, sind die ersten Ableitungen wieder thermodynamische Zustandsgrö-ßen, und das Integral sieht einfacher aus,

$$G(p, T) = G^{\ominus} - \int_{T^{\ominus}}^{T} S \mathrm{d}T + \int_{p^{\ominus}}^{p} V \mathrm{d}p.$$

Da besser zugänglich, haben wir im ersten Integral $S(T)$ durch $H(T)$ ausge-drückt. Zudem hat $G(p, T)$ eine Potenzialfunktion: Wenn man p, T konstant hält, werden sich die inneren Freiheitsgrade so einstellen, dass G minimal ist. Die inneren Freiheitsgrade werden die Molzahlen verschiedener Komponenten sein, im Gleichgewicht sind diese dann über das Minimumsprinzip von G eindeutig festgelegt.

Ebenfalls von Bedeutung sind die Anwendung auf das ideale und reale Gas, die Modell stehen werden für die thermodynamische Behandlung von Gleichgewichten. Die Druckabhängigkeit des idealen Gases haben wir durch

$$G^{id}(p_2) = G^{id}(p_1) + n\mathrm{R}T \ln \frac{p_2}{p_1}$$

beschrieben, die des realen Gases durch

$$G^{re}(p_2) = G^{re}(p_1) + n\mathrm{R}T \ln \frac{f_2}{p_1}.$$

Der Korrekturfaktor γ repräsentiert die Wechselwirkungen im realen Gas. Dieses Vorgehen werden wir im Folgenden immer wieder aufgreifen. Wir werden als Bezugspunkt den Standardzustand wählen, aber im Formalismus ebenfalls einen Bezug auf das ideale Material, ob nun Gas oder Flüssigkeit, verwenden.

Das chemische Potenzial

10

Die chemische Thermodynamik beschäftigt sich mit chemischen Gleichgewichten:

- Chemische Phasen: Warum gibt es Phasenübergänge, was bestimmt, ob Eis oder Wasser vorliegt?
- Mischen: Warum verteilt sich ein Tropfen Tinte gleichmäßig im Wasserglas?
- Chemische Reaktionen $A + B \rightarrow C + D$: Wie ist die Zusammensetzung der Stoffe im Gleichgewicht, wenn ich mit A und B starte?

Alle drei sind Prozesse, die bei einer bestimmten Temperatur T und einem Druck p einen bestimmten Gleichgewichtszustand anstreben. Immer schmilzt Eis im Cocktail am Strand, immer mischt sich die Tinte im Wasserglas, und immer rostet das Fahrrad, man sieht nie die umgekehrten Vorgänge. Was treibt nun diese Prozesse, wo genau liegen die Gleichgewichte und wie wird das durch den thermodynamischen Formalismus beschrieben?

Wie in Abschn. 8.1.2 ausgeführt, greift die Analogie zur Mechanik an einer Stelle zu kurz: In der Mechanik strebt ein System immer in das Minimum der potenziellen Energie, Energie kann dann beispielsweise in Form von Reibungswärme an die Umgebung abgegeben werden. In der Chemie kennen wir auch den gegenteiligen Fall, nämlich die endothermen Reaktionen. Hier nimmt das System Wärme von der Umgebung auf, um die Edukte zu bilden. Offensichtlich muss das daran liegen, dass bei einer Reaktion im Gleichgewicht das Maximum der Entropie erreicht wird, allerdings von System S und Umgebung U. Und das kann eben in einem Zustand liegen, für den Energie aus der Umgebung in das System S einströmt. Daher ist das Prinzip des Minimums von F oder G, wie in Kap. 8 eingeführt, zentral für die chemische Beschreibung.

Die Chemie beschäftigt sich mit stofflichen Veränderungen. Bisher hat unsere thermodynamische Beschreibung nur die Veränderung von T, V und p zum Gegenstand. Für chemische Anwendungen verwenden wir, in Analogie zu dem bisher Entwickelten, folgendes Programm:

© Springer-Verlag GmbH Deutschland 2017
M. Elstner, *Physikalische Chemie I: Thermodynamik und Kinetik*,
https://doi.org/10.1007/978-3-662-55364-0_10

- Wir wollen Stoffumwandlungen, Mischungen und Phasenübergänge behandeln. Bisher haben wir homogene Systeme mit nur einer Stoffart behandelt, wie bekommt man unterschiedliche **Molzahlen** in den Formalismus?
- Wir wollen Relaxationsprozesse behandeln, müssen also auf den Formalismus der **Ausgleichsprozesse** zurückgreifen.
- Wir kennen den Ausgangszustand, das sogenannte gehemmte Gleichgewicht, wollen dann den Endzustand berechnen. Wir werden also die **Extremalprinzipien** auf chemische Probleme anwenden.
- Um ihre Zustandsänderungen später berechnen zu können, müssen wir daher **quasistatische Ersatzprozesse** konstruieren, dazu benötigen wir wieder das Konzept der **Hemmung**.

10.1   Besonderheit der Molzahl

Wir haben in Kap. 2 die Zustandsgleichungen $p(V, T)$, $V(T, p)$ und $T(V, p)$ eingeführt, diese wurden für konstante Molzahl n formuliert, n war nie explizit als Variable berücksichtigt. Ebenso bei der Einführung von U. Hier wurde ein System mit festem n betrachtet. U wurde über die Zufuhr von Arbeit definiert. Wie kann man das nun für variable n formulieren?

Dazu wollen wir nochmals kurz das Vorgehen der Thermodynamik rekapitulieren:

Extremalprinzip   Das für uns relevante Extremalprinzip startet bei der Entropie,

$$dS \geq \frac{1}{T}dU + \frac{p}{T}dV = \frac{1}{T}dU + y_1 dX_1$$

mit $y_1 = \frac{p}{T}$ und $X_1 = V$. Diese Platzhalter wurden gewählt, weil man dann das allgemeine Prinzip besser sieht. X_1 ist eine Arbeitsvariable, sie ist extensiv, und y_1 dann die zugehörige intensive Variable. Wir haben das Entropieprinzip nur für eine Arbeitsvariable abgeleitet, in Abschn. 6.5 haben wir aber gesehen, dass man das für weitere Arbeitsvariable X_i verallgemeinern kann, man hat dann

$$dS \geq \frac{1}{T}dU + \sum_i y_i dX_i.$$

Die X_i können weitere Volumina sein, wie das Beispiel in Abb. 6.10 zeigt, aber auch andere Formen der Arbeit, z. B. magnetische Arbeit. Den Ausdruck für die Entropie erhält man dann, wie in Kap. 8 ausgeführt, durch Einsetzen in den 1. Hauptsatz und unter Verwendung von $TdS = \delta Q$.

Arbeitsvariable   Wie identifiziert man nun passende Formen der Arbeit? Das geht über den ersten Hauptsatz und die innere Energie. Z. B. könnte man ein magnetisches Feld $\vec{B}$ anlegen und durch langsames Hochregeln von $\vec{B} = 0$ auf einen konstanten Wert den Stoff magnetisieren. Dann hätte man Magnetisierungsarbeit geleistet, und könnte analog zur Volumenarbeit schreiben

$$U(S, V, \vec{B}).$$

Dies ist dann die innere Energie, die das System unter dem Einfluss eines äußeren Magnetfelds hat. Die Energie entspricht dann der geleisteten Arbeit, entsprechend dem Vorgehen in Kap. 3 für die Volumenarbeit, die zur Magnetisierung aufgewendet werden muss.

Molzahl Wir haben bisher immer mit Systemen konstanter Molzahl n gearbeitet. Dass der thermodynamische Zustand von der Molzahl abhängt ist klar, ein System mit einer größeren Stoffmenge bei gleichem Volumen hat einen höheren Druck und eine höhere Energie. Damit ist verständlich, dass man n als Variable mit aufnehmen muss. Auf anderen Seite aber haben wir das Extremalprinzip für S nur für Arbeitsvariable abgeleitet. Gilt das Extremalprinzip also auch bei Variation der Molzahl? Warum ist das ein Problem? Nun, in Kap. 8 haben wir gesehen, dass S nicht für alle Variablen einem Extremalprinzip gehorcht, z. B. gilt dies für $S(U, V)$ aber nicht für $S(T, V)$! Die Variablenwahl ist also alles andere als trivial.

Wie aber wäre die Arbeit zu definieren, die bei Hinzufügen einer Stoffmenge aufzuwenden ist, oder die bei Reaktionen von Stoffen frei wird? Die Molzahl n nimmt eine Sonderstellung ein, sie ist im eigentlichen Sinne keine Zustandsvariable wie p, T und V, und sie in den Formalismus wie oben als Arbeitsvariable einzuführen ist schwierig[1]. Es ist daher angebracht, das auf einem anderem Weg zu bewerkstelligen.

Im Prinzip betrachten wir meist geschlossene Systeme, die Gesamtmolzahl n bleibt konstant, wir wandeln jedoch die Phasen oder Stoffe ineinander um. Seien nun die n_i die Molzahlen der einzelnen Stoffe oder der Phasen eines Stoffes (fest, flüssig, gasförmig) in einem System, so gilt:

$$n = \sum_i n_i. \tag{10.1}$$

Dies erinnert stark and den Formalismus, den wir bei den Ausgleichsprozessen (Kap. 7) verwendet haben. So wurde z. B. das Gesamtvolumen konstant gehalten, aber die Teilvolumina $V = V_1 + V_2$ konnten sich ändern. Für die innere Energie verwenden wir dann statt $U(S, V)$ den Ausdruck $U(S, V_1, V_2)$, und für das vollständige Differential erhält man:

$$dU = \frac{\partial U}{\partial V_1} dV_1 + \frac{\partial U}{\partial V_2} dV_2.$$

---

[1]Siehe dazu z. B. die Diskussion in A. Münster: Chemische Thermodynamik. Eine interessante Möglichkeit bildet die Van't Hoff „equilibrium box", die dazu verwendet werden kann, die aus Reaktionswärmen verfügbare Arbeit zu bestimmen.

Bei diesem Ausgleichsprozess gibt der erste Term die Änderung der Energie im Teilsystem 1, der zweite Term die Änderung der Energie im Teilsystem 2 an. Mit der bei dem Ausgleichsprozess verbundenen Entropieänderung

$$dS = \frac{\partial S}{\partial V_1} dV_1 + \frac{\partial S}{\partial V_2} dV_2 \geq 0$$

gleichen sich die intensiven Variablen p/T einander an, und die Werte der extensiven Variablen V_i sind dadurch bestimmt.

Man kann nun das Gleiche für eine Reaktion $n_1 \rightarrow n_2$ fordern. Bei konstantem S und V ändern sich nur die Molzahlen, anstatt $U(S, V, n)$ schreibt man mit $n = n_1 + n_2$ die innere Energie als Funktion $U(S, V, n_1, n_2)$, und für das vollständige Differential erhält man (für S,V konstant)

$$dU = \left(\frac{\partial U}{\partial n_1} \right) dn_1 + \left(\frac{\partial U}{\partial n_2} \right) dn_2.$$

Wie beim obigen Druckausgleich gibt der erste Term die Änderung der Energie im Teilsystem 1 durch die Abnahme der Stoffmenge 1 an, der zweite Term die Änderung der Energie im Teilsystem 2 durch die Zunahme der Stoffmenge 2 an.

Wir brauchen also gar keinen Formalismus, für den die Molzahl n in gleicher Weise variabel ist wie U oder V. Wir halten n meist fest, wollen aber wissen, wie sich bei zwei Komponenten $n = n_1 + n_2$ das Gleichgewicht einstellt. Dies sollte dann bei einem Ausgleichsprozess zu der Entropieänderung

$$dS = \frac{\partial S}{\partial n_1} dn_1 + \frac{\partial S}{\partial n_2} dn_2 \geq 0$$

führen. In einem abgeschlossenen System sollte dann $dU = 0$ und $dS \geq 0$ gelten, da sich die Molzahlen nur so ändern können, dass die Entropie gleich bleibt oder steigt. Wir haben also ein System, beschrieben durch $S(U, V, n)$, und jede innere Relaxation kann nur zur Vermehrung der Entropie führen. Mit der in Kap. 6 entwickelten Sprache kann man das wie folgt formulieren: Es sollten nur solche Zusammensetzungen n_i in einem spontanen Prozess auftreten, die für das System **adiabatisch erreichbare Zustände** darstellen. Dies ist hier als Postulat formuliert, da wir annehmen, dass der Ausgleich der Stoffmengen, analog den anderen Ausgleichsprozessen, einem Extremalprinzip der Entropie folgt.

Die n_i werden dann in Ausgleichsprozessen, genau wie die V_i oder U_i, keine unabhängigen thermodynamischen Variablen sein, sondern die Zusammensetzung wird durch das Maximum der Entropie festgelegt sein.

Wichtig
Wir brauchen an dieser Stelle also ein weiteres Postulat: Wir fordern, dass der Ausgleich von Stoffmengen dem in Kap. 7 eingeführten Schema der Ausgleichsprozesse folgt und das Gleichgewicht durch ein Maximum der Entropie bezüglich der Variablen n_i festgelegt ist.

10.2 Teilchenaustausch: das chemische Potenzial

Wir verallgemeinern nun für ein System mit k unterschiedlichen Stoffen mit den Molzahlen $n_i = 1, \ldots, k$. Zusätzlich zur Stoffumwandlung kann noch Wärme übertragen und Volumenarbeit ($-p\mathrm{d}V$) geleistet werden, die Änderung der inneren Energie ist dann durch

$$\mathrm{d}U = \left(\frac{\partial U}{\partial S}\right)\mathrm{d}S + \left(\frac{\partial U}{\partial V}\right)\mathrm{d}V + \sum_i \left(\frac{\partial U}{\partial n_i}\right)\mathrm{d}n_i \qquad (10.2)$$

gegeben. U verändert sich also mit $\mathrm{d}S$, $\mathrm{d}V$ und den $\mathrm{d}n_i$, es lässt sich damit als Funktion dieser Variablen schreiben.

$$U = U(S, T, n_1, \ldots, n_k). \qquad (10.3)$$

Dies Idee, die Potenziale als Funktionen der n_i zu schreiben, geht ursprünglich auf J. Willard Gibbs zurück, formuliert in der Artikelserie „On the Equilibrium of Heterogeneous Substances" (1874–1878).

Betrachten Sie nochmals Abb. 8.1. An Gl. 10.2 kann man nun sehr schön able-sen, was hier gemacht wurde: Die ersten beiden Terme auf der rechten Seiten von Gl. 10.2 resultieren aus der Zufuhr von Wärme δQ und Arbeit δW. Der dritte Term, die Summe, beschreibt eine innere Relaxation. Eine chemische Reaktion ist also nichts anderes als die Relaxation innerer Freiheitsgrade. Wie diese relaxieren, hängt an den thermodynamischen Bedingungen, d. h. an den Werten von p, V und T.

Die Änderung von U mit n_i wird **chemisches Potenzial** der Komponente „i",

$$\mu_i = \frac{\partial U}{\partial n_i}, \qquad (10.4)$$

genannt und wir erhalten für die Änderung der inneren Energie nach dem 1. Hauptsatz ($\mathrm{d}U = \delta Q - p\mathrm{d}V = T\mathrm{d}S - p\mathrm{d}V$):

$$\mathrm{d}U = T\mathrm{d}S - p\mathrm{d}V + \sum_i \mu_i \mathrm{d}n_i. \qquad (10.5)$$

Wichtig
Diese neue Größe μ kann man als Energie pro Stoffmenge interpretieren, der Quotient

$$U_m = \frac{\Delta U}{\Delta n}$$

ist also die **molare innere Energie**. Dies ist eine **intensive thermodynami-sche Größe**.

Nun lassen wir das Δ gegen 0 gehen, betrachten also infinitesimale Veränderungen der Molzahl und erhalten Gl. 10.4. Da U von der Stoffzusammensetzung abhängt, gilt dies auch für die Ableitung von U, d. h. auch μ wird eine Funktion der Molzahlen sein, man hat

$$\mu_i(S, V, n_1, \ldots, n_k).$$

Die chemischen Potenziale können sich also ändern, wenn sich die Stoffzusammensetzung ändert. Dies ist zentral für die chemische Thermodynamik und wird in Kap. 11 im Detail untersucht.

Das totale Differential der Entropie erhält man durch Auflösen von Gl. 10.5 nach dS

$$dS = \frac{1}{T}dU + \frac{p}{T}dV - \frac{1}{T}\sum_i \mu_i dn_i. \tag{10.6}$$

Die Änderung von S, dS, hängt also von den Änderungen der n_i ab, d. h., wir können die Entropie als Funktion der Molzahlen schreiben,

$$S = S(U, V, n_1, \ldots, n_m). \tag{10.7}$$

Beispiel 10.1

Ideales Gas

$$U = \frac{3}{2}nRT \qquad \rightarrow \qquad U = \frac{3}{2}(n_1 + n_2 + \ldots)RT,$$

Das chemische Potenzial $\mu_i = \frac{3}{2}RT$ ist unabhängig von der Teilchensorte und den Molzahlen der anderen Stoffe. Die Interpretation ist hier einfach. Wenn wir ein mol eines Stoffes zu einem System hinzufügen, in dem schon andere Stoffe mit den Molzahlen n_i vorhanden sind, ändert sich die Energie um $\frac{3}{2}RT$. Die Energie ist eine lineare Funktion der Molzahlen.

Für das Gemisch eines idealen Gases kann man schreiben

$$U = \frac{3}{2}(n_1 + n_2 + \ldots)RT = U(T, n_1) + U(T, n_2) + \ldots U(T, n_k). \qquad \blacksquare$$

Diese Additivität gilt im Allgemeinen nicht. In einem realen Gas muss man die unterschiedlichen Wechselwirkungen der Teilchensorten berücksichtigen, die im idealen Gas vernachlässigt werden. Die Energie einer Komponente in einer Mischung hängt auch von der Zusammensetzung, d. h. von den anderen n_i, ab. Dies ist in der allgemeinen Formulierung Gl. 10.3 berücksichtigt.

10.2.1 Gibbs'sche Fundamentalgleichung

Da $H = U + pV$ und $G = H - TS$ ergibt sich aus Gl. 10.3 und 10.7 die Gibbs'sche freie Enthalpie als Funktion von T, p und $n_1, \ldots, n_k$,

$$G = G(T, p, n_1, \ldots, n_k).$$

Das totale Differential wird **Gibbs'sche Fundamentalgleichung** genannt,

$$dG = -SdT + Vdp + \sum_{i=1}^{k} \mu_i dn_i, \tag{10.8}$$

mit den partiellen Ableitungen[2]

$$\left(\frac{\partial G}{\partial T} \right)_{p,n_i} = -S, \qquad \left(\frac{\partial G}{\partial p} \right)_{T,n_i} = V, \qquad \left(\frac{\partial G}{\partial n_i} \right)_{T,p} = \mu_i.$$

$G(T, p, n_1, \ldots, n_k)$ kann man aus dG (Gl. 10.8) erhalten, wenn man einen speziellen Integrationsweg wählt. Man betrachtet ein Gemisch mit konstantem Verhältnis der n_i, d. h. einer konstanten Zusammensetzung. Dann wählt man einen Prozess, bei dem die Gesamtmolzahl in Gl. 10.1 von 0 bis n vergrößert wird, d. h. man füllt langsam einen Behälter, wobei bei konstanter Zusammensetzung die Molzahlen von 0 bis n_i erhöht werden. Diese Integration ergibt für fest gewählte Werte von p und T:

$$G(T, p, n_1, \ldots, n_k) = \sum_i \mu_i \int_0^{n_i} dn_i' = \sum_i \mu_i n_i. \tag{10.9}$$

Bilden wir davon nun das totale Differential dG, sieht man durch Vergleich mit Gl. 10.8, dass die sogenannte *Gibbs-Duhem-Beziehung* gilt:

$$\sum_i n_i d\mu_i = 0. \tag{10.10}$$

---

[2]Wir haben die $\mu_i(S, V, n_1, \ldots, n_k)$ oben als molare innere Energien eingeführt, sie sind als Ableitungen von U Funktionen von S, V und den Molzahlen. Als Ableitungen der Gibbs'schen Enthalpie G sind sie Funktionen von p, T und den Molzahlen, analog für die anderen Potenziale. Interessanter Weise hat man hier für die unterschiedlichen chemischen Potenziale keine unterschiedlichen Bezeichnungen eingeführt. In den chemischen Anwendungen wird immer die Ableitung von G verwendet.

10.2.2   Druckabhängigkeit von μ für ideales und reales Gas

Für das **ideale Gas** haben wir mit Gl. 9.13 die Druckabhängigkeit

$$G(p_2) = G(p_1) + \int_{p_1}^{p_2} V(p)\mathrm{d}p = G(p_1) + nRT \ln \frac{p_2}{p_1}$$

bestimmt. Wenn wir die Größen auf Standardbedingungen beziehen ($p_1 = p^\ominus$, $T = 298{,}15\,\mathrm{K}$) erhalten wir:

$$G(p) = G^\ominus + nRT \ln \frac{p}{p^\ominus} \tag{10.11}$$

oder durch Ableiten nach n:

$$\mu(p) = \mu^\ominus + RT \ln \frac{p}{p^\ominus}. \tag{10.12}$$

Für das reale Gas haben wir mit Gleichung 9.17 die Druckabhängigkeit wie folgt geschrieben:

$$G^r(p) = G^{\ominus,i} + nRT \ln \frac{f}{p^\ominus}. \tag{10.13}$$

Das ist identisch für das chemische Potenzial:

Wichtig

$$\mu^r(p) = \mu^{\ominus,i} + RT \ln \frac{f}{p^\ominus}. \tag{10.14}$$

Das Interessante hier ist, dass es ein einfacher Korrekturfaktor γ mit $f = \gamma p$ ermöglicht, die Formel für das ideale Gas

$$\mu^i(p) = \mu^{\ominus,i} + RT \ln \frac{p}{p^\ominus}$$

weiterzuverwenden. Dies wird in Kap. 11 bei der Behandlung von Mischungen wieder verwendet werden. Ideales und reales Gas hängen dann wie folgt zusammen:

$$\mu^r(p) = \mu^i(p) + RT \ln \gamma. \tag{10.15}$$

10.3 Stoffausgleich: Extremalprinzipen für die Chemie

Mit der Entropie $S(U, V, n_1, n_2)$ und für konstantes $n = n_1 + n_2$ finden wir mit Gl. 10.6 analog zu Kap. 7:

$$dS = \frac{1}{T}dU + \frac{p}{T}dV - \frac{\mu_1}{T}dn_1 - \frac{\mu_2}{T}dn_2. \qquad (10.16)$$

Wenn wir das System adiabatisch isolieren und das Volumen konstant halten, $dV = 0$ und $dU = 0$, können sich die Molzahlen nach dem 2. Hauptsatz nur so verändern, dass die Entropie steigt

$$dS = -\frac{\mu_1}{T}dn_1 - \frac{\mu_2}{T}dn_2 \geq 0.$$

Das Maximum der Entropie finden wir durch

$$\mu_1 = \mu_2$$

wie im Kap. 7 für p und T beschrieben. Das chemische Potenzial μ ist also ebenso wie p und T eine intensive Zustandsgöße, die sich im Gleichgewicht angleicht. Mit der Hemmung z,

$$n = zn_1 + (1 - z)n_2,$$

wie in Kap. 7 eingeführt können wir schreiben

$$S(U, V, n_1, n_2) = S(U, V, n, z)$$

und die Entropieänderung ergibt sich als

$$dS/dz = 0.$$

d. h., wir können nach dem Zustand suchen, indem wir entweder nach dem Maximum von S mit z suchen, oder die Konvexität von S ausnutzen und

$$dS(U, V, n, z) = 0$$

berechnen.

Wir können damit die in Kap. 8 diskutierten Extremalprinzipien anwenden. Werden nicht U und V konstant gehalten, sondern p und T, dann verwendet man ein Minimumsprinzip für G, das System läuft in ein Gleichgewicht, welches durch ein Minimum von G beschrieben wird. Mit Gl. 10.8 erhält man

$$0 = dG = \sum_{i=1}^{2} \mu_i dn_i \qquad \rightarrow \qquad \mu_1 = \mu_2.$$

Dies gilt für konstante p und T, die μ_i sind damit molare Gibbs'sche Enthalpien.

Wichtig

An dieser Stelle sollte klar geworden sein, warum in der Chemie die freie Enthalpie die zentrale Rolle spielt. Wir hatten oben die p- und T-Abhängigkeit von H und G diskutiert: Nur für G gilt bei festem p und T das Extremalprinzip, d. h. bei Stoffumwandlungen wird sich das Gleichgewicht bei einem Minimum von G einstellen. Oder anders herum: Um die Werte der n_i zu bestimmen, die im Gleichgewicht vorliegen, können wir G nach diesen Variablen ableiten.

10.4   Zusammenfassung: „Was geht" in der Thermodynamik

Der 2. Hauptsatz sagt wie Prozesse in komplexen Systemen ablaufen. Im Gegensatz zur Mechanik gilt nicht ein **Prinzip minimaler Energie**, sondern das **Prinzip maximaler Entropie**. Nun gilt das Prinzip maximaler Entropie für System und Umgebung. D. h., der Prozess (die Reaktion) im Reaganzglas wird so ablaufen, dass die Entropie von System und Umgebung maximal wird.

Dies kann man nicht nutzen, deshalb haben wir das Problem umgeschrieben und die **thermodynamischen Potenziale** eingeführt. Diese beinhalten den 2. Hauptsatz, beziehen ihn aber nur auf das System. Die Systeme werden sich so entwickeln, d. h., alle **inneren Relaxationsprozesse** verlaufen so, dass die Potenziale ihr Minimum finden. Dies ist nun anlog zur Mechanik, man hat ein **Minimumsprinzip**. So läuft $F(T, V)$ in ein Minimum, wenn T und V fest sind, $G(T, p)$ in ein Minimum, wenn p und T fest sind.

Es stellte sich dann die Frage, wie Umwandlungen von Stoffmengen einzubeziehen sind. Wir haben das anhand der Ausgleichsprozesse formuliert: Bei konstanter Stoffmenge n ändern sich nur die Molzahlen der Komponenten. Man kann dann die freie Enthalpie als Funktion der Molzahlen schreiben,

$$G(p, T, n_1, \ldots, n_k).$$

Daraus erhält man die **Gibbs'sche Fundamentalgleichung**

$$\mathrm{d}G = -S\mathrm{d}T + V\mathrm{d}p + \sum_{i=1}^{k} \mu_i \mathrm{d}n_i = \sum_{i=1}^{k} \mu_i \mathrm{d}n_i,$$

ihr Minimum ist für $\mathrm{d}T = \mathrm{d}p = 0$ durch

$$\mathrm{d}G = \sum_{i=1}^{k} \mu_i \mathrm{d}n_i = \sum_{i=1}^{k} \mu_i \mathrm{d}n_i = 0.$$

gegeben. Wir finden also die Stoffmengen im Gleichgewicht durch das Extremal-prinzip für G.

Betrachten wir dies für zwei Komponenten, dann erhalten wir als Minimums-bedingung ($dn_1 = -dn_2$):

$$\mu_1 dn_1 = \mu_2 dn_2,$$

$$\mu_1 = \mu_2.$$

Im Gleichgewicht sind also die chemischen Potenziale der Komponenten gleich.

Jetzt verstehen wir, wie wir das nutzen können, um das Gleichgewicht zu finden. Wir leiten das Potenzial nach den n_i ab, d. h. suchen die Stoffmengen, für die G ein Minimum hat. Für chemische Reaktionen werden wir eine Variante der Hemmung z einführen, die **Reaktionslaufzahl** ξ. Dann suchen wir das Minimum von $G(\xi)$. Als Ergebnis erhält man die Stoffmengen im Gleichgewicht.

Mischungen

11

Der Angelpunkt der chemischen Thermodynamik ist die Darstellung der Gibbs'schen Enthalpie und der chemischen Potenziale

$$G = G(p, T, n_1, \ldots, n_k) \qquad \mu_i = \mu_i(p, T, n_1, \ldots, n_k)$$

als Funktion von p, T und den Molzahlen.

In dem generellen Teil der Thermodynamik ging es darum, Zustandsgleichungen für p, V, T sowie die Potenziale U, H, F und G aufzustellen, d. h. um deren Abhängigeit von den Variablen darzustellen. Zudem haben wir gesehen, wie ein Minimumsprinzip das Gleichgewicht festlegt.

Nun haben wir die Variablen um die Molzahlen n_i erweitert. Diese Molzahlen gehorchen einer Erhaltungsgleichung

$$n = \sum_i n_i.$$

Damit repräsentiert eine Verschiebung der Zusammensetzung einen inneren Freiheitsgrad, im Gegensatz zu p oder T sind die n_i keine echten Zustandsgrößen, da sie im Gleichgewicht durch das Minimumsprinzip eindeutig festgelegt sind. Für feste p und T stellt sich eine bestimmte Mischung mit bestimmten Werten der n_i ein. Dies ist das Grundprinzip der chemischen Thermodynamik.

Die chemischen Potenziale hängen also von der Mischung ab. Da die μ_i von G abgeleitet sind, haben sie ebenfalls zwei Beiträge, (i) einen enthalpischen (H) und (ii) einen entropischen (TS).

Das Modell des idealen Gases berücksichtigt nicht die Wechselwirkungen zwischen den Teilchen. Also Folge bleibtdie Enthalpie H beim Mischen idealer Gase konstant. Was sich aber ändert, ist die Entropie, wie in Abschn. 7.5 ausgeführt, d. h. $\mu_i(p, T, n_1, \ldots n_k)$ ändert sich mit der Zusammensetzung ausschließlich aufgrund der Entropie. Im Fall realer Gase oder Flüssigkeiten können die beiden Komponenten A und B unterschiedliche molekulare Wechselwirkungen A-A, B-B und A-B haben, damit wird sich auch H mit der Mischung ändern.

© Springer-Verlag GmbH Deutschland 2017
M. Elstner, *Physikalische Chemie I: Thermodynamik und Kinetik*,
https://doi.org/10.1007/978-3-662-55364-0_11

11.1 Ideale Mischungen

Nun betrachten wir das Mischen von Stoffen **i** mit k unterschiedlichen Molzahlen n_i. Wie oben besprochen, ist die Gesamtmolzahl

$$n = \sum_1^k n_i$$

eine Konstante. Zentrale Größe ist der sogenannte **Molenbruch**

$$x_i = \frac{n_i}{n_1 + n_2 + \ldots n_k}, \tag{11.1}$$

der die Menge einer Komponente in Bezug auf die Gesamtmenge darstellt.

11.1.1 Ideales Gas

Partialdruck
Der **Partialdruck** p_i in einem Gemisch aus idealen Gasen ist der Druck, der einer Komponente zugeordnet werden kann. Das kann man sich wie in Abb. 11.1a dargestellt vorstellen. Die beiden Komponenten wechselwirken nicht miteinander (ideales Gas), d. h. jede Komponente übt für sich einen Druck auf die Wand aus. Man kann sich die beiden Gase auch in getrennten Behältern vorstellen, nun mit jeweils nur dem Partialdruck p_i. Wegen der Linearität des idealen Gasgesetzes,

$$pV = n\mathrm{R}T = (n_1 + \ldots + n_k)\mathrm{R}T = n_1\mathrm{R}T + \ldots + n_k\mathrm{R}T = p_1 V + \ldots + p_k V = (p_1 + \ldots + p_k)V,$$

kann man den Gesamtdruck als Summe der Partialdrücke daher als

$$p = \sum_i p_i \tag{11.2}$$

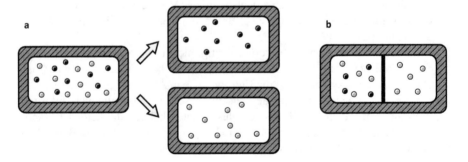

Abb. 11.1 (a) Partialdruck, (b) die Trennwand sei nur für die schwarzen Teilchen durchlässig

darstellen. Mit $\sum_i x_i = 1$ erhält man zudem wegen

$$p = p \sum_i x_i = \sum_i x_i p$$

die Darstellung

$$p_i = x_i p. \tag{11.3}$$

Die Messung von Partialdrücken ist in Abb. 11.1b verdeutlicht. Die semi-permeable Membran ist nur für die eine Teilchensorte durchlässig. Für diese wird sich nun rechts und links derselbe Druck einstellen, was allerdings nur für das ideale Gas gilt, da dieses keine Wechselwirkung der Teilchen untereinander hat. Damit kann man den Partialdruck dieser Teilchensorte über den Druck in der rechten Kammer messen.

Mischen

Wir haben in Abschn. 7.5 das Mischen/Entmischen von zwei Gasen behandelt. Dabei wurde festgestellt, dass dies in reversibler und irreversibler Weise geschehen kann. Das reversible Mischen ist dann durch Abb. 11.1a repräsentiert, das irreversible Mischen durch Abb. 11.2a. Nur Letzteres wird durch einen Entropiebeitrag bestimmt, den wir aus der adiabatischen Expansion ohne Arbeitsleistung bestimmt haben.

Wir wollen die Mischungsenthalpie berechnen, indem wir die freie Enthalpie Gl. 10.9

$$G = \sum_i \mu_i n_i$$

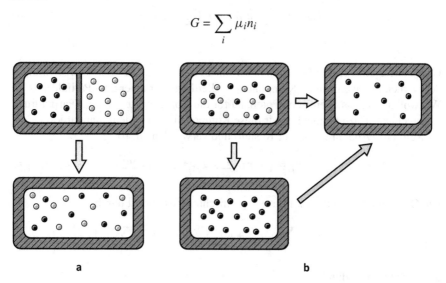

a   b

Abb. 11.2 (a) Irreversibles Mischen, (b) Druckabhangigkeit von μ: Um das chemische Potenzial des Gases im Gemisch (oben links) zu berechnen, betrachten wir zwei weitere Zustände: Zum einen das Gas im Standardzustand mit dem chemischen Potenzial $\mu_i^{\ominus}$, wie unten links abgebildet, zum anderen das Gas unter Partialdruck p_i, wie oben rechts abgebildet

für den Anfangs- und den Endzustand berechnen, und dann einfach die Differenz nehmen,

$$\Delta G = G_{\mathrm{anf}} - G_{\mathrm{end}}.$$

Nun ist

$$G = H - TS, \qquad \Delta G = \Delta H - T\Delta S.$$

H besteht aus der Energie der Moleküle, und deren Wechselwirkung untereinander. Da das ideale Gas den wechselwirkungsfreien Fall beschreibt, gilt $\Delta H = 0$.

In Abschn. 7.5 wurde die Entropie des Mischens schon einmal über die Expansion hergeleitet. Da die Mischungsentropie von zentraler Bedeutung ist, wollen wir die sie nochmals, aber diesmal über die chemischen Potenziale, berechnen.

Berechnung von ΔG

Vor dem Mischen: Vor der Mischung sind die Komponenten in getrennten Kammern (Abb. 11.2a) bei gleichem Druck p. Die Gase stehen bei Standardbedingungen unter dem Druck $p^{\ominus}$ und haben die chemischen Potenziale $\mu_i^{\ominus}$. Mit Gl. 10.12 können wir die chemischen Potenziale für den Druck p berechnen,

$$\mu_i(p) = \mu_i^{\ominus} + RT \ln \frac{p}{p^{\ominus}},$$

d. h., wir erhalten für die freie Enthalpie vor dem Mischen:

$$G_{anf}(p) = \sum_i n_i \mu_i^{\ominus} + RT \sum_i n_i \ln \frac{p}{p^{\ominus}}. \tag{11.4}$$

Gemischter Zustand: Betrachten wir dazu Abb. 11.2b. Das Gemisch steht unter dem Druck p, die einzelnen Komponenten allerdings nur unter dem Partialdruck p_i. Wir wollen nun das chemische Potenzial für die Komponente mit dem Partialdruck p_i berechnen. Dazu betrachten wir diese Komponente unter dem Standarddruck $p^{\ominus}$ als Referenz (Abb. 11.2, unterer Kasten) und verwenden Gl. 10.12,

$$\mu_i(p) = \mu_i^{\ominus} + RT \ln \frac{p_i}{p^{\ominus}} = \mu_i^{\ominus} + RT \ln \frac{x_i p}{p^{\ominus}}. \tag{11.5}$$

Die Gesamtenthalpie pro mol für den gemischten Zustand ist durch

$$G_{\mathrm{end}} = \sum_i n_i \mu_i = \sum_i n_i \mu_i^{\ominus} + RT \sum_i n_i \ln x_i + RT \sum_i n_i \ln \frac{p}{p^{\ominus}},$$

und die Differenz durch

$$\Delta G_{mix} = G_{\mathrm{end}} - G_{\mathrm{anf}} = RT \sum_i n_i \ln x_i = nRT \sum_i x_i \ln x_i < 0 \tag{11.6}$$

Abb. 11.3 G und S bei idealer Mischung, abhängig von der Temperatur

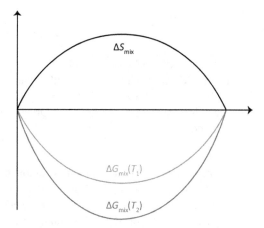

gegeben, da die $x_i < 1$ und damit $\ln(x_i) < 0$ sind. Wie in Abschn. 7.5 ausgeführt, wird beim irreversiblen Mischen die Entropie

$$\Delta S_{\text{mix}} = -\frac{\partial \Delta G_{\text{mix}}}{\partial T} = -n\text{R} \sum_i x_i \ln x_i > 0 \qquad (11.7)$$

immer zunehmen. Die Komponenten werden irreversibel expandiert, diese Expansion ist durch die x_i repräsentiert. Für die ideale Mischung erhält man die größte Mischungsenthalpie, wenn gleiche Stoffmengen $x_1 = x_2 = 0,5$ vorliegen, wie in Abb. 11.3 skizziert. Für Mischungen unterschiedlicher Stoffmengen ist diese geringer. Es gilt

$$\Delta G_{mix} = -T \Delta S_{\text{mix}},$$

d. h., der Enthalpiebeitrag verschwindet erwartungsgemäß. Während der Entropiebeitrag konstant ist, ist die freie Enthalpie des Mischens linear von der Temperatur abhängig. Daher mischen Stoffe besser bei höheren Temperaturen.

Referenzzustand
Beim Mischen haben wir also folgende Situation (Abb. 11.2a): Wir haben zunächst den Reinstoff bei Druck p. Mit dem * in $\mu_i^*(p)$ wollen wir den Reinstoff bezeichnen und nach Entfernen der Wand haben wir das Gemisch bei dem Druck p, der Druck der Komponenten ist nun durch die Partialdrücke gegeben.

> **Wichtig**
> Wenn wir nun wissen wollen, wie sich das chemische Potenzial des Reinstoffs in der Mischung verändert, so können wir das auf den Reinstoff bei gleichem Druck p beziehen und erhalten:

$$\mu_i(p) = \mu_i^*(p) + RT \ln x_i \tag{11.8}$$

Der Faktor $RT \ln x_i$ gibt also die Veränderung des chemischen Potenzials durch das Mischen wieder. Dies resultiert aus der Expansion der Komponente. Das chemische Potenzial ist druckabhängig, die Veränderung des chemischen Potenzials ist somit dem veränderten Druck der Komponente in der Mischung geschuldet.

$\mu_i(p)$ ist das chemische Potenzial von Komponente „i" in der Mischung, wenn diese unter dem Druck p steht. In der Mischung ist der Partialdruck niedriger, was durch das x_i ausgedrückt ist. Das führt zu einer Verkleinerung des chemischen Potenzials. Wir können damit ideale Mischungseffekte als reine irreversible Expansion der Reinstoffe verstehen (Abschn. 7.5). Wenn der Standardzustand des Reinstoffs der Bezugspunkt ist, so erhält man mit $\mu_i^*(p) = \mu_i^*(p^\ominus) + RT \ln \frac{p}{p^\ominus}$

$$\mu_i(p) = \mu_i^*(p^\ominus) + RT \ln \frac{p}{p^\ominus} + RT \ln x_i.$$

11.1.2 Flüssigkeiten

Auch bei Flüssigkeiten gibt es das Phänomen des idealen Mischens. Allerdings liegt das nicht daran, dass keine Wechselwirkung zwischen den Molekülen vorliegt, wie beim idealen Gas. Die flüssige Phase gäbe es ohne Wechselwirkungen nicht, wie man am Modell des realen Gases sieht. Ohne Wechselwirkungen kondensiert das Gas nicht.

Wenn zwei Substanzen A und B mischen, gibt es die Wechselwirkungen zwischen A-A, A-B und B-B. Wenn diese Wechselwirkungen in etwa gleich sind, dann ist die Mischung eine ideale. Ein Beispiel hierfür ist das Mischen von Benzol und Toluol.

In Kap. 14 werden wir zeigen, dass für das Mischen idealer Flüssigkeiten eine Gleichung analog zum idealen Gas gilt:

$$\mu_i = \mu_i^* + RT \ln x_i. \tag{11.9}$$

- In der idealen Mischung verändert sich das chemische Potenzial gegenüber dem Reinstoff entsprechend der Zusammensetzung, gegeben durch den Molenbruch. Wie beim Gas ist der Effekt einfach der, dass die Flüssigkeit nun ein größeres Volumen zur Verfügung hat. Es gibt keine nennenswerten enthalpischen Effekte beim Mischen, da die Wechselwirkungen sehr ähnlich sind. Insofern kann man die Gleichungen für die freie Enthalpie und Entropie der Mischung, wie für das ideale Gas hergeleitet, verwenden.

- Die Formeln für das ideale Mischen, Gl. 11.8 und 11.9 stellen den Referenzpunkt für reale Mischungen dar. Die Phänomene des realen Mischens werden wir im nächsten Abschnitt als Korrekturfaktor zu den Formeln für das ideale Mischen formulieren.

11.2 Reale Mischungen

In realen Mischungen, ob nun von Gasen oder Flüssigkeiten, spielen die unterschiedlichen Wechselwirkungen zwischen den Molekülen eine zentrale Rolle. Für ideale Mischungen haben wir die Molzahlen einbezogen und eine einfache Formel entwickelt, die die Abhängigkeit von den x_i angibt. Davon ausgehend wollen wir den Formalismus nun für reale Mischungen, d. h. für beliebige Wechselwirkungen, erweitern.

11.2.1 Partielles molares Volumen

Wenn wir 1 mol H_2O zu einer großen Menge H_2O hinzufügen, so ändert sich das Volumen um 18 cm³. Wir schließen daraus, dass das sogenannte **Molvolumen** V_m von H_2O $V_m^{H2O} = 18$ cm³ ist. Wenn wir 1 mol Wasser jedoch zu einer großen Menge Alkohol geben, ändert sich das Volumen der Mischung um 14 cm³.

Dies kann man anhand der molekularen Wechselwirkungen verstehen. Offensichtlich kann H_2O in Alkohol dichter gepackt werden als in Wasser.

Daraus folgt zweierlei:

- Für einen Reinstoff ist das Volumen additiv, d. h., das Gesamtvolumen ändert sich proportional zum hinzugefügten Volumen, während das für Mischungen nicht so zutreffen muss, wie in (Abb. 11.4) gezeigt.
- Das Volumen einer realen Mischung ist offensichtlich von der Zusammensetzung abhängig, also eine Funktion nicht nur von p und T sondern auch der Molzahlen n_i.

$$V(p, T, n_1, \ldots, n_k),$$

Die Volumenänderung durch Hinzufügen einer Komponente ist dann durch die partielle Ableitung

$$\frac{\partial V(p, T, n_1, \ldots, n_k)}{\partial n_i} dn_i$$

gegeben. Betrachten wir eine Mischung mit zwei Komponenten. Wie ändert sich nun das Gesamtvolumen bei Zugabe einer Komponente? Dafür bilden wir das vollständige Differential von V:

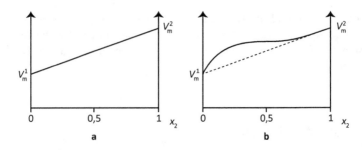

Abb. 11.4 Molvolumen eines Gemischs in Abhängkeit des Molenbruchs für (**a**) eine ideale Mischung und (**b**) eine Mischung realer Stoffe

$$dV = \frac{\partial V}{\partial n_1}dn_1 + \frac{\partial V}{\partial n_2}dn_2 = V_1dn_1 + V_2dn_2. \tag{11.10}$$

Die V_i werden **partielle molare Volumina** genannt. Sie geben an, wie sich das Gesamtvolumen einer Mischung mit den Molzahlen n_i ändert, wenn man dn_i einer Komponente dazugibt. Die V_i hängen selbst von p, T und den n_i ab. Sie können auch negativ sein, so verringert z. B. die Zugabe von 1 mol $MgSO_4$ das Gesamtvolmen um 1,4 cm^3, das entsprechende partielle molare Volumen ist negativ.

In Abb. 11.4 ist das Volumen der Mischung über den Molenbruch aufgetragen. Startet man mit Komponente 1, so ist das Molvolumen durch V_m^1 gegeben. Durch Zugabe von Komponente 2, d. h. durch Vergrößern von x_2, wird sich bei einer idealen Mischung das Molvolumen linear mit x_2 dem Wert V_m^2 annähern. Bei einer realen Mischung findet man Abweichungen von der Geraden. Die Molvolumina sind also von der Zusammensetzung abhängig.

Die V_i ändern sich mit den x_i, da die unterschiedliche molekulare Wechselwirkung, je nach Umgebung, zu einer Kompression oder Expansion des von einem Molekül eingenommenen Volumens führen. Wenn die A-B-Wechselwirkung stärker ist als die von A-A, kann es im Gemisch zu einer Kompression des Volumens kommen. Ist die A-B-Wechselwirkung schwächer, hat das Gemisch ein größeres Volumen als die ideale Mischung, die nur die partiellen Volumina extrapoliert.

Um das Gesamtvolumen zu erhalten, integrieren wir dV:

$$V(p,T,n_1,n_2) = \int_0^{n_1} \frac{\partial V}{\partial n_1}dn_1 + \int_0^{n_2} \frac{\partial V}{\partial n_2}dn_2 = \tag{11.11}$$

$$= \int_0^{n_1} V_1dn_1 + \int_0^{n_2} V_2dn_2.$$

Wir wählen, wie bei der freien Enthalpie Gl. 10.9, einen speziellen Integrationsweg, auf dem $\frac{n_1}{n_2}$ = konstant gilt, die Zusammensetzung x_i, p und T bleiben also gleich. Damit sind auch die V_i = konst., wir können die V_i vor die Integrale ziehen und erhalten

$$V(p, T, n_1, n_2) = V_1 \int_0^{n_1} dn_1 + V_2 \int_0^{n_2} dn_2 = V_1 n_1 + V_2 n_2. \qquad (11.12)$$

Wenn wir dies formal ableiten, müssen wir die Produktregel anwenden:

$$dV = n_1 dV_1 + V_1 dn_1 + n_2 dV_2 + V_2 dn_2. \qquad (11.13)$$

Da dies von der letzen Gleichung abweicht, sehen wir sofort dass

$$n_1 dV_1 + n_2 dV_2 = 0 \qquad (11.14)$$

oder allgemeiner

$$\sum_i n_i dV_i = 0 \qquad (11.15)$$

gelten muss. Dies ist die **Gibbs-Duhem**-Beziehung, die analog Gl. 10.10 eine Verbindung der partiellen molaren Volumina herstellt. Die Änderung der einen Komponente bedingt eine Änderung der anderen.

11.2.2 Enthalpische Effekte

Ebenso kann man die enthalpischen Effekte beim Mischen verstehen:

Wenn wir 1 mol Stoff A zu einer großen Menge A unter Standardbedingungen hinzufügen, so ändert sich die freie Enthalpie um μ_a^*. Das ist die zentrale Idee des chemischen Potenzials

$$\mu_A^*(p^\ominus, T) = \frac{\partial G^*}{\partial n_A}.$$

Egal welche Menge wir zugeben, die Enthalpieänderung ist proportional zur hinzugefügten Menge.

Wenn wir 1 mol Stoff A zu einer großen Menge B unter Standardbedingungen hinzufügen, so schreiben wir immer noch

$$\mu_A(p^\ominus, T, n_A, n_B) = \frac{\partial G^*}{\partial n_A},$$

jedoch hängt nun die Änderung der freien Enthalpie von der Zusammensetzung ab.

Im Allgemeinen kann die Enthalpieänderung einer Mischung mit k Komponenten bei Hinzufügen von 1 mol „A", gegeben durch $\mu_A(p, T, n_1, \ldots, n_k)$, unterschiedlich sein, je nachdem welche Zusammensetzung die Mischung gerade hat. Die Abhängigkeit des chemischen Potenzials von der Zusammensetzung ist für ideale Mischungen nur durch die Molenbrüche gegeben, für reale Mischungen müssen wir jedoch die Wechselwirkungen explizit berücksichtigen.

Abb. 11.5 Reales Gas: (a)
Reinstoff und (b) Gemisch. die
Pfeile symbolisieren die
Wechselwirkungen zwischen den
Atomen/Molekülen

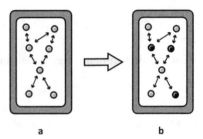

a   b

    Wenn beispielsweise die Wechselwirkung A-B stärker ist als A-A und B-B, dann sind die Moleküle im Gemisch stärker gebunden, beim Mischen wird Energie frei und das chemische Potenzial, das die freie Enthalpie der Stoffe angibt, muss das entsprechend wiedergeben. Es muss also, neben dem Effekt des idealen Mischens, der durch den Faktor $RT \ln x_i$ beschrieben wird, einen weiteren Faktor geben.

Reales Gas

In Abschn. 9.2.2 haben wir versucht, die Wechselwirkungen explizit einzubeziehen. Der Enthalpiebeitrag

$$\Delta G_i^{\mathrm{ex}*} = nRT \ln \gamma_i^*(p, T)$$

kann als die Enthalpie der Wechselwirkungen bei Druck p im realen Gas als Reinstoff verstanden werden, wenn wir zur Bestimmung von γ^* von sehr kleinen Drücken $p_1 \approx 0$ bis p integrieren. p_1 wird so gewählt, dass der Realgasfaktor $z = 1$ ist. Diese Enthalpie ist durch die Wechselwirkungspfeile in Abb. 11.5a symbolisiert.

    Bei der Diskussion des realen Gases haben wir dies mit Referenz auf das ideale Gas gemacht, die Wechselwirkungen wurden über den Korrekturfaktor γ^* berücksichtigt. Das Mischen von realen Gasen wollen wir nun ebenfalls mit Bezug auf die Referenz des idealen Mischens behandeln. Betrachten wir Abb. 11.5, so können wir die Enthalpieänderung bei einer Mischung in einen Beitrag des idealen Gases und einen Beitrag aufgrund der Änderung der Wechselwirkung aufspalten.

- „**Idealer Beitrag**": Im Gemisch haben die Komponenten einen geringeren Partialdruck als im Reinstoff, was zu einer Veränderung des chemischen Potenzials führt. Für eine ideale Mischung mit den Molenbrüchen x_i der Komponenten gibt der Molenbruch an, wie das chemische Potenzial des idealen Gases bei Druck p nach Gl. 11.8 vom chemischen Potenzial des Reinstoffs bei diesem Druck abweicht.

$$\mu_i^{id}(p) = \mu_i^{*id}(p) + RT \ln x_i \tag{11.16}$$

- „**Realer Beitrag**": Die Wechselwirkungen A-A, B-B und A-B sind unterschiedlich, daher wird sich die freie Enthalpie G, und damit auch das chemische

Potenzial μ in der Mischung ändern. Wir wollen die Wechselwirkungen in der Mischung, analog zum Reinstoff, durch einen Korrekturfakor

$$\gamma(p, T, x_1, \ldots, x_k)$$

beschreiben. Der Korrekturfaktor wird von der Mischung abhängen, d. h. davon wie viele A und B Wechselwirkungspartner jeweils vorhanden sind, daher wird er in der Mischung nicht nur vom Druck, sondern im Gegensatz zu $\gamma^*(p, T)$ auch von der Zusammensetzung abhängen. Für reale Mischungen kann man die Exzessenthalpie formal durch

$$\Delta G_i^{\text{ex}} = nRT \ln \gamma(p, T, x_1, \ldots, x_k)$$

ausdrücken, was durch die Wechselwirkungspfeile in der rechten Box von Abb. 11.5b symbolisiert ist.

Wenn wir nun den enthalpischen Beitrag durch die Änderung der Wechselwirkungen beim Mischen berechnen wollen, kann man sich das formal wie folgt denken: Man zieht die Wechselwirkungen im Reinstoff, $\gamma^*(p, T)$, ab, und addiert die Wechselwirkungen in der Mischung, $\gamma(p, T, x_1, \ldots, x_k)$, d. h., man erhält

$$\Delta G_i^{\text{ex–misch}} = nRT \ln \gamma(p, T, x_1, \ldots, x_k)) - nRT \ln \gamma_i^*(p, T) \qquad (11.17)$$

$$= nRT \ln \frac{\gamma(p, T, x_1, \ldots, x_k))}{\gamma_i^*(p, T)}$$

Dieser Term gibt an, wie sich die Enthalpie in der Mischung gegenüber dem Reinstoff durch die Wechselwirkungen verändert.

Nun wollen wir die entsprechenden chemischen Potenziale betrachten. In der realen Mischung verändert sich das chemische Potenzial einer Komponente – bezogen auf das ideale Gas als Reinstoff – durch die beiden Beiträge wie folgt:

$$\mu_i^{re}(p) = \mu_i^{*id}(p) + RT \ln x_i + RT \ln \gamma(p, T, x_1, \ldots, x_k). \qquad (11.18)$$

Das chemische Potenzial des **idealen Gases** als Reinstoff, $\mu_i^{*id}(p)$, wird durch den Molenbruch und die Wechselwirkungen in der Mischung, $\gamma(p, T, n_1, \ldots, n_k)$, korrigiert.

Das chemische Potenzial des **realen Gases** als Reinstoff ist:

$$\mu_i^{*re}(p) = \mu_i^{*id}(p) + RT \ln \gamma^*(p, T). \qquad (11.19)$$

Wenn wir diese Gleichung nach $\mu_i^{*id}(p)$ auflösen und in Gl. 11.18 einsetzen so erhalten wir:

$$\mu_i^{re}(p) = \mu_i^{*re}(p) + RT \ln x_i + RT \ln \frac{\gamma_i(p, T, n_1, \ldots, n_k)}{\gamma_i^*(p, T)}. \qquad (11.20)$$

Es bietet sich an, die **Aktivität**

$$a_i = x_i \frac{\gamma_i(p, T, n_1, \ldots, n_k)}{\gamma_i^*(p, T)} \tag{11.21}$$

einzuführen.

Wichtig

Wir schreiben Gl. 11.20 damit allgemein:

$$\mu_i = \mu_i^* + RT \ln a_i. \tag{11.22}$$

In den a_i sind die entropischen und enthalpischen Beiträge des Mischens zusammengefasst. Diese Gleichung hat die selbe Form wie die für das ideale Gas Gl. 11.8.

In der Thermodynamik arbeiten wir immer mit Referenzzuständen. Wieder bietet es sich an, die Aktivität bezüglich eines **Standardzustandes** zu definieren,

$$\mu_i = \mu_i^{\ominus} + RT \ln a_i \tag{11.23}$$

für den $a_i(p^{\ominus}, T) = 1$ gilt.

$\mu_i^{\ominus}$ wird experimentell bestimmt, die a_i geben dann die Veränderungen gegenüber diesem Zustand bei Veränderung von p, T und der Zusammensetzung an. Für das ideale Gas gilt nach Gl. 11.21 $a_k = \frac{p_i}{p}$, die Aktivität gibt also die Änderung des Energiegehalts durch den geringeren Druck in der Mischung an. Für das reale Gas berücksichtigt es zusätzlich die Änderung der molekularen Wechselwirkungen in der Mischung.

Es gilt $a_i = x_i$

- für eine Mischung idealer Gase mit $\gamma_i = \gamma_i^* = 1$
- für eine ideale Mischung realer Gase mit $\gamma_i = \gamma_i^* \neq 1$

Der zweite Punkt, wie oben schon angesprochen, ist interessant: Mischungen realer Gase (Flüssigkeiten) können sich dennoch wie ideale verhalten, wenn die Wechselwirkung der Komponenten untereinander ähnlich ist, also wenn A mit B eine ähnliche Wechselwirkung hat wie A mit A und B mit B.

Bemerkungen:

- Gl. 11.22 besagt, wie sich das chemische Potenzial eines Stoffes im Gemisch ändert, der Bezugspunkt ist der Reinstoff. Man kann das leicht interpretieren. Ausgehend vom Reinstoff, der die Wechselwirkungen dargestellt durch γ^* enthält, muss man diese zunächst abziehen und dann die Wechselwirkungen im Gemisch, dargestellt durch $\gamma(p, T, n_1, \ldots, n_k)$, addieren, was durch Gl. 11.18

ausgedrückt ist. In Gl. 11.18 wurde direkt von $\mu^{*id}(p)$ ausgegangen, dem Reinstoff ohne Wechselwirkungen. Dazu wurden die Wechselwirkungen in der Mischung addiert.

- Die Darstellung durch die a_i kombiniert die enthalpischen und entropischen Anteile beim Mischen in einer Formel. Der entropische Anteil in Gl. 11.20 ist durch $RT \ln x_i$ gegeben. Der physikalische Ursprung dieses Beitrags, die nichtgenutzte Arbeit bei der Expansion der Komponenten, wurde in Abschn. 7.5 diskutiert. Der enthalpische Anteil ist durch den Term $RT \ln \frac{\gamma(n_1,...,n_k)}{\gamma^*}$ gegeben. Er berücksichtigt die unterschiedlichen molekularen Wechselwirkungen des Gemischs gegenüber dem Reinstoff.

Flüssigkeiten

Für Flüssigkeiten verwenden wir den gleichen Formalismus. Hier ergibt der Bezug auf eine Situation ohne Wechselwirkungen, wie beim idealen Gas, wenig Sinn. Daher wird für Flüssigkeiten $\mu^{\ominus}$ für den Standardzustand des Reinstoffs definiert, die Aktivitäten a_i geben dann Veränderung der Enthalpie mit Veränderung von p, T und der Zusammensetzung x_i wieder, wobei Gl. 11.22 verwendet wird. Bei Flüssigkeiten kann der Molenbruch auch durch die Konzentrationen $c_i = \frac{n_i}{V}$ angegeben werden,

$$x_i = \frac{n_i}{n} = \frac{n_i V}{nV} = \frac{c_i}{c}$$

Die chemischen Potenziale $\mu^{\ominus}$ werden üblicherweise auf die Standardkonzentration $c_{\ominus} = 1$ mol/Liter normiert, d. h. es wird

$$\mu = \mu^{\ominus} + RT \ln x_i = \mu^{\ominus} + RT \frac{c_i}{c_{\ominus}} \tag{11.24}$$

verwendet.

Ideal verdünnte Lösungen

Lösungen sind Mischungen eines Lösungsmittels B mit einem Solvat A (gasförmig, flüssig oder fest), wobei das Lösungsmittel den größten Teil der Lösung ausmacht. Betrachten wir eine 1 molare Lösung mit Wasser als Lösungsmittel. Hier hat man ein Verhältnis von etwa einem Solvatmolekül zu 55 Wassermolekülen, d. h., jedes Solvatmolekül ist von 55 Wassermolekülen umgeben. Damit sind zwei Solvatmoleküle durch mehrere Lagen von Wassermolekülen getrennt, für manche Solvate mag es nur eine sehr schwache molekulare Wechselwirkung zwischen den Solvatmolekülen geben, für geladene Moleküle allerdings kann diese Verdünnung dazu möglicherweise noch nicht ausreichen. Um sicher zu gehen, verdünnen wir weiter bis hin zu einer idealisiert gedachten unendlichen Verdünnung. Dann werden in der Lösung sicher nur B-B und A-B Wechselwirkungen vorliegen.

Sei $\mu_A^{\ominus}$ das chemische Potenzial des Reinstoffs bei Standardbedingungen. Wenn man bei Standardbedingungen 1 mol A zu einer große Menge A hinzufügt, so ändert sich die Gibbs-Energie G genau um G_m. Wenn man nun 1 mol A zu einer riesigen Menge B hinzufügt, so werden alle A-A und einige B-B Wechselwirkungen

aufgelöst und neue A-B Wechselwirkungen erzeugt. Dabei verändert sich das
chemische Potenzial mit

$$\mu_A^\infty = \mu_A^\ominus - RT \ln \gamma^*(p^\ominus, T) + RT \ln \gamma(p^\ominus, T, x_A \approx 0, x_B \approx 1)$$

$$= \mu_A^\ominus + RT \ln \frac{\gamma^\infty}{\gamma^*} \tag{11.25}$$

gegenüber dem Referenzzustand. Wir haben hier das gleiche Argument wie oben
verwendet. In der verdünnten Lösung ziehen wir faktisch alle A-A Wechselwirkungen ab, und fügen die A-B Wechselwirkungen hinzu. Solange man in einem
Verdünnungsbereich arbeitet, bei dem die A-A Wechselwirkung nicht relevant ist,
wird die Gibbs-Energie der Lösung mit jedem zugefügten mol A um μ_A^∞ zunehmen.
Dies ist eine ähnliche Situation wie beim Reinstoff und motiviert, das chemische
Potenzial μ_A^∞ der stark verdünnten Lösung als Referenz zu verwenden. Dies bedeutet dass man in einem Bereich der x_i arbeitet, für den $\gamma(p_0, T, x_A \lll 1, x_B \approx 1) =$
γ^∞ nahezu konstant bleibt.

Für diesen Verdünnungsbereich $x_A \ll 1$ lösen wir Gl. 11.25 nach $\mu_A^\ominus$ auf,
setzen dies in Gl. 11.23 ein,

$$\mu_A = \mu_A^\ominus + RT \ln a_A = \mu_A^\ominus + RT \ln x_A + RT \ln \frac{\gamma^\infty}{\gamma^*} \tag{11.26}$$

$$= \mu_A^\infty + RT \ln x_A$$

und erhalten quasi-ideales Verhalten, bezogen auf die unendlich verdünnte Lösung
als Referenz. Man hat eine ähnliche Situation wie bei den idealen Mischungen
Gl. 11.9. Dort findet man nahezu ideales Verhalten, weil die A-A-, A-B- und B-
B-Wechselwirkungen ähnlich sind. Im Fall der ideal verdünnten Lösung ist das
Verhalten für einen Mischungsbereich nahezu ideal, da die Wechselwirkungen in
dem Mischungsbereich nahezu unverändert bleiben.

c_A^∞ ist nun für praktische Belange schlecht definiert, welche geringe Konzentration genau soll man nehmen? Deshalb wird der Standardzustand für Lösungen
durch das chemische Potenzial $\mu_A^{ref}(c^\ominus)$ bei Standarddruck und der Standardkonzentration $c^\ominus = 1$ mol/l definiert. Diese Referenz kann man erhalten, wenn man
Gl. 11.26 für die Standardkonzentration auswertet,

$$\mu_A^{ref}(c^\ominus) = \mu_A^\infty + RT \ln x_A = \mu_A^\infty,$$

da $x_A = 1$ für die Standardkonzentration gilt. Man erhält dieses Referenzpotenti-
al also, indem man das chemische Potenzial μ_A^∞ auf eine Standardkonzentration
extrapoliert unter der Annahme, dass es sich auch in diesem Konzentrationsbe-
reich noch ideal verhält. $\mu_A^{ref}(c^\ominus)$ ist nicht das reale chemische Potenial $\mu_A(c_\ominus)$
bei Standardbedingungen, es ist eine Referenz, die eine einheitliche Beschreibung
zulässt.

Wichtig

In Bezug auf diese Referenz werden nun die a_i ermittelt, und man erhält das chemische Potenzial für andere Konzentrationen aus:

$$\mu_i = \mu_i^{\text{ref}} + RT \ln a_i \qquad (11.27)$$

Durch diese Wahl ist insbesondere $a_i = 1$ für den Standarddruck und die Standardkonzentration.

Damit hat man wieder die gleiche Form wie bei den idealen gasförmigen und flüssigen Mischungen, die Korrektur für das reale Verhalten wird durch die Aktivität angegeben. Aktivitäten, bzw. die γ, können durch Abweichungen vom idealen Verhalten bei Mischungen bestimmt werden. Dies wird in Kap. 14 besprochen.

Feststoffe

Für reine Feststoffe bei Standardbedingungen gilt, entsprechend Gl. 11.23, $a_i = 1$. Wir werden dies bei der Diskussion elektrochemischer Anwendungen in Kap. 15 verwenden.

11.3 Zusammenfassung

In den Kap. 1–8 zu den Grundlagen der Thermodynamik ging es um Zustandsgleichungen für

$$T(p, V), \qquad U(p, V), \qquad S(p, V).$$

Wir waren an den Änderungen der Zustandsgrößen mit p, V und T interessiert. In der **chemischen Thermodynamik** haben wir neue Variablen n_i eingeführt, die die Zusammensetzung des Systems angeben. Wir haben das Konzept der Zustandsgleichungen damit erweitert und fragen, wie sich V, U, G etc. mit den Variablen n_i ändern. Dies hat zu neuen interessanten Effekten geführt, wie z. B. der Nichtlinearität der Volumenänderung in realen Mischungen, und auch z. T. den Verweis auf komplexe Referenzzustände nötig gemacht.

Beim Mischen verändert sich das chemische Potenzial der Komponenten. Dies hat gravierende Auswirkungen auf die chemischen Eigenschaften der Substanzen. Da die chemischen Gleichgewichte durch die chemischen Potenziale bestimmt sind, das Mischen diese verändert, kann also die Mischung einen Einfluss auf die Gleichgewichte haben. Dies werden wir in den folgenden Kap. 12–15 ausführen, das Mischen ist bei der Behandlung von chemischen Reaktionen zu berücksichtigen, hat aber beispielsweise auch einen großen Einfluss auf Phasenübergänge.

Man unterscheidet zwei Beiträge beim Mischen. Der **entropische Beitrag** wurde am Modell des idealen Gases eingeführt, hier haben wir die Verschiebung des chemischen Potenzials gegenüber dem Reinstoff wie folgt berechnet:

$$\mu_i(p) = \mu_i^*(p) + RT \ln x_i.$$

Bei gleichem Druck p sinkt im Gemisch der Partialdruck der Komponente, was sich in einem Entropiebeitrag niederschlägt. Im Gegensatz zum idealen Gas gibt es in idealen Lösungen Wechselwirkungen zwischen den Komponenten. Bei idealen Lösungen sind aber die Wechselwirkungen A-A, A-B und B-B sehr ähnlich, sodass keine enthalpischen Komponenten beim Mischen auftreten, und es gilt die gleiche Abhängigkeit des chemischen Potenzials von x_i wie beim idealen Gas.

Dies ist in realen Mischungen nicht mehr der Fall. Hier sind die Wechselwirkungen so unterschiedlich, dass sie durch einen **enthalpischen Beitrag** berücksichtigt werden müssen. Die Wechselwirkungen im realen Gas wurden durch einen Faktor γ^* berücksichtigt.

In einer Mischung hängt dieser Faktor $\gamma(p, T, n_1, \ldots, n_k)$ von allen anderen Komponenten ab, er gibt sozusagen den effektiven Energiebeitrag durch die komplexen Wechselwirkungen im Gemisch an. Um das chemische Potenzial einer Komponente in der Mischung zu berechnen, verwendet man die sogenannte Aktivität,

$$\mu_i = \mu_i^* + RT \ln a_i = \mu_i^* + RT \ln x_i - RT \ln \gamma^* + RT \ln \gamma.$$

Die **Aktivität** verbindet also das chemische Potenzial im Reinstoff mit dem in einem realen Gemisch. Dabei wird zunächst der entropische Teil berücksichtigt ($RT \ln x_i$), und dann wird der enthalpische Teil dafür korrigiert, dass die Wechselwirkungen im Reinstoff anders sind als im Gemisch. Da μ_i^* die Wechselwirkungen im Reinstoff enthält, werden diese zunächst durch $RT \ln \gamma^*$ abgezogen. Dann werden die Wechselwirkungen im Gemisch addiert ($RT \ln \gamma$).

Diese Beiträge im Detail zu bestimmen ist schwierig, aber da sie in der Aktivität a_i zusammengefasst sind, kann man diese für einen Stoff experimentell erhalten. Dazu verwendet man einen Referenzzustand, üblicherweise den Reinstoff bei Standardbedingungen. Die Aktivitäten a_i beschreiben dann die Abweichungen von diesem Bezugspunkt. Diese kann man, wie wir in Kap. 14 sehen werden, beispielsweise aus der Veränderung des Siede- oder Gefrierpunkts in Mischungen erhalten.

Reaktionsgleichgewichte 12

Chemische Reaktionen sind ein typisches Beispiel für Ausgleichsprozesse. Bei konstantem p und T führt die Reaktion zu einem Ausgleich der Molzahlen, die im Gleichgewicht durch die chemischen Potenziale festgelegt sind. Der Fortgang der Reaktion kann durch eine Koordinate ξ beschrieben werden, die freie Enthalpie schreibt sich damit als

$$G(p, T, n, \xi).$$

p, T und n, die Gesamtmolzahl

$$n = \sum_i n_i$$

sind konstant. Im Gleichgewicht ist die sogenannte **Reaktionslaufzahl** ξ durch das Minimum von G eindeutig bestimmt.

Die Lage des Gleichgewichts hängt dann aber dennoch von p und T ab. Dies kann in technischen Prozessen genutzt werden, um die Reaktionsausbeute zu optimieren. Dabei ist das Prinzip von **Le Chatelier** einschlägig. Werden die äußeren Bedingungen verändert, so bedeutet dies einen Zwang auf das System. Das Gleichgewicht verschiebt sich daraufhin so, dass diesem Zwang ausgewichen wird.

12.1 Reaktionslaufzahl

Wir betrachten die Reaktion

$$|v_A|A + |v_B|B \rightarrow |v_C|C + |v_D|D \tag{12.1}$$

mit den **stöchiometrischen Koeffizienten** der einzelnen Komponenten v_i (i = A, B, C, D), deren Stoffmenge durch die **Molzahlen** n_i gegeben ist. Die **Konzentration**

© Springer-Verlag GmbH Deutschland 2017
M. Elstner, *Physikalische Chemie I: Thermodynamik und Kinetik*,
https://doi.org/10.1007/978-3-662-55364-0_12

der Komponenten sei durch [i] bezeichnet. Für die mathematische Beschreibung erlauben wir auch negative v_i, daher werden in Gl. 12.1 Beträge verwendet.

Um eine eindeutige Beschreibung des Reaktionsverlaufs zu erhalten, wird die sogenannte **Reaktionslaufzahl** ξ eingeführt:

$$\xi = \frac{n_i}{|v_i|}. \tag{12.2}$$

n_i gibt die Stoffmenge der chemischen Spezies in „mol" an.

Die Änderungen der Molzahlen der Reaktanten ist negativ, da deren Stoffmenge abnimmt. Betrachten wir die Reaktion

$$A \rightarrow B,$$

so ist $-dn_A = dn_B$ und

$$d\xi = \frac{dn_B}{v_B} = \frac{dn_A}{v_A}$$

gilt nur wenn v_A negativ ist.

Um zu einer einheitlichen Schreibweise zu kommen, werden daher die v_i **der Reaktanten mit einem Minuszeichen** versehen. Die Änderung der Reaktionslaufzahl während einer Reaktion ist dann:

$$d\xi = \frac{dn_i}{v_i} = \frac{dn_j}{v_j} = \ldots \tag{12.3}$$

Die Reaktionslaufzahl ist 0 am Anfang der Reaktion und 1 am Ende, alle Werte dazwischen zeigen den Verlauf der Reaktion an.

Beispiel
Wir betrachten die Reaktion

$$A + 2B \rightarrow 4C + D, \tag{12.4}$$

für die wir die Reaktionslaufzahl wie folgt erhalten:

$$d\xi = \frac{dn_C}{4} = \frac{dn_D}{1} = \frac{dn_A}{-1} = \frac{dn_B}{-2}.$$

dn_A und dn_B sind negativ (nehmen ab), aber durch die Vorzeichenkonvention sind alle Größen positiv. Damit sieht man sofort den Sinn der Reaktionslaufzahl: sie charakterisiert die Reaktion als solche, sie ist also unabhängig davon, welche Reaktanten oder Produkte man betrachtet!

12.2 Chemisches Gleichgewicht

Wir verwenden nun die Gibbs'sche Fundamentalgleichung (Gl. 10.8) um das thermodynamische Gleichgewicht von Reaktionen zu finden.

$$dG = -SdT + Vdp + \sum_{i=1}^{k} \mu_i dn_i.$$

Da wir meist bei p, T = konst. arbeiten, können wir mit der Reaktionslaufzahl $d\xi = \frac{dn_i}{v_i}$ auch schreiben

$$dG = \sum_{i=1}^{k} \mu_i dn_i = \sum_{i=1}^{k} \mu_i v_i d\xi. \tag{12.5}$$

Die μ_i sind die molaren freien Enthalpien, d. h. am Beispiel obiger Reaktion Gl. 12.4 ist die Summe

$$\sum_{i=1}^{k} \mu_i v_i = 4G_{mC} + G_{mD} - G_{mA} - 2G_{mB} = \Delta_r G$$

gleich der freien Reaktionsenthalpie $\Delta_r G$.

G ist also eine Funktion von ξ, damit wird sich das Gleichgewicht bei einem Wert von ξ einstellen, für den G ein Minimum hat, wie in Abb. 12.1 skizziert. Um dieses zu finden, suchen wir die Stelle ξ, bei der die erste Ableitung $dG/d\xi = 0$ ist,

$$0 = \frac{dG}{d\xi} = \sum_{i=1}^{k} \mu_i v_i = \Delta_r G. \tag{12.6}$$

Abb. 12.1 Schematische Darstellung von $G(\xi)$. Das Gleichgewicht erhält man durch das Minimum von G, der Wert von ξ an dieser Stelle gibt das Verhältnis der Reaktanden und Produkte an

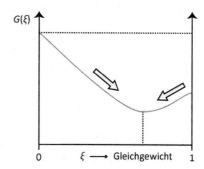

Wichtig

An dieser Stelle sieht man, dass hier effektiv der Formalismus der Hemmungen, in Kap. 7 mit z_i eingeführt, verwendet wird. Der Anfangszustand ist für den Wert der Hemmung $\xi = 0$ gegeben, diese wird dann gelöst und die Reaktion nimmt ihren Verlauf. Das Gleichgewicht stellt sich für den Wert der Hemmung ξ_0 ein, für den $G(\xi)$ ein Minimum einnimmt.

Mit der Gl. 11.22

$$\mu_i = \mu_i^0 + RT \ln a_i \tag{12.7}$$

wird dies zu:

$$0 = \Delta_r G = \sum_{i=1}^{k} v_i \left(\mu_i^0 + RT \ln a_i \right) = \sum_{i=1}^{k} v_i \mu_i^0 + RT \sum_{i=1}^{k} v_i \ln a_i$$

$$= \Delta_r G^0 + RT \ln \left(\mathbf{\Pi_{i=1}^{k} a_i^{v_i}} \right) = \Delta_r G^0 + RT \ln \mathbf{K}. \tag{12.8}$$

K wird Gleichgewichtskonstante genannt.

Beispiel

Anhand der Reaktion Gl. 12.4:

$$\Delta_r G = 4 G_{mC}^0 + G_{mD}^0 - G_{mA}^0 - 2 G_{mB}^0 + RT \ln \left(\frac{a_C^4 a_D}{a_A a_B^2} \right). \tag{12.9}$$

Somit gilt im Gleichgewicht:

$$\Delta_r G^0 = -RT \ln \mathbf{K} \tag{12.10}$$

mit (p: Produkte, r: Reaktanten)

$$K = \frac{\Pi_p a_i^{v_i}}{\Pi_r a_i^{|v_i|}}. \tag{12.11}$$

12.2.1   Diskussion

Das Gleichgewicht in Gl. 12.10 wird durch zwei Teile bestimmt, zum einen durch die freien Enthalpien (bzw. deren chemischen Potenziale) der Reinstoffe μ_i^0, und zum anderen durch die Mischungsterme, die in K eingehen.

Abb. 12.2 Verlauf einer Reaktion, dargestellt durch die Freie Enthalpie vs. Reaktionskoordinate. (**a**) Die Mischungsbeiträge sind nicht berücksichtigt, man erhält man eine Gerade. (**b**) Mischungsbeiträge sind für eine ideale Mischung berücksichtig. Hier wird die freie Enthalpie der Reaktanten und Produkte durch den Mischterm abgesenkt. Zudem erhält man durch die Mischung weitere Entropiebeiträge, wodurch die untere Kurve resultiert

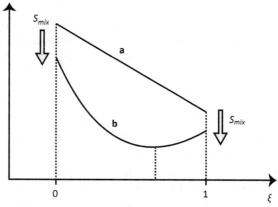

- Nehmen wir an, es gäbe keine Mischungsterme und die Reaktion ist exotherm. Dann wäre die Reaktion vollständig durch $\Delta_r G^0$ bestimmt, Gl. 12.7 wird damit zu

$$\mu_i = \mu_i^0.$$

Damit ist $K = 0$ und da $\Delta_r G^0 > 0$ würden die Reaktanten komplett reagieren, am Ende der Reaktion würden nur die Produkte vorliegen. In Abhängigkeit von der Reaktionskoordinate ξ ist dies in Abb. 12.2a durch die Gerade gegeben.

- Nun betrachten wir den Mischungsterm, nehmen aber an, dass es sich um eine ideale Mischung handelt,

$$\mu_i = \mu_i^0 + RT \ln x_i.$$

Damit ist die Mischung nur durch entropische Beiträge bestimmt, für $\xi = 0$ gibt es eine Mischung von A und B, für $\xi = 1$ eine Mischung von C und D, daher haben Reaktanten und Produkte einen weiteren freien Enthalpiebeitrag (Abschn. 11.1)

$$TS_{\text{mix}} = -nRT \sum_i x_i \ln x_i.$$

Die freie Enthalpie der Reaktanten und Produkte ist also um diesen Beitrag durch die Mischung abgesenkt, wie in Abb. 12.2b gezeigt. Dieser Entropiebeitrag steigt mit der Anzahl der Komponenten und ist für alle Werte $0 < \xi < 1$ größer als für die Anfangszustände oder Endzustände, da nun Reaktanten und Produkte gleichzeitig vorliegen. Damit hat man also mehr Komponenten im Gemisch, was zu einem Ansteigen der Mischungsentropie führt. Man erwartet also, dass die Mischungsentropiekurve in Abb. 11.3 die nun abgesenkte Gerade überlagert, und es ergibt sich qualitativ ein Verlauf wie in der Kurve in Abb. 12.2b gezeigt. Dadurch erhält man ein Minimum, und selbst bei positivem $\Delta_r G^0$ wird man aufgrund der Mischungsentropie eine Restkonzentration der Reaktanten erhalten.

- Wenn man nun zu einer realen Mischung übergeht,

$$\mu_i = \mu_i^0 + RT \ln a_i,$$

spielen die Wechselwirkungsbeiträge in den a_i eine Rolle. Je nach deren relativer Stärke kann das Minimum noch verschoben werden, vertikal wie horizontal.

Die bisherige Herleitung hat sich auf einen beliebigen Referenzzustand, ausgedrückt durch μ_i^0 und $\Delta_r G^0$ bezogen. Im Folgenden werden wir die Gleichungen auf den Standardzustand ($p^\ominus = 1$ bar, $T^\ominus = 298{,}15$ K) beziehen, $\Delta_r G^\ominus$ ist dann analog zu $\Delta_r H^\ominus$ die freie Standardreaktionsenthalpie.

12.2.2 Gasreaktionen

Wir betrachten eine Reaktion, bei der alle Komponenten in der Gasphase vorliegen.

- Die Referenz sind die Reinstoffe bei $p^\ominus = 1$bar mit den chemischen Potenzialen $\mu_i^\ominus$.
- Die Mischung steht unter einem beliebigen Druck p, der von dem Referenzdruck verschieden sein kann, und
- die einzelnen Komponenten stehen unter den Partialdrücken p_i mit

$$p = \sum_i p_i.$$

Wir betrachten eine ideale Mischung, $a_i = x_i = \frac{p_i}{p}$, d. h., wir müssen zuerst das chemische Potenzial in der Mischung berechnen. Dies machen wir in zwei Schritten.

Das chemische Potenzial des Reinstoffs bei Druck p erhalten wir durch

$$\mu_i^*(p) = \mu_i^\ominus + RT \ln \frac{p}{p^\ominus}. \tag{12.12}$$

In der Mischung liegt nur der Partialdruck p_i vor, das chemische Potenzial ist also

$$\mu_i(p) = \mu_i^*(p) + RT \ln \frac{p_i}{p}. \tag{12.13}$$

Wir setzen Gl. 12.12 in Gl. 12.13 ein und erhalten

$$\mu_i(p) = \mu_i^\ominus + RT \ln \frac{p}{p^\ominus} + RT \ln \frac{p_i}{p}. \tag{12.14}$$

Nun berechnen wir wie oben die Gleichgewichtskonstante wie folgt

$$0 = \Delta_r G = \sum_i \nu_i \mu_i = \Delta_r G^\ominus - RT \ln \mathbf{K} \qquad (12.15)$$

Diese kann man auf zwei Weisen darstellen:

Partialdrücke: K_p

Zunächst fassen wir in Gl. 12.14 die Logarithmen zusammen,

$$\mu_i(p) = \mu_i^\ominus + RT \ln \frac{pp_i}{p^\ominus p} = \mu_i^\ominus + RT \ln \frac{p_i}{p^\ominus}. \qquad (12.16)$$

Damit erhält man für Gl. 12.15

$$0 = \Delta_r G = \sum_i \nu_i \mu_i(p) = \Delta_r G^\ominus - RT \ln \mathbf{K_p}, \qquad (12.17)$$

wobei K_p analog Gl. 12.11 zu berechnen ist,

$$K_p = \left(\frac{\Pi_p p_i^{\nu_i}}{\Pi_r p_i^{|\nu_i|}} \right) \left(\frac{\Pi_p p_i^{\ominus \nu_i}}{\Pi_r p_i^{\ominus |\nu_i|}} \right) = \left(\frac{\Pi_p p_i^{\nu_i}}{\Pi_r p_i^{|\nu_i|}} \right), \qquad (12.18)$$

da für den Standardzustand der Druck $p_i^{\ominus \nu_i} = 1$ bar gilt.

Molenbruch: K_x

Mit

$$x_i = \frac{p_i}{p}$$

wird Gl. 12.14 zu

$$\mu_i(p) = \mu_i^\ominus + RT \ln \frac{p}{p^\ominus} + RT \ln x_i. \qquad (12.19)$$

Für Gl. 12.15 ergibt sich dann

$$0 = \Delta_r G = \sum_i \nu_i \mu_i(p) = \Delta_r G^\ominus - RT \ln \left[\left(\frac{\Pi_p x_i^{\nu_i}}{\Pi_r x_i^{|\nu_i|}} \right) \left(\frac{\Pi_p p^{\nu_i}}{\Pi_r p^{|\nu_i|}} \right) \right], \qquad (12.20)$$

oder

$$\Delta_r G^\ominus = RT \ln \left[K_x p^{\Delta \nu} \right]. \qquad (12.21)$$

mit $\Delta \nu = \sum \nu_i$ und

$$K_x = \frac{\Pi_p x_i^{\nu_i}}{\Pi_r x_i^{|\nu_i|}}.$$

Vergleich mit oben ergibt

$$K_x p^{\Delta \nu} = K_p. \tag{12.22}$$

Beispiel

Für das Beispiel der Reaktion $A + 2B \to 4C + D$ erhält man

$$K_p = \frac{p_C^{\nu_C} p_D^{\nu_D}}{p_A^{|\nu_A|} p_B^{|\nu_B|}} = \frac{p_C^4 p_D}{p_A p_B^2}$$

und

$$K_x = \frac{x_C^4 x_D}{x_A x_B^2},$$

und mit $\Delta \nu = \sum \nu_i = 4 + 1 - 1 - 2 = 2$ ergibt sich

$$K_x p^2 = K_p.$$

Für reale Gase müssen die obigen Ausdrücke entsprechend mit den f_i formuliert werden, d. h., die p_i für die idealen Mischungen werden durch die Fugazitäten f_i in der realen Mischung ersetzt.

12.2.3 Lösungen

Für Lösungen haben wir mit Gl. 11.24 die Aktivitäten auf eine Standardkonzentration $c_\ominus$ bezogen,

$$x_i = \frac{c_i}{c_\ominus}, \tag{12.23}$$

man erhält für den Standarddruck $p^\ominus$ und die Standardkonzentration $c_\ominus$,

$$\mu_i = \mu_i^\ominus + RT \ln \frac{c_i}{c_\ominus}.$$

Damit kann man für ideale Lösungen ein K_c definieren:

$$K = K_c = \left(\frac{c_C^{\nu_C} c_D^{\nu_D}}{c_A^{|\nu_A|} c_B^{|\nu_B|}} \right), \tag{12.24}$$

das für nicht-ideale Flüssigkeiten durch die γ_i korrigiert werden muss, analog zu den realen Gasen.

12.2.4 Was bedeutet das?

Die Stoffe einer einfachen Reaktion A + B → C + D seien in einer idealen Lösung, wir verwenden K_c:

$$\Delta_r G^{\ominus} = -RT \ln K_c$$

oder

$$K_c = e^{-\Delta_r G^{\ominus}/RT}.$$

Die $G^{\ominus}$ der Stoffe sind bekannt. Als Beispiel nehmen wir an, $\Delta_r G^{\ominus} = -4{,}2$ kJ/mol und $RT \approx 2{,}5$ kJ/mol (bei $T = 300$ K), d. h.

$$e^{1,66} = K_c = \frac{c_C c_D}{c_A c_B}.$$

Damit erhält man als Gleichgewicht ein Verhältnis von Produkten/Reaktanten = 5,3/1.

- $\Delta_r G^0 = -4{,}2$ kJ/mol, $T = 300$: Produkte/Reaktanten = 5,3/1.
- $\Delta_r G^0 = -4{,}2$ kJ/mol, $T = 400$: Produkte/Reaktanten = 3,5/1.
- $\Delta_r G^0 = -8{,}4$ kJ/mol, $T = 300$: Produkte/Reaktanten = 28/1.
- $\Delta_r G^0 = -42$ kJ/mol, $T = 300$: Produkte/Reaktanten = $17 \cdot 10^6$/1.

Das gibt uns schon ein gutes Gefühl für thermodynamische Gleichgewichte: Wenn sich verschiedene Zustände um nur einige wenige kJ/mol unterscheiden, werden wir alle diese Zustände im System finden.

Beispiele hierfür insbesondere sind verschiedene Rotamere oder Molekülkonformationen, die sich oft nur in diesem Energiebereich unterscheiden (Reaktion A→ B, A und B sind die Rotamere). Komplexe Moleküle haben daher oft nicht mehr nur eine Konformation, sondern liegen in vielen unterschiedlichen Konformeren in Lösung vor (z. B. Proteine, Polymere etc.).

12.3 Druckabhängigkeit der Gleichgewichtskonstanten

$$\Delta_r G^{\ominus} = -RT \ln K$$

$G^{\ominus}$ ist die Enthalpie bei $p^{\ominus}$, $T^{\ominus}$, daher eine Konstante und nicht von p und T abhängig. Daher gilt ebenso:

$$\frac{\partial K}{\partial p} = 0.$$

Damit ist $K = K_p$ unabhängig vom Druck. Betrachten wir Gl. 12.22

$$K_p = K_x p^{\Delta v},$$

so sieht man, dass bei einer Änderung des Drucks p die Änderung von $p^{\Delta v}$ durch eine Änderung K_x kompensiert werden muss, da K_p gleich bleibt. Wenn man den Außendruck p verändert, wird sich K_x verändern und damit wird sich das Gleichgewicht verschieben.

Beispiel 12.1

$$N_2 + 3H_2 \rightarrow 2NH_3.$$

Bei einem bestimmten Druck p_1 sollen jeweils 50% Reaktanten und Produkte vorliegen, d. h. wir haben 50% NH_3, 37,5% H_2 und 12,5% N_2,

$$K_x = \frac{0,5^2}{0,375^3 \cdot 0,125} = 37,9,$$

und $\Delta v = 2 - 1 - 3 = -2$. Nun verdoppeln wir den Druck, d. h., $p_2 = 2\,p_1$. Da K_p konstant ist, muss gelten:

$$K_x^1 p_1^{\Delta v_i} = K_x^2 p_2^{\Delta v_i}$$

Die Molenbrüche verschieben sich also,

$$K_x^2 = K_x^1 \frac{p_1^{-2}}{p_2^{-2}} = K_x^1 \left(\frac{1}{2}\right)^{-2} = 4K_x^1$$

Bei erhöhtem Druck wird das System auf die Seite der Produkte (Zähler wird größer) verschoben. Auf der Produktseite haben wir nur die Hälfte der Gasmoleküle wie auf der Seite der Reaktanten. Eine Verschiebung des Gleichgewichts bedeutet eine Reduktion des Volumens. Wird der Druck erhöht reagiert das System also so, dass das Volumen verkleinert wird, die Druckerhöhung wird dadurch zu kompensieren versucht. ∎

Einschlägig ist hier das Prinzip von **Le Chatelier**:

Wenn das Gleichgewichtssystem einer äußeren Störung ausgesetzt wird, reagiert es derart, dass diese Störung reduziert wird.

Wenn der Druck erhöht wird, reagiert das System so, dass die Teilchenzahl vermindert wird (und umgekehrt). In dem obigen Beispiel wird das Gleichgewicht zu den Produkten verschoben, da hier die Teilchenzahl kleiner ist.

12.4　Temperaturabhängigkeit der Gleichgewichtskonstanten

$$\ln K = -\frac{\Delta_r G^0}{RT}$$

Mit der Gibbs-Helmholz-Beziehung Gl. 9.9

$$\frac{\partial \ln K}{\partial T} = -\frac{1}{R}\frac{\partial \left(\Delta_r G^0 / T\right)}{\partial T} = \frac{\Delta_r H^0}{RT^2}$$

erhält man die van't-Hoff-Gleichung

$$\frac{\partial \ln K}{\partial T} = \frac{\Delta_r H^0}{RT^2}. \tag{12.25}$$

Integrieren:

$$\ln K(T) = \ln K(T_0) + \int_{T_0}^{T} \frac{\Delta_r H^0}{RT^2}\,dT. \tag{12.26}$$

Wenn $\Delta_r H^0$ nicht von T abhängig ist, erhält man:

$$\ln K(T) = \ln K(T_0) - \frac{\Delta_r H^0}{R}\left(\frac{1}{T^0} - \frac{1}{T}\right). \tag{12.27}$$

Durch Messung von $\ln K$ bei verschiedenen Temperaturen kann man also auch $\Delta_r H^0$ bestimmen, eine Alternative zur Kalorimetrie.

Wie ändert sich nun das Gleichgewicht mit T?

- **exotherm, $\Delta_r H^0 < 0$:**

$$\frac{\partial \ln K}{\partial T} < 0,$$

Reaktion verlagert sich in Richtung der Reaktanten, d. h., die Wärmeerzeugung wird reduziert.

- **endotherm $\Delta_r H^0 > 0$:**

$$\frac{\partial \ln K}{\partial T} > 0,$$

Reaktion verlagert sich in Richtung der Produkte. D. h., hier gilt das Prinzip von Le Chatelier. Bei Erhöhung der Temperatur wird die Wärmeentwicklung reduziert, und umgekehrt.

12.5   Beispiel: Das Haber-Bosch Verfahren

Die obige Reaktion

$$N_2 + 3H_2 \rightarrow 2NH_3.$$

wird im industriellen Maßstab zur Ammoniaksynthese eingesetzt. Das Problem besteht darin, das wenig reaktive N_2-Molekül mit H_2 zur Reaktion zu bringen.

Die Reaktion ist zwar bei Standardbedingungen stark exotherm, allerdings bedingt das Brechen der N-Dreifachbindung eine hohe Reaktionsbarriere. Diese kann zwar durch einen Katalysator abgesenkt werden, aber die Reaktion ist bei Zimmertemperatur immer noch zu ineffizient.

Daher muss bei hohen Temperaturen (ca. 800°C) gearbeitet werden. Die Temperaturabhängigkeit von K verschiebt das Gleichgewicht dann aber so stark auf die Seite der Reaktanden, dass die Ausbeute nahezu verschwindet.

Nun haben wir in Abschn. 12.3) gesehen, dass eine Druckerhöhung das Gleichgewicht auf die Produktseite verschiebt. Daher wird der Prozess großtechnisch bei etwa 300 bar und 500°C gefahren, was sehr energieintensiv ist, aber zufriedenstellende Ausbeuten ermöglicht.

12.6   Zusammenfassung

Der Formalismus der chemischen Thermodynamik wurde auf Reaktionsgleichgewichte angewendet. Dabei wurde eine Reaktionskoordinate ξ eingeführt (oder Hemmung), wodurch $G(\xi)$ ein Funktion dieser Koordinate wurde. Die Anwendung des Extremalprinzips erlaubt die Bestimmung der Minima.

Zentral ist die Gleichung

$$\Delta_r G^\ominus = -RT \ln \mathbf{K}$$

mit der **Gleichgewichtskonstanten**

$$K = \frac{\Pi_p a_i^{\nu_i}}{\Pi_r a_i^{|\nu_i|}}.$$

Die Gleichgewichte werden nicht nur durch die **freien Standardreaktionsenthalpien** der Stoffe bedingt, sondern auch **Mischungseffekte** spielen eine wichtige Rolle. Über die a_i kann man wieder **entropische und enthalpische** Effekte der Mischung separieren.

Chemische Reaktionen können als Ausgleichsprozesse verstanden werden. Die Molzahlen n_i stellen sich bei konstantem p und T so ein, dass $G(\xi)$ ein Minimum einnimmt. Das Gleichgewicht, d. h. die Werte der n_i sind damit durch die Wahl von p und T vollständig bestimmt. Daran sieht man, dass, wie bei den

Ausgleichsprozessen beschrieben, die n_i keine eigentlichen thermodynamischen Variablen sind, für festes n sind sie festgelegt. Der Prozess ist irreversibel, selbst wenn er quasistatisch geführt würde, da die entlang des Reaktionsweges frei werdende Energie nicht in Arbeit umgesetzt wird, wie in Kap. 7 für die vergleichbaren Prozesse diskutiert. Dies ist analog dem Überströmprozess. Die Energie exothermer chemischer Reaktionen wird irreversibel als Wärme an die Umgebung abgeben.

Wie einfache Beispiele zeigen, kann selbst bei exothermen Reaktionen insbesondere bei kleinen $\Delta_r G^\ominus$ die Konzentration der Reaktanten im Gemisch signifikant sein. Endotherme Reaktionen können durch die Mischungsterme begünstigt werden, also z. B. wenn mehr Produkte als Reaktanten vorliegen.

Druck und Temperatur haben eine zentrale Rolle bei der Bestimmung der Reaktionsausbeuten. Hier gelten die **Prinzipien von Le Chatelier und Le Chatelier-Brown**. Diese besagen, dass sich das Gleichgewicht so verschiebt, dass die äußere Störung kompensiert wird. Wird der Druck erhöht, so verschiebt sich das Gleichgewicht auf die Seite der Reaktion, bei der die Teilchenzahl kleiner ist, wird die Temperatur erhöht, verschiebt sich das Gleichgewicht derart, dass die Wärmeentwicklung reduziert wird (und umgekehrt).

Phasengleichgewichte bei Reinstoffen 13

Phasengleichgewichte sind thermodynamische Gleichgewichtszustände, bei denen zwei Phasen eines Stoffes gleichzeitig vorliegen. Dies geschieht für spezifische Werte von p und T. Prominent ist natürlich das Beispiel Wasser mit dem Gleichgewicht fest-flüssig bei $0°C$ und dem Gleichgewicht flüssig-gasförmig bei $100°C$, jeweils bei $p = 1$ bar.

Um diese Gleichgewichte zu bestimmen, wird das Prinzip minimaler freier Enthalpie auf Phasenübergänge angewendet. n_α und n_β sind jetzt die Molzahlen verschiedener Phasen eines Stoffes (fest, flüssig, gasförmig), die wir mit α, $\beta, \ldots$ bezeichnen wollen. Minimierung von G (bei $T =$ konst., $p =$ konst.) führt auf:

$$dG = \sum_{i=1}^{k} \mu_i dn_i = 0.$$

Im Gleichgewicht zweier Phasen α und β gilt dann

$$\mu_\alpha = \mu_\beta.$$

Die chemischen Potenziale $\mu(p, T)$ sind von p und T abhängig, d. h., bei Änderung der äußeren Bedingungen werden sich die Phasengleichgewichte verschieben.

Im Fall $\mu_\alpha > \mu_\beta$ verschwindet die α-Phase, im Fall $\mu_\alpha < \mu_\beta$ die β-Phase. Wie ändert sich $\mu(p, T)$ nun mit der Temperatur T und dem Druck p?

13.1 Qualitative Trends: $\mu(T)$

Der Siedepunkt ist der Punkt im Zustandsraum, für den der **Dampfdruck** dem Außendruck entspricht. Für die **Standardsiedetemperatur** T_s beträgt der Dampfdruck 1 bar. Betrachten Sie dazu Abb. 13.1. Das Gewicht bedingt einen bestimmten Druck in dem Behälter, oberhalb des Kolbens sei Vakuum. Für eine bestimmte Temperatur

© Springer-Verlag GmbH Deutschland 2017
M. Elstner, *Physikalische Chemie I: Thermodynamik und Kinetik*,
https://doi.org/10.1007/978-3-662-55364-0_13

Abb. 13.1 Dampfdruck: Bei
einer Temperatur T_2 und einem
Druck p koexistiert die flüssige
(fl) und gasförmige (g) Phase.
Der entsprechende Druck ist der
Dampfdruck, in der Abbildung
gegeben durch die Masse m und
Fläche des Kolbens A, $p = m/A$

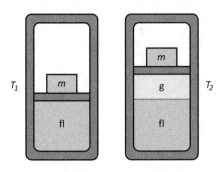

T_1 ist die Substanz völlig in der flüssigen Phase, bei höherer Temperatur T_2 liegt
ein Phasengleichgewicht vor, der Druck, hervorgerufen durch die Masse m, bleibt
gleich. T_2 ist dann die Siedetemperatur, der vorliegende Druck der entsprechende
Dampfdruck.

Aus $dG = -SdT + Vdp$ (Abschn. 9.2) erhält man für $dp = 0$:

$$\left(\frac{\partial \mu}{\partial T}\right)_p = \left(\frac{\partial G_m}{\partial T}\right)_p = -S_m < 0,$$

das gilt für jede Phase, d. h. mit der Temperatur sinkt das chemische Potenzial.

Um einen Festkörper zu schmelzen und eine Flüssigkeit zu verdampfen, muss
Wärme zugeführt werden, wobei die Temperatur während des Übergangs konstant
bleibt. Während der Phasenumwandlung wird die Wärme $\Delta Q = \Delta H_{\text{fl-g}}$ (Isobare)
zugeführt, dabei ändert sich die Temperatur nicht, bis alle Flüssigkeit verdampft
ist. Analog wird beim Schmelzen die Wärme $\Delta Q = \Delta H_{\text{fe-fl}}$ zugeführt, bei der
Sublimation die Wärme $\Delta H_{\text{fe-g}}$. T_g ist die Schmelztemperatur (Gefrierpunkt).

Bei konstantem Druck finden wir für die Phasenübergänge:

$$\Delta S = \frac{\Delta Q}{T} = \frac{\Delta H}{T}.$$

Damit unterscheidet sich die Entropie der Phasen, die Entropie des Festkörpers ist
am kleinsten, und steigt für die flüssige und gasförmige Phase an (fe: fest, fl: flüssig,
g: gasförmig):

$$S_m(\text{fe}) < S_m(\text{fl}) < S_m(\text{g}).$$

Somit ist die Steigung von $\mu(T)$, gegeben durch $\left(\frac{\partial \mu}{\partial T}\right)_p = -S_m$, für die gasförmige
Phase am größten, für die feste Phase am kleinsten, und wir erhalten qualitativ
ein Bild wie in Abb. 13.2) schematisch wiedergegeben: Die feste Phase ist die
stabilste Phase, und wird damit für $T < T_g$ vorliegen. Die Steigung von μ für
die flüssige Phase ist jedoch größer als die der festen, daher wird bei steigender
Temperatur irgendwann der Punkt erreicht sein, bei dem das chemische Potenzial von fester und flüssiger Phase gleich ist. Hier findet der Phasenübergang statt.
Das gleiche wiederholt sich für den Phasenübergang flüssig-gasförmig bei höheren
Temperaturen.

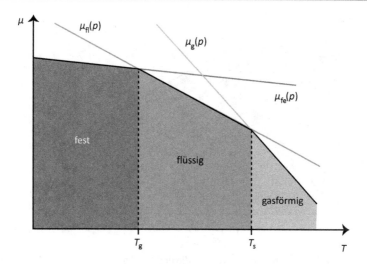

Abb. 13.2 Qualitatives Verhalten von $\mu(T)$ für die drei Phasen

13.2 Qualitative Trends: $\mu(p)$

Wie ändert sich das chemische Potenzial mit p? Aus $dG = -SdT + Vdp$ (Abschn. 9.2) erhält man für $dT = 0$:

$$\left(\frac{\partial \mu}{\partial p}\right)_T = \left(\frac{\partial G_m}{\partial p}\right)_T = V_m > 0,$$

d. h. μ steigt für jede Phase mit dem Druck. Da das Molvolumen V_m für die Phasen unterschiedlich ist, und für die meisten Stoffe

$$V_m(g) >> V_m(fl) > V_m(fe)$$

gilt, verschieben sich die chemischen Potenziale der Phasen unterschiedlich stark, wie in Abb. 13.3 gezeigt. Ein Erhöhen des Drucks führt damit zu einer Erhöhung des Gefrier- und Siedepunkts.

Wasser stellt eine Ausnahme dar, es gilt,

$$V_m(fe) < V_m(fl),$$

und führt zu dem ungewöhnlichen Verhalten von Wasser. Unter Druck schmilzt es, u. A. die Grundlage des Schlittschuhlaufens.[1]

---

[1]Der Druck der Kufen bringt das Eis zum Schmelzen, es bildet sich eine dünne Wasserschicht, die das Gleiten der Kufen über das Eis ermöglicht.

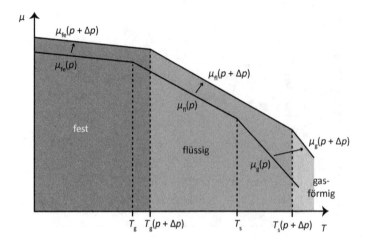

Abb. 13.3 Qualitatives Verhalten von $\mu(p)$ für die drei Phasen

Insbesondere interessant sind die Phänomene des Tripelpunkts und der Subli-mation:

Tripelpunkt: Bei sinkendem Druck sinkt das chemische Potenzial der Gasphase am stärksten, sodass bei einem bestimmten Wert von p und T die chemischen Poten-ziale der drei Phasen gleich sind. Damit liegen alle drei Phasen gleichzeitig vor (Wasser: 0,01°C, 6,1 mbar).

Sublimation: Die chemischen Potenziale der festen und flüssigen Phase sind nur schwach vom Druck abhängig, das der Gasphase dagegen variiert sehr stark mit dem Druck. Unterhalb eines bestimmten Drucks ist das chemische Potenzial der gasförmigen Phase für alle T kleiner als das der flüssigen Phase. Die flüssige Phase ist dann instabil und die feste geht direkt in die gasförmige Phase über.

Zusammengefasst kann man das Verhalten in einem p-V-T-Diagramm darstellen (Abb. 13.4).

13.3 Quantitativ: Clausius-Clapeyron-Gleichung

Abb. 13.5 stellt die Phasen in einem p-T-Diagramm dar. Die Phasengrenzen geben die Werte von p und T wieder für die eine Koexistenz der Phasen vorliegt, sie werden **Koexistenzkurven** genannt.

Nun betrachten wir eine kleine Verschiebung auf der Koexistenzkurve um $\mathrm{d}p$ und $\mathrm{d}T$. Wegen

$$\mu_\alpha(p,T) = \mu_\beta(p,T)$$

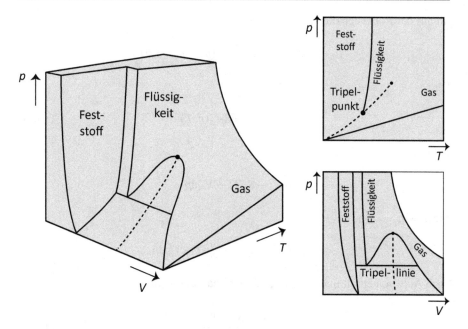

Abb. 13.4 p-V-T-Diagramm eines realen Stoffes (schematisch), dazugehörige p-T und p-V Diagramme

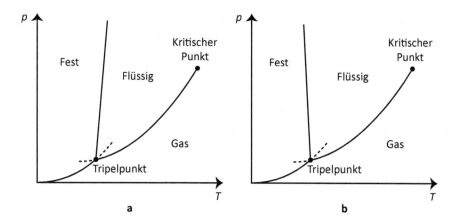

Abb. 13.5 (**a**) Schematisches p-T-Diagramm eines Phasenübergangs, gezeigt sind die Koexistenzkurven. (**b**) Phasendiagramm für Wasser. Beachten Sie die Anomalie des Wassers. Bei Druckerhöhung geht die feste in die flüssige Phase über.

gilt auf der Koexistenzline auch

$$\mu_\alpha(p + \mathrm{d}p, T + \mathrm{d}T) = \mu_\beta(p + \mathrm{d}p, T + \mathrm{d}T)$$

d. h.

$$\mathrm{d}\mu_\alpha(p, T) = \mathrm{d}\mu_\beta(p, T) \tag{13.1}$$

und mit

$$\mathrm{d}\mu = -S_m \mathrm{d}T + V_m \mathrm{d}p$$

finden wir:

$$-S_m^\alpha \mathrm{d}T + V_m^\alpha \mathrm{d}p = -S_m^\beta \mathrm{d}T + V_m^\beta \mathrm{d}p. \tag{13.2}$$

Nach Auflösen erhält man die Steigung der Phasengrenzline:

$$\frac{\mathrm{d}p}{\mathrm{d}T} = \frac{S_m^\alpha - S_m^\beta}{V_m^\alpha - V_m^\beta}. \tag{13.3}$$

Mit der molaren Enthalpieänderung beim Phasenübergang.

$$\Delta_{\alpha \to \beta} H_m = T_{\alpha \to \beta}(S_m^\alpha - S_m^\beta)$$

erhält man die **Clausius-Clapeyron-Gleichung**

$$\frac{\mathrm{d}p}{\mathrm{d}T} = \frac{\Delta_{\alpha \to \beta} H_m}{T_{\alpha \to \beta}(V_M^\alpha - V_m^\beta)}. \tag{13.4}$$

Speziell:

- **Schmelzen:** $V_m^\alpha - V_m^\beta > 0$ ist sehr klein, $\Delta_{\alpha \to \beta} H_m > 0$, d. h. die Steigung

$$\frac{\mathrm{d}p}{\mathrm{d}T} > 0$$

  ist sehr groß.
- **Verdampfen:** $V_m^\alpha - V_m^\beta > 0$ ist sehr groß, $\Delta_{\alpha \to \beta} H_m > 0$, d. h. die Steigung

$$\frac{\mathrm{d}p}{\mathrm{d}T} > 0$$

  ist sehr klein.

- **Sublimieren:** $V_m^\alpha - V_m^\beta > 0$ ist sehr groß, $\Delta_{\alpha \to \beta} H_m > 0$, d. h. die Steigung

$$\frac{\mathrm{d}p}{\mathrm{d}T} > 0$$

ist sehr klein, aber größer als beim Verdampfen denn die Sublimierungswärme ist größer als die Verdampfungswärme.

Die Messung von Phasenübergangswärmen ist aufwändig, p und T lassen sich jedoch leicht messen. Daher ist es möglich, durch Bestimmung eines Phasendiagramms über die Steigung von $p(T)$ mit Hilfe der Clausius-Clapeyron-Gleichung die Phasenübergangswärmen zu bestimmen.

13.4 Gibbs'sche Phasenregel

Wir wollen diese Phasenregel später allgemeiner diskutieren, aber an dieser Stelle für ein System mit einer Komponente die Bedeutung erläutern. Die Phasenregel gibt an, wie viele thermodynamische Parameter variiert werden können, ohne dass das Phasengleichgewicht verlassen wird. Die Anzahl dieser variierbaren Parameter wird Freiheitsgrade F genannt.

- Wenn wir ein System in nur einer Phase (fe, fl, g) vorliegen haben, so kann man innerhalb gewisser Grenzen p und T variieren, ohne dass dieses Gleichgewicht verlassen wird. Man hat also $F = 2$.
- Auf einer Phasengrenzlinie hängt p von T ab. Wenn man dieses Phasengleichgewicht nicht verlassen möchte, kann man nur einen Freiheitsgrad verändern. Wenn man z. B. p variiert, ist durch die Phasengrenzbedingung die Veränderung von T schon festgelegt, d. h., man hat $F = 1$.
- Für den Tripelpunkt kann man weder p noch T verändern, ohne das Gleichgewicht zwischen den drei Phasen zu verlassen, man hat also $F = 0$.

Man kann damit für ein System mit einer Komponente zusammenfassend schreiben: Die Anzahl der Freiheitsgrade wird durch

$$F = 3 - P$$

angegeben, wenn P die Anzahl der im Gleichgewicht befindlichen Phasen ist.

13.5 Zusammenfassung

Das Minimum von G führt auf die Gleichheit der chemischen Potenziale, hier angewendet auf unterschiedliche Phasen eines Stoffes,

$$\mu_\alpha = \mu_\beta.$$

Da die $\mu(p, T)$ abhängig von p und T sind, erhält man die Phasenübergänge bei speziellen Drücken und Temperaturen. Änderung von p beispielsweise führt zu einer Veränderung der Schmelz- und Siedepunkte. Dies erlaubt eine qualitative Diskussion des Verhaltens der Phasenübergänge mit Variation von T und p.

Quantitativ kann man den Verlauf der Phasengrenzkurven über deren Steigung

$$\frac{\mathrm{d}p}{\mathrm{d}T}$$

aus den molaren Entropien und molaren Volumina erhalten. Umformung zur **Clausius-Clapeyron-Gleichung** erlaubt es, die Übergangsenthalpien aus der Steigung der Phasengrenzkurven zu erhalten.

Die **Gibbs'sche Phasenregel** ist Ausdruck dessen, dass das Gleichgewicht, d. h. die Werte der n_i, durch die Wahl von p und T vollständig bestimmt sind. Daran sieht man, dass, wie bei den Ausgleichsprozessen beschrieben, die n_i keine eigentlichen thermodynamischen Variablen sind, für festes n sind sie durch p und T festgelegt.

Phasengleichgewichte in Mischungen

14

Nun betrachten wir Mischungen, die gleichzeitig in verschiedenen Phasen vorliegen können. Die Mischung verändert das chemische Potenzial μ_i der Komponenten, und dies hat Einfluss sowohl auf den Siedepunkt als auch auf den Gefrierpunkt, was die Grundlage der Destillation und des Phänomens der Osmose ist.

Wichtig dabei ist wieder das Konzept der idealen Mischung. Hier haben die Komponenten A und B in Lösung ähnliche Wechselwirkungen A-A, B-B und A-B. Dadurch treten keine enthalpischen Mischungseffekte auf und das Konzept der idealen, d. h. nicht durch Wechselwirkung veränderten, Mischung kann verwendet werden. Ein Beispiel für eine ideale Mischung ist das Gemisch Benzol/Toluol. Hier liegen sehr ähnliche intermolekulare Wechselwirkungen vor. Obwohl meist reale Mischungseffekte eine Rolle spielen, ist die ideale Mischung jedoch ein wichtiger Referenzpunkt für die thermodynamische Beschreibung.

14.1 Gesetz von Raoult und Henry

Wir betrachten nun eine Mischung, wobei jede Komponente den Dampfdruck p_i^* als Reinstoff aufweist. Was ist nun der Dampfdruck p_i in einer Mischung, beschrieben durch den Molenbruch x_i?

Ideale Mischung: Nehmen wir als Beispiel die ideale binäre Mischung aus Benzol x_1 und Toluol x_2. Für $x_1 = 1$ ist nur Benzol in der Gasphase, wir erwarten als Dampfdruck p_1^*, d. h. $p_2 = 0$. Für $x_2 = 1$ ist nur Toluol in der Gasphase, wir erwarten als Dampfdruck p_2^*, d. h. $p_1 = 0$. Für alle Werte dazwischen erwarten wir für eine ideale Mischung, dass die Dampfdrücke p_1 und p_2 linear von dem Molenbruch abhängen, d. h.

$$p_i = x_i p_i^*.$$

© Springer-Verlag GmbH Deutschland 2017
M. Elstner, *Physikalische Chemie I: Thermodynamik und Kinetik*,
https://doi.org/10.1007/978-3-662-55364-0_14

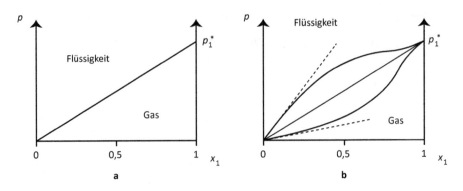

Abb. 14.1 (**a**) Raoult'sches und (**b**) Henry'sches Gesetz. Gezeigt ist der Dampfdruck p der Komponente 1 über dem Molenbruch x_1

Der Dampfdruck von Benzol geht damit linear mit dem Mischungsverhältnis x_1 von $p_1 = p_1^*$ für $x_1 = 1$ zu $p_1 = 0$ für $x_1 = 0$.

Dies ist als **Gesetz von Raoult** bekannt

$$x_i = \frac{p_i}{p_i^*}, \tag{14.1}$$

gilt nur für ideale Lösungen und ist in Abb. 14.1a schematisch dargestellt.

Reale Mischung: Für reale Lösungen findet man für kleine x_i oft auch einen linearen Zusammenhang von Druck und Molenbruch, allerdings mit einer Proportionalitätskonstante K, die von p_i^* abweicht. Man nennt dies das **Henry'sche Gesetz**,

$$p_i = x_i K,$$

dargestellt in Abb. 14.1b. K hängt dabei vom gelösten Stoff und Lösungsmittel ab und gibt an, wie stark die reale Lösung von der idealen abweicht.

- Wir haben dieses Verhalten in Abschn. 11.2 bei ideal verdünnten Lösungen für das chemische Potenzial diskutiert. Es tritt auf wenn in der Mischung keine A-A-Wechselwirkungen auftreten, sondern nur A-B und B-B. Solange dies der Fall ist, d. h., für kleine Konzentrationen von A bzw. kleine $x_1 = x_A$, verändert sich das chemische Potenzial von Stoff A und der Dampfdruck p_1 linear mit x_1. Dies geschieht allerdings mit einer Steigung, die durch die Konstante K wiedergegeben wird, diese markiert den Unterschied zwischen den A-A- und A-B-Wechselwirkungen.
- Die gestrichelten Linien in Abb. 14.1 geben die Linearität mit der Konstante K wieder, es sind negative wie positive Abweichungen vom idealen Verhalten möglich. Das Verhalten kann man ausgehend von den relativen Wechselwirkungsstärken verstehen. Wenn die A-B-Wechselwirkung schwächer ist als A-A , wird A in der Mischung leichter sieden als der Reinstoff A, d. h. bei geringeren Temperaturen und höheren Drücken. Wenn die A-B-Wechselwirkung stärker ist

als A-A, ist es umgekehrt. Entsprechend sind die Abweichungen vom idealen Verhalten zu verstehen.

- Für $x_i = 1$ muss der Dampfdruck $p_i = p_i^*$ dem des Reinstoffes entsprechen, daher der „geschwungene" Kurvenverlauf, der Endpunkt p_1^* bleibt jedoch gleich.

Die relative Abnahme des Dampfdrucks hängt nur von dem Molenbruch ab, nicht von den Materialeigenschaften. Solch ein Verhalten nennt man eine **kolligative Eigenschaft**. Wir werden im Folgenden weitere kolligative Eigenschaften wie **Dampfdruckerniedrigung, Siedepunktserhöhung, Gefrierpunktserniedrigung oder Osmose** untersuchen.

14.1.1 Aktivität einer Lösung

In Kap. 11 haben wir mit Gl. 11.9 das chemische Potenzial einer Substanz in Lösung analog zum idealen Gas eingeführt, was hier nun begründet werden soll.

Dazu verwenden wir den Umstand, dass im Phasengleichgewicht das chemische Potenzial dieser Komponente in Lösung mit dem chemischen Potenzial in der Gasphase übereinstimmen muss. Wenn diese Substanz i in Reinform vorliegt, schreiben wir:

$$\mu_i^{\text{fl}*}(p, T) = \mu_i^{\text{g}*}(p, T). \tag{14.2}$$

Nun betrachten wir die Substanz i in Lösung mit noch weiteren Substanzen. Hier hat die Komponente in der Gasphase den Partialdruck p_i, das chemische Potenzial in Gasphase und in der Flüssigkeit ist gleich:

$$\mu_i^{\text{fl}} = \mu_i^{\text{g}}. \tag{14.3}$$

Für die Gasphase erhalten wir:

$$\mu_i^{\text{g}} = \mu_i^{*\text{g}} + RT \ln \frac{p_i}{p^*} = \mu_i^{\text{g}*} + RT \ln x_i.$$

Bei der letzen Umformung haben wir das Raoult'sche Gesetz Gl. 14.1 $p_i = x_i p_i^*$ verwendet.

Nun können wir in der letzten Gleichung die chemischen Potenziale der Gasphase mit Gl. 14.3 und 14.2 durch die der Lösung ersetzen, und für eine ideale Lösung gilt damit:

$$\mu_i^{\text{fl}} = \mu_i^{\text{fl}*} + RT \ln x_i. \tag{14.4}$$

Für reale Lösungen führen wir, völlig analog zum idealen Gas, den Faktor γ_i ein und schreiben mit $a_i = \gamma_i x_i$

$$\mu_i = \mu_i^{\ominus} + RT \ln a_i. \tag{14.5}$$

a_i ist die Aktivität einer Komponente in Lösung.

14.1.2   Die Gibbs'sche Phasenregel

Wie in Abschn. 13.4 schon für ein einkomponentiges System eingeführt, gibt diese
Regel die Anzahl der Freiheitsgrade im Gleichgewicht an. Sie besagt, wie viele
Parameter verändert werden können ohne das Gleichgewicht zu verlassen. Sei K die
Anzahl der Komponenten, P die Anzahl der Phasen, so erhält man für die Anzahl
der Freiheitsgrade F:

$$F = K + 2 - P \tag{14.6}$$

Beweis 14.1

1. Zunächst haben wir die thermodynamischen Parameter p und T, diese bilden 2
   Freiheitsgrade.
2. Wir betrachten Mischungen mit K Komponenten und den Molenbrüchen x_i.
   Allerdings gilt $\sum x_i = 1$, d. h. es gibt $K - 1$ Variable pro Phase. In jeder Phase
   kann die Zusammensetzung anders sein, das sind die Freiheitsgrade des Systems.
   Für P Phasen haben wir dann

$$P(K - 1)$$

   Freiheitsgrade des Systems.
3. Für jede Komponente i gilt die Gleichheit der chemischen Potenziale in den P
   Phasen $\alpha, \beta, \ldots$

$$\mu_i(\alpha) = \mu_i(\beta) = \ldots = \mu_i(P)$$

Es gibt $(P - 1)$ Gleichungen für jede der K Komponenten, die die Freiheitsgrade
wieder einschränken. Insgesamt gibt es $K(P - 1)$ Gleichungen, die die Nebenbedingungen formulieren. Diese müssen wir von der Zahl der Freiheitsgrade
abziehen.

Wenn wir das aufsummieren, erhalten wir:

$$F = 2 + P(K - 1) - K(P - 1) = 2 + K - P. \qquad \square$$

Die Bedeutung dieser Phasenregel liegt darin, dass sie angibt, durch wie viele Freiheitsgrade das Gleichgewicht, d. h. der thermodynamische Zustand, bestimmt ist.
Mit mehreren Komponenten haben wir beispielsweise die freie Enthalpie als

$$G(p, T, x_1, x_2, \ldots, x_K)$$

geschrieben. Nun sind nicht alle dieser $K + 2$ Parameter $(p, T, x_1, x_2, \ldots, x_K)$, die
den Systemzustand definieren, unabhängig voneinander wählbar, z. B. durch den
Experimentator von außen zu bestimmen. Die Gibbs'sche Phasenregel gibt an,
wie viele dieser Parameter frei wählbar sind, die anderen sind dann festgelegt. In

Kap. 10 haben wir bei der Einführung des chemischen Potenzials den Unterschied der Molzahlen von normalen Arbeitsvariablen diskutiert. Dies wird hier nochmals unterstrichen. Arbeitsvariable können unabhängig voneinander gewählt werden, die Molzahlen der Komponenten sind abhängige Variable und durch den thermodynamischen Zustand bestimmt.

Das Beispiel $K = 1$ haben wir schon in Kap. 13 diskutiert, daher nun ein Beispiel für $K = 2$.

Beispiel 14.1

Wir betrachten ein flüssig-gas Gleichgewicht mit 2 Komponenten. Die Gibbs'sche Phasenregel gibt dafür

$$F = 2$$

an. Dies bedeutet, dass das Gleichgewicht durch die Angabe von p und T eindeutig festgelegt ist. Die Molenbrüche in der flüssigen Phase seien durch x_i gegeben, die in der Gasphase durch y_i. Die Gibbs'sche Phasenregel besagt damit Folgendes: Wenn man die Werte von p und T frei wählt, dann sind alle Molenbrüche festgelegt, d. h., die Zusammensetzung sowohl der flüssigen als auch der gasförmigen Phase ist eindeutig durch die Angabe von p und T bestimmt. Das ist bemerkenswert und wird im Folgenden verwendet werden. Gehen wir das nun im Einzelnen durch:

- Wir wollen p und T vorgeben, haben also 2 Freiheitsgrade.
- Wir haben 2 Phasen und 2 Komponenten, d. h.

$$P(K - 1) = 2$$

Freiheitsgrade. Dies liegt an den Gleichungen $x_1 + x_2 = 1$ und $y_1 + y_2 = 1$ Wenn wir also beispielsweise einen Wert für x_1 und y_1 wählen, dann sind x_2 und y_2 bestimmt.

- Damit sind bisher p, T, x_1 und y_1 frei wählbar, das System könnte also durch 4 Parameter bestimmt sein. Nun sind aber x_1 und y_1 sowie x_2 und y_2 über die chemischen Potenziale gekoppelt, wir haben die beiden Gleichungen

$$\mu_1^g = \mu_1^{fl}, \qquad \mu_2^g = \mu_2^{fl}.$$

Diese zwei Gleichungen bestimmen das Gleichgewicht für festgelegte p, T zwischen den Phasen der Komponenten.

Damit ist durch Angabe von p und T die Zusammensetzung der beiden Phasen vollständig bestimmt. ∎

14.2   Flüssig-Gas-Gleichgewichte in Zweistoffsystemen

Nun betrachten wir zwei Komponenten in zwei Phasen, wie z. B. die ideale Mischung Benzol/Toluol. Benzol hat einen höheren Dampfdruck und eine geringere Siedetemperatur als Toluol, verdampft also schneller und ist damit die flüchtigere Komponente dieser Mischung. Nach der Phasenregel haben wir dann zwei unabhängige Variable. Dies können z. B. p und T sein.

Zusammensetzung der flüssigen Phase   Mit dem Raoult'schen Gesetz finden wir für die beiden Komponenten:

$$p_1 = x_1 p_1^*, \qquad p_2 = x_2 p_2^*.$$

Der Gesamtdruck ist durch ($x_1 + x_2 = 1$)

$$p = p_1 + p_2 = x_1 p_1^* + x_2 p_2^* = p_2^* + (p_1^* - p_2^*)x_1 = p_1^* + (p_2^* - p_1^*)x_2 \qquad (14.7)$$

gegeben. Hier sieht man, dass bei festem T die Zusammensetzung der Lösung zu jedem Wert von p festliegt, wie die Gibbs'sche Phasenregel besagt. Damit erhält man eine Dampfdruckkurve wie in Abb. 14.2 dargestellt.

Der Dampfdruck der Komponente 1, $p_1 = x_1 p_1^*$, nimmt mit $x_2 = 1 - x_1$ ab bis er bei $x_2 = 1$ verschwindet, umgekehrt der Verlauf des Dampfdrucks der Komponente 2. Im Gegensatz zu Abb. 14.1 ist der Dampfdruck über x_2 aufgetragen, p_1 nimmt mit x_2 ab. Der Gesamtdruck $p = x_1 p_1^* + x_2 p_2^*$ ist die Verbindungsgerade zwischen p_1^* und p_2^*. Mit sinkendem Druck verändert sich die Zusammensetzung der Flüssigkeit linear. Oberhalb dieser Gerade liegt nur die flüssige Phase vor.

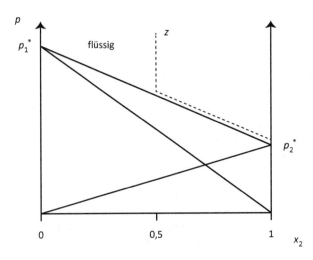

Abb. 14.2 Dampfdruckkurve für ein ideales Gemisch. Die Partialdrücke sind über den Molenbruch der Komponente 2 aufgetragen

Verringert man in der flüssigen Phase z. B. von Punkt z aus den Druck, so wird die Phasengrenzline erreicht. Verringert man den Druck weiter, so folgt man der gestrichelten Kurve in Abb. 14.2, bis bei p_2^* und $x_2 = 1$ beide Kompenenten vollständig verdampft sind. Das Gebiet oberhalb der Verbindungsgeraden markiert also die flüssige Phase, das Gebiet unterhalb der Geraden wird aber nicht erreicht, da die x-Achse den Molenbruch der Flüssigkeit x_2 angibt, und wenn diese bei $x_2 = 1$ und p_2^* vollständig verdampft ist, eine solche Angabe sinnlos ist.

Zusammensetzung der Gasphase Daher lohnt es sich, die Zusammensetzung y_i in der Gasphase zu betrachten. Diese ist nicht mit der Zusammensetzung der Lösung x_i identisch. Für die Stoffe i in der Gasphase schreiben wir:

$$y_1 = p_1/p \qquad y_2 = p_2/p.$$

Nun kann man die Gl. 14.7 für p einsetzen:

$$y_1 = \frac{p_1}{p} = \frac{x_1 p_1^*}{p_2^* + (p_1^* - p_2^*)x_1} \qquad y_2 = 1 - y_1. \tag{14.8}$$

Gl. 14.7 gibt den Druck in Abhängigkeit von der Zusammensetzung x_i der Lösung an. Mit der letzten Gleichung kann man dies auch umschreiben und den Druck in Abhängigkeit von der Zusammensetzung y_i der Gasphase ausdrücken. Dazu löst man Gl. 14.8 nach x_1 auf und setzt dies in Gl. 14.7 ein,

$$p = \frac{p_1^* p_2^*}{p_1^* + (p_2^* - p_1^*)y_1}. \tag{14.9}$$

Nach y_1 aufgelöst:

$$y_1 = \frac{p_1^* p - p_1^* p_2^*}{(p_1^* - p_2^*)p}. \tag{14.10}$$

Analoges findet man für y_2. Wie oben für x_i diskutiert, ist also die Zusammensetzung der Gasphase nach der Gibbs'schen Phasenregel bei $T =$ konst. durch den Druck p eindeutig bestimmt. Abb. 14.3 kombiniert Gl. 14.7 und Gl. 14.10 in einem Diagramm. Die untere Kurve gibt die Konzentration der Gasphase y_2 wieder. Wie in der obigen Diskussion, ist für die Gasphase der Bereich oberhalb dieser Kurve nicht definiert.

- Startet man nämlich in der Gasphase im Punkt z' und erhöht den Druck, so wird bei Erreichen dieser Kurve die Kondensation einsetzen. An diesem Punkt im Zustandsraum gilt $y_2 < x_2$. x_2 findet man, wenn man bei konstantem p der gestrichelten Linie nach rechts folgt, bis man die Gerade erreicht, die die Zusammensetzung der Lösung beschreibt.

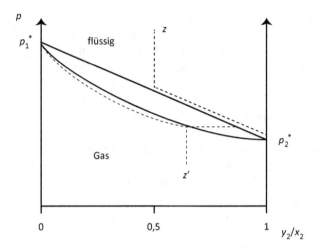

Abb. 14.3 Dampfdruckkurve (obere Gerade) und Kondensationskurve (untere Kurve) für ein ideales Gemisch. Aufgetragen ist der Dampfdruck p des Gemisches vs. x_2 (obere Gerade) bzw. y_2 (untere Kurve). Diese unterschiedlichen Molenbrüche beziehen sich auf die jeweilige Phase. Für einen bestimmten Druck p kann man anhand der horizontal gestrichelten Linie sehen, dass die Zusammensetzung in der Gasphase (y_i-Kurve) sich von der in der Lösung (x_i-Gerade) unterscheidet

- Es unterscheiden sich also die Zusammensetzungen der Phasen, das wollen wir im Folgenden bei der Destillation ausnutzen. Die Punkte auf der y_i-Kurve geben die Zusammensetzung in der Gasphase an, die x_i-Gerade gibt die Zusammensetzung in der Lösung an.
- Horizontale Verbindungslinien zwischen den Kurven repräsentieren in dieser Auftragung keine physikalischen Zustände, sondern zeigen nur, wie sich bei einem bestimmten Druck p die x_i von den y_i unterscheiden.
- Erhöht man nun den Druck weiter, wird der Molenbruch y_2 kleiner, die Druckveränderung verändert die Zusammensetzung der Gasphase, das System folgt der unteren Kurve, bis die Komponente „2" bei p_1^* komplett kondensiert ist.

14.2.1 Die Hebelgesetze

Nun wollen wir die Variablen

$$Z_i = \frac{n_i}{n}$$

einführen, wobei n_i die gesamte Stoffmenge der Komponente i angeben, d. h. die Stoffmengen in der flüssigen und der gasförmigen Phase zusammengenommen. Wenn wir nun Z_i vs. p auftragen, ist damit das Gebiet zwischen den beiden Kurven definiert, im Gegensatz zu der Auftragung in Abb. 14.3, es ist das Koexistenzgebiet von flüssiger und gasförmiger Phase.

Wir betrachten jetzt (T = konst.) eine Reduzierung des Drucks vom Punkt z zum Punkt z'. Die Zusammensetzung der Komponenten ist in diesem Punkt durch $Z_2 = x_2$ gegeben. Bitte beachten Sie, dass sich Z_2 bei Veränderung des Drucks entlang z-z' nicht ändert, x_2 und y_2 aber sehr wohl. Es findet eine vollständige Umwandlung der Flüssigkeit in Gas statt. Nun wollen wir fragen, wie die Zusammensetzung im Punkt a ist. Dazu betrachten wir zwei Prozesse.

- Wir beginnen in der flüssigen Phase im Punkt z. Sobald die obere Gerade erreicht ist, folgt die Zusammensetzung der flüssigen Phase x_i der Geraden bis beim Druck p_a der Punkt b erreicht ist. Dieser gibt den Molenbruch x_2^a bei p_a an.
- Wir beginnen in der Gasphase im Punkt z' und erhöhen den Druck, bis die Kondensationskurve erreicht wird. Bei weiterer Erhöhung des Drucks bis p_a folgt die Zusammensetzung in der Gasphase y_2 dieser Kurve bis zum Punkt c, y_2^a gibt die Zusammensetzung der Gasphase für den Druck p_a an.

Der Abstand a-c ist dann durch

$$Z_2 - y_2^a = n_2/n - n_2^g/n^g$$

und der Abstand a-b ist durch

$$x_2^a - Z_2 = n_2^{fl}/n^{fl} - n_2/n$$

gegeben. $n = n^{fl} + n^g$ ist die gesamte Stoffmenge in gasförmiger und flüssiger Phase. Damit findet man das sogenannte Hebelgesetz

$$\frac{n^{fl}}{n^g} = \frac{Z_2 - y_2}{x_2 - Z_2}, \tag{14.11}$$

Den Beweis sieht man sofort durch Einsetzen. Der Name kommt aus einer Analogie zu den mechanischen Hebelgesetzen, was man am einfachsten durch Umformung sieht:

$$n^{fl}(x_2 - Z_2) = n^g(Z_2 - y_2). \tag{14.12}$$

Die Analogie sieht man in Abb. 14.4, in der die Gerade c-b einen Hebel repäsentiert, der im Punkt a aufgehängt ist. Das Verhältnis der Stoffmengen in flüssiger und gasförmiger Phase ist durch die Länge der Hebelarme gegeben.

14.3 Destillation

Zur Beschreibung der Destillation halten wir nun den Druck p fest und betrachten ein T-Z_i-Diagamm in Abb. 14.5. Die flüchtigere Komponente mit dem höheren Dampfdruck p_1^* (Benzol) hat eine geringere Siedetemperatur (T_1^*) als die weniger

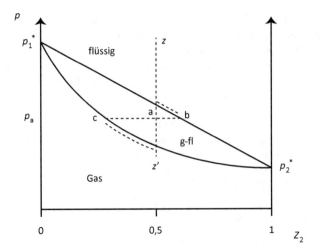

Abb. 14.4 p-Z-Diagramm. Es sind zudem noch die Siedekurve, die die Werte des Molenbruchs in der Lösung x_i über p und die Kondensationskurve, die die Werte des Molenbruchs in der Gasphase y_i über p angeben, aufgetragen, wie schon in Abb. 14.3. Da $Z_2 = n_2/n$ der Molenbruch der Komponente 2 ist, gibt nun das Gebiet zwischen den beiden Kurven definierte thermodynamische Zustände an, es ist das Koexistenzgebiet, in dem gasförmige und flüssige Phase gemeinsam auftreten (g-fl)

Abb. 14.5 T-Z_2-Diagramm für die Destillation

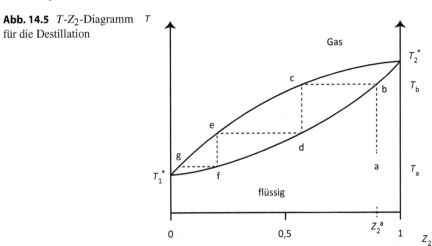

flüchtige Komponenten 2 (Toluol). Im Vergleich zu dem p-Z-Diagramm Abb. 14.4 sehen wir im T-Z-Diagramm drei Unterschiede:

- Die Gasphase ist jetzt „oben", und die flüssige Phase „unten",
- die Kurven haben die entgegengesetzte Steigung, und
- die Siedekurve T-x ist nicht mehr wie bei der p-x-Auftragung eine Gerade, sondern hat eine Krümmung. Dies liegt daran, dass in der Flüssigkeit kein lineares

Verhältnis von p und T besteht, insbesondere wenn es um die Abhängigkeit von der Zusammensetzung x_i geht.

Beachten Sie dazu nochmals die Diskussion in Kap. 2. Für das ideale Gas findet man eine lineare Abhängigkeit von p und T, für das reale Gas ist das aber schon nicht mehr so, und insbesondere die Phasengrenzlinien (Kap. 13) können eine komplexe Abhängigkeit $p(T, V)$ oder $T(p, V)$ aufweisen.

Bei der Destillation wird die unterschiedliche Flüchtigkeit der Komponenten ausgenutzt, die Komponente 1 hat die Siedetemperatur T_1^*, die kleiner ist als die Siedetemperatur T_2^* der Komponente 2. Die Komponente 2 hat am Punkt a einen relative großen Mengenanteil Z_2^a. Wenn wir die Temperatur der Mischung von T_a nach T_b anheben, ist am Punkt b der Molenbruch in der Lösung, x_2, festgelegt. Der Molenbruch der Komponente 2 in der Gasphase, y_2, ist am Punkt c festgelegt und ist kleiner als der Molenbruch in der Lösung, x_2. In der Gasphase ist also die flüchtigere Komponente 1, d. h. die Komponente mit der geringeren Siedetemperatur angereichert.

Nun scheidet man das Gas im Punkt c ab, kondensiert es durch Temperaturerniedrigung im Punkt d. Das Kondensat ist wieder im Gleichgewicht mit einer Gasphase, in der die Komponente 1 stärker angereichert ist, gegeben durch den Molenbruch $y_1^e = 1 - y_2^e$ im Punkt e. Wenn man das Verfahren iteriert, kann man somit die flüchtigere Komponente (Benzol) extrahieren.

14.3.1 Azeotrope

Für reale Mischungen weicht das Verhalten von den idealen ab, wie in Abb. 14.6 gezeigt. Wenn die Wechselwirkung A-B stärker ist als die von A-A und B-B, wird die Siedetemperatur steigen, wie in der (oberen) Verdampfungskurve in Abb. 14.6a gezeigt (z. B. Aceton/Chloroform). Wenn die A-B-Wechselwirkung schwächer

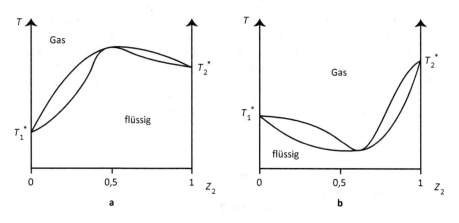

Abb. 14.6 (**a**) Azeotrop mit erhöhter Siedetemperatur, (**b**) Azeotrop mit erniedrigter Siedetemperatur

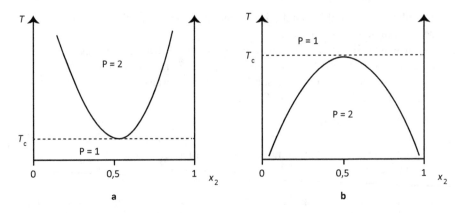

Abb. 14.7 Schematische Darstellung von flüssig-flüssig-Phasendiagrammen

ist als der Reinstoffe wird die Siedetemperatur der Mischung erniedrigt, wie in
Abb. 14.6b gezeigt (z. B. Ethanol/Wasser).

Wenn sich die Siedekurve und die Kondensationskurve berühren, nennt man
dies den **azeotropen Punkt**. An diesem Punkt verhält sich das Gemisch wie ein
Reinstoff. Die Folge ist, dass eine Destillation, wie in Abb. 14.5 nicht mehr möglich
ist. Wenn man analog die Destillation bei $Z_2 < 0,5$ startet, endet diese in dem
azeotropen Punkt.

14.4 Flüssig-flüssig-Phasendiagramme

Als Letztes betrachten wir T-x-Diagramme partiell mischbarer Flüssigkeiten. Diese existieren nicht für alle Temperaturen in einer Phase. Am Beispiel Hex-
an/Nitrobenzol (Ab. 14.7a) kann man die Bildung von zwei (flüssigen) Phasen in
Abhängigkeit der Temperatur sehen. Bei kleinen Temperaturen lösen sich kleine Mengen Nitrobenzol in Hexan, und umgekehrt, das sind die 1-Phasenbereiche
P=1. Im Bereich P=2 liegen zwei Phasen vor, man hat Entmischung. Genau umgekehrt verhält sich die Mischung von Wasser mit Triethylamin. Hier entmischen die
Komponenten oberhalb einer kritischen Temperatur (Abb. 14.7b).

14.5 Siedepunktsverzögerung und
Schmelzpunkterniedrigung

Wir betrachten nun eine Mischung, bei der das Lösungsmittel durch x_1 und das
Gelöste durch x_2 in der flüssigen Phase beschrieben werden. Zudem soll das Gelöste
nur in der flüssigen Phase vorliegen, nicht aber in der Gasphase oder in der festen

Phase. Dies ist beispielsweise durch das Lösen von Zucker oder Salz in Wasser gegeben.

Damit wird durch die Mischung nur das chemische Potenzial des Lösungsmittels in Lösung verändert, man findet für den Phasenübergang

$$\mu_i^{\mathrm{fl}} = \mu_i^{\mathrm{fl}*} + RT \ln a_i = \mu_i^{\mathrm{g}*}.$$

Für den Reinstoff hat man:

$$\mu_i^{\mathrm{fl}*} = \mu_i^{\mathrm{g}*}.$$

Damit ist das chemische Potenzial in Lösung μ_i^{fl} gegenüber dem des Reinstoffs $\mu_i^{\mathrm{fl}*}$ um $RT \ln a_i$ abgesenkt. Den Effekt dieser Absenkung des chemischen Potenzials sieht man in der Abb. 14.8. Das chemische Potenzial des Lösemittels wird nur in der Flüssigkeit abgesenkt, dadurch verschiebt sich der Schnittpunkt mit dem chemischen Potenzial des Festkörpers nach links, d. h. zu geringeren Temperaturen des Gefrierpunktes, man bekommt eine Temperaturabsenkung

$$\Delta T_{\mathrm{g}} = T_{\mathrm{g}} - T_{\mathrm{g}}'.$$

Der Siedepunkt verschiebt sich nach „rechts" zu höheren Temperaturen mit

$$\Delta T_{\mathrm{s}} = T_{\mathrm{s}} - T_{\mathrm{s}}'.$$

Wir erhalten für die **Siedepunkterhöhung**

$$\Delta T_{\mathrm{s}} = \frac{R(T_{\mathrm{s}}^*)^2}{\Delta_{\mathrm{v}} H_{1\mathrm{m}}^*} x_2. \tag{14.13}$$

T_{s}^* ist der Siedepunkt und $\Delta_{\mathrm{s}} H_{1\mathrm{m}}^*$ die molare Verdampfungsenthalpie des Reinstoffs.

Abb. 14.8 Erniedrigung des Schmelzpunktes und Erhöhung des Siedepunktes durch eine Mischung

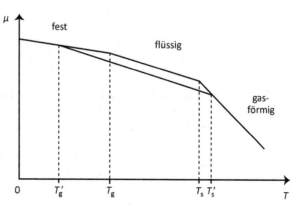

Analog gilt für die **Gefriepunktserniedrigung:**

$$\Delta T_g = \frac{R(T_g^*)^2}{\Delta_g H_{1m}^*} x_2. \tag{14.14}$$

T_g^* ist der Gefrierpunkt und $\Delta_g H_{1m}^*$ die molare Schmelzenthalpie des Reinstoffs

Bestimmung der Aktivitätskoeffizienten: Diese beiden Gleichungen sind ge-eingnet, die $a_i = \gamma_i x_i$, d. h. effektiv die γ_i, zu bestimmen. Die Abweichung von gemessener zu mit x_i berechneter Temperaturverschiebung wird durch γ_i verursacht.

Beweis 14.2

$$\mu_1^g = \mu_1^{fl} = \mu_1^* + RT \ln a_1.$$

Multiplikation mit $1/T$:

$$\mu_1^g/T = \mu_1^{fl}/T = \mu_1^*/T + R \ln a_1.$$

Wir suchen die Änderung des chemischen Potenzials mit T, d. h. nach T ableiten und mit der Gibbs-Helmholz-Beziehung (Gl. 9.9) ergibt sich

$$\left(\frac{\partial(G/T)}{\partial T}\right)_p = -\frac{H}{T^2},$$

oder

$$\left(\frac{\partial(\Delta G/T)}{\partial T}\right)_p = -\frac{\Delta H}{T^2}.$$

Mit $\mu = G_m$ und den molaren Enthalpien H_m ergibt sich

$$-\frac{H_{1m}^{g*}}{T^2} = -\frac{H_{1m}^{fl*}}{T^2} + R\left(\frac{\partial \ln a_1}{\partial T}\right)_p$$

$$H_{1m}^{g*} - H_{1m}^{fl*} = \Delta_s H_{1m}^*,$$

$$-\frac{\Delta_s H_{1m}^*}{T^2} = R\left(\frac{\partial \ln a_1}{\partial T}\right)_p$$

$$-\int_{T_s^*}^{T_s} \frac{\Delta_s H_{1m}^*}{RT^2} dT = \int_1^{a_1} d\ln a.$$

Die Integration startet beim Reinstoff, d. h. $a_1 = 1$ und es wird so viel Gelöstes hinzugefügt, dass sich die Siedetemperatur von T_s^* auf T_s' erhöht, und der Wert a_1 in der Lösung erreicht ist. Unter der Annahme, dass $\Delta_s H_{1m}^*$ temperaturunabhängig ist:

$$\frac{\Delta_s H_{1m}^*}{R}\left(\frac{1}{T_s} - \frac{1}{T_s^*}\right) = \frac{\Delta_s H_{1m}^*}{R}\left(\frac{T_s^* s - T_s}{T_s T_s^*}\right) = \frac{\Delta_s H_{1m}^*}{R}\left(\frac{-\Delta T_s}{T_s T_s^*}\right) = \ln a_1$$

Abb. 14.9 Osmotischer Druck

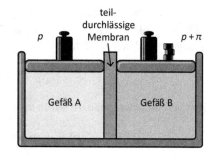

mit $\ln a_1 \approx \ln x_1 = \ln(1 - x_2) \approx -x_2$ und $T_s T_s^* \approx T_s^* T_s^*$ erhält man:

$$\Delta T_s = \frac{R(T_s^*)^2}{\Delta_s H_{1m}^*} x_2.$$

Der Beweis für die Gefriepunktserniedrigung geht analog. □

14.6 Osmose

Zwei Gefäße, eines (A) gefüllt mit einem reinen Lösungsmittel und eines (B) mit einer Lösung, sind über eine semi-permeable Membran verbunden, die nur durchlässig für das Lösungsmittel ist. Es wird dann Lösungsmittel in das Gefäß mit der Lösung strömen. Man kann diesen Fluss unterbinden, wenn man einen Gegendruck π anlegt, siehe Abb. 14.9. Im Gleichgewicht gilt:

$$\mu_1^*(p) = \mu_1(p + \pi) = \mu_1^*(p + \pi) + RT \ln a_1.$$

Für ideale Lösungen erhält man mit der Konzentration des Gelösten (mol/l):

$$\pi = RTc_2 \qquad\qquad (14.15)$$

Mit $c_2 = n_2/V$ erhält man eine Gleichung

$$\pi = \frac{n_2 RT}{V},$$

die der idealen Gasgleichung ähnlich ist.

Beweis 14.3

$$\mu_1^*(p + \pi) = \mu_1^*(p) + \int_p^{p+\pi} \frac{\partial \mu}{\partial p} \, dp.$$

Für die Gibbs'sche freie Enthalpie gilt: $\frac{\partial \mu}{\partial p} = V_1^*$, und eine Lösung ist in guter Näherung inkompressibel, d. h. V_1^* ist druckunabhängig und kann vor das Integral gezogen werden. Man erhält:

$$\mu_1^*(p + \pi) = \mu_1^*(p) + V_1^*\pi.$$

Zur Vereinfachung nähern wir $\ln a_1 \approx \ln x_1 \approx -x_2$,

$$\mu_1^*(p) = \mu_1(p + \pi) = \mu_1^*(p) + V_1^*\pi - RTx_2$$

d. h.

$$V_1^*\pi = RTx_2$$

V_1^* ist das molare Volumen des Lösungsmittels, $n_1 V_1^* \approx V$ ist also in etwa das Gesamtvolumen. Mit $x_2 = n_2/(n_1 + n_2) \approx n_2/n_1$ und $c_2 = n_2/V$ erhalten wir:

$$\pi = RTc_2. \qquad \qquad \square$$

14.7   Zusammenfassung

Die Dampfdrücke in Mischphasen werden durch die Gesetze von **Raoult und Henry** beschrieben,

$$x_i = \frac{p_i}{p_i^*}, \qquad p_i = x_i K,$$

die Aktivität einer Lösung,

$$\mu_i = \mu_i^{\ominus} + RT \ln a_i,$$

kann formal identisch zu der Aktivität von Gasen geschrieben werden.
    Die **Gibbs'sche Phasenregel**

$$F = K + 2 - P$$

gibt an, wie viele Freiheitsgrade ein System mit K Komponenten und P Phasen besitzt, d. h. wie viele Variable unabhängig voneinander verändert werden können, ohne dieses Phasengleichgewicht zu verlassen.
    Die Zusammensetzung eines Zweikomponentensystems in Gasphase y_i und Lösung x_i hat eine unterschiedliche Druck- und Temperaturabhängigkeit. Da die jeweilige Zusammensetzung jedoch durch T und p durch die Gibbs'sche Phasenregel eindeutig festgelegt ist, kann man durch Variation von p und T in einem iterativen Prozess die beiden Komponenten trennen, die Grundlage der **Destillation**.

Bei Hinzufügen eines nichtflüchtigen Stoffes zu einer Flüssigkeit erniedrigt sich deren **Gefrierpunkt** und es erhöht sich der **Siedepunkt**. Dies liegt daran, dass sich dadurch das chemische Potenzial des Lösungsmittels nur in der flüssigen Phase verändert, und zwar um den Mischterm $RT\ln a_i$. Für ideale Mischungen beschreibt dieser Terme eine Entropieerhöhung des Lösungsmittels, d. h. die Verschiebung der Übergangstemperaturen kann als entropischer Effekt gedeutet werden. Die Abweichung von dem idealen Verhalten wird durch die Aktivitätskoeffizienten beschrieben, die daher mit Hilfe der Temperaturverschiebung bestimmt werden können.

Der **osmotische Druck** hängt in einfacher Näherung nur von der Konzentration des gelösten Stoffes ab,

$$\pi = RTc_2.$$

Diese Phänomene hängen nur von dem Molenbruch ab, nicht von den Materialeigenschaften. Solch ein Verhalten nennt man eine **kolligative Eigenschaft**.

Elektrochemie

15

Bei Redoxreaktionen werden Elektronen zwischen den Reaktionspartnern ausgetauscht. In elektrochemischen Zellen findet eine Ladungstrennung zwischen Ionen/Molekülen und Elektroden statt, die in elektrische Energie umgesetzt wird. Das Anwendungsfeld ist also die elektrochemische Stromerzeugung, die Grundlage von Batterien und Akkumulatoren.

Es gibt zwei Zugänge:

- Zum einen den der Thermodynamik. Dabei wird die **elektrische Arbeit** betrachtet, die ein thermodynamisches System, hervorgebracht durch die chemischen Reaktionen, maximal leisten kann.
- Zum anderen der mikroskopische Blick auf die Vorgänge an den Elektroden und die Potenzialdifferenzen zwischen Elektroden und Lösung. Diese Beschreibung führt uns auf die sogenannten **elektrochemischen Potenziale** $\tilde{\mu}_i$, deren Ausgleich das Gleichgewicht beschreibt.

Als Resultat wird die freie Reaktionsenthalpie $\Delta_r G$ der chemischen Reaktion in eine elektrische Spannung U der Zelle umgesetzt, dies wird durch die **Nernst'sche Gleichung** ausgedrückt.

15.1 Elektrochemische Zellen

Wenn man Elektroden in bestimmte Elektrolytlösungen taucht, kann man eine elektrische Spannung U an den Elektroden feststellen. In Abb. 15.1 wird diese Spannung über ein Voltmeter gemessen. Die Abbildung zeigt zwei Typen von Zellen. Ein Zelltyp verwendet eine Elektrolytlösung in die beide Elektroden eingetaucht sind, die sogenannte Daniell-Zelle verwendet unterschiedliche Elektrolytlösungen, die über eine Salzbrücke verbunden sind. Diese Salzbrücke besteht beispielsweise aus einem Gel, in dem ein Elektrolyt (z. B. KCl) gelöst ist – abgeschlossen auf beiden Seiten

© Springer-Verlag GmbH Deutschland 2017
M. Elstner, *Physikalische Chemie I: Thermodynamik und Kinetik*,
https://doi.org/10.1007/978-3-662-55364-0_15

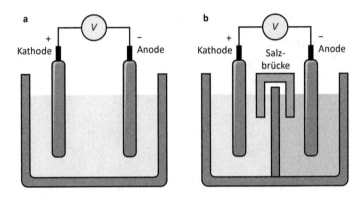

Abb. 15.1 Elektrochemische Zellen. (**a**) Beide Elektroden sind in gemeinsamer Elektrolylösung, (**b**) Anode und Kathode in unterschiedlichen Elektrolytlösungen (Daniell-Zelle)

durch einen Filter – und das einen Ladungstransfer zwischen den beiden Lösungen erlaubt.

Natürlich eigenen sich dazu nur bestimmte Materialien, sowohl für die Elektroden als auch für die Elektrolytlösung. Deren elektrochemische Eigenschaften bestimmen u. A. die Spannung U, die sich als Folge der elektrochemischen Reaktionen aufbaut. Im Folgenden wollen wir einige dieser Reaktionen betrachten und deren physikalisch-chemischen Grundlagen verstehen.

Ein Beispiel sind die Zn^{2+}/Zn- und Cu^{2+}/Cu-Halbzellen eines Daniell-Elements. Dabei ist eine feste Zn(fe)-Anode in eine $ZnSO_4$-Lösung eingetaucht, und eine Cu(fe)-Kathode in eine $CuSO_4$-Lösung.

Bei Stromfluss finden an den Elektroden folgende sogenannte **Halbzellenreaktionen** statt:

- An der **Anode** wird das Zn(fe) der Elektrode **oxidiert**. Dabei verbleiben zwei Elektronen des festen Zn(fe) in der Elektrode und das Zn^{2+} geht in die Lösung,

$$Zn(fe) \rightleftharpoons Zn^{2+} + 2e^-,$$

  bis ein Gleichgewicht erreicht ist. Als Resultat ist die Lösung positiv geladen und die Elektrode negativ.
- An der **Kathode** wird Cu^{2+} der Lösung **reduziert**. Dabei findet die Halbzellenreaktion

$$Cu^{2+} + 2e^- \rightleftharpoons Cu(fe)$$

  statt, wobei das Cu(fe) an der Kathode angelagert wird.

An der **Anode** findet also eine Oxidation statt, dabei werden Elektronen in der Elektrode akkumuliert. An der **Kathode** werden Elektronen abgegeben, eine Reduktion findet statt, und da Elektronen „fehlen", werden positive Ladungen akkumuliert.

Dies führt zu einer Potenzialdifferenz zwischen den Elektroden, die als Spannung in Abb. 15.1 gemessen werden kann.

Die beiden Halbzellenreaktionen lassen sich in der folgenden Redoxreaktion darstellen:

$$Zn(fe) + Cu^{2+} \rightleftharpoons Cu(fe) + Zn^{2+}.$$

Die Elektronen kommen in der Reaktionsgleichung nicht vor, da die von der Anode absorbierten Elektronen an der Kathode verbraucht werden.

Elektrochemische Reaktionen sind, wie in Kap. 12 generell dargelegt, durch Gleichgewichte charakterisiert. Sie können in beide Richtungen ablaufen und man kann sie z. B. auch durch Anlegen einer Spannung umkehren. Betrachten wir dazu eine Zelle wie in Abb. 15.2a dargestellt, wobei die Lösung H^+- und Cl^--Ionen enthält. Die Spannungsquelle sei regelbar, ein Amperemeter misst den Strom I. Wenn man die Spannung langsam hochregelt, findet man anfangs kaum einen Stromfluss durch die Zelle, wenn die Spannung allerdings einen bestimmten Wert U_0 übersteigt, wird an der Anode Cl_2 und an der Kathode H_2 gebildet, die beide gasförmig entweichen. Es finden also die beiden Halbzellenreaktionen

$$2Cl^- \rightarrow Cl_2 + 2e^-$$

$$2H^+ + 2e^- \rightarrow H_2$$

statt, wobei jeweils die Elektronen in die Anode und aus der Kathode übertragen werden. Die Zerlegung von Substanzen durch einen elektrochemischen Prozess, in diesem Fall von 2HCl in H_2 und Cl_2, wird **Elektrolyse** genannt.

Wenn man die Spannungsquelle abkoppelt und stattdessen einen Widerstand einfügt, kann man noch für einen kurzen Zeitraum einen Stromfluss feststellen.

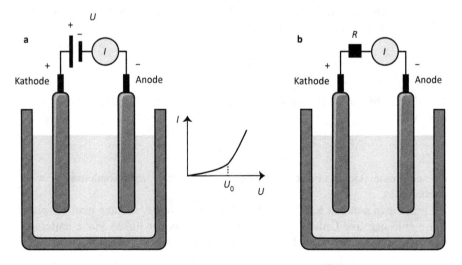

Abb. 15.2 (a) Elektrolyse durch anlegen einer Spannung, (b) elektrochemische Stromerzeugung

Offensichtlich hat nun die Zelle den Strom erzeugt, dabei wird das gasförmige H_2 und Cl_2, das sich noch an den Elektroden befindet, in der Umkehrreaktion wie folgt umgesetzt.

$$Cl_2 + 2e^- \rightarrow 2Cl^-$$

$$H_2 \rightarrow 2H^+ + 2e^-.$$

Wenn man diese Stromproduktion fortführen möchte, muss man an den Elektoden Cl_2 und H_2 zuführen, dies ist das Prinzip der **Gaselektrode**, das wir unten noch ausführen werden.

Wichtig ist die Spannung U_0. Offensichtlich können die Gasreaktionen an den Elektroden eine Spannung U_0 erzeugen. Diese kann bei der elektrochemischen Stromerzeugung genutzt werden, und muss bei der Elektrolyse überwunden werden. Sie markiert die Umkehrung der Redoxreaktionen. Bei vielen chemischen Reaktionen, wie in Kap. 12 ausgeführt, wird die freie Reaktionsenthalpie $\Delta_r G$ in Wäme umgesetzt. Hier wird diese genutzt, um elektrische Arbeit zu erzeugen, daher wollen wir im nun zunächst kurz rekapitulieren, wie diese definiert ist.

15.2   Der thermodynamische Zugang

15.2.1   Elektrische Arbeit

Wir betrachten einen geladenen Kondensator mit Plattenabstand d. Die Ladungen auf den beiden Platten führen zu einer Differenz des elektrostatischen Potenzials ϕ, diese Potenzialdifferenz wird als Spannung U bezeichnet, die an diesem Kondensator anliegt. Im Inneren des Kondensators entsteht dadurch ein homogenes elektrisches Feld $\vec{E}$ (Abb. 15.3a) mit

$$|\vec{E}| = \frac{U}{d},$$

d. h. die Feldstärke ist innerhalb des Kondensators konstant. Dies führt zu einer konstanten Kraft

$$\vec{F} = \vec{E}q,$$

die auf eine kleine Punktladung q (Probeladung) im Kondensator wirkt (Abb. 15.3b).

Wenn man nun den Kondensator stärker laden möchte, so kann man beispielsweise eine negative Ladung (z. B. ein Elektron) aus der linken Platte entfernen, und diese auf die negativ geladene rechte Platte schieben[1]. Dadurch entsteht auf

---

[1]Wenn wir die Arbeit, die nötig ist, das Elektron aus dem Metall in Vakuum zu bringen, nicht berücksichtigen. Diese ist für das Argument nicht von Bedeutung.

Abb. 15.3 (a) (Homogenes) elektrisches Feld in einem Kondensator, (b) Kraft auf eine Probeladung in diesem Feld

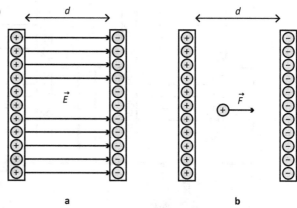

a   b

der linken Seite eine weitere positive Ladung, auf der rechten Seite eine weitere negative Ladung. Da die Kraft konstant ist, lässt sich die Arbeit, die aufgewendet werden muss, um die negative Probeladung von der positiv geladenen Platte zur negativ geladenen Platte zu verschieben, wie folgt berechnen:

$$W = |\vec{F}|d = |q||\vec{E}|d = |q|U.$$

Wenn man viel Ladung von links nach rechts bringt, wird sich durch das Aufladen auch die Spannung verändern, d. h., das elektrische Feld wird sich ändern und die Arbeit ist nicht mehr so elementar zu berechnen. Wir sind aber im Folgenden an diesem einfachen Fall interessiert, und daher betrachten wird nur das Verschieben infinitesimal kleiner Ladungen, für die sich in guter Näherung die Spannung am Kondensator nicht ändert, d. h., wir berechnen eine infinitesimale **elektrische Arbeit**

$$dW = U dq. \tag{15.1}$$

In der Praxis wird man einen Kondensator nicht auf diese Weise laden, man verwendet beispielsweise eine Batterie, wie in Abb. 15.4a gezeigt. Die Batterie „entfernt" Elektronen von der linken Kondensatorplatte und „fügt" Elektonen auf der rechten Platte hinzu. Dies geht so lange, bis an dem Kondensator die Spannung U der Batterie anliegt, dann ist der Kondensator geladen. Beim Laden wird diese Arbeit aufgewendet, sie ist nun als Energie in dem Kondensator gespeichert, beim Entladen über einen Verbraucher wird diese Energie als Arbeit wieder freigesetzt.

Eine Ladungstrennung führt zu einer Spannung U. Bei dieser Spannung kann eine Ladungsmenge dq die Arbeit $dW_{el} = U dq$ verrichten, wenn sie durch einen Verbraucher, in Abb. 15.4b durch den Widerstand R repräsentiert, fließt.

15.2.2 Gleichgewicht für offenen oder geschlossenen Stromkreis

In der Elektrochemie wird diese Ladungstrennung durch elektrochemische Reaktionen, wie in Abb. 15.1 schematisch gezeigt, erzeugt. Die Spannung U führt zu einem

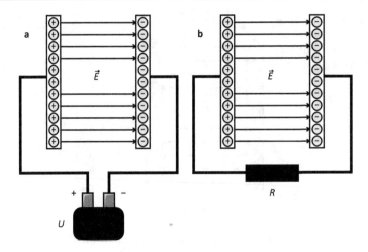

Abb. 15.4 Kondensator, (**a**) der von einer Batterie der Spannung U geladen wird und (**b**), der über einen Widerstand die elektrische Arbeit $dW_{el} = U dq$ verrichten kann

Strom dq durch einen Verbraucher, z. B. den Widerstand in Abb. 15.2b, dabei wird dann elektrische Arbeit $dW_{el} = U dq$ geleistet.

Wir wollen nun zunächst zwei Fälle unterscheiden, je nachdem ob wir den Stromfluss über den Stromkreis zwischen Anode und Kathode erlauben (Abb. 15.2), d. h. die Zelle entladen, oder den Stromfluss unterbinden, z. B. durch Unterbrechen des Stromkreises oder durch Wahl eines sehr großen Widerstandes R in Abb. 15.2b:

- In Kap. 12 haben wir nach dem Reaktionsgleichgewicht gefragt. Im Gleichgewicht, wie in allen bisherigen Anwendungen berachtet, sind die chemischen Potenziale der Komponenten gleich, d. h. es gilt:

$$0 = \Delta_r G = \sum_{i=1}^{k} \mu_i \nu_i.$$

Für das Beispiel der Reaktion A + 2B → 4C + D findet man

$$4\mu_C + \mu_D = \mu_A + 2\mu_B.$$

Die Reaktion ist im Gleichgewicht, wenn sich die chemischen Potenziale angeglichen haben. In diesem Fall gilt die Gl. 12.8

$$0 = \Delta_r G = \Delta_r G^0 + RT \ln \mathbf{K},$$

wobei die **Gleichgewichtskonstante K** (Gl. 12.11)

$$K = \frac{\Pi_p a_i^{v_i}}{\Pi_r a_i^{|v_i|}}$$

die Aktivitäten der Komponenten im Gleichgewicht enthält und $\Delta_r G^0$ die Differenz der μ_i^0 von Produkten und Reaktanten ist. Wenn man Stromfluss erlaubt, also einen Aufbau wie in Abb. 15.2b hat, wobei der Widerstand R einen Stromverbraucher symbolisiert, wird ein Ausgleichsprozess stattfinden. Der Reaktionsverlauf wird durch den Parameter ξ beschrieben, der sich vom Anfangswert $\xi = 0$ auf den Wert im Gleichgewicht, ξ_0, verändert. Es fließen Elektronen über den Stromkreis und es wird sich ein Gleichgewicht einstellen, so wie in Kap. 12 für die chemischen Gleichgewichte diskutiert. Am Ende der elektrochemischen Reaktion haben sich dann die chemischen Potenziale angeglichen, was, wie wir gleich sehen werden, bedeutet, dass mit $\Delta_r G = 0$ auch die an der Zelle (Abb. 15.1) gemessene Spannung verschwindet ($U = 0$).

- Ganz anders aber die Situation am Anfang der Reaktion $\xi = 0$, die für die Elektrochemie relevant ist. Wenn wir keinen Stromfluss von Anode zu Kathode erlauben, wird zwar eine Ladungstrennung an den Elektroden stattfinden, da sich aber durch die Aufladung der Elektroden ein Potenzial aufbaut, wird dieses nach einer gewissen Zeit die weitere Ladungstrennung unterbinden. Hier gilt

$$0 \neq \Delta_r G = \Delta_r G^0 + RT \ln \frac{\Pi_p a_i^{v_i}}{\Pi_r a_i^{|v_i|}} = \Delta_r G^0 + RT \ln \mathbf{Q}. \tag{15.2}$$

Q enthält also, im Unterschied zu K, die Aktivitäten am Anfang der Reaktion, d. h., die chemischen Potenziale der Reaktanten sind gerade nicht gleich.

In der Elektrochemie betrachten wir immer die Halbzellenreaktionen an der Anode und der Kathode. Es ist also der Unterschied der chemischen Potenziale der Reaktanten an der Anode und Kathode, die den Ladungstransfer auf die Elektroden treibt.

15.2.3 Maximale nicht-Volumenarbeit: Chemische und elektrische Energie

Am Anfang wird also $\Delta_r G$ maximal sein, und je weitere die chemische Reaktion fortschreitet, d. h. je mehr sich Q an K angleicht, wird die Fähigkeit der Zelle elektrische Arbeit zu leisten abnehmen. In Abschn. 8.1.3 haben wir gesehen, dass ΔG die maximale Nicht-Volumenarbeit ist, die ein thermodynamisches System leisten kann. Diese maximale Arbeit wird unter reversiblen Bedingungen verfügbar. Das bedeutet, dass man in einem elektrochemischen Prozess die freie Reaktionsenthalpie $\Delta_r G$ komplett in elektrische Arbeit umsetzen kann, wenn dieser reversibel abläuft. Die freie Reaktionsenthalpie der chemischen Reaktion wird dazu genutzt, die Elektroden der elektrochemischen Zelle aufzuladen, und damit die Spannung U aufzubauen. Diese kann dann genutzt werden, um über einen Widerstand R die elektrische Arbeit $dW_{el} = U dq$ zu leisten.

Um die maximale Nicht-Volumenarbeit abgeben zu können, muss der Prozess reversibel ablaufen. Denken Sie dabei an die Diskussion in Abschn. 1.3.2 bezüglich der Volumenarbeit. Die Gewichte auf dem Kolben stellen eine Hemmung dar, wenn diese Gewichte schnell entfernt werden, so ist der Prozess irreversibel, da nicht die maximale Arbeit verrichtet werden kann.

Dies gilt analog auch für die elektrochemischen Reaktionen. In Abb. 15.2a haben wir gesehen, dass es eine von außen angelegte Spannung U_0 gibt, bei der weder die Elektrolyse noch die elektrochemische Stromerzeugung stattfindet. Für kleine Abweichungen um U_0 kann die Reaktion also sowohl in die eine, als auch in die andere Richtung laufen, einmal wird elektrische Arbeit aufgewendet, um chemische Reaktionen zu katalysieren (durch Ladungsübertrag), einmal werden die chemischen Reaktionen genutzt, um elektrische Arbeit zu erzeugen. Der Spannungsbereich um U_0 charakterisiert also den Bereich der reversiblen Reaktionen.

Wir können die Gegenspannung, analog zur Diskussion in Kap. 7 als Hemmung betrachten, die die elektrochemische Reaktion kontrolliert. Wird der Wert U_0 verwendet, so wird die Reaktionlaufzahl ξ aus Kap. 12 nahe an ihrem Anfangswert $\xi = 0$ festgehalten, die Reaktion kann nicht weiter ablaufen.

Weicht U nun stark von U_0 ab, so ist das vergleichbar mit dem schlagartigen Entfernen von Gewichten in Abschn. 1.3.2, und die chemische Energie kann nicht vollständig in elektrische Arbeit umgewandelt werden (und umgekehrt). Die elektrochemische Reaktion wird beispielsweise dann sehr schnell stattfinden, wenn der Widerstand in Abb. 15.2b klein ist. Das passiert, wenn man eine Batterie kurzschließt. Um die maximale elektrische Arbeit zu bestimmen, müssen wir also quasistatische Prozesse am Anfang der elektrochemischen Reaktion betrachten, d. h. Reaktionen mit sehr langsamer Änderung von ξ um den Wert $\xi = 0$.

Die elektrochemische Reaktion, wie in Kap. 12 eingeführt, startet bei $\xi = 0$ und wir betrachten zunächst eine infinitesimale Änderung der freien Enthalpie

$$dG = \sum_i \mu_i \nu_i d\xi = \Delta_r G d\xi, \qquad (15.3)$$

wobei wir die Definition von $\Delta_r G$, Gl. 12.6, verwendet haben. Bei einem Fortgang der Reaktion um $d\xi$ werden $\nu_i d\xi$ mole der Reaktanten umgesetzt, dabei werden $nd\xi$ mol Elektronen übertragen, n ist die Anzahl der bei der Redoxreaktion übertragenen Elektronen. Für das obige Beispiel der Zn/Cu-Daniellzelle ist $n = 2$. Damit wird die Ladung

$$dq = nN_A e d\xi = nF d\xi \qquad (15.4)$$

auf die Elektroden übertragen. Dadurch wird die Spannung U_0 zwischen den Elektronen aufgebaut. Die Avogadrozahl N_A und die Elementarladungen e werden üblicherweise in der **Faradaykonstante** $F = N_A e$ zusammengefasst.

Wie in Abschn. 15.2.1 dargestellt, können diese Elektronen auf den Elektroden nun dazu verwendet werden, die infinitesimale Arbeit

$$dW = U dq = nFU d\xi. \tag{15.5}$$

zu verrichten. Wir verwenden die soeben entwickelte Einsicht, dass bei einer reversiblen Reaktion die freie Enthalpie der geleisteten Nicht-Volumenarbeit entspricht, wir können daher gleichsetzen:

$$dG = dW, \qquad \Delta_r G d\xi = nFU d\xi. \tag{15.6}$$

und erhalten damit:

$$\Delta_r G = nFU. \tag{15.7}$$

Wir haben also den reversiblen Bereich der Reaktion ausgenutzt, um die maximal extrahierbare Arbeit $\Delta_r G$ zu leisten. Diese freie Reaktionsenthalpie, die zu der Zellspannung U führt, kann dazu genutzt werden, die elektrische Arbeit nFU zu verrichten.

15.2.4 Nernst'sche Gleichung

Mit Gl. 15.7 und 15.2 erhält man

$$U = \frac{1}{nF} \Delta_r G = \frac{1}{nF} \Delta_r G^0 + \frac{RT}{nF} \ln \mathbf{Q}. \tag{15.8}$$

Aus historischen Gründen wird der Buchstabe E statt U für die Spannung verwendet. Die Zellspannung wird oft auch **elektromotorische Kraft (EMK)** genannt, daher die Abkürzung mit E. E bezeichnet damit die Spannung, die sich in der Zelle aufbaut, während wir U als die von Außen angelegte Spannung eingeführt haben.

Nun definiert man ein $E_0 = \Delta_r G^0 / nF$ und erhält die **Nernst'sche Gleichung**,

$$E = E_0 - \frac{RT}{nF} \ln \frac{\Pi_p a_i^{\nu_i}}{\Pi_r a_i^{|\nu_i|}}. \tag{15.9}$$

Die Zellspannung nimmt also linear mit $\ln Q$ ab. E_0 ist die Spannung, wenn die Ionen in der Lösung bei Standardbedingungen vorliegen. Da die EMK nach Gl. 15.8 direkt von $\Delta_r G$ abhängt, kann man die Temperatur- und Druckabhängigkeit von E aus den Überlegungen in Kap. 12 direkt ableiten.

15.2.5 Chemische Potenziale

Nun wollen wir uns den chemischen Potenzialen der Komponenten zuwenden, allgemein sind diese durch

$$\mu_i = \mu_i^{\ominus} + RT \ln a_i$$

gegeben, wobei $\mu_i^{\ominus}$ auf den Standardzustand verweisen.

- Die Aktivitäten der Reinstoffe sind zu „1" definiert (siehe Abschn. 11.2), d .h. für die Elektroden gilt $a_{Elektrode} = 1$, also z. B. $a_{Zn(s)} = a_{Cu(s)} = 1$.
- Die Aktivität von Lösungen haben wir mit Gl. 11.24 auf eine Standardkonzentration bezogen.

$$\mu_i = \mu_i^{\ominus} + RT \ln a_i \approx \mu_i^{\ominus} + RT \ln x_i = \mu_i^{\ominus} + RT \ln \frac{c_i}{c_0}.$$

Der Standardzustand ist somit durch die Standardkonzentration $c_0 = 1$ mol/l definiert. Wenn wir also z. B. eine einmolare Cu^{2+}- oder Zn^{2+}-Lösung verwenden, gilt für die Aktivitäten $a_{Zn^{2+}} = a_{Cu^{2+}} = 1$.

- Für Gase gilt $a_i = p/p_0$, mit dem Standarddruck $p_0 = 1$ bar. Da sich der Standardzustand des Reinstoffs auf diesen Druck bezieht, gilt für $p = p_0$ ebenfalls $a_{Gas} = 1$.

Im Verlauf der Reaktion werden sich also die a_i derart verändern, dass sich die chemischen Potenziale der Reaktanten angleichen.

Für die oben diskutierten Zn/Cu-Halbzellen erhalten wir also

$$E = E_0 - \frac{RT}{2F} \ln \frac{a_{Zn^{2+}}}{a_{Cu^{2+}}}, \qquad (15.10)$$

da für die chemischen Potenziale der Metallelektroden $a_{Cu(s)} = a_{Zn(s)} = 1$ gilt. Wenn wir beispielsweise mit einmolaren Lösungen in der Zelle starten, gilt am Anfang $E = E_0$ und die Spannung der Zelle wird mit dem Logarithmus der Ionen-Konzentrationen abnehmen.

15.3   Die mikroskopische Sicht

Hier wird von den chemischen Potenzialen der beteiligten Stoffe ausgegangen. Da wir es mit geladenen Spezies zu tun haben, muss man die elektrischen Potenziale, die im System auftreten, im Detail berücksichtigen. Wir wollen dies am Beispiel Cu-Kathode darstellen.

15.3.1   Ladungstrennung an den Elektroden: Galvani-Potenzial

Die mikroskopische Situation ist in Abb. 15.5a skizziert. Wir können drei Bereiche unterscheiden:

- Den festen Bereich der Kathode: Hier liegt Cu in der festen Phase vor, durch das Abscheiden von Cu^{2+} an der Kathode werden zwei Elektronen von der Kathode an das Kupferion abgegeben. Damit wird die Kathode positiv geladen und es bleiben effektiv negative geladene SO_4^{2-}-Ionen an der Grenzfläche. Da diese mit den positiven Ladungen in der Kathode wechselwirken, sind beide Ladungsträger an der Grenzfläche konzentriert.

- Die flüssige Phase ist vor der Reaktion elektrisch neutral, da gleich viele positive geladene Cu^{2+}- wie negativ geladene SO_4^{2-}-Ionen vorliegen. Dies ist auch nach der Reaktion in dem Bereich der Fall, der nicht direkt an der Grenzfläche ist.

Aus dieser Analyse können wir dann zwei Dinge verständlich machen: (i) Wir wollen wissen, welche Spannung U_0 eine elektrochemische Zelle erzeugen kann. Dies hängt natürlich von den chemischen Komponenten ab, d. h. deren chemischen Potenzialen. (ii) Zudem wollen wir wissen, wie die chemischen Potenziale in der Zelle im Detail aussehen, d. h., wie diese durch die elektrischen Felder bzw. elektrischen Potenziale modifiziert werden.

Das Potenzial ϕ, auch **Galvani-Potenzial** genannt, ist in Abb. 15.5a in Abhängigkeit vom Abstand von der Kathode skizziert. Das Potenzial $\phi(x)$ ist über die elektrische Arbeit definiert, eine Probeladung von $x = \infty$, für die das Potenzial verschwindet, zum Ort x zu bringen,[2]

$$W_{el} = q\phi(x). \tag{15.11}$$

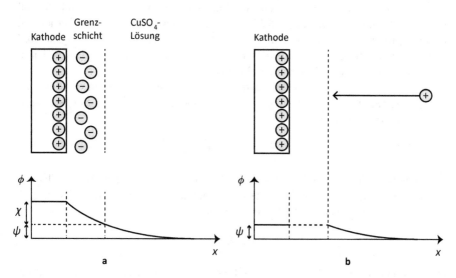

Abb. 15.5 (a) Ladungsverteilung und elektrische Potenziale an der Kathode. Die Grenzschicht hat typischerweise eine Ausdehnung von einnigen Nanometern. (b) Elektrisches Potenzial einer Kathode im Vakuum

---

[2]So ist z. B. das elektrische Potenzial einer Punktladung Q durch das **Coulomb-Potenzial** gegeben,

$$\phi_C(x) = \frac{1}{4\pi\epsilon_0}\frac{Q}{x}.$$

Für die geladene Elektrode in der Gasphase wäre das Potenzial durch $\psi(x)$, wie in Abb. 15.5b gezeigt, gegeben. Dieses Potenzial, auch **Volta-Potenzial** genannt, kann man sich als Überlagerung der Coulomb-Potenziale der Ladungen auf der Kathode vorstellen. In dieser Darstellung besteht das Galvani-Potenzial aus zwei Anteilen,

$$\phi = \chi + \psi, \tag{15.12}$$

dem Volta-Potenzial ψ und dem sogenannten **Oberflächenpotenzial** χ. Letzteres resultiert aus den Ladungen an der Grenzfläche, die eine Dipolschicht bildet, wie in Abb. 15.5 schematisch dargestellt. Eine analoge Betrachtung kann man für die Anode anstellen. Für das Weitere ist diese Aufspaltung jedoch nicht relevant, wir benötigen nur das Potenzial ϕ.

Da sich die Ionen der Eletrolytlösung in einem elektrischen Potenzial befinden, haben sie eine zusätzliche Energie, die bisher in dem chemischen Potenzial μ_i, noch nicht berücksichtigt ist. Man führt daher das sogenannte **elektrochemische Potenzial**

$$\tilde{\mu}_i = \mu_i + z_i F \phi, \tag{15.13}$$

mit der Ladungszahl z_i der Ionen ein. Wir haben also zu dem chemischen Potenzial noch die potenzielle Energie Gl. 15.11 der Ionen im elektrischen Potenzial ϕ addiert. Da die μ_i molare Größen sind, wird die elektrische Energie durch die Avogadrozahl in F ebenfalls pro mol angegeben. Der Term $z_i F \phi$ ist also die Energie von 1 mol Ionen mit der Ladungszahl z_i in dem Potenzial ϕ.

Wir haben an der Kathode die feste Cu(fe)-Phase in Kontakt mit der flüssigen $CuSO_4$-Phase, die als Ionenlösung mit den Komponenten Cu^{2+} und SO_4^{2-} vorliegt, die Kathodenreaktion lautet

$$Cu^{2+} + 2e^- \rightarrow Cu(fe).$$

Das Potenzial fällt in der Lösung ab, in der Lösung soll es den Wert ϕ_L haben, an der Elektrode den Wert ϕ_E, siehe dazu nochmals Abb. 15.5. Es herrscht eine Potenzialdifferenz zwischen Elektrode und Lösung von

$$\Delta\phi = \phi_E - \phi_L.$$

Da Cu ungeladen ist, hat ϕ_E keinen Einfluss auf sein chemisches Potenzial und für die drei auftretenden Spezies finden wir die elektrochemischen Potenziale

$$\tilde{\mu}_{Cu} = \mu_{Cu}, \tag{15.14}$$

$$\tilde{\mu}_{Cu^{2+}} = \mu_{Cu^{2+}} + 2F\phi_L,$$

$$2\tilde{\mu}_e = 2\mu_e + 2F\phi_E.$$

Das chemische Potenzial des Elektrons in der Elektrode ist eine schwierig zu bestimmende Größe, sie wird hier zu null gesetzt, $\mu_e = 0$. Dies ist eine Konvention, die Thermodynamik erlaubt die freie Wahl von Referenzwerten für unterschiedliche chemische Spezies, wie wir z. B. in Kap. 5 an verschiedenen Beispielen gesehen haben. Das Elektron wird hier als eine neue chemische Spezies eingeführt, und sein chemisches Potenzial in der Elektrode wird zu null definiert. $\tilde{\mu}_e$ ist aber ungleich null, da sich das geladene Elektron im elektrischen Feld ϕ_E befindet.

Die allgemeinen Gleichgewichtsbedingungen sind nun durch die **Gleichheit der elektrochemischen Potenziale** gegeben, Gleichgewicht herrscht, wenn die chemischen Potenziale, korrigiert durch die elektrostatische Wechselwirkung, gleich sind,

$$\tilde{\mu}_{Cu} + 2\tilde{\mu}_e = \tilde{\mu}_{Cu^{2+}}.$$

Wir erhalten durch Auswertung der Reaktionsgleichung $Cu^{2+} + 2e^- \rightarrow Cu(fe)$ nach Einsetzen der Gl. 15.14 und Umformen

$$\mu_{Cu} = \mu_{Cu^{2+}} - 2F\Delta\phi.$$

Man kann diese Gleichung auch so interpretieren: Um Cu^{2+}-Ionen aus der Lösung an die Elektrode zu bringen, muss man die Potenzialdifferenz $\Delta\phi$ überwinden und die Arbeit

$$\Delta W_{el} = 2F\Delta\phi$$

aufwenden. Die Cu^{2+} sind daher in der Lösung um genau diesen Energiebeitrag, d. h. um $-\Delta W_{el}$, stabiler als an der Elektrode.

Das ist in Abb. 15.6 veranschaulicht. Am Anfang der elektrochemischen Reaktion ist $\phi = 0$ und die Cu^{2+} Ionen haben ein größeres chemisches Potenzial als $Cu(fe)$, $\mu_{Cu} < \mu_{Cu^{2+}}$. Deshalb läuft der Elektronentransfer von der Elektrode auf die Ionen ab und Cu^{2+} wird abgeschieden, dabei wird die Grenzschicht mit dem Potenzial ϕ aufgebaut. Dieses Potenzial senkt die Energie der Cu^{2+} in der Lösung gegenüber den Ionen an der Elektrode ab. Wenn das chemische Potenzial so weit abgesenkt ist, dass es gleich dem der Elektrode ist, stoppt die Reaktion, und kommt

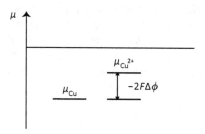

Abb. 15.6 Chemische Potenziale von Cu und Cu^{2+}. Durch das Potenzial ϕ ist das chemische Potential der Cu^{2+}-Ionen in der Lösung gegenüber der Elektrode abgesenkt

erst wieder in Gang, wenn Ladungen von der Elektrode über einen Widerstand abgeführt werden.

15.3.2   Die elektromotorische Kraft

Damit kann man die Potenzialdifferenz zwischen Elektrode und Lösung berechnen, am Beispiel der Kupfer-Kathode,

$$2F\Delta\phi = \mu_{Cu^{2+}} - \mu_{Cu(fe)}, \tag{15.15}$$

oder mit den chemischen Potenzialen

$$\Delta\phi = \frac{1}{2F}(\mu_{Cu^{2+}}^{\ominus} - \mu_{Cu(s)}^{\ominus}) + \frac{RT}{2F} \ln \frac{a_{Cu^{2+}}}{a_{Cu(s)}}. \tag{15.16}$$

Nun gilt für den Reinstoff Cu(fe) per Definition $a_{Cu(s)} = 1$, und wir wollen annehmen, dass am Anfang der elektrochemischen Reaktion die Lösung unter Standardbedingungen steht, d.h., es gilt $\mu_{Cu^{2+}} = \mu_{Cu^{2+}}^{\ominus}$ und damit $a_{Cu^{2+}} = 1$. Wir definieren damit ein ϕ^0 durch

$$2F\Delta\phi^0 = \mu_{Cu^{2+}}^{\ominus} - \mu_{Cu(fe)}^{\ominus}. \tag{15.17}$$

Die Potenzialdifferenz der Halbzelle ist genau durch die Differenz der chemischen Potenziale der Reinstoffe gegeben, d.h. durch $\Delta_r G^0$ der Halbzellenreaktion. Dieser Unterschied zwischen den chemischen Potenzialen ist in der Lage, eine Potenzialdifferenz $\Delta\phi^0$ zu erzeugen.

Die Galvani-Spannung $\Delta\phi$ ist die Potenzialdifferenz, die zwischen zwei Punkten im Inneren des Metalls und im Inneren der Lösung anliegt. Sie ist nicht meßbar, da ein Voltmeter zwar das Metall gut kontaktieren kann, der Kontakt des Messgeräts zur Lösung aber wieder eine Phasengrenze Metall/Elektrolyt aufweist, und sich dort eine Grenzschicht mit Potenzial χ aufbaut.

Daher muss man zur Messung der Spannung beide Halbzellen betrachten, das elektrische Potenzial verläuft dann wie in Abb. 15.7 schematisch gezeigt. Man erhält die Potenzialdifferenzen an der Kathode, $\Delta\phi_K$, und an der Anode, $\Delta\phi_A$. Wie aus der Abbildung ersichtlich, kann man die Spannung, die an der Zelle insgesamt anliegt, als deren Differenz erhalten. Wenn man nun eine zu Gl. 15.17 analoge Gleichung für die Zn-Anode aufstellt, bekommt man die Nernst'sche Gl. 15.10, wie aus den thermodynamischen Überlegungen abgeleitet.

Bemerkung:

- Wir haben für das chemische Potenzial des Elektrons in der Cu-Elektrode $\mu_e = 0$ gewählt. Wenn man das für andere Metallelektroden wie etwa Zn ebenso macht,

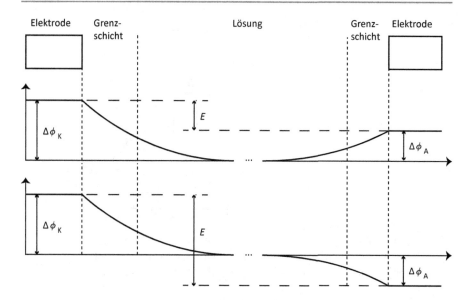

Abb. 15.7 Elektrisches Potenzial der Kathode und Anode einer einfachen elektrochemischen Zelle. Dies ist eine schematische Darstellung, die Grenzschicht ist nur einige Nanometer stark, der Abstand zwischen den Elektroden aber im Millimeterbereich

geht man davon aus, dass der Unterschied der chemischen Potenziale in verschiedenen Metallen verschwindet. Dies ist i. A. nicht so, in vielen Fällen sind die Unterschiede jedoch vernachlässigbar.

• Und nun fällt auf, dass die μ_e im thermodynamischen Zugang gar nicht berücksichtigt wurden. Dies liegt daran, dass in der Redoxreaktion für die Cu/Zn-Zelle auf beiden Seiten der Reaktionsgleichung jeweils zwei Elektronen auftreten, die sich sozusagen „rauskürzen". Dabei wird aber nicht bedacht, das sich die Elektronen in unterschiedlichen Elektroden befinden, die einen in der Cu-Elektrode, die anderen in der Zn-Elektrode. Die μ_e gehen also in der Nernst'schen Gleichung in das $\Delta_r G^0$ bzw. E_0 mit ein, auch wenn das im thermodynamischen Zugang nicht explizit formuliert wurde.

15.4 Standardpotenziale

Man kann die $\Delta\phi$ nicht direkt messen, würde aber gerne die unterschiedlichen Materialien, d. h. die EMK's der Halbzellen, vergleichen können. Daher hat sich die Referenz auf eine Bezugselektrode etabliert, die als **Wasserstoffnormalelektrode** gewählt wird, da sich das Gleichgewichtspotenzial für diese Elektrode relativ schnell und gut reproduzierbar einstellt. Im Gegensatz zu den Elektroden, die eine flüssig-fest-Phasengrenze aufweisen, handelt es sich hier um eine **Gaselektrode**,

Abb. 15.8 Wasserstoffnormalelektrode

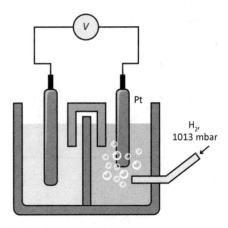

die eine gas-fest-Phasengrenze aufweist. Dabei wird das Wasserstoffgas, wie in Abb. 15.8 schematisch gezeigt, an einer Platinelektrode vorbeigeleitet.

Auf der Platinelektrode wird das Gas adsorbiert und die Reaktion

$$H_2 \rightleftharpoons 2H$$

katalysiert, was einen Elektonentransfer auf die Elektrode gemäß

$$\frac{1}{2}H_2 + H_2O \rightleftharpoons H_3O^+ + e^-$$

erlaubt, die Protonen liegen in Lösung als Oxonium-Ionen vor. Wie eingangs dargestellt, sind dies elektrochemische Gleichgewichte, d. h., es kann auch durch Elektronentransfer aus der Elektrode Wasserstoffgas produziert werden. Was genau passiert, liegt an den Eigenschaften der anderen Elektrode, d. h. an der effektiven Potenzialdifferenz E für die gesamte Zelle.

Für die Wasserstoffelektrode erhält man

$$\Delta\phi_{H2} = \Delta\phi_{H2}^0 + \frac{RT}{F} \ln\left(\frac{a_{H_3O^+}}{a_{H_2}^{1/2}} \right).$$

Die Potenz (1/2) resultiert aus dem stöchiometrischen Koeffizienten von H_2 in der Reaktionsgleichung. Wenn wir H_2 unter Standardbedingungen, d. h. mit dem Druck $p = 1$ bar einleiten, so gilt $a_{H_2} = 1$ wegen

$$\mu_{H_2}(p) = \mu_{H_2}^0 + RT \ln \frac{p}{p_0}.$$

Näherungsweise kann die Aktivität $a_{H_3O^+}$ durch die H_3O^+-Konzentration dargestellt werden, wie oben für die Cu- und Zn-Ionen dargestellt. Wenn die Lösung die Konzentration $c_{H_3O^+} = 1$ mol/l hat, so gilt auch $a_{H_3O^+} = 1$ und man erhält $\Delta\phi_{H2} = \Delta\phi_{H2}^0$.

Nach Abb. 15.7 erhalten wir damit für ein beliebiges anderes Elektroden-system X:

$$E_0 = \Delta\phi_X^0 - \Delta\phi_{H2}^0. \tag{15.18}$$

Auf diese Weise kann man die durch die H_2-Elektrode normierten **Standardpotenziale** bestimmen. Die elektromotorische Kraft E, die durch die Spannung U in Abb. 15.8 gemessen wird, resultiert also aus der Differenz von E_0 und dem Quotienten Q, der die Aktivitäten der Redoxpartner an der Elektrode „X" enthält.

Bezugspunkt ist die Oxidation/Reduktion von H_2/H^+. Diejenigen Elemente bzw. Verbindungen, die Elektronen auf Wasserstoffionen übertragen können, haben ein negatives Potenzial, Elemente und Verbindungen, die von den Wasserstoffionen nicht oxidiert werden können, haben ein positives Potenzial. Zu Letzteren gehören etwa Platin und Gold. Eine Aufstellung der relativen Potenziale nennt man **elektrochemische Spannungsreihe**, die in Nachschlagwerken[3] zu finden ist.

Notation: Wenn z. B. die eine Halbzelle durch eine Zn-Elektrode und $ZnSO_4$-Lösung gegeben ist und die andere Halbzelle eine Wasserstoffnormalelektrode ist, wird die Zelle folgendermaßen bezeichnet.

$$Zn(s)|ZnSO_4(l)\|H^+(l)|H_2(g)|Pt(s).$$

15.5 Zusammenfassung

Zur Beschreibung von Redoxreaktionen, die an Grenzflächen stattfinden, wird die Gesamtreaktion in zwei Halbzellenreaktionen aufgespalten, wobei die eine zu einem Elektronentransfer auf die Anode führt, die andere zu einem Elektronentransfer von der Kathode. Verbindet man Anode und Kathode durch einen Stromkreis, so kann man einen Stromfluss feststellen, der erst durch eine bestimmte Gegenspannung U_0 unterbunden wird.

Wir haben zwei Sichtweisen auf elektrochemische Zellen eingeführt. Zum Einen die thermodynamische, die von der maximal leistbaren Nicht-Volumenarbeit ausgeht, und über die elektrische Arbeit die Zellspannung ableitet. Zum Anderen eine eher mikroskopische Sichtweise, die nach den chemischen Potenzialen der Komponenten fragt und Details des Abfalls des elektrischen Potenzials verwendet.

Die freie Enthalpie stellt, für reversible Reaktionen, die maximal leistbare Nicht-Volumenarbeit dar. In diesem Fall ist dies die elektrische Arbeit $\Delta W = nFU_0$, und wir finden, dass sich die Spannung der Zelle durch die freie Reaktionsenthalpie

$$\Delta_r G = nFU_0$$

---

[3]z. B. Haynes WM (2016) CRC handbook of chemistry and physics, 97. Aufl. Taylor & Francis, London.

der elektrochemischen Reaktion darstellen lässt.

Mit den Einsichten, die bei der Beschreibung des chemischen Gleichgewichts (Kap. 12) gefunden wurden, erhält man die **Nernst'sche Gleichung**

$$E = E_0 - \frac{RT}{nF} \ln \frac{\Pi_p a_i^{\nu_i}}{\Pi_r a_i^{|\nu_i|}},$$

wobei im Nenner die Aktivitäten der Reaktanten und im Zähler die Aktivitäten der Produkte der elektrochemischen Reaktionen stehen. Diese Gleichung kann man durch eine thermodynamische und eine mikroskopisch-elektrostatische Begründung erhalten.

Die mikroskopische Betrachtungsweise untersucht die Differenz der elektrischen Potenziale zwischen Elektrode und Lösung, d. h. die Spannung der Halbzelle. Durch das elektrische Potenzial wird das chemische Potenzial der Ionen verändert, man erhält das elektrochemische Potenzial

$$\tilde{\mu}_i = \mu_i + z_i F \phi.$$

Das **elektrochemische Gleichgewicht** ist durch die Gleichheit der **elektrochemischen Potenziale**

$$\tilde{\mu}_i = \tilde{\mu}_j$$

an der Elektrode und in der Lösung bestimmt.

Zur Charakterisierung der Halbzelle, bzw. deren **elektromotorischer Kraft** (EMK), wird auf eine **Normalwasserstoffelektrode** referiert. Diese definiert die **elektrochemische Spannungsreihe**.

Mikroskopische Theorie 16

Bisher haben wir nur phänomenologische Thermodynamik betrieben, wir haben gesehen, wie sie das Mischen von Stoffen, das Gleichgewicht von Reaktionen bestimmt, aber auch die Physik der Phasenübergänge. Dabei mussten wir bisher nicht auf den atomaren Aufbau der Stoffe Bezug nehmen. Der **Zustand** eines **thermodynamischen** Systems ist durch die Angabe von (p, V, T) bestimmt.

Moleküle und ihre Bausteine, die Atome, gehorchen den Gesetzen der klassischen Mechanik und Quantenmechanik, die Begriffe wie Masse (m), Ort (x), Impuls (p) kinetische (E_{kin}) und potentielle (E_{pot}) Energie verwenden. Der **Zustand** eines **mechanischen Systems** ist durch die Angabe der (x, p) aller Teilchen bestimmt. Es stellt sich damit die Frage, in welcher Verbindung die Begriffe Temperatur T, Druck p, innere Energie U und Entropie S zu diesen mechanischen Begriffen stehen.

Dies hat zwei Aspekte:

- Die Mechanik kennt keine Temperatur T und keine Entropie S, diese sind für einzelne Körper nicht definiert. Sie tauchen in der Beschreibung von Systemen mit vielen Teilchen ($N \sim N_A$) auch erst auf, wenn wir zu der Mechanik ein weiteres Element, die Wahrscheinlichkeitsrechnung, hinzufügen. Wir wollen das hier für die Temperatur in einfacher Weise ausführen. Die Sache mit der Entropie ist etwas komplexer und kann erst im Rahmen der **statistischen Thermodynamik** behandelt werden.
- Die **mechanische Energie** E ist die Summe der kinetischen und potentiellen Energien der Bausteine der Materie. Zum Einen muss man eine Verbindung zur **inneren Energie** U des thermodynamischen Systems herstellen, zum Anderen kann man fragen, wie die Energie auf die Bausteine verteilt ist.
  - E_{pot}: Atome haben **Wechselwirkungen** untereinander, was zur Bildung von Molekülen oder Festkörpern führt. Man unterscheidet **kovalente und nicht-kovalente Bindungen**, Letztere erlauben eine weitere Organisation von Molekülen (und Edelgasatomen) zu molekularen Systemen in verschiedenen Phasen. Ein einfaches Beispiel ist Wasser, aber auch organische Moleküle können zu organischen Festkörpern kondensieren.

© Springer-Verlag GmbH Deutschland 2017
M. Elstner, *Physikalische Chemie I: Thermodynamik und Kinetik*,
https://doi.org/10.1007/978-3-662-55364-0_16

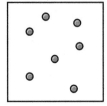 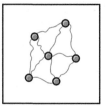 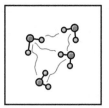 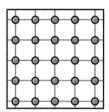

Abb. 16.1 Ideales und reales Gas, Moleküle mit inneren Freiheitsgraden und Festkörper

- E_{kin}: Atome und Moleküle haben **Bewegungsfreiheitsgrade:** Zum einen die Translation, d. h. die Bewegung des freien Atoms oder Moleküls im Gas, Moleküle habe aber noch **innere Freiheitsgrade.** Sie können rotieren und schwingen. Diese Freiheitsgrade können Energie aufnehmen und bestimmen damit maßgeblich die Thermodynamik der Stoffe.

Das Wechselspiel von kinetischer und potentieller Energie führt zu unterschiedlichen Phasen, je nach T und p können die Stoffe gasförmig, flüssig oder als Festkörper vorliegen. Daher wollen wir für die folgenden einfachen Systeme näher diskutieren (Abb. 16.1):

1. **Ideales Gas:** Die einzelnen Gasatome (-moleküle) sollen als Punktteilchen ohne Wechselwirkung betrachtet werden. Jedes Atom hat **3 Freiheitsgrade**, die Bewegung in x-, y-, und z-Richtung. Temperatur ist durch die **mittlere** kinetische Energie der Teilchen bestimmt und die innere Energie ist die Summe der kinetischen Energien.
2. **Reales Gas:** Hier sollen die Teilchen eine Wechselwirkung untereinander besitzen. Dies führt zu einer Modifikation des Gasgesetzes, es treten Phasenübergänge auf. Die innere Energie enthält nun zusätzlich zur kinetischen noch die gesamte potentielle Energie.
3. **Mehratomige Moleküle**: Moleküle mit M Atomen können, bei entsprechender Verdünnung, als ideale oder reale Gase modelliert werden. Es treten nun zusätzlich zu den **3 Translationsfreiheitsgraden** weitere innere Freiheitsgrade auf, **3 Rotationsfreiheitsgrade** und **3M-6 Schwingungsfreiheitsgrade**. Diese sind auch für die innere Energie relevant.
4. **Festkörper:** Wir wollen auch ein einfaches Modell eines Festkörpers betrachten, bei dem Schwingungen der Atome als innere Freiheitsgrade betrachtet werden.

16.1 Ideales Gas

Die Näherungen des idealen Gases haben wir schon in der phänomenologischen Thermodynamik behandelt. Aus mikroskopischer Sicht besteht das ideale Gas

1. aus Punktteilchen mit Masse m, deren Ausdehnung gegenüber ihrem mittleren Abstand vernachlässigbar ist,
2. die außer direkten Stößen keine Wechselwirkung untereinander haben,
3. und die durch Stöße mit der Wand auf diese einen Druck ausüben.

Wir haben oben Edelgase aber auch einfache Moleküle wie H_2 oder N_2 als ideales Gas kennengelernt. Die Wechselwirkung zwischen den Teilchen ist schwach, und kann bei entsprechender Verdünnung vernachlässigt werden. Die Teilchen bewegen sich mit bestimmten Geschwindigkeiten in dem System, die man natürlich für makroskopische Mengen nie im Detail bestimmen kann, daher werden sie im Folgenden statistisch behandelt. Dennoch kann man formal die kinetische Energie als

$$E_{\text{kin}} = \sum_i \frac{m}{2} v_i^2$$

schreiben, m ist die Masse des Moleküls und Rotation und Schwingung werden zunächst nicht betrachet. Als Erstes soll ein Zusammenhang mit dem Druck und der Temperatur des Gases hergestellt werden, was eine Verbindung der mikroskopischen und thermodynamischen Beschreibung erlaubt.

16.1.1 Druck und Gleichverteilungssatz

Nun soll der Druck p, definiert als Quotient aus Kraft (F) und Fläche (A)

$$p = \frac{F}{A},$$

bestimmt werden. Mikroskopisch entsteht der Druck durch Stöße der Teilchen mit der Gefäßwand. Um diese zu berechnen, betrachten wir folgenden Fall in Abb. 16.2:

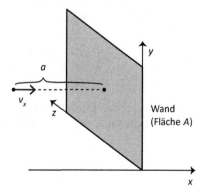

Abb. 16.2 Reflektion eines Teilchens an der Wand. Die Impulsänderung des Teilchens führt zu dem Druck p

1. Wenn ein Teilchen der Geschwindigkeit v_x elastisch an der Wand reflektiert wird, ändert sich seine Geschwindigkeit zu $-v_x$, d. h. $m\Delta v = 2mv_x$. Bei jedem Stoß ändert sich der Impuls des Teilchens als

$$\Delta p = m\Delta v = 2mv_x,$$

und diese Impulsänderung führt zu einer Kraft auf die Wand.

2. In der Zeit Δt erreichen alle die Teilchen mit Geschwindigkeit v_x die Wand, die sich maximal im Abstand a von ihr befinden, d. h.

$$a = v_x\Delta t.$$

3. Die Kraft auf die Wand errechnet sich aus der Impulsänderung pro Zeit, d. h.,

$$F = m \cdot \frac{dv}{dt} \rightarrow \frac{2mv_x}{\Delta t} = \frac{2mv_x^2}{a}.$$

4. Der Druck, der durch ein Teilchen ausgeübt wird, ist

$$p = \frac{F}{A} = \frac{2mv_x^2}{aA} = \frac{2mv_x^2}{V}.$$

5. In dem Volumen $V = aA$ befinden sich N Teilchen mit den Geschwindigkeiten v_x und $-v_x$, d. h., $N/2$ Teilchen fliegen in $+x$ Richtung und üben den Druck auf die Fläche A aus:

$$p_{\text{ges}} = \sum = \frac{1}{2}\sum_{i=1}^{N}\frac{2mv_{xi}^2}{V} = \frac{m}{V}\sum_{i=1}^{N}v_{xi}^2.$$

Wichtig: Berechnung von Mittelwerten

Wir messen bei N Personen die Körpergröße h und erhalten die Werte h_i. Den Mittelwert berechnen wir dann als:

$$\langle h\rangle = \frac{1}{N}\sum_{i=1}^{N}h_i.$$

Dies motiviert die Definition der **mittleren quadratischen Geschwindigkeit** als Mittelwert der Quadrate der Geschwindigkeiten. Mit

$$\langle v_x^2\rangle = \frac{1}{N}\sum_{i=1}^{N}v_{xi}^2$$

ergibt sich

$$p_{\text{ges}} V = mN \langle v_x^2 \rangle,$$

d. h., durch Vergleich mit der **idealen Gasgleichung**

$$pV = n\text{R}T = Nk T$$

können wir die folgende Formel aufstellen:

$$m\langle v_x^2 \rangle = kT \qquad (16.1)$$

Durch analoge Rechnungen für die y- und z-Komponenten der Geschwindigkeiten der Teilchen erhalten wir:

$$m\langle v_y^2 \rangle = kT, \qquad m\langle v_z^2 \rangle = kT. \qquad (16.2)$$

Teilchen können sich in x-, y- und z-Richtung bewegen. Jede dieser Bewegungsrichtungen wird **Freiheitsgrad** eines Teilches genannt.

Wichtig

$$\langle E_{\text{kin}}^{xi} \rangle = \frac{1}{2} m\langle v_x^2 \rangle = \frac{1}{2} kT$$

ist damit die **mittlere kinetische Energie** für den x-Freiheitsgrad eines Teilchens.

Jeder Freiheitsgrad hat die Energie $\frac{1}{2} kT$, dies ist als **Gleichverteilungssatz** bekannt.

Wenn wir die gesamte Energie berechnen wollen, müssen wir diese Energie für alle N Teilchen und deren drei Freiheitsgrade aufsummieren. Die **mittlere kinetische Energie** eines Systems mit N Teilchen ist daher:

$$\langle E_{\text{kin}} \rangle = \frac{3}{2} Nk T. \qquad (16.3)$$

Da das ideale Gas keine Wechselwirkungen zwischen den Teilchen hat, kann die gesamte innere Energie nur aus den kinetischen Energien der Teilchen bestehen. Den gleichen Ausdruck haben wir in der Thermodynamik als innere Energie U eines einatomigen idealen Gases kennengelernt. Wir können damit die innere Energie U mit $\langle E_{\text{kin}} \rangle$ identifizieren,

$$U = \langle E_{\text{kin}} \rangle.$$

Dies ist ein interessantes Ergebnis, denn

- der Absolutwert der inneren Energie eines idealen Gases kann in der Thermodynamik nicht berechnet werden, nur relative Energien sind durch Energiezufuhr in Form von Arbeit und Wärme experimentell bestimmbar. Die Stärke der mikroskopischen Betrachtung besteht also darin, Absolutwerte für Energie und Entropie, sowie für Materialkonstanten wie c_V berechnen zu können.
- Wir haben hier die **klassische Mechanik** verwendet. Offensichtlich gilt $U(T = 0) = 0$, d. h., am absoluten Temperaturnullpunkt sind die Teilchen in Ruhe, $v_x = 0$. Die Quantenmechanik findet aber, dass es eine Nullpunktsbewegung gibt, d. h. es gibt eine Nullpunktsenergie $U(T = 0) = U_0 > 0$. Die Thermodynamik kann dieses Ergebnis mühelos inkorporieren, sie ist nicht auf die klassische Mechanik festgelegt. Die zeigt, dass sich die Thermdynamik agnostisch gegenüber dem investierten mikroskopischen Modell verhält, sie wurde eben zu einer Zeit entwickelt, als die mikroskopische Struktur der Materie noch kontrovers diskutiert wurde, ihre Gültigkeit hängt nicht an der Existenz von Atomen etc.
- Um die kinetische Energie eines Teilchen angeben zu können, muss man eigentlich die Geschwindigkeit kennen. Nun kennen wir diese Geschwindigkeiten bisher nicht, wir haben nur die mittleren quadratischen Geschwindigkeiten als Ausdruck hingeschrieben, und damit U in Abhängigeit von T bestimmt, das ist bemerkenswert. Wir benötigen gar nicht die Information über die genauen Geschwindigkeiten der Teilchen, für eine Verbindung mit der Thermodynamik reicht eine Kenntnis der statistischen Mittelwerte.

Bitte beachten Sie, dass wir hier nicht die ideale Gasgleichung mikroskopisch hergeleitet haben. Im Gegenteil, wir haben sie als gültig vorausgesetzt und dafür verwendet, U als gesamte kinetische Energie zu identifizieren.

16.1.2 Temperatur und Maxwell-Boltzmann-Verteilung

Offensichtlich sind die $\frac{1}{2}m\langle v_x^2\rangle$ eindeutig durch die Temperatur bestimmt. Wir kennen also die Mittelwerte, was aber sind die Geschwindigkeiten selbst? Diese wollen wir nun mit Hilfe einiger sehr genereller Annahmen herleiten.

Geschwindigkeitsverteilung Nun können wir nicht für alle N Teilchen die einzelnen Geschwindigkeiten im Detail kennen. Uns werden statistische Aussagen über die Teilchengeschwindigkeiten genügen. In der Statistik beschäftigt man sich mit Verteilungen, die Wahrscheinlichkeiten für bestimmte Eigenschaften angeben. Die Geschwindigkeit ist ein Vektor mit den karthesischen Komponenten

$$\vec{v} = (v_x, v_y, v_z) \qquad v = |\vec{v}| = \sqrt{v_x^2 + v_y^2 + v_z^2}.$$

Die Moleküle werden nicht alle die gleiche Geschwindigkeit haben, wir suchen dann nach einer **Geschwindigkeitsverteilung**, wir nennen sie $F(\vec{v})$. Diese gibt die Wahrscheinlichkeit an, ein Molekül mit der Geschwindigkeit im Intervall zwischen $\vec{v}$ und $\vec{v} + d\vec{v}$ zu finden bzw. die Wahrscheinlichkeit, ein Molekül mit den

Geschwindigkeitskomponenten zwischen (v_x, v_y, v_z) und $(v_x + \mathrm{d}v_x, v_y + \mathrm{d}v_y, v_z + \mathrm{d}v_z)$ zu finden, d. h., man kann auch schreiben:

Wichtig

$$F(\vec{v})\mathrm{d}^3\vec{v} = F(v_x, v_y, v_z)\mathrm{d}v_x\mathrm{d}v_y\mathrm{d}v_z$$

Die Bedeutung ist die Folgende: Wenn wir aus dem Behälter mit dem idealen Gas bei Temperatur T wahllos ein Teilchen herausgreifen (d. h. messen), dann gibt $F(\vec{v})\mathrm{d}^3\vec{v}$ die Wahrscheinlichkeit an, dass es eine Geschwindigkeit im Intervall zwischen $\vec{v}$ und $\vec{v} + \mathrm{d}\vec{v}$ hat.

Die Annahmen Wie Maxwell gezeigt hat, kann man aus einigen allgemeinen Annahmen diese Verteilung bestimmen. Dazu muss man voraussetzen, dass

- die Geschwindigkeitskomponenten **unkorreliert** sind, d. h. die Geschwindigkeit in x-Richtung nicht von der Geschwindigkeit in y-Richtung abhängt. Die Verteilungen der Komponenten sind unabhängig voneinander. Dann können wir schreiben:

$$F(\vec{v})\mathrm{d}\vec{v} = f(v_x)g(v_y)h(v_z)\mathrm{d}v_x\mathrm{d}v_y\mathrm{d}v_z \tag{16.4}$$

- die Verteilung **isotrop** ist, d. h. die Geschwindigkeit z. B. in x-Richtung, y-Richtung und z-Richtung die gleiche Verteilung besitzt, d. h. $f = g = h$,

$$F(\vec{v})\mathrm{d}\vec{v} = f(v_x)f(v_y)f(v_z)\mathrm{d}v_x\mathrm{d}v_y\mathrm{d}v_z$$

- diese Funktionen **symmetrisch** sind: $f(v_x) = f(-v_x)$
- diese Funktionen **normiert** sind; die Wahrscheinlichkeit, dass das Teichen irgendeine Geschwindigkeit hat ist:

$$1 = \int_{-\infty}^{\infty} F(\vec{v})\mathrm{d}^3\vec{v} = \int_{-\infty}^{\infty}\int_{-\infty}^{\infty}\int_{-\infty}^{\infty} f(v_x)f(v_y)f(v_z)\mathrm{d}v_x\mathrm{d}v_y\mathrm{d}v_z.$$

- Damit folgt sofort, dass jede Komponente für sich normiert ist:

$$\int_{-\infty}^{\infty} f(v_x)\mathrm{d}v_x = 1, \qquad \text{etc.} \tag{16.5}$$

Wichtig
$f(v_x)\mathrm{d}v_x$ gibt also die Wahrscheinlichkeit an, ein Teilchen mit der Geschwindigkeit im Intervall zwischen v_x und $v_x + \mathrm{d}v_x$ zu finden.

Nun wollen wir die Funktion $f(v)$ explizit ableiten. Dies wird auf eine Exponentialfunktion hinauslaufen, da nur diese so wie in Gl. 16.4 gefordert zerlegbar ist ($e^{a+b+c} = e^a e^b e^c$).

Die 1-dimensionale Maxwell-Verteilung Diese Funktion ist durch (**Beweis** 16.1)

$$f(v_i) = A e^{-\gamma v_i^2} \tag{16.6}$$

gegeben. Um die noch unbekannten Konstanten A und γ zu bestimmen, benötigen wir folgende Integrale:

Wichtige Integrale

$$\int_{-\infty}^{\infty} e^{-ax^2} dx = \sqrt{\pi/a} \qquad \int_{-\infty}^{\infty} x^2 e^{-ax^2} dx = \frac{1}{2}\sqrt{\pi/a^3}$$

$$\int_0^{\infty} x^3 e^{-ax^2} dx = \frac{1}{2a^2} \qquad \int_0^{\infty} x^4 e^{-ax^2} dx = \frac{3\sqrt{\pi}}{8a^{5/2}} \tag{16.7}$$

- Zur Bestimmung von A verwenden wir die Normierungsbedingung Gl. 16.5.

$$1 = \int_{-\infty}^{\infty} f(v_i) dv_i = \int_{-\infty}^{\infty} A e^{-\gamma v_i^2} dv_i = A\sqrt{\pi/\gamma}.$$

D. h.

$$A = \sqrt{\gamma/\pi}.$$

$$f(v_i) = \sqrt{\gamma/\pi}\, e^{-\gamma v_i^2}. \tag{16.8}$$

An dieser Stelle sehen wir auch, warum im **Beweis** 16.1 die Konstante negativ (-2γ) gewählt wurde. Eine positive Konstante würde keine finite Wahrscheinlichkeit erlauben, sie wäre ∞.

- Im letzten Abschnitt hatten wir mit der **phänomenologischen Thermodynamik verglichen** welche es uns ermöglicht hat, den Mittelwert der Geschwindigkeitsquadrate zu bestimmen:

$$\langle v_x^2 \rangle = \frac{kT}{m}.$$

Wichtig
Bisher haben wir für eine diskrete Größe (am Beispiel der Körpergröße h) die Mittelwerte berechnet. Nun haben wir eine kontinuierliche

Verteilungsfunktion $f(v_x)$ und eine kontinuierliche Variable v_x, für die wir Mittelwerte berechnen wollen. Mit einer Verteilungsfunktion $f(x)$ kann man den Mittelwert einer Funktion $y(x)$ wie folgt berechnen:

$$\langle y \rangle = \int_{-\infty}^{\infty} y(x) f(x) \mathrm{d}x.$$

Angewendet auf v_x^2 ergibt dies mit Gl. 16.8 (Integral, Gl. 16.7):

$$\langle v_x^2 \rangle = \int_{-\infty}^{\infty} v_x^2 \sqrt{\gamma/\pi}\, e^{-\gamma v_x^2} \mathrm{d}x = \sqrt{\gamma/\pi}\, \frac{1}{2}\sqrt{\pi/\gamma^3} = \frac{1}{2\gamma}.$$

Mit Gl. 16.1 haben wir dann γ bestimmt:

$$\gamma = \frac{m}{2kT}.$$

Wenn wir dies nun in die Formel Gl. 16.8 einsetzen, ergibt sich die

1-dimensionale Geschwindigkeitsverteilung von Maxwell-Boltzmann

$$f(v_i) = \sqrt{m/2\pi kT}\, e^{-\frac{mv_i^2}{2kT}}, \tag{16.9}$$

die in Abb. 16.3 grafisch dargestellt ist.

Beweis 16.1 Betrachten wir dazu den Logarithmus

$$\ln\left(F(\vec{v})\right) = \ln\left(f(v_x)\right) + \ln\left(f(v_y)\right) + \ln\left(f(v_z)\right),$$

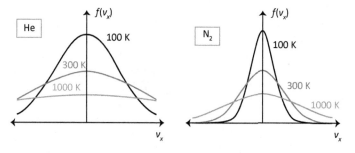

Abb. 16.3 Maxwell-Boltzmann-Geschwindigkeitsverteilung. Beachten Sie die Abhängigkeit von der Masse m (He vs N_2) und der Temperatur T

und bilden die partielle Ableitung nach v_x:

$$\frac{\partial \ln (F(\vec{v}))}{\partial v_x} = \frac{d \ln (f(v_x))}{d v_x}$$

$$\frac{\partial \ln (F(\vec{v}))}{\partial v_x} = \frac{\partial \ln (F(\vec{v}))}{\partial v} \frac{\partial v}{\partial v_x} = \frac{\partial \ln (F(\vec{v}))}{\partial v} \frac{v_x}{v},$$

da $\frac{\partial v}{\partial v_x} = \frac{\partial \sqrt{v_x^2 + v_y^2 + v_z^2}}{\partial v_x} = \frac{v_x}{v}$ (analog für y-, z-Komponente). D. h.

$$\frac{1}{v} \frac{\partial \ln (F(\vec{v}))}{\partial v} = \frac{1}{v_x} \frac{d \ln (f(v_x))}{d v_x} = \frac{1}{v_y} \frac{d \ln (f(v_y))}{d v_y} = \frac{1}{v_z} \frac{d \ln (f(v_z))}{d v_z}.$$

Nun hängt der 2. Term nur von v_x, der 3. nur von v_y und der 4. nur von v_z ab. Da dies für alle v_i gilt, können die Ausdrücke nur gleich sein, wenn sie konstant sind! Aus

$$\frac{1}{v_i} \frac{d \ln (f(v_i))}{d v_i} = -2\gamma$$

folgt

$$d \ln (f(v_i)) = -2\gamma v_i d v_i \qquad \rightarrow \qquad \ln (f(v_i)) = -\gamma v_i^2 + c,$$

mit $A = e^c$ folgt Gl. 16.6. $\square$

16.1.3 3-dimensionale Geschwindigkeitsverteilung von Maxwell und Boltzmann

I. A. interessiert uns nicht die Geschwindigkeitsverteilung der Komponenten, sondern nur die Verteilung des Geschwindigkeitsbetrags:

$$v = |\vec{v}| = \sqrt{v_x^2 + v_y^2 + v_z^2}.$$

Die Funktion

$$F(\vec{v}) = f(v_x) f(v_y) f(v_z) = \left(\sqrt{\frac{m}{2\pi kT}} \right)^3 e^{-\frac{m}{2kT}(v_x^2 + v_y^2 + v_z^2)} =$$

$$= \left(\sqrt{\frac{m}{2\pi kT}} \right)^3 e^{-\frac{mv^2}{2kT}} \tag{16.10}$$

ist recht komplex und hängt von den Geschwindigkeitsvektoren ab, eine grafische Auftragung benötigt daher 4 Dimensionen. Daher können wir nur die

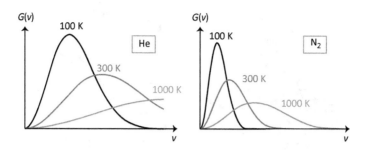

Abb. 16.4 Maxwell-Boltzmann-Geschwindigkeitsverteilung für unterschiedliche Teilchensorten

2-dimensionale Version $F(v_x, v_y)$ in Abb. 16.5a darstellen. Diese Funktion ist symmetrisch bezüglich der Achsen, hat also Werte für positive wie negative Geschwindigkeitskomponenten und das Maximum liegt im Koordinatenursprung. $F(\vec{v})$ beinhaltet also die gesamte Information über die positiven und negativen Beiträge der Geschwindigkeitskomponenten. Das ist meist zu viel Information, man kann daraus durch Integration eine Funktion

$$G(v) = 4\pi v^2 \left(\sqrt{\frac{m}{2\pi kT}} \right)^3 e^{-\frac{mv^2}{2kT}} . \tag{16.11}$$

ableiten, die in Abb. 16.4 dargestellt ist. Beachten Sie den Unterschied zwischen $F(\vec{v})$ und $G(v)$. Bei $G(v)$ betrachtet man das Geschwindigkeitsquadrat, man erhält in der grafischen Darstellung einfache Kurven. Da $G(v)$ durch Multiplikation mit v^2 entsteht, ist das Maximum nicht im Ursprung.

Zunächst in zwei Dimensionen

Wir wollen das Problem zuerst in zwei Dimensionen betrachten, d. h.

$$F(\vec{v}) = f(v_x)f(v_y)$$

berechnen. Hier ist der Betrag der Geschwindigkeit

$$v = |\vec{v}| = \sqrt{v_x^2 + v_y^2} .$$

Die Maxwell-Boltzmann-Verteilung für zwei Dimensionen ist in Abb. 16.5a gezeigt. Durch Einführung von **Polarkoordinaten** kann man v_x und v_y auch schreiben als:

$$v_x = v \cos \phi, \qquad v_y = v \sin \phi .$$

Damit wird der Exponent sehr einfach, er hängt nur noch vom Quadrat des Geschwindigkeitsbetrages ab:

$$F(v_x, v_y) = F(v, \phi) = \left(\sqrt{m/2\pi kT} \right)^2 e^{-\frac{mv^2}{2kT}} .$$

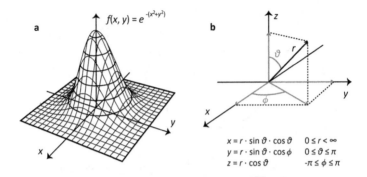

Abb. 16.5 (**a**) 2-dimensionale Maxwell-Boltzmann-Geschwindigkeitsverteilung und (**b**) Kugel-koordinaten

F gibt nun die Wahrscheinlichkeit an, dass ein Teilchen eine Geschwindigkeit zwischen v und $v + \mathrm{d}v$ hat. Darüber hinaus ist aber auch noch das Verhältnis von v_x und v_y über den Winkel ϕ bestimmt. Da uns dieses nicht interessiert, können wir über den Winkel integrieren.

$$\int_{-\infty}^{\infty} \int_{-\infty}^{\infty} F(v_x, v_y)\mathrm{d}v_x\mathrm{d}v_y = \int_{0}^{\infty} \int_{-\pi}^{\pi} F(v, \phi)v\mathrm{d}v\mathrm{d}\phi = \int_{0}^{\infty} 2\pi v F(v)\mathrm{d}v.$$

Dabei haben wir das Volumenelement $\mathrm{d}v_x\mathrm{d}v_y$ durch $\mathrm{d}v\mathrm{d}\phi$ ausgedrückt. Dafür benötigt man die **Funktionaldeterminante**,

$$\mathrm{d}v_x\mathrm{d}v_y = \frac{\partial(v_y, v_y)}{\partial(v, \phi)}\mathrm{d}v\mathrm{d}\phi$$

$$\frac{\partial(v_x, v_y)}{\partial(v, \phi)} = \begin{vmatrix} \frac{\partial v_x}{\partial v} & \frac{\partial v_x}{\partial \phi} \\ \frac{\partial v_y}{\partial v} & \frac{\partial v_y}{\partial \phi} \end{vmatrix} = \begin{vmatrix} \cos\phi & -v\sin\phi \\ \sin\phi & v\cos\phi \end{vmatrix} = v$$

Wir können nun die 2-dimensionale Verteilungsfunktion

$$G(v) = 2\pi v F(v)$$

definieren, die nur die Wahrscheinlichkeit angibt, ein Teilchen mit der Geschwindigkeit zwischen v und $v + \mathrm{d}v$ zu finden.

Maxwell-Boltzmann-Verteilung in drei Dimensionen

In 3 Dimensionen führen wir **Kugelkoordinaten** ein, wie in Abb. 16.5b gezeigt. Das Volumenelement wird mit Hilfe der Funktionaldeterminaten zu:

$$dv_x dv_y dv_z = v^2 \sin\theta \, dv \, d\phi \, d\theta$$

$$\int_{-\infty}^{\infty} F(\vec{v}) d^3\vec{v} = \int_{-\infty}^{\infty}\int_{-\infty}^{\infty}\int_{-\infty}^{\infty} F(\vec{v}) dv_x dv_y dv_z = \int_0^{\infty}\int_0^{\pi}\int_{-\pi}^{\pi} F(\vec{v}) v^2 \sin\theta \, d\phi \, d\theta \, dv$$

Nun definieren wir ein

$$G(v) = \int_0^{\pi}\int_{-\pi}^{\pi} F(\vec{v}) v^2 \sin\theta \, d\phi \, d\theta = \int_0^{\pi}\int_{-\pi}^{\pi} \left(\sqrt{\frac{m}{2\pi kT}}\right)^3 e^{-\frac{mv^2}{2kT}} v^2 \sin\theta \, d\phi \, d\theta =$$

$$= \left(\sqrt{\frac{m}{2\pi kT}}\right)^3 e^{-\frac{mv^2}{2kT}} v^2 \int_0^{\pi} \sin\theta \, d\theta \int_{-\pi}^{\pi} d\phi =$$

$$= 4\pi v^2 \left(\sqrt{\frac{m}{2\pi kT}}\right)^3 e^{-\frac{mv^2}{2kT}}.$$

16.1.4 Mittelwerte der 3-dimensionalen Maxwell-Boltzmann-Geschwindigkeitsverteilung

Von besonderem Interesse für das Folgende sind drei charakteristische Geschwindigkeiten der Verteilung, wie in Abb. 16.6 dargestellt.

Wahrscheinlichste Geschwindigkeit Suche das Maximum der Verteilung $G(v)$:

$$0 = \frac{dG(v)}{dv} = \frac{d}{dv}\left(4\pi \left(\sqrt{\frac{m}{2\pi kT}}\right)^3 v^2 e^{-\frac{mv^2}{2kT}}\right)$$

$$0 = \frac{d}{dv}\left(v^2 e^{-\frac{mv^2}{2kT}}\right) = 2v e^{-\frac{mv^2}{2kT}} - v^2 2v \frac{m}{2kT} e^{-\frac{mv^2}{2kT}}$$

$$v_{F\max} = \sqrt{\frac{2kT}{m}}.$$

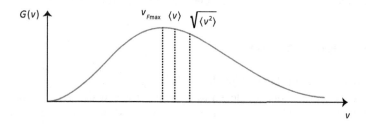

Abb. 16.6 Maxwell-Boltzmann-Geschwindigkeitsverteilung

Mittlere Geschwindigkeit

$$\langle v \rangle = \int_0^\infty v G(v) \mathrm{d}v = 4\pi \left(\sqrt{\frac{m}{2\pi kT}} \right)^3 \int_0^\infty v^3 e^{-\frac{mv^2}{2kT}} \mathrm{d}v. \tag{16.12}$$

Mit dem Integral $\left[\int_0^\infty x^3 e^{-ax^2} \mathrm{d}x = 1/(2a^2) \right]$ ergibt sich:

$$\langle v \rangle = 4\pi \left(\frac{m}{2\pi kT} \right)^{3/2} \frac{2k^2 T^2}{m^2} = \sqrt{\frac{8kT}{\pi m}} = 1.13 v_{F\mathrm{max}}. \tag{16.13}$$

Mittleres Geschwindigkeitsquadrat

$$\langle v^2 \rangle = \int_0^\infty v^2 G(v) \mathrm{d}v = 4\pi \left(\sqrt{\frac{m}{2\pi kT}} \right)^3 \int_0^\infty v^4 e^{-\frac{mv^2}{2kT}} \mathrm{d}v. \tag{16.14}$$

Mit Integral $\left[\int_0^\infty x^4 e^{-ax^2} \mathrm{d}x = \frac{3\sqrt{\pi}}{8a^{5/2}} \right]$:

$$\langle v^2 \rangle = \frac{3kT}{m}$$

oder

$$\sqrt{\langle v^2 \rangle} = \sqrt{\frac{3kT}{m}} = 1.09 \langle v \rangle = 1.22 v_{F\mathrm{max}}.$$

Die Mittelwerte der Geschwindigkeiten sind in Abb. 16.6 gezeigt.

Die Verteilung der Geschwindigkeiten kann experimentell mit Hilfe eines Geschwindigkeitsfilters, wie in Abb. 16.7 schematisch gezeigt, bestimmt werden. Hier verlassen Atome/Moleküle einen Ofen der Temperatur T und durchlaufen die Apparatur. Die Geschwindigkeitsverteilung gehorcht der Maxwell-Boltzmann-Verteilung, aber je nach Rotationsgeschwindigkeit der Schlitze werden nur Teilchen mit einer Geschwindigkeit durchgelassen. Jede Rotationsgeschwindigkeit der Schlitze lässt Atome/Moleküle mit einer bestimmten Geschwindigkeit zum Detektor durch, die relativen Häufigkeiten können dort registriert werden.

16.1.5   Fazit ideales Gas

Dieser Abschnitt war sehr erfolgreich. Wir haben gesehen, dass sich die Temperatur des idealen Gases aus der **mittleren kinetischen Energie** der Teilchen berechnen lässt. Allerdings funktioniert dies nur durch Verwendung der Gesetze der klassischen Thermodynamik. Wir können also eine Verbindung von Temperatur zu der mittleren kinetische Energie der Teilchen herstellen. Wenn die Temperatur

Abb. 16.7 Geschwindig-
keitsfilter

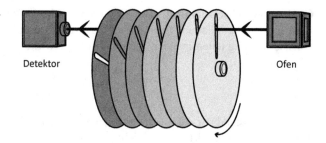

Detektor   Ofen

steigt, so steigt auch das mittlere Geschwindigkeitsquadrat der Teilchen. Wenn man
aber Wechselwirkungen zwischen den Teilchen hat, wird diese Verbindung komplizierter. Dann spielen auch noch Beiträge der Wechselwirkungspotenziale mit
rein.

Aus relativ allgemeinen Annahmen kann man dann auf die Verteilung der
Geschwindigkeiten schließen. Diese Verteilung, bei der im Exponenten die
Temperatur T steht, muss man so verstehen: Wenn ein Behälter mit einem
idealen Gas im Gleichgewicht mit einem Reservoir der Temperartur T steht,
dann gehorchen die Geschwindigkeiten der Teilchen der **Maxwell-Boltzmann-
Geschwindigkeitsverteilung**. Denn nur die Stöße mit der Wand, bei denen Energie
mit dem Reservoir ausgetauscht wird, führen dazu, dass all die Annahmen über die
Verteilung zutreffen.

Des Weiteren kann man nun auch noch eine mikroskopische Identifikation der
inneren Energie U angeben. Da das ideale Gas keine Wechselwirkungen kennt,
ist die gesamte Energie die Summe aller kinetischen Energien der Teilchen. Wir
können mit Gl. 16.3 also schreiben:

$$U = \langle E_{\mathrm{kin}} \rangle = \frac{3}{2} N \mathrm{k} T. \tag{16.15}$$

Damit haben wir eine Interpretation der inneren Energie des einatomigen idealen
Gases.

16.2 Reales Gas: Punktteilchen mit Coulomb- und Van-der-Waals-Wechselwirkungen (VdW)

Die Wechselwirkung der Atome untereinander führt einerseits zu chemischen Bindungen, andererseits zu sogenannten **nichtbindenden Wechselwirkungen**. Beide
Sorten von Wechselwirkungen, wie z. B. in Abb. 16.1 durch die Verbindungslinien
zwischen den Atomen symbolisiert, können nur mit Hilfe der Quantenmechanik
beschrieben werden. Wir werden hier nur auf die nichtbindenden Wechselwirkungen, die zum Einen durch Coulomb-Wechselwirkungen, zum Anderen durch
die Van-der-Waals-Wechselwirkung vermittelt werden, erläutern.

Coulomb-Wechselwirkung Die Coulomb-Wechselwirkung tritt auf, wenn die Atome eine Partialladung q_a tragen, was zu einer effektiven elektrostatischen Wechselwirkung untereinander führt, das Wechselwirkungspotenzial ist

$$V_{ab}^{\text{Coulomb}}(r_{ab}) = \frac{1}{4\pi\epsilon_0} \frac{q_a q_b}{r_{ab}}. \tag{16.16}$$

r_{ab} ist der Abstand der Atome, q_a und q_b sind die Partialladungen auf den Atomen, d. h., diese Wechselwirkung ist wichtig bei Ionen, aber auch bei polaren Molekülen, wo die atomaren Ladungen durch eine Ladungsverschiebung zwischen den Atomen entstehen. Denken Sie hierbei an die Wechselwirkung zwischen zwei Wassermolekülen, wo es eine effektive Anziehung zwischen den negativen und positiven Partialladungen gibt.

Van-der-Waals-Wechselwirkung (VdW)) Diese hat einen rein quantenmechanischen Charakter, ist daher durch eine klassische Veranschaulichung nicht zu verstehen. Bei Edelgasen gibt es keine Coulomb-Wechselwirkung (keine Ladung), daher ist die VdW-Wechselwirkung für die Bindung zuständig. Die VdW-Wechselwirkung ist aber auch bei neutralen Molekülen (N_2, O_2,...) dominant, und sie spielt eine entscheidende Rolle für die Stabilität großer organischer und biologischer Moleküle und Festkörper (organische Kristalle, DNA, Proteine, ...). Sie wird i. A. als **6-12-Potenzial** dargestellt (Abb. 16.8):

$$V_{ab}^{\text{VdW}}(r_{ab}) = 4\epsilon \left(\left(\frac{\sigma}{r_{ab}}\right)^{12} - \left(\frac{\sigma}{r_{ab}}\right)^{6} \right). \tag{16.17}$$

Das Minimum liegt bei $r_m = 2^{1/6}\sigma$ und hat eine Potenzialtiefe von ϵ. σ ist damit ein effektiver Atomradius (VdW-Radius). r_{ab} ist der Abstand der Atome voneinander. $V^{\text{VdW}}(r)$ hat die Rolle einer potentiellen Energie, genauso wie das Gravitationspotenzial für Massen und das Coulomb-Potenzial für Ladungen. σ gibt also die

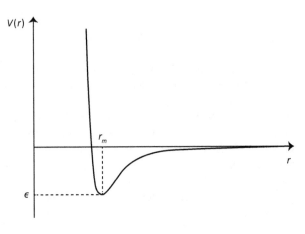

Abb. 16.8 Das VdW-Potenzial mit $\epsilon = 0.4$ und $\sigma = 2$

Ausdehnung der Atome an, ϵ die Stärke der Wechselwirkung. Für das ideale Gas gilt also $\sigma = 0$ und $\epsilon = 0$. Die Energie ist für den Gleichgewichtsabstand am geringsten, d. h. r_m ist der Bindungsabstand im VdW-Dimer.

Die Gesamtenergie des Gases ist nun nicht mehr nur durch die kinetische Energie T der Atome gegeben, man muss auch noch die Wechselwirkungen zwischen allen Teilchen berücksichtigen, die potentielle Energie V, d. h. die innere Energie wird nun auch Beiträge durch V_{ab} erhalten.

$$V = \sum_{ab} \left(V_{ab}^{VdW}(r_{ab}) + V_{ab}^{Coulomb}(r_{ab}) \right)$$

- Unterschiedliche Atome haben dann unterschiedliche Werte von σ und ϵ. Damit kann man die unterschiedlichen Wechselwirkungen A-A, B-B und A-B verstehen, wie für reale Gase diskutiert.
- Die VdW-Potenziale Gl. 16.17 kann man analog auch für die Wechselwirkung zwischen mehratomigen Molekülen verwenden. Hier gibt es dann eine solche Wechselwirkung zwischen allen Atomen der jeweiligen Moleküle. Dadurch entsteht effektiv eine Wechselwirkung zwischen den Molekülen. Die Wechselwirkung zwischen apolaren Molekülen in Lösung und im Festköpern denken Sie beispielsweise an Benzol, ist dominant durch die VdW-Wechselwirkung vermittelt.
- Damit kann man auch verstehen, warum die Mischung von Benzol und Toluol einer idealen Mischung sehr nahe kommt. Die beiden Moleküle unterscheiden sich durch eine Methylgruppe, d. h. man kann durchaus erwarten, dass die effektive VdW-Wechselwirkung zwischen den Molekülen sehr ähnlich ist.

16.3 Bewegungsformen der Materie

Das Anwachsen der Entropie wurde in Kap. 7 durch eine stärkere Verteilung der Energie erklärt. Um hierzu ein mikroskopisches Bild zu entwickeln, muss man zunächst darstellen, in welcher Weise Moleküle Energie aufnehmen können. Die Energie ist in der Mechanik durch zwei Terme,

$$E = T + V,$$

beschrieben. Die Energie kann also in Form von potentieller Energie V in Molekülen vorliegen, d. h. in Form von Bindungen. Man muss Energie aufwenden, um Bindungen zu brechen. Wir haben zwei einfache Modelle für die nicht-kovalenten Bindungen angesprochen. Die kovalente Bindung kann erst nach Einführung der Quantenmechanik im Detail diskutiert werden.

Daneben kann die Energie als kinetische Energie in Molekülen gespeichert sein. Wir wollen nun kurz skizzieren, in welchen Bewegungsformen die kinetische

Energie auf molekularer Ebene auftritt. Natürlich bedeutet kinetische Energie Bewegung der Atome. Da diese jedoch Bindungen untereinander haben, gibt es charakteristische Bewegungsformen.

16.3.1 Reale Moleküle in Gasform: innere Freiheitsgrade

Die Gesamtenergie eines Moleküls, wir wollen das am Beispiel eines Dimers diskutieren, setzt sich aus folgenden Beiträgen zusammen:

1. E^{bind}: Bindungsenergie des Moleküls. Dies ist Energie, die in den verschiedenen Bindungsformen im Molekül vorhanden ist.
2. E^{trans}: Kinetische Energie der Translationsbewegung des Moleküls, die gemäß der Maxwell-Boltzmann-Verteilung von der Temperatur abhängt.
3. E^{rot}: Kinetische Energie der Rotationsbewegung des Moleküls.
4. E^{vib}: Energie der Schwingungsbewegung.

Die vier Energiebeiträge

$$E_{\text{tot}} = E^{\text{bind}} + E^{\text{trans}} + E^{\text{rot}} + E^{\text{vib}} \qquad (16.18)$$

sind in Abb. 16.9 grafisch verdeutlicht. Wenn Wechselwirkungen mit anderen Molekülen vorhanden sind (VdW, Coulomb), wird noch das entsprechende Potenzial V ergänzt.

Translation
Betrachten wir als Beispiel das Molekül H_2, dessen Schwerpunkt mit der Gesamtmasse M sich mit der Geschwindigkeit v_Z bewegen soll, d. h. die kinetische Energie der Translation ist

$$E^{\text{trans}} = \frac{1}{2}Mv_Z^2.$$

Die Verteilung der kinetischen Energie haben wir über die Maxwell-Bolzmann-Verteilung bestimmt. Das Molekül hat drei **Translationsfreiheitsgrade** (Bewegung in x-, y- und z-Richtung) und jeder Translationsfreiheitsgrad hat die Energie $\frac{1}{2}kT$. Der Beitrag der Translation zur inneren Energie ist für N Teilchen im idealen Gas:

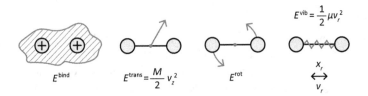

Abb. 16.9 Bindungsenergie, sowie Translations-, Rotations- und Vibrations-Beiträge zur Energie eines Moleküls bei $T \neq 0$

$$U^{\text{trans}} = \frac{3}{2}NkT.$$

Wichtig

Jeder Freiheitsgrad eines Teilchens (x, y, z) hat demnach die gleiche kinetische Energie $\frac{1}{2}kT$, dies wird das **Äquipartitionstherorem (Gleichverteilungssatz)** genannt.

Rotation von Molekülen

Wenn Moleküle rotieren, besitzen Sie auch eine kinetische Energie bezüglich der Rotationsbewegung. Lineare Moleküle haben 2 Rotationsachsen,[1] allgemein können Moleküle Rotationen um die x-, y- und z-Achse ausführen. Sie haben also **3 Rotationsfreiheitsgrade**. Und für diese gilt auch, wie für die Translation, der Gleichverteilungssatz: Im Gleichgewicht hat jeder Rotationsfreiheitsgrad die Energie $1/2kT$. Jedes Molekül hat damit die Energie $3/2kT$, d. h., der Beitrag der Rotation zur gesamten inneren Energie für N Teilchen im Gas ist

$$U^{\text{rot}} = \frac{3}{2}NkT.$$

Für ein lineares Molekül wie H_2 gibt es nur zwei Rotationsfreiheitsgrade, d. h., man findet $U^{\text{rot}} = NkT$.

Molekülschwingungen

Betrachten wir zur Vereinfachung nur das H_2-Molekül. Die wichtige Koordinate ist der H-H-Abstand, als Relativkoordinate x_r geschrieben, und die Relativgeschwindigkeit v_r. Das ist die Geschwindigkeit, mir der sich die beiden Atome relativ zueinander bewegen. Die Bindungsenergie der kovalenten Bindung lässt sich durch ein Potenzial darstellen, das eine ähnliche Form wie das VdW-Potenzial hat, wobei der Ursprung der Bindung auf anderen Prinzipien beruht und die Bindung um ein Vielfaches stärker ist. Um das Problem einfach lösen zu können, nähern wir das H-H-Potenzial als harmonisches Potenzial, d. h. wir modellieren die chemische Bindung zwischen den Wasserstoffatomen als Feder (Hook'sches Gesetz), siehe Abb. 16.10a: Wenn die Atome schwingen, so wird, wie beim klassischen harmonischen Oszillator, kinetische in potentielle Energie umgewandelt, und umgekehrt. Die Schwingung kann also auch Energie aufnehmen. In Abweichung zu Translation und Rotation kann jeder Schwingungsfreiheitsgrad (H_2 hat einen) genau ein kT Energie aufnehmen. Der Grund ist etwas komplexer und liegt daran, dass bei der Schwingung nicht nur kinetische, sondern auch potentielle Energie auftritt.

---

[1]Wir beschreiben die Atome als Punktmassen. Wenn z. B. H_2 entlang der x-Achse ausgerichtet ist, so gibt es kein Trägheitsmoment für die Rotation um die x-Achse, die „Hantel" kann nur um die y- und z-Achse rotieren.

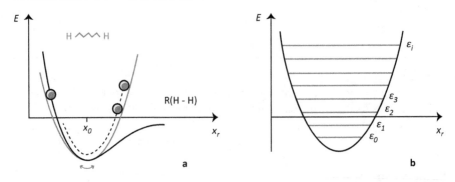

Abb. 16.10 (**a**) Näherung des Bindungspotenzial durch eine Feder, Schwingungen der H-Atome im Dimer, (**b**) quantenmechanischer harmonischer Oszillator

$$U_{\text{Dimer}}^{\text{vib}} = NkT.$$

Die gesamte innere Energie eines zweiatomigen Gases ist also:

$$U = U^{\text{trans}} + U^{\text{rot}} + U^{\text{vib}} = \frac{7}{2}NkT.$$

Nach Einführung der Quantenmechanik werden wir das noch etwas genauer behandeln.[2]

Mikroskopisch versteht man also sehr gut, warum die innere Energie U für verschiedene Gassorten unterschiedlich ist. Mit

$$c_V = \frac{\mathrm{d}U}{\mathrm{d}T}$$

hat man damit auch den Unterschied in den Wärmekapazitäten erklärt. Ein Gas mit mehr Freiheitsgraden kann eben mehr Energie aufnehmen, d. h. hat eine höhere Wärmekapazität. Den Unterschied kann die phänomenologische Thermodynamik selbst nicht aufklären. Diese kann nichts über die Absolutwerte von Energien aussagen, sie kann diese nur für Referenzzustände $U^{\ominus}$ (oder $H^{\ominus}$) experimentell ermitteln. Die Stärke einer mikroskopischen Theorie besteht also u. A. in der Erklärung dieser Materialkonstanten.

16.3.2 Flüssigkeiten

Für Füssigkeiten, ob atomar oder aus Molekülen bestehend, kommen gegenüber den idealen Gasen noch die Wechselwirkungen hinzu, die durch die Coulomb- und

---

[2]Für tiefe Temperaturen ist die Rotation und Schwingung aufgrund von Quanteneffekten eingeschränkt, daher gilt die Formel für U nur für hohe Temperaturen, d. h. Temperaturen oberhalb der Raumtemperatur.

VdW-Potenziale vermittelt werden. Bei der Kondensation werden die Moleküle stärker wechselwirken, denken sie hier beispielsweise an die Wasserstoffbrückenbindung in Wasser. Während in der Gasphase die Moleküle frei rotieren können, sind diese Freiheitsgrade nun stärker durch die Bindung eingeschränkt, das gleiche gilt für die Translation. Durch die Kondensation wird also Energie frei, zum einen Bewegungsenergie, zum anderen potentielle Energie, da nun mehr Moleküle im Gleichgewichtsabstand r_m des VdW-Potenzials sind, und damit die Energie ϵ pro Bindung frei wird. Diese Energie wird bei der Kondensation als Übergangswärme frei. Die Gesamtenergie U einer Flüssigkeit zu berechnen, ist etwas komplexer, da die Wechselwirkungen zentral sind, und ist Thema der **statistischen Thermodynamik**.

16.3.3 Festkörper

Beim flüssig-fest-Übergang wird dies weiter verstärkt. Die Wassermoleküle sind im Eiskristall eingefroren, Rotation und Translation sind nun völlig blockiert. Daher gibt es eine weitere Übergangswärme. Im Festkörper sind nur noch Schwingungen der Atome/Moleküle um die Ruhelage im Festkörper möglich, zudem natürlich noch die molekülinternen Schwingungen bei molekularen Festkörpern wie Eis.

Einstein hat ein einfaches Modell für den Festkörper vorgeschlagen, wobei jedes Atom nur um seine Gleichgewichtslage mit einer bestimmten Frequenz ν schwingen kann. Ein Festkörper mit N Atomen besteht also aus $3N$ harmonischen Oszillatoren, die voneinander unabhängig schwingen können (Abb. 16.11). Die Energie

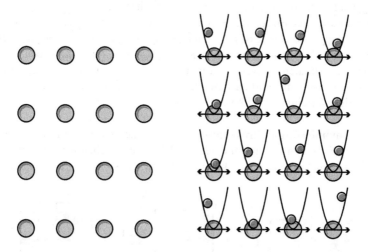

Abb. 16.11 Einstein-Modell des Festkörpers. Jedes Atom kann harmonisch um seine Gleichgewichtslage schwingen. Die unterschiedlichen Auslenkungen sind durch die kleinen Kugeln dargestellt. Die Bewegungen sind unkorreliert, es handelt sich also um $3N$ ungekoppelte Oszillatoren, die unterschiedliche Energien haben

eines Festkörpers besteht aus der Bindungesenergie und aus der Energie der Schwingungen. Jeder Schwingungsfreiheitsgrad kann kT Energie aufnehmen, d. h., für N Atome hat man die innere Energie

$$U^{\mathrm{vib}} = N\mathrm{k}T = n\mathrm{R}T$$

und die Wärmekapazität

$$c_V = n\mathrm{R}$$

die sehr gut mit experimentell gemessenen Werten übereinstimmt.

16.4 Gleichverteilungssatz, Entropieprinzip und mehr

Wie wir gesehen haben, lassen sich für einfache Modelle die Temperatur T und Energie U mikroskopisch rekonstruieren. Für die Entropie S ist das etwas komplexer und soll hier nicht im Detail geschehen, dies geschieht in der **statistischen Thermodynamik**. Dennoch kann man mit Hilfe des Gleichverteilungssatzes das grundlegende Prinzip erläutern.

Entropiemaximierung in der Thermodynamik   Zentral für unsere Überlegungen zur Thermodynamik waren die Ausgleichsprozesse. Wenn man aus einem Nichtgleichgewichtszustand startet, wird das System nach einer Relaxationszeit in ein Gleichgewicht laufen. In Kap. 7 hatten wir das Schema Abb. 16.12 vorgestellt, und als Interpretation der Entropiemaximierung angeboten. Wir haben uns vorgestellt, dass am Anfang eines Prozesses die Energie ungleich verteilt ist, beispielsweise ist mehr Energie in dem System mit den 16 Kästchen in dem Teilsystem oben links. Das Prinzip der maximalen Entropie sagt nun, dass am Ende die Energie gleichverteilt über alle Untersysteme vorliegen wird, Entropiemaximierung bedeutet maximal gleichmäßige Verteilung der Energie.

Entropiemaximierung mikroskopisch   Dies können wir nun mikroskopisch verstehen. Angenommen wir haben einen Festkörper und geben nur dem Atom oben links etwas mehr Energie. Dann können wir nun jedes Atom mit einem Kästchen

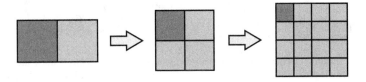

Abb. 16.12 Entropievermehrung bedeutet Ausgleich von T, und p in den Zellen

in Abb. 16.12 identifizieren. Das Prinzip der maximalen Entropie besagt, dass nach Relaxation ins Gleichgewicht jedes Atom **im Mittel** die gleiche Energie kT haben wird. Die Energie, wenn anfangs im Festkörper ungleich verteilt, wird am Ende gleichverteilt sein.

Analog kann man das für ein Gas diskutieren. Wenn man anfangs nur ein paar Gasmoleküle mit mehr Energie ausstattet, so wird am Endpunkt des Relaxationsprozesses, für den die Entropie ihr Maximum annimmt, jedes Molekül **im Mittel** die gleiche Energie haben. Aber es geht noch weiter: Der Gleichverteilungssatz sagt, dass im Gleichgewicht jeder Freiheitsgrad eine gewisse Energiemenge aufnimmt. Für Rotation und Translation sind das $\frac{1}{2}kT$, für die Schwingung sind das $1kT$. Die Energie wird also im Molekül noch so aufgeteilt, dass jeder Translations- und Rotationsfreiheitsgrad $\frac{1}{2}kT$ Energie beinhaltet, und jeder Schwingungsfreiheitsgrad $1kT$. Die Energie wird also sogar noch auf die einzelnen Freiheitsgrade gleichmäßig verteilt.

Freie Energie F vs. innere Energie U: Und nun bekommt man auch eine mikroskopische Vorstellung der Entropie von Stoffen. $F = U - TS$ hatten wir in Abschn. 6.4.3 so gedeutet, dass Energie in den Stoffen „feststeckt", dass Teile der inneren Energie nicht in Arbeit umgewandelt werden können. Nun, bei einer bestimmten Temperatur sind das beispielsweise die Rotations- und Schwingungsenergien. Diese sind Teil der inneren Energie U, aber es gibt bei fester Temperatur T keine Möglichkeit, diese Energien in Arbeit umzuwandeln, diese „stecken" in den Molekülen fest. Wenn man eine chemische Reaktion $A \rightarrow B$ hat, und die jeweiligen Moleküle unterschiedliche Rotations- und Schwingungsenergien haben, so bilden diese einen Teil von $TS^{\ominus}$.

Phasenübergänge Bei der Diskussion der Phasenübergänge haben wir festgestellt, dass die Phasen unterschiedliche Entropien haben. $S_{fe} < S_{fl} < S_{gas}$. Dies hat denselben molekularen Ursprung. Im Gas sind mehr Freiheitsgrade aktiv als im Festkörper oder in der Flüssigkeit, d. h., im Gas ist mehr Energie in diesen Freiheitsgraden gespeichert, die zur Leistung von Arbeit in einem isothermen Prozess nicht zur Verfügung steht.

Wärme Bei der Einführung der inneren Energie U in Abschnitt hatten wir noch etwas mit dem Formalismus gehadert. Warum nennt man etwas Energie, also gespeicherte Arbeit, wenn man es doch als Arbeit nur reinstecken, aber nicht mehr vollständig herausbekommt? Wärme als Energieform zu sehen hinterließ aber noch eine argumentative Leerstelle. Mikroskopisch ist das jedoch sonnenklar. Es gibt nur Bewegungs- und Bindungsenergie, die Energie ist da, auch wenn man sie nicht in makroskopische Arbeit umsetzen kann.

Arbeit Und so sehen wir auch, wie innere Energie in Arbeit umgesetzt werden kann. Bei der adiabatischen Expansion stoßen die Moleküle mit der Wand. Wenn die Wand fest ist, werden die Moleküle reflektiert und üben nur einen Druck auf die Wand aus. Wenn das Volumen aber expandiert und Arbeit an den Arbeitsspeicher abgegeben wird, so geben die Moleküle bei Stoß mit der Wand Energie an diese ab, dabei werden sie abgebremst, d. h. langsamer. Im Mittel langsamere Moleküle bedeutet ein geringere Temperatur. Dies ist das Wesen der adiabatischen Expansion, innere Energie wird in Arbeit umgesetzt, dabei kühlt das Gas ab.

Irreversible Expansion Bei dem Joule'schen Überströmversuch wurde ein Gas expandiert ohne Arbeit zu leisten:

- **Ideales Gas:** Das ideale Gas strömt dabei nur in das vergrößerte Volumen, da es keine Energie durch Stöße mit der Wand abgeben kann, werden die Gasmoleküle nicht abgebremst, d. h. U und T bleiben gleich, die Energie U ist nun nur auf ein größeres Volumen verteilt.
- **Reales Gas:** Es wird, ebenso wie bei dem idealen Gas, keine Energie an die Wand abgegeben. Dennoch sinkt die Temperatur, ein Effekt den wir bei der Gasverflüssigung in Kap. 9 diskutiert haben. In Abschn. 3.4.2 haben wir gesehen, dass dabei eine innere Arbeit geleistet wird, berechnet als Integral über den Binnendruck. Wie kann man das mikroskopisch verstehen? Betrachten wir ein VdW-Gas. Bei kleinerem Volumen sind mehr Moleküle in einem gebundenen Zustand, d. h., bei einem Abstand r_m des VdW-Potenzials in Abb. 16.8. Wenn das Gas expandiert, werden viele dieser Bindungen gebrochen, d. h., es muss Energie für die Dissoziation aufgewendet werden. Diese kommt aus der Bewegungsenergie, d. h., die Moleküle werden im Mittel langsamer und das Gas kühlt ab.

16.5 Quantisierung: die Boltzmann-Verteilung

Die Quantenmechanik führt zu einer Quantisierung der Energie. Es sind also nicht alle Energiewerte möglich, sondern nur bestimmte, die einer Quantisierungsregel gehorchen. Dies gilt für alle Freiheitsgrade, wir wollen das aber am Beispiel des harmonischen Oszillators erläutern.

Der klassische harmonische Oszillator kann beliebige Energien haben, d. h. die Summe aus kinetischer und potentieller Energie kann belieb groß sein. Damit sind beliebige Auslenkungen, d. h., Amplituden möglich, siehe dazu Abb. 16.10a. Eine Rechnung nach den Regeln der Quantenmechanik zeigt jedoch, dass nur noch bestimmte Energiezustände erlaubt sind, wie durch die horizontalen Geraden in Abb. 16.10b eingezeichnet. Im klassischen Bild könnte man die Quantisierung so interpretieren, dass nur bestimmte Amplituden erlaubt sind, d. h., Amplituden die durch die Schnittpunkte der Energieniveaus mit der Parabel definiert sind. Dies ist eine in erster Näherung nützliche Vorstellung, in der Quantenmechanik wird das noch vertieft und modifiziert werden. Das gleiche gilt auch für die Translation und die Rotation. Mit der Quantenmechanik sind nur noch bestimmte Energiezustände, d. h., kinetische Energien und Rotationsenergien erlaubt.

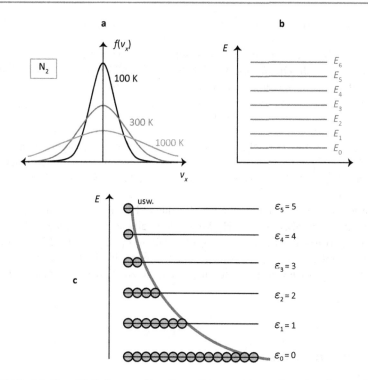

Abb. 16.13 (a) Maxwell-Boltzmann-Verteilung, (b) quantisiertes Energiespektrum allgemein und (c) Besetzung der Energien nach Boltzmann

Die 3 Translationsfreiheitsgrade werden durch die Maxwell-Boltzmann-Verteilung beschrieben, d. h. die Verteilung Abb. 16.13a

$$f(v_{Zx})$$

gibt an, mit welcher Wahrscheinlichkeit ein Molekül mit der Schwerpunktsgeschwindigkeit v_{Zx} in x-Richtung (y-, z-Richtung analog) anzutreffen ist, d. h. mit welcher Wahrscheinlichkeit das Molekül eine bestimmte kinetische Energie $E_{kin}(v_{Zx})$ für die Translationsbewegung hat. Auf gleiche Weise wird die Rotations- und Schwingungsenergie verteilt sein. Es gibt Moleküle mit großen und kleinen Schwingungsamplituden, die Schwingungsenergie ist im Mittel durch kT gegeben.

Betrachten wir nun als Beispiel das Energiespektrum in Abb. 16.13b, das die Schwingungsenergiezustände eines Moleküls repräsentieren soll. In welchem Schwingungszustand ist nun ein H_2-Molekül bei einer bestimmten Temperatur T? Das kann man mit Hilfe der Maxwell-Boltzmann-Verteilung abschätzen:

Die Verteilung der Geschwindigkeiten ist durch die Maxwell-Boltzmann-Verteilung

$$f(v) = A \exp(-mv^2/2kT) = A \exp(-E_{kin}/kT) \qquad (16.19)$$

geben. Nun soll die Energie E quantisiert sein, d. h., es sind nur bestimmte Energie-zustände E_i möglich. Die Wahrscheinlichkeit, dass das Molekül im Energiezustand E_i ist, wird durch die sogenannte **Boltzmann-Verteilung**

$$p_i = A \exp(-E_i/kT) = f(E_i) \qquad (16.20)$$

wiedergegegeben. Die Formel kann man so interpretieren, dass sie die Wahrschein-lichkeit $f(E_i) = p_i$ wiedergibt, ein Molekül im Schwingungszustand der Energie E_i zu finden. Man sagt auch, das Molekül ist mit der Wahrscheinlichkeit p_i im i-ten angeregten Schwingungs.

Eine Wahrscheinlichkeit kann auch als relative Häufigkeit ausgedrückt werden: Angenommen wir haben $N = 30$ H_2-Moleküle in einem Kasten bei der Temperatur T. Wie viele Moleküle sind im Zustand der Energie E_0, E_1, E_2 etc.? Dies ist durch die Wahrscheinlichkeit p_0, p_1, p_2 etc. gegeben, wie in Abb. 16.13c skizziert (Anzahl der „Kreise" bei der jeweiligen Energie). Die Besetzung sinkt exponentiell mit der Energie.

16.6   Zusammenfassung

Die Thermodynamik ist eine generelle Theorie, ihre Gleichungen gelten für alle Materialklassen, müssen daher für spezielle Materialien durch die Materialkon-stanten experimentell angepasst werden. Die Thermodynamik kann keine Ab-solutwerte für die thermodynamischen Größen bereitstellen, sie bezieht sich auf Referenzen und dazu relative Werte.

Die **mikroskopische Theorie** startet mit einem Ausdruck für die mikroskopi-sche Energie, dargestellt durch die **kinetische und potentielle** Energie. Durch Vergleich mit dem thermodynamischen Formalismus gelingt eine Identifizierung von T und U, S kann über eine berühmte Formel von Boltzmann dargestellt werden, wurde hier aber nicht besprochen, sondern ist Thema der statistischen Thermo-dynamik. Die mikroskopische Theorie kann über die Wechselwirkungspotenziale die stoffspezifischen Besonderheiten beschreiben, es gelingt daher beispielsweise Energien und Materialkonstanten mikroskopisch zu berechnen. Für sehr einfache Modelle der Materie, wie das ideale Gas oder den Einstein-Festkörper gelingt dies analytisch, für komplexere Systeme kann man dies heute untere Computereinsatz erreichen.

- **Ideales Gas:** Volumen und Druck eines idealen Gases sind relativ einfach aus-zurechnen, diese folgen direkt aus den mechanischen Größen. Wenn wir die **Maxwell-Boltzmanns**-Geschwindigkeitsverteilung Gl. 16.9

$$f(v_i) = \sqrt{m/2\pi kT}\, e^{-\frac{mv_i^2}{2kT}}$$

ableiten, gelingt uns eine Identifizierung der mittleren Geschwindigkeiten mit der Temperatur. Im Gleichgewicht, wenn eine bestimmte Temperatur herrscht, haben die Gasteilchen eine bestimmte Geschwindigkeitsverteilung. Diese ist gausförmig. Anders herum: Nur wenn die Geschwindigkeitsverteilung gausförmig ist, sind wir im Gleichgewicht und eine Temperatur ist thermodynamisch überhaupt definiert. Um dies herzuleiten, benötigen wir aber die Thermodynamik. Wir haben ja die Gasgleichung $pV = nRT$ verwendet, d. h., wir mussten schon wissen, was Temperatur ist, um diese mit den mittleren Geschwindigkeiten zu identifizieren. Zudem mussten wir bei der Ableitung der MB-Verteilungsfunktion die Thermodynamik erneut bemühen. Ohne die Kenntnis der Thermodynamik hätten wir nicht sagen können, was das γ in der MB-Verteilung überhaupt ist. Damit setzt unsere neue **statistische Theorie der Wärme** die Thermodynamik an zentralen Stellen voraus. Im quantenmechanischen Fall erhält man die **Boltzmann-Verteilung**

$$p_i = A e^{-\frac{E_i}{kT}}.$$

- **Reales Gas:** Die Wechselwirkung der Gasatome untereinander durch das VdW-Potenzial führt zu einer Modifikation des Druckes p und des Volumens V in der idealen Gasgleichung. Die resultierende Zustandsgleichung beschreibt auch den Phasenübergang flüssig-gasförmig. Mikroskopisch können intermolekulare Wechselwirkungen durch die **Coulomb- und Van-der-Waals-Potenziale** beschrieben werden.
- **Mehratomige Moleküle:** Hier kommen zu der Translationsbewegung noch zwei weitere innere Freiheitsgrade hinzu, die Rotation und Vibration. Elektronische Anregungen müssen bei 300 K nicht berücksichtigt werden.
- **Gleichverteilungssatz und Gleichgewicht:** Jeder Freiheitsgrad eines Moleküls hat im Mittel eine bestimmte Energie. D. h., wenn man, z. B. durch eine lokale Energieeinstrahlung durch einen Laser am Anfang des Relaxationsprozesses eine ungleiche Energieverteilung vorliegen hat, wird die Energie am Ende der Relaxation gemäß dem Gleichverteilungssatz über alle Moleküle und all deren Freiheitsgrade gleichverteilt vorliegen. Entropiemaximierung bedeutet gleichmässige Verteilung der Energie über alle Moleküle und weitergehend über alle molekularen Freiheitsgrade.

Teil III

Kinetik

Grundlagen der Kinetik

Die **Thermodynamik** macht eine fundamentale Aussage über die Energetik von chemischen Reaktionen und bestimmt damit ihre Richtung: Die Konzentration der Reaktanten wird zu kleinerer freier Enthalpie G verschoben. Es wird aber keine Ausssage über die **Aktivierungsenergie** oder die **Reaktionsgeschwindigkeit** gemacht.

Des Weiteren bestimmt sie das **thermodynamische Gleichgewicht**, das sich im Grenzfall langer Reaktionszeiten einstellt. Betrachten wir dazu folgende Reaktion:

$$A \rightleftharpoons B.$$

Das Verhältnis der Konzentrationen $[A]$ und $[B]$ ist im Gleichgewicht durch die **Gleichgewichtskonstante K** gegeben, und diese ist ist mit ΔG^0 verknüpft:

$$\Delta G^0 = -RT \ln K.$$

Die Thermodynamik gibt also Auskunft über das Ergebnis einer Reaktion (wenn man sehr lange wartet), sagt aber nichts über den **Verlauf**, die **Geschwindigkeit** oder den **Mechanismus** aus. Da z. B. ein Katalysator nichts an der Energetik der Reaktion ändert, macht die Thermodynamik identische Aussagen über katalysierte und unkatalysierte Reaktionen.

Die Kinetik dagegen untersucht die Prozesse im **Nichtgleichgewicht**.

- In der Sprache der Thermodynamik: Man startet die Reaktion in einem gehemmten Gleichgewicht in dem nur $[A]$ vorliegt, und untersucht explizit den Relaxationsprozess in das Gleichgewicht. Welche Gesetzmäßigkeiten gelten für die Reaktion, d. h., wie sieht der zeitliche Ablauf aus?
- Woraus resultieren unterschiedliche Reaktionsgeschwindigkeiten?
- **Mechanismus:** Welche Einzelschritte laufen bei der Stoffumwandlung ab?

Die **zeitliche Analyse** der Stoffumwandlungen erlaubt nun Aufschlüsse über den **Mechanismus** und die **Zeitskala**, auf der die Reaktion abläuft. Dies ist das Ziel der **chemischen Kinetik**.

© Springer-Verlag GmbH Deutschland 2017
M. Elstner, *Physikalische Chemie I: Thermodynamik und Kinetik*,
https://doi.org/10.1007/978-3-662-55364-0_17

Eine Analyse von Reaktionen in Begriffen der **Thermodynamik** (ΔG, K) und **Kinetik (Mechanismus, Reaktionsrate)** ist zentral für das Verständnis von chemischen Reaktionen. Dies gilt genauso für die Biochemie. Die Funktionsweise von Proteinen wird oft überhaupt erst durch eine solche Analyse möglich. Es ist die Frage nach der Effizienz: Wie gelingt es Proteinen, bestimmte Prozesse so effizient umzusetzen?

17.1 Grundbegriffe

17.1.1 Definition der Rate (Reaktionsgeschwindigkeit)

Die „Geschwindigkeit" einer Reaktion gibt an, wie schnell ein Stoff umgesetzt wird. Bei der Reaktion

$$A \rightarrow B$$

wird man z. B. messen, wie schnell sich die **Konzentration** der Substanz A, $[A]$, ändert.

$$\frac{\Delta[A]}{\Delta t} \rightarrow \frac{d[A]}{dt} = v$$

v ist damit ein Maß für die **Reaktionsgeschwindigkeit**.

Beispiel 17.1

Betrachten wir aber die Reaktion:

$$A + 2B \rightarrow 4C + D.$$

Aus der Stöchiometrie folgt nun für die Änderungen der Konzentrationen:

$$-\frac{d[A]}{dt} = -\frac{1}{2}\frac{d[B]}{dt} = \frac{d[D]}{dt} = \frac{1}{4}\frac{d[C]}{dt}$$

- Die Konzentrationen von A und B nehmen ab, d. h. die Ableitungen sind negativ: daher das „$-$" vor den Ableitungen.
- Die Konzentration von C nimmt viermal schneller zu als die von D: daher der Faktor 1/4.

Die Geschwindigkeiten der Bildung bzw. des Abbaus der Produkte bzw. Edukte unterscheiden sich offensichtlich durch die **stöchiometrischen Koeffizienten** v_i. ∎

Um eine eindeutige Beschreibung der Reaktionsgeschwindigkeit zu erhalten, wird daher die **Reaktionslaufzahl** ξ wie in Kap. 12 eingeführt:

$$\xi = \frac{n_i}{v_i}. \tag{17.1}$$

n_i gibt die Stoffmenge der chemischen Spezies in „mol" an. Die Änderung der Reaktionslaufzahl während einer Reaktion ist dann:

$$d\xi = \frac{dn_i}{v_i} = \frac{dn_j}{v_j} = \dots \tag{17.2}$$

Nun wollen wir diese Gleichungen nochmals umschreiben, um mit Konzentrationen arbeiten zu können. Die Konzentration $c_i = [i]$ ist gegeben durch:

$$c_i = \frac{n_i}{V}$$

(V: Volumen), in Gl. 17.2 eingesetzt:

$$\frac{1}{V}d\xi = \frac{dc_i}{v_i} = \frac{dc_j}{v_j} = \dots$$

Jetzt teilen wir noch durch „dt" und erhalten die **Reaktionsgeschwindigkeit** r_v

$$r_v = \frac{1}{V}\frac{d\xi}{dt} = \frac{1}{v_i}\frac{d[i]}{dt} = \frac{1}{v_j}\frac{d[j]}{dt} = \dots \tag{17.3}$$

Bitte beachten Sie, dass r_v auf ein Volumen V bezogen ist. Eine alternative Definition der Reaktionsgeschwindigkeit bezieht sich nur auf die Molzahlen, $r_\xi = d\xi/dt$.

17.1.2 Ratengleichung, Ratenkonstanten und Reaktionsordnung

In vielen Fällen hängt die Reaktionsgeschwindigkeit von der Konzentration der Reaktanten ab. Diese Abhängigkeit kann sehr komplex sein, i. A. kann man für eine Reaktion

$$A + B \to P$$

schreiben

$$r_v = f([A], [B]). \tag{17.4}$$

Wenn Rückreaktionen auftreten, so gehen hier auch die Konzentrationen der Produkte ein. Die genaue Form der Kinetik gibt Aufschluss über den Mechanismus. In einem einfachen Fall einer solchen **Ratengleichung** wäre $f([A], [B])$ beispielsweise durch ein Produkt gegeben:

$$r_v = k[A][B], \tag{17.5}$$

wobei **k** als **Ratenkonstante (Geschwindigkeitskonstante)** bezeichnet wird.

Einfache Ratengleichungen (Geschwindigkeitsgesetze), wie wir sie im Folgenden diskutieren werden, haben die Form (A, B, C: Reaktanten):

$$r_v = k[A]^{m_1}[B]^{m_2}[C]^{m_3}. \tag{17.6}$$

- $m = m_1 + m_2 + m_3$ wird die **Reaktionsordnung** genannt.
- die m_i sind oft ganze Zahlen: Achtung, sie haben in der Regel nichts mit der Stöchiometrie v_i zu tun!
- r_v ist selbst zeitabhängig, d. h. man muss $r_v(t)$ schreiben. Die Reaktionsgeschwindigkeit kann sich im Laufe der Reaktion ändern.
- Die Dimension der Zeitkonstante ist unterschiedlich für die verschiedenen Reaktionsordnungen!
- In diesen einfachen Ratengleichungen tauchen zunächst nur die Konzentrationen der Reaktanten auf, Rückreaktionen werden in Kap. 18 betrachtet.

Beispiel 17.2

$2N_2O_5 \rightarrow 4NO_2 + O_2$.
   Man findet

$$r_v = \frac{d[N_2O_5]}{-2dt} = \frac{d[NO_2]}{4dt} = k[N_2O_5]^1.$$

Dies ist eine Reaktion erster Ordnung, wobei der stöchiometrische Koeffizient 2 ist. ∎

Beispiel 17.3

$2NO + O_2 = 2NO_2$
   Man findet

$$r_v = \frac{d[NO_2]}{-2dt} = k[NO]^2[O_2]^1.$$

Dies ist eine Reaktion dritter Ordnung, 2ter Ordnung in NO, erster Ordnung in O_2. Dass die stöchiometrischen Koeffizienten gleich der Reaktionsordnung sind, ist eher die Ausnahme. ∎

Beispiel 17.4

$H_2 + Br_2 \rightarrow 2\,HBr$

Man findet zunächst

$$r_v = \frac{d[HBr]}{2dt} = k[H_2][Br]^{1/2},$$

eine gebrochenzahlige Reaktionsordnung, d. h. es liegt ein komplizierter Mechanismus vor, im weiteren Verlauf der Reaktion findet man

$$r_v = \frac{d[HBr]}{2dt} = \frac{k[H_2][Br]^{1/2}}{1 + k'[HBr]}.$$

■

17.1.3 Elementarreaktionen

Oft resultiert die Gesamtreaktion aus mehreren **Elementarreaktionen**. Die Aufklärung des Mechanismus der Reaktion führt zu einer Identifizierung der Elementarreaktionen. Diese unterscheidet man anhand ihrer **Molekularität**:

- **monomolekular**: z. B. Dissoziation $I_2 \rightarrow 2I$ oder Isomerisierung.
- **dimolekular**: Ein „Zweierstoß" führt zur Reaktion, z. B. $NO + O_3 \rightarrow NO_2 + O_2$.
- **trimolekular**: Existenz unklar.

17.2 Zeitgesetze einfacher Reaktionen

Die Zeitgesetze haben die mathematische Form von **Differentialgleichungen (DGL)**, d. h., sie geben die Änderung der Konzentration in Abhängigkeit der Konzentrationen der Reaktanten an. Denken Sie dabei z. B. an das radioaktive Zerfallsgesetz. Hier haben wir auch die Zahl der Zerfälle pro Zeit, N, in Abhängigkeit von der Teilchenzahl N ausgedrückt:

$$\frac{dN}{dt} = -\lambda N.$$

Was uns aber i. A. interessiert ist, wie sich $N(t)$ zeitlich ändert. Dies erhält man durch **Integration der Differentialgleichung**:

$$N(t) = N_0 e^{-\lambda t}.$$

Im Folgenden werden wir die einfachen Zeitgesetze integrieren, um den zeitlichen Verlauf der Konzentrationen zu erhalten. Damit erhält man aus den experimentell bestimmten Konzentrationsverläufen $c(t)$ Aufschlüsse über das Geschwindigkeitsgesetz, die Ordnung und damit den Mechanismus.

17.2.1   Reaktion 0. Ordnung: *m = 0*

Dies sind Reaktionen, bei denen die Reaktionsgeschwindingkeiten unabhängig von der Anfangskonzentration sind und sich durch

$$A \rightarrow B$$

darstellen lassen.
  Beispiele:

- Verdunsten von Wasser aus einem Glas. Wie viel Wasser pro Stunde verdunstet, hängt von der Oberfläche, dem Druck, der Temperatur etc. ab, aber nicht von der Wassermenge im Glas.
- Enzymatische Reaktionen, in denen ein Überschuss an Substrat vorliegt
- In der Chemie jedoch eher ungewöhnlich, treten insbesondere bei heterogenen Reaktionen auf.

Die Reaktionsgeschwindigkeit ist unabhängig von der Konzentration $[A]$.

$$r_v = -\frac{d[A]}{dt} = k_0. \tag{17.7}$$

Die Ableitung ist negativ, die Konstante k_0 aber positiv, daher wird die linke Seite mit -1 multipliziert (wir schreiben im Folgenden $[A](t) = [A]_t = [A]$). Umformen:

$$-d[A] = k_0 dt. \tag{17.8}$$

Integration:

$$-\int_{[A]_{t_0}}^{[A]_{t_1}} d[A] = \int_{t_0}^{t_1} k_0 dt. \tag{17.9}$$

Stammfunktion:

$$-([A]_{t_1} - [A]_{t_0}) = k_0(t_1 - t_0). \tag{17.10}$$

oder (sei $t_0 = 0$, $[A]_{t_0} = [A]_0$):

$$[A]_{t_1} = [A]_0 - k_0 t_1. \tag{17.11}$$

Wir können auch schreiben (wir ersetzen t_1 durch t):

$$[A]_t = [A]_0 - k_0 t. \tag{17.12}$$

Die Konzentration nimmt also linear mit der Zeit ab, wie aus Abb. 17.1 ersichtlich. Die Dimension der Reaktionskonstante ist

$$\text{Dimension}(k_0) = \frac{\text{mol}}{\text{ls}}.$$

Abb. 17.1 Zeitabhängigkeit der Konzentration für $m = 0$. Gezeigt ist hier der Verlauf mit $[A]_0 = 3$ und $k = 0,5$

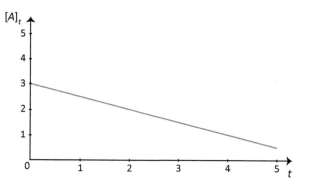

17.2.2 Reaktion 1. Ordnung: $m = 1$

Dieses Geschwindigkeitsgesetz gilt für Reaktionen, bei denen die Reaktionsgeschwindigkeit proportional zur Konzentration eines der Reaktanten ist. Man findet es z. B. für:

- radioaktiven Zerfall
- Dissoziationsreaktionen, z. B.: $2N_2O_5 \rightarrow 4NO_2 + O_2$
- Isomerisierungsreaktionen, z. B. Cyclopropan $\rightarrow$ Propen

Die genannten Reaktionen sind **monomolekular,**

$$A \rightarrow B.$$

$$r_v = -\frac{d[A]}{dt} = k_1[A]. \tag{17.13}$$

Trennung der Variablen:

$$\frac{d[A]}{[A]} = -k_1 dt. \tag{17.14}$$

Stammfunktion ($\int (1/x)dx = \ln(x)$):

$$\ln([A]) - \ln([A]_0) = -k_1 t \tag{17.15}$$

oder

$$\ln\frac{[A]}{[A]_0} = -k_1 t. \tag{17.16}$$

Lösung:

$$[A] = [A]_0 e^{-kt}. \tag{17.17}$$

Wie beim radioaktiven Zerfall sinkt die Anfangskonzentration exponentiell. Grafisch ist es oft günstiger Gl. 17.16 statt Gl. 17.17 aufzutragen. Durch Auftra-

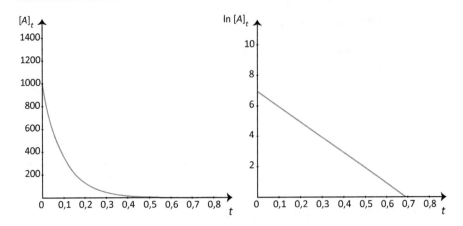

Abb. 17.2 Zeitabhängigkeit der Konzentration für $m = 1$. Gezeigt ist hier der Verlauf nach Gl. 17.17 und 17.16 mit $[A]_0 = 1000$ und k = 10

gung von $\ln \frac{[A]}{[A]_0}$ über t kann man $-k_1$ direkt aus der Steigung der Geraden ablesen, wie in Abb. 17.2 zu sehen ist. Die Dimension der Reaktionskonstante ist (kt ist dimensionslos):

$$\text{Dimension}(k_1) = \frac{1}{s}.$$

Wie sieht nun die Bildung von $[B]$ aus? Wie oben angenommen, gibt es keine Rückreaktion, wir haben daher ($[B]_0 = 0$):

$$[B] = [A]_0 - [A].$$

Mit $[A] = [A]_0 e^{-kt}$ erhalten wir:

$$[B] = [A]_0 - [A] = [A]_0 - [A]_0 e^{-kt} = [A]_0(1 - e^{-kt}). \tag{17.18}$$

Damit ist die zeitliche Entwicklung von $[B]$ wie in Abb. 17.3 gezeigt.

17.2.3 Halbwertszeit und Zeitkonstante

Die **Halbwertszeit** $t_{1/2}$ ist definiert als die Zeit, in der die Anfangskonzentration um die Hälfte abnimmt, also:

$$\frac{[A]}{[A]_0} = \frac{1}{2}.$$

Mit Gl. 17.16 gilt dann:

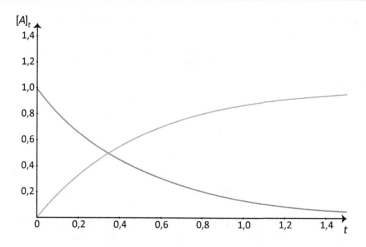

Abb. 17.3 Zeitabhängigkeit der Konzentration für $m = 1$. Gezeigt ist hier der Verlauf von $[A]$ und $[B]$ mit $[A]_0 = 1$ und $k = 2$

$$\ln\left(\frac{1}{2}\right) = -k_1 t_{1/2} \qquad (17.19)$$

d. h.:

$$t_{1/2} = \frac{\ln 2}{k_1}. \qquad (17.20)$$

Bei Reaktionen erster Ordnung ist also die Halbwertszeit unabhängig von der Konzentration.

Eine weitere wichtige Größe ist die **Zeitkonstante** τ. Sie ist definiert als die Zeit, in der die Konzentration auf $1/e$ abgefallen ist, d. h.

$$\frac{[A]}{[A]_0} = \frac{1}{e}.$$

Analog zur Halbwertszeit erhält man

$$\tau = \frac{1}{k_1}. \qquad (17.21)$$

τ ist eine charakteristische Größe der Dynamik.

17.2.4   Reaktion 2. Ordnung: $m = 2$

Wir betrachten als einfaches Beispiel

$$2A \rightarrow B.$$

Diese Reaktion 2. Ordnung wird durch folgende DGL beschrieben:

$$r_v = -\frac{1}{2}\frac{d[A]}{dt} = k_2[A]^2. \tag{17.22}$$

Integration ergibt:

$$\frac{1}{[A]} - \frac{1}{[A]_0} = 2k_2 t \tag{17.23}$$

oder

$$[A] = \frac{[A]_0}{1 + [A]_0 2k_2 t}. \tag{17.24}$$

Aus Gl. 17.23 ist ersichtlich, dass man eine Gerade mit Steigung k_2 erhält, wenn man $1/[A]$ über t aufträgt (Abb. 17.4). Für die Halbwertszeit folgt:

$$t_{1/2} = \frac{1}{2k_2[A]_0}. \tag{17.25}$$

Im Unterschied zu Reaktionen erster Ordnung, hängt die Halbwertszeit von der Anfangskonzentration ab. Die Dimension der Reaktionskonstante ist

$$\text{Dimension}(k_2) = \frac{l}{\text{mol} \cdot \text{s}}.$$

Reaktion 2. Ordnung: Zwei Reaktanten Ein weiteres Beispiel für eine Reaktion 2. Ordnung ist

$$A + B \rightarrow P.$$

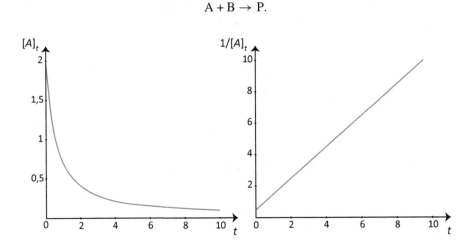

Abb. 17.4 Zeitabhängigkeit der Konzentration für $m = 2$. Gezeigt ist hier der Verlauf nach Gl. 17.24 und 17.23 mit $[A]_0 = 2$ und $k = 1$

Wenn die Reaktion jeweils erster Ordnung in den einzelnen Reaktanten ist, erhält man:

$$-\frac{d[A]}{dt} = k_2[A][B]. \tag{17.26}$$

Diese DGL kann nun nicht ohne Weiteres integriert werden, man benötigt eine Bedingung, die die Konzentration von B mit der von A in Verbindung setzt.

Nach einer gewissen Zeit ist die Konzentration von A um den Wert x gesunken, d. h.

$$[A] = [A]_0 - x.$$

Aufgrund der Stöchiometrie gilt daher auch für B:

$$[B] = [B]_0 - x,$$

man kann also schreiben ($d[A]/dt = -dx/dt$):

$$\frac{dx}{dt} = k_2([A]_0 - x)([B]_0 - x). \tag{17.27}$$

Integration ergibt

$$ln\left(\frac{[B]/[B]_0}{[A]/[A]_0}\right) = ([B]_0 - [A]_0)kt. \tag{17.28}$$

Durch Auftragen der rechten Seite vs. t kann wiederum k bestimmt werden.

Spezialfälle:

- $[A]_0 = [B]_0$: Diese Bedingung in Gl. 17.27 eingesetzt ergibt:

$$\frac{1}{[A]} - \frac{1}{[A]_0} = k_2 t$$

- $[B]_0 \gg [A]_0$: Hier kann man annehmen, dass sich $[B]$ während der Reaktion kaum ändert, damit erhält man eine Reaktion 1. Ordnung in $[A]$.

17.2.5   Reaktion 3. Ordnung: $m = 3$

Reaktionen dritter Ordnung sind bereits sehr selten. Ein Beispiel ist

$$2NO + O_2 \rightarrow 2NO_2.$$

Um diese zu analysieren, ist es zweckmäßig, die Anfangskonzentrationen im stöchiometrischen Verhältnis zu wählen, d. h.

$$\frac{[A]_0}{\nu_A} = \frac{[B]_0}{\nu_B} = \frac{[C]_0}{\nu_C} = a.$$

Damit erhält man analog zur Reaktion 2.Ordnung ($[A] = [A]_0 - \nu_A x, \ldots$):

$$\frac{\mathrm{d}x}{\mathrm{d}t} = k_3([A]_0 - \nu_A x)([B]_0 - \nu_B x)([C]_0 - \nu_C x) \tag{17.29}$$

oder

$$\frac{\mathrm{d}x}{\mathrm{d}t} = k_3 \nu_A \nu_B \nu_C (a - x)^3. \tag{17.30}$$

Dies kann man durch Trennung der Variablen integrieren.
    Der Spezialfall

$$3A \rightarrow P$$

führt mit $\nu_A = 3$ auf die einfache DGL

$$-\frac{1}{3}\frac{\mathrm{d}[A]}{\mathrm{d}t} = k_3[A]^3, \tag{17.31}$$

die elementar zu integrieren ist

$$\frac{1}{[A]^2} = \frac{1}{[A]_0^2} + 6k_3 t. \tag{17.32}$$

17.3   Methoden zur Bestimmung der Reaktionsordnung

Wenn man für eine Reaktion

- 0. Ordnung $[A]$
- 1. Ordnung $\ln [A]$
- 2. Ordnung $\frac{1}{[A]}$
- 3. Ordnung $\frac{1}{[A]^2}$

über der Zeit t aufträgt, erhält man eine Gerade mit der Steigung k. Damit kann man also sowohl den Grad der Reaktion als auch die Reaktionskonstante identifizieren. Die verschiedenen Auftragungsarten ermöglichen meist eine bessere Differenzierung als die direkte Zeitabhängigkeit, wie in Abb. 17.5 gezeigt. Man kann die Reaktionsordnung daher direkt durch diese Auftragungsarten bestimmen.

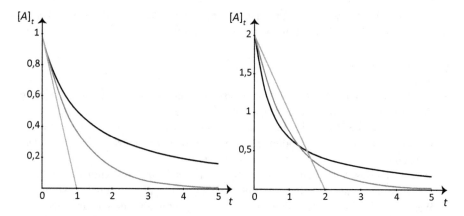

Abb. 17.5 Vergleich der Zeitabhängigkeit der Konzentrationen für $m = 0, 1, 2$. Gezeigt ist hier der Verlauf mit $[A]_0 = 1$ und $k = 1$ und $[A]_0 = 2$ und $k = 1$

Eine weitere Methode zur Bestimmung der Reaktionsordnung für Reaktionen des Typs

$$mA \rightarrow P$$

ist das Verfahren von **van't Hoff**. Hier muss man die Reaktionsgeschwindigkeit als Funktion der Zeit messen.

$$-\frac{1}{m}\frac{d[A]}{dt} = k[A]^m, \tag{17.33}$$

$$-\frac{d[A]}{dt} = mk[A]^m$$

$$\ln\left(-\frac{d[A]}{dt}\right) = \ln\left(mk[A]^m\right) = \ln\left(mk\right) + m\ln\left[A\right].$$

Wenn man also $\ln\left(-\frac{d[A]}{dt}\right)$ vs. $\ln\left[A\right]$ aufträgt, findet man als Steigung die Reaktionsordnung m.

Eine andere Möglichkeit ist das **Halbwertszeitverfahren**. Für $m = 1$ haben wir gefunden:

$$t_{1/2} = \frac{\ln 2}{k_1}, \qquad\qquad \ln\left(t_{1/2}\right) = \text{const.}$$

Allgemein ($m \neq 1$) kann man zeigen:

$$t_{1/2} = \frac{2^{m-1} - 1}{k(m-1)[A]_0^{m-1}} \qquad \ln\left(t_{1/2}\right) = \ln\left(\frac{2^{m-1} - 1}{k(m-1)}\right) - (m-1)\ln[A]_0.$$

D. h., wenn die Halbwertszeit für verschiedene Anfangskonzentrationen gemessen wird, kann man durch Auftragen von $t_{1/2}$ vs $[A]_0$ direkt $(m-1)$ als Steigung ablesen.

Beispiele:

- $m = 0$: wie oben erwähnt, findet man diese Ordnung z. B. bei enzymkatalysierten Reaktionen mit Substratüberschuss. In diesem Fall spielt die Konzentration im Zeitgesetz keine Rolle, das Produkt wird mit konstanter Rate gebildet, die nur von der Reaktionsgeschwindigkeit, und der Enzymkonzentration abhängt. Die Konzentration des Reaktanten geht nicht mit ein.
- $m = 1$: Dieses Verhalten kann am Beispiel von **monomolekularen** Reaktionen verstanden werden. Jedes Molekül reagiert (zerfällt) mit einer bestimmten Wahrscheinlichkeit, die unabhängig von der Gesamtzahl der vorhandenen Moleküle ist. Wie viele Moleküle pro Zeiteinheit dann umgesetzt werden, hängt von der Gesamtzahl ab. Damit erhält man das aus der Radioaktivität bekannte exponentielle Verhalten.
- $m = 2$: Hier geht die Konzentration im Quadrat ein. Dies kann man mit Hilfe der **bimolekularen** Reaktion $A+A \rightarrow P$ verstehen (z. B. $2NO_2 \rightarrow 2NO+O_2$). Jedes Molekül benötigt, im Gegensatz zum „Zerfall", einen Partner für die Reaktion. Damit hängt die Reaktion auch davon ab, dass zwei Moleküle zusammenstoßen. Die Zahl der Zusammenstöße hängt jedoch von der Konzentration der beiden Partner ab, und damit von dem Produkt der Konzentrationen (allgemein: $A+B \rightarrow P$). Wenn eine Reaktion aus einem elementaren bi-molekularen Prozess besteht, dann findet man eine Kinetik 2. Ordnung. Der Umkehrschluss muss jedoch nicht gelten.

Die Reaktion $A + B \rightarrow P$, die eine Reaktion 2. Ordnung ist, kann jedoch in eine Reaktion erster Ordnung übergehen, wenn z. B. einer der Reaktionspartner im Überschuss vorhanden ist. Dann findet z. B. jedes A sofort ein B, und die Reaktionsgeschwindigkeit hängt wieder nur von $[A]$ ab.

17.4 Temperaturabhängigkeit: Arrhenius-Gleichung

Im Allgemeinen ist die Geschwindigkeitskonstante abhängig von der Temperatur, d. h. es gilt:

$$k_n = k(T).$$

In umfangreichen Experimenten hat Arrhenius (1889) folgende Temperaturabhängigkeit gefunden:

$$k_n = A e^{-C/T}.$$

A und C sind Konstanten. Wenn wir C in Einheiten der Gaskonstante R ausdrücken, d. h. eine Größe

$$\mathcal{E}_a = CR$$

einführen, erhält man die berühmte **Arrhenius-Gleichung**:

$$k = A e^{-\mathcal{E}_a/RT}. \qquad (17.34)$$

Da RT die Einheit einer Energie hat, muss $\mathcal{E}_a$ auch eine Energie sein, denn der Exponent selbst darf keine Einheit haben. Mit $E_a := Ck$, d. h. mit $\mathcal{E}_a = N_A E_a$ kann man auch schreiben

$$k = A e^{-E_a/kT}.$$

Wie in der Thermodynamik gezeigt, gibt $e^{-E_a/kT}$ den Bruchteil der Moleküle an, die eine Energie größer oder gleich kT besitzen. Die Rate ist damit abhängig von der Anzahl der Moleküle, die eine Energie größer kT haben. Dies legt ein einfaches Bild nahe, bei dem zwar oft Stöße zwischen zwei Molekülen vorkommen, jedoch nur solche Stöße zu einer Reaktion führen, bei der die Partner die Mindestenergie $E_a > kT$ mitbringen. Im Allgemeinen bezieht man sich jedoch auf molare Größen, d. h. auf $\mathcal{E}_a = N_A E_a$. Man nennt $\mathcal{E}_a$ die **Aktivierungsenergie**.

Dies lässt sich anschaulich darstellen (Abb. 17.6). Bei der Hinreaktion muss eine Barriere der Energie $\mathcal{E}_a$, bei der Rückreaktion der Energie $\mathcal{E}'_a$, überwunden werden. Die Differenz der Aktivierungsenergien

$$\Delta H = \mathcal{E}_a - \mathcal{E}'_a$$

ist die Reaktionsenthalpie ΔH. Beispiele dafür sind Rotationsbarrieren für die Isomerisierung um eine Bindung oder Barrieren, die durch das Brechen einer Bindung

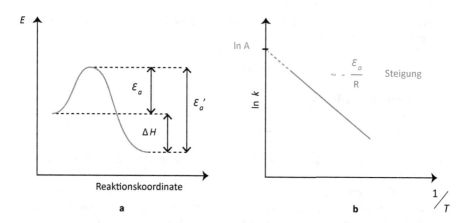

Abb. 17.6 (a) Reaktionsbarriere für Hin- ($\mathcal{E}_a$) und Rückreaktion ($\mathcal{E}_a$'). (b) $\ln(k)$ vs. $1/T$

entstehen, wie bei einer Ringöffnung oder Dissoziation. Bevor zwei Moleküle reagieren können, müssen sie ebenfalls eine abstoßende Barriere überwinden. Bevor neue Bindungen geknüpft werden können, müssen alte gebrochen werden, was eine Aktivierungsenergie bedingt. Die Details sind quantenmechanischer Natur und können im Rahmen der Theorie der chemischen Bindung verstanden werden.

Die Aktivierungsenergie kann ermittelt werden, wenn die Geschwindigkeitskonstante für verschiedene Temperaturen gemessen wird. Man kann $\ln(k)$ vs $1/T$ auftragen,

$$\ln(k) = \ln A - \frac{\mathcal{E}_a}{RT}, \tag{17.35}$$

und aus der Steigung der Geraden die Aktivierungsenergie ablesen. Die Bedeutung der Konstante A wird in Kap. 20 ausführlich diskutiert. A ist ein Maß für die Anzahl der Stöße, die aber nur mit der Wahrscheinlichkeit $\sim e^{-\mathcal{E}_a/RT}$ genügend Energie aufbringen, die Barriere zu überwinden.

17.5 Zusammenfassung

Die Geschwindigkeit einer Reaktion ist durch

$$r_v = \frac{1}{V}\frac{d\xi}{dt} = \frac{1}{v_i}\frac{d[i]}{dt} = \frac{1}{v_j}\frac{d[j]}{dt} = \dots$$

gegeben und ist eine Funktion der Konzentrationen,

$$r_v = f([A], [B], \dots).$$

In einfachen Fällen ist diese Funktion durch eine Rate k und einfache Potenzen der Konzentrationen gegeben,

$$r_v = k[A]^{m_1}[B]^{m_2} \dots$$

mit der **Reaktionsordnung**

$$m = m_1 + m_2 + \dots$$

Die Reaktionsordnungen können auf einen Mechanismus hinweisen (monomolekular, ...).

Die einfachsten Fälle lassen sich elementar integrieren, und man kann die Zeitverläufe grafisch darstellen. In einer geeigneten Darstellung lassen sich die Reaktionsordnung und die Ratenkonstante aus dem Kurvenverlauf ablesen.

Die **Arrhenius-Gleichung**

$$k = Ae^{-\mathcal{E}_a/RT}$$

beschreibt die Temperaturabhängigkeit der Ratenkonstante. Diese resultiert aus der Reaktionsbarriere $\mathcal{E}_a$, der sogenannten **Aktivierungsenergie**, welche man aus einer Darstellung $ln(k)$ vs. $1/T$ erhalten kann.

Erweiterungen und wichtige Konzepte 18

In Kap. 17 wurden Elementarreaktionen in Bezug auf ihre Reaktionsordnung dargestellt. Dies kann schon Aufschluss über den Mechanismus dieses Reaktionsschrittes
geben. Nun werden wir Elementarreaktionen in komplexeren Reaktionsabläufen
modellhaft kombinieren, wir diskutieren zunächst

- **Rückreaktionen,**
- **Verzweigungen** und
- **Folgereaktionen.**

Bei komplexen Reaktionen sind nicht alle Schritte gleich schnell, insbesondere
wenn Teilreaktionen sehr langsam sind, kann man durch vereinfachende Annahmen
die nun enstehenden Differentialgleichungssysteme leicht lösen. Wichtig sind hier
die Konzepte

- des **Quasistationaritätsprinzips,**
- des **vorgelagerten Gleichgewichts** und
- des **geschwindigkeitsbestimmenden Schrittes.**

Um die Kinetik einer Reaktion untersuchen zu können, muss man die Konzen-
tration(en) in Abhängigkeit von der Zeit messen. Wir werden einige Techniken
vorstellen, die dieses ermöglichen.

18.1 Komplexe Reaktionen

18.1.1 Reaktion 1. Ordnung mit Rückreaktion

Betrachten wir folgende Reaktion erster Ordnung mit Rückreaktion erster Ordnung

$$A \rightleftharpoons B,$$

M. Elstner, *Physikalische Chemie I: Thermodynamik und Kinetik*,
https://doi.org/10.1007/978-3-662-55364-0_18

wobei die Geschwindigkeitskonstanten für die Hinreaktion mit k_1 und für die Rückreaktion mit k_{-1} bezeichnet werden,

$$-\frac{d[A]}{dt} = k_1[A] - k_{-1}[B].$$ (18.1)

Genauso gilt für die Bildung von B:

$$\frac{d[B]}{dt} = k_1[A] - k_{-1}[B].$$ (18.2)

Dies ist ein **System gekoppelter Differentialgleichungen (DGL)**, da die Entwicklung von $[A]$ auch von $[B]$ abhängt. Um die erste DGL zu lösen, benötigt man $[B]$, das man erst durch die Lösung der zweiten DGL erhält. Zur Vereinfachung werden wir die DGL **entkoppeln**.

Dazu verwendet man die **Stoffbilanz**

$$[A] + [B] = [A]_0 + [B]_0 = [A]_\infty + [B]_\infty$$ (18.3)

mit $[A] = [A](t)$, $[A]_0 = [A](t_0)$ und $[A]_\infty = [A](t_\infty)$, wobei t_∞ eine Zeit größer als die Relaxationszeit ins Gleichgewicht ist.

Wie wir unten zeigen werden (siehe **Beweis** 18.1), findet man

$$[A] = [A]_\infty + ([A]_0 - [A]_\infty) \cdot e^{-(k_1 + k_{-1})t}.$$ (18.4)

Die Konzentration fällt also, wie bei der Reaktion 1. Ordnung, exponentiell ab. Allerdings ist der Grenzwert nicht gleich „0" sondern gleich der Konzentration im thermodynamischen Gleichgewicht $[A]_\infty$. Aufgrund der Stoffbilanz Gl. 18.3 gilt:

$$[B] = [B]_\infty + ([B]_0 - [B]_\infty) \cdot e^{-(k_1 + k_{-1})t}.$$ (18.5)

Der Verlauf von $[A]$ und $[B]$ ist für verschiedene Parameterwerte in Abb. 18.1 dargestellt.

Thermodynamisches Gleichgewicht   Die DGL 18.1 ergibt für $t \to \infty$

$$0 = -\frac{d[A]}{dt} = k_1[A]_\infty - k_{-1}[B]_\infty$$ (18.6)

und man erhält eine Beziehung zwischen der Kinetik und der Thermodynamik:

$$\frac{k_1}{k_{-1}} = \frac{[B]_\infty}{[A]_\infty} = K_{eq}.$$ (18.7)

Im Grenzfall „**langer**" Reaktionszeiten erreicht die Reaktion das **thermodynamische Gleichgewicht**. Abb. 18.1 zeigt den Verlauf von $[A]$ und $[B]$. Die Gleichgewichtskonzentrationen sind durch das Verhältnis der Geschwindigkeitskonstanten

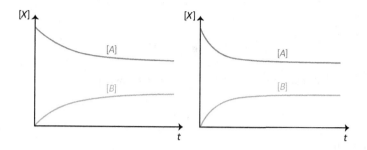

Abb. 18.1 (a) $[A]$ und $[B]$ mit $A_0 = 1$ und $B_0 = 0$, $k_1 = 1$, $k_{-1} = 0.5$ und (b) mit $A_0 = 1$ und $B_0 = 0$, $k_1 = 2$, $k_{-1} = 1$ (rechts)

gegeben. Eine proportionale Änderung der Geschwindigkeitskonstanten (z. B. auf 2 und 1) beschleunigt oder verzögert das Erreichen des Gleichgewichts.

Beweis 18.1 Gl. 18.3 nach $[B]$ auflösen und in Gl. 18.1 einsetzen:

$$-\frac{d[A]}{dt} = k_1[A] - k_{-1}([A]_0 + [B]_0 - [A]) = \tag{18.8}$$

$$= (k_1 + k_{-1})[A] - k_{-1}([A]_0 + [B]_0) =$$

$$= (k_1 + k_{-1})\left([A] - \frac{k_{-1}}{k_1 + k_{-1}}([A]_0 + [B]_0)\right) =$$

$$=: (k_1 + k_{-1})([A] - g).$$

Mit $x = [A] - g$ ergibt sich $\left(\frac{d[A]}{dt} = \frac{dx}{dt}\right)$:

$$-\frac{dx}{dt} = (k_1 + k_{-1})x. \tag{18.9}$$

Lösung:

$$\ln(x) = -(k_1 + k_{-1})t + c \tag{18.10}$$

oder ($c' = e^c$)

$$x(t) = c' \cdot e^{-(k_1 + k_{-1})t}, \tag{18.11}$$

d. h.

$$[A] = c' \cdot e^{-(k_1 + k_{-1})t} + g. \tag{18.12}$$

Bestimme c' aus den Anfangsbedingungen, $t = 0$ ($[A]_{t=0} = [A]_0$):

$$c' = [A]_0 - g. \tag{18.13}$$

Jetzt c' einsetzen:

$$[A] = ([A]_0 - g) \cdot e^{-(k_1 + k_{-1})t} + g, \tag{18.14}$$

Für $t \to \infty$ erhält man (thermodynamisches Gleichgewicht):

$$[A]_\infty = g, \tag{18.15}$$

und damit Gl. 18.4

$$[A] = [A]_\infty + ([A]_0 - [A]_\infty) \cdot e^{-(k_1 + k_{-1})t}. \qquad \square$$

18.1.2 Parallelreaktionen

Reaktion erster Ordnung ohne Rückreaktion

Das Edukt A reagiert zu zwei verschiedenen Produkten B und C mit den Raten-konstanten k_B und k_C:

$$A \xrightarrow{k_B} B,$$

$$A \xrightarrow{k_C} C.$$

Seien $[B]_0 = [C]_0 = 0$, dann gilt die Massenbilanz:

$$[A] + [B] + [C] = [A]_0. \tag{18.16}$$

Ratengleichung für A:

$$-\frac{d[A]}{dt} = k_B[A] + k_C[A] = (k_B + k_C)[A]. \tag{18.17}$$

Lösung:

$$[A] = [A]_0 e^{-(k_B + k_C)t}. \tag{18.18}$$

Ratengleichung für B:

$$\frac{d[B]}{dt} = k_B[A] = k_B[A]_0 e^{-(k_B + k_C)t}. \tag{18.19}$$

Lösung:

$$[B] - [B]_0 = k_B[A]_0 \int_0^t e^{-(k_B + k_C)t} dt \tag{18.20}$$

mit $[B]_0 = 0$:

$$[B] = \frac{k_B}{k_B + k_C}[A]_0 \left(1 - e^{-(k_B + k_C)t}\right).$$ (18.21)

Analog für C:

$$[C] = \frac{k_C}{k_B + k_C}[A]_0 \left(1 - e^{-(k_B + k_C)t}\right),$$ (18.22)

d. h.

$$\frac{[B]}{[C]} = \frac{k_B}{k_C}.$$ (18.23)

Das Verhältnis der Produkte ist also durch das Verhältnis der Ratenkonstanten gegeben.

Reaktion erster Ordnung mit Rückreaktion: kinetische vs. thermodynamische Kontrolle

$$A \rightleftharpoons B$$

$$A \rightleftharpoons C$$

Wir verwenden wieder $[B]_0 = [C]_0 = 0$ und die Massenbilanz:

$$[A] + [B] + [C] = [A]_0$$ (18.24)

Ratengleichungen:

$$-\frac{d[A]}{dt} = k_B[A] + k_C[A] - k_{-B}[B] - k_{-C}[C]$$ (18.25)

$$\frac{d[B]}{dt} = k_B[A] - k_{-B}[B]$$

$$\frac{d[C]}{dt} = k_C[A] - k_{-C}[C].$$

Im Prinzip kann man diese gekoppelten DGL lösen. Zur Verdeutlichung des Prinzips der **kinetischen vs. thermodynamischen Kontrolle** betrachten wir jedoch nur zwei Grenzfälle:

Anfang der Reaktion Hier sind die Konzentrationen $[B]$ und $[C]$ noch klein, die Rückreaktionen spielen keine Rolle, d. h., die letzten Terme in der obigen DGL werden vernachlässigt. Die Lösung ist dann wie oben (ohne Rückreaktion):

$$\frac{[B]}{[C]} = \frac{k_B}{k_C}.$$

Kinetische Kontrolle: Die Produktkonzentrationen werden durch die Geschwindigkeitskonstanten bestimmt. Diese hängen über das Gesetz von Arrhenius mit der **Aktivierungsenergie** $\mathcal{E}_a$ zusammen. Kinetische Kontrolle bedeutet daher, dass die Aktivierungsenergie und NICHT die **Reaktionsenergie (Enthalpie)** ΔG^0 für die Reaktion bestimmend ist.

Thermodynamisches Gleichgewicht Im thermodynamischen Gleichgewicht, d. h., für lange Zeiten t gilt

$$\frac{d[i]}{dt} = 0.$$

Damit erhält man aus der 2. und 3. DGL von Gl. 18.25:

$$0 = \frac{d[B]}{dt} = k_B[A]_\infty - k_{-B}[B]_\infty \tag{18.26}$$

$$0 = \frac{d[C]}{dt} = k_C[A]_\infty - k_{-C}[C]_\infty, \tag{18.27}$$

d. h.

$$\frac{[B]_\infty}{[A]_\infty} = \frac{k_B}{k_{-B}} = K_{eq}^B \tag{18.28}$$

$$\frac{[C]_\infty}{[A]_\infty} = \frac{k_C}{k_{-C}} = K_{eq}^C \tag{18.29}$$

und:

$$\frac{[B]_\infty}{[C]_\infty} = \frac{k_B k_{-C}}{k_{-B} k_C} = \frac{K_{eq}^B}{K_{eq}^C}. \tag{18.30}$$

K_{eq} ist die aus der Thermodynamik bekannte Gleichgewichtskonstante, wir haben hier also eine Verbindung der Kinetik mit der Thermodynamik gefunden.

Nun kann man die sich einstellenden Konzentrationen direkt ausrechnen. Aus der Stoffbilanz

$$[A]_0 = [A]_\infty + [B]_\infty + [C]_\infty$$

erhält man sofort:

$$[A]_\infty = \frac{[A]_0}{1 + K_{eq}^B + K_{eq}^C}, \quad [B]_\infty = \frac{[A]_0 K_{eq}^B}{1 + K_{eq}^B + K_{eq}^C}, \quad [C]_\infty = \frac{[A]_0 K_{eq}^C}{1 + K_{eq}^B + K_{eq}^C}.$$

Thermodynamische Kontrolle: Die Produktkonzentrationen werden durch die **Gleichgewichtskonstanten** K_{eq} bestimmt. Diese hängen direkt mit der **Reaktionsenthalpie** ΔG^0 zusammen. Thermodynamische Kontrolle bedeutet daher, dass die Reaktionsenthalpie und NICHT die Aktivierungsenergie für die Reaktion bestimmend ist.

Am Anfang der Reaktion ist das Produktverhältnis demnach durch das Verhältnis der Geschwindigkeitskonstanten bestimmt, am Ende durch das Verhältnis der Gleichgewichtskonstanten.

Beispiel 18.1

Mit $k_B = 1 \text{ s}^{-1}, k_C = 0,1 \text{ s}^{-1}, k_{-B} = 0,01 \text{ s}^{-1}, k_{-C} = 0,0001 \text{ s}^{-1}$ erhält man für den Beginn der Reaktion

$$\frac{[B]_{\text{Anfang}}}{[C]_{\text{Anfang}}} = \frac{k_B}{k_C} = 10$$

(kinetische Kontrolle) und für lange Zeiten das thermodynamische Gleichgewicht

$$\frac{[B]_\infty}{[C]_\infty} = \frac{k_B k_{-C}}{k_{-B} k_C} = 0,1.$$

(thermodynamische Kontrolle). Dies ist in Abb. 18.2 schematisch dargestellt. ∎

18.1.3 Folgereaktionen

Folgereaktionen erster Ordnung

Wir betrachten folgende Reaktion

$$A \xrightarrow{k_B} B \xrightarrow{k_C} C$$

mit den Geschwindigkeitskonstanten k_B und k_C. Die Differentialgleichungen sind folglich:

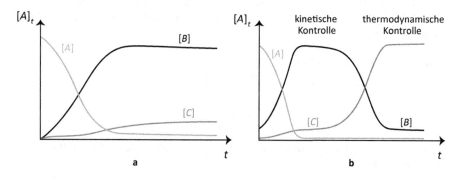

Abb. 18.2 (a) Anfang der Reaktion und (b) Einstellen des thermodynamischen Gleichgewichts

$$-\frac{\mathrm{d}[A]}{\mathrm{d}t} = k_B[A] \tag{18.31}$$

$$\frac{\mathrm{d}[B]}{\mathrm{d}t} = k_B[A] - k_C[B]$$

$$\frac{\mathrm{d}[C]}{\mathrm{d}t} = k_C[B].$$

Als Anfangsbedingungen wählen wir $[B]_0 = [C]_0 = 0$. Für $[A]$ ist die Lösung wieder trivial

$$[A] = [A]_0 e^{-k_B t}, \tag{18.32}$$

aber für $[B]$ erhalten wir mit dieser Lösung eine etwas ungewöhnliche Form :

$$\frac{\mathrm{d}[B]}{\mathrm{d}t} + k_C[B] = k_B[A]_0 e^{-k_B t}. \tag{18.33}$$

Mit der Anfangsbedingung $[B]_0 = 0$ erhalten wir die Lösung (**Beweis** 18.2):

$$[B] = \frac{k_B[A]_0}{k_C - k_B} \left(e^{-k_B t} - e^{-k_C t} \right). \tag{18.34}$$

Für $[C]$ müssen wir nicht die DGL lösen, wir können auch einfach die Randbedingungen und die Stoffbilanz verwenden:

$$[C] = [A]_0 - [A] - [B]$$

$$[C] = [A]_0 \left(1 - e^{-k_B t} - \frac{k_B}{k_C - k_B} \left(e^{-k_B t} - e^{-k_C t} \right) \right)$$

oder

$$[C] = [A]_0 \left(1 + \frac{k_B e^{-k_C t} - k_C e^{-k_B t}}{k_C - k_B} \right). \tag{18.35}$$

Die Gl. 18.32, 18.34, 18.35 sind die Lösungen des Systems von linearen gekoppelten DGL 18.31, der Verlauf der Graphen ist in Abb. 18.3 für verschiedene Parameterwerte dargestellt.

Beweis 18.2　(von Gl. 18.34)
　　Gl. 18.33 ist eine DGL der Form ($[B] = y, t = x$):

$$\frac{\mathrm{d}y}{\mathrm{d}x} + f(x)y = g(x).$$

Allgemein löst man diese mit der Methode der Integralfaktoren. Man multipliziert beide Seiten mit:

$$e^{\int f(x)\mathrm{d}x} = e^{\int k_C \mathrm{d}t} = e^{k_C t}$$

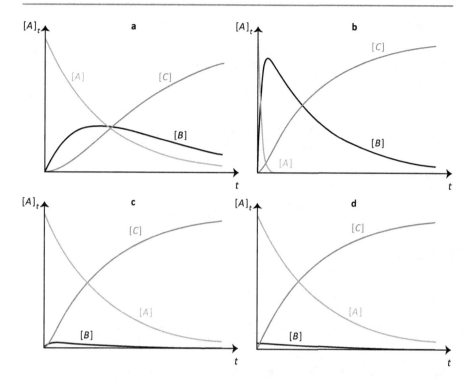

Abb. 18.3 Verlauf von $[A]$, $[B]$ und $[C]$ mit den Parameterwerten (**a**) $k_B = 1.0$, $k_C = 1.2$, (**b**) $k_B = 20,0$, $k_C = 1.0$, (**c**) $k_B = 1,0$, $k_C = 20,0$ und (**d**) $k_B = 1,0$, $k_C = 20,0$ mit Quasistationaritätsprinzip

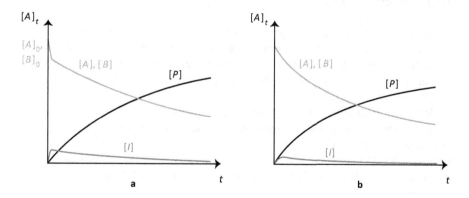

Abb. 18.4 (**a**) Vorgelagertes Gleichgewicht und (**b**) Lösung mit QS

und erhält:

$$e^{k_C t}\frac{d[B]}{dt} + e^{k_C t}k_C[B] = k_B[A]_0 e^{-k_B t}e^{k_C t}.$$

Mit

$$\frac{d\left([B]e^{k_C t}\right)}{dt} = e^{k_C t}\frac{d[B]}{dt} + e^{k_C t}k_C[B]$$

ergibt sich:

$$\frac{d\left([B]e^{k_C t}\right)}{dt} = k_B[A]_0 e^{(k_C - k_B)t}.$$

Integration:

$$\int d\left([B]e^{k_C t}\right) = k_B[A]_0 \int e^{(k_C - k_B)t}dt$$

$$[B]e^{k_C t} - [B]_0 e^0 = \frac{k_B[A]_0}{k_C - k_B}(e^{(k_C - k_B)t} - 1).$$

Mit $[B]_0 = 0$ erhält man die Lösung, wenn man mit $e^{-k_C t}$ multipliziert.   □

18.2 Näherungen

Wir haben bisher nur sehr einfache Differentialgleichungen integriert, und man kann sich schon vorstellen, dass komplexere Systeme **analytisch** oft nicht lösbar sind. Oft verwendet man daher Mathematikprogramme zu deren **numerischer Lösung**. In vielen Fällen kann man jedoch Näherungen einführen, die eine approximative analytische Lösung erlauben.

Wenn ein Reaktionsschritt wesentlich langsamer abläuft als alle anderen, so ist dieser der **geschwindigkeitsbestimmende Schritt** der Gesamtreaktion. Die gesamte Reaktionszeit ist durch diesen Schritt bestimmt, die anderen Schritte spielen dann kaum eine Rolle. Dies kann man bei den Näherungen ausnutzen. Dies gilt allerdings nur, wenn dieser Reaktionsschritt nicht etwa durch eine Parallelreaktion umgangen werden kann.

Bei der Folgereaktion ist dies im Beispiel Abb. 18.4c der Schritt

$$A \rightarrow B,$$

der Schritt $B \rightarrow C$ ist dagegen so schnell, dass B sofort umgesetzt wird, also B nicht stark akkumuliert wird.

18.2.1 Quasistationaritätsprinzip

Beim **Quasistationaritätsprinzip (QS)** nimmt man nun an, dass sich die Konzentrationen der Intermediate $[I]$ nach einer Anfangsphase über weite Bereiche der Reaktion nur langsam ändern, d. h. die Zeitableitungen ihrer Konzentrationen vernachlässigbar sind.

$$\frac{d[I]}{dt} \approx 0. \tag{18.36}$$

Dies ist bei dem Beispiel

$$A \rightarrow B \rightarrow C$$

etwa dann der Fall, wenn gilt:

$$k_B \ll k_C, \qquad \text{d. h.} \qquad [B] \ll [A], [C].$$

Dann wird das System von Differentialgleichungen 18.31 wie folgt vereinfacht

$$-\frac{d[A]}{dt} = k_B[A] \tag{18.37}$$

$$0 = k_B[A] - k_C[B]$$

$$\frac{d[C]}{dt} = k_C[B].$$

Die quasistationäre Konzentration von B, $[B]_{QS}$ ist allerdings nicht konstant, sondern folgt der Konzentration von A:

$$[B]_{QS} = \frac{k_B}{k_C}[A] = \frac{k_B}{k_C}[A]_0 e^{-k_B t} \tag{18.38}$$

$$\frac{d[C]}{dt} = k_B[A]_0 e^{-k_B t}.$$

Integration:

$$[C]_{QS} = [A]_0 (1 - e^{-k_B t}). \tag{18.39}$$

Abb. 18.3d zeigt den Kurvenverlauf bei Anwendung des QS. Offensichtlich ist die Änderung von $[B]$ nur klein, wenn k_B/k_C klein ist, d. h. nur dann ist die Konzentration von B annähernd konstant und das QS kann angewendet werden. Im Vergleich zu Abb. 18.3c sieht man, dass diese Näherung offensichtlich ganz gut zu klappen scheint.

18.2.2   Vorgelagertes Gleichgewicht

Betrachten wir nun die folgende Reaktion

$$A + B \overset{k_1}{\underset{k_{-1}}{\rightleftharpoons}} I \overset{k_2}{\rightarrow} P,$$

bei der gilt: k_1, k_{-1} >> k_2. In diesem Fall kann sich ein intermediäres Gleichgewicht zwischen I und den Edukten einstellen, das erst langsam in Richtung P abgebaut wird. Dann gilt:

$$K_{eq} = \frac{[I]}{[A][B]} = \frac{k_1}{k_{-1}}.$$

Dabei nehmen wir an, dass die Folgereaktion zu langsam ist, um das Gleichgewicht zwischen I und A + B zu stören, und es gilt:

$$\frac{d[P]}{dt} = k_2[I] = k_2 K[A][B].$$

Diese Reaktion hat damit die Form einer Reaktion 2. Ordnung mit der effektiven Ratenkonstante:

$$k = k_2 K = \frac{k_1 k_2}{k_{-1}}. \tag{18.40}$$

Vergleich zur Näherung mit QS   (Abb. 18.4) Wir wollen nun nicht vernachlässigen, dass I abgebaut wird. Damit erhalten wir die DGL:

$$\frac{d[P]}{dt} = k_2[I] \tag{18.41}$$

$$\frac{d[I]}{dt} = k_1[A][B] - k_{-1}[I] - k_2[I].$$

Quasistationaritätsprinzip:

$$\frac{d[I]}{dt} \approx 0.$$

Es wird nicht angenommen, dass $[I]$ klein ist, sondern dass es sich nur sehr langsam verändert. Damit folgt:

$$[I] \approx \frac{k_1[A][B]}{k_{-1} + k_2},$$

d. h., die effektive Ratenkonstante ist

$$k = \frac{k_1}{k_{-1} + k_2},$$

welche identisch mit der oben gefundenen ist wenn gilt: $k_2 \ll k_{-1}$. Für P erhalten wir damit:

$$\frac{d[P]}{dt} \approx \frac{k_1 k_2}{k_{-1} + k_2} [A][B]. \tag{18.42}$$

Dieser Typ von Reaktionen ist typisch für die enzymatische Katalyse.

18.3 Experimentelle Techniken

18.3.1 Langsame Reaktionen

Manche Reaktionen benötigen Minuten oder Stunden, um das Gleichgewicht zu erreichen. Es gibt dann mehrere Möglichkeiten, die Konzentrationen zu messen.

Wenn ein Stoff der Reaktion gasförmig ist, kann bei konstant gehaltenem Volumen der Druckanstieg als Indikator für den Fortgang der Reaktion dienen. Darüber hinaus gibt es viele spektroskopische Techniken (UV/vis, IR, Raman, ...) die es erlauben, den Konzentrationsverlauf zeitabhängig zu messen.

Diese Messungen kann man an Fließsystemen vornehmen. Dabei werden die Edukte in einer Reaktionskammer gemischt, das Gemisch durchströmt anschliessend ein Rohr mit konstanter Geschwindigkeit v. Man kann entlang des Rohres in verschiedenen Abständen x von der Mischkammer die Konzentration messen, dies entspricht verschiedenen Zeitpunkten $t = x/v$ nach der Vermischung.

Das Problem bei dieser Technik sind die relativ großen Substanzmengen und langen Zeitskalen, die benötigt werden.

18.3.2 „stopped-flow"-Technik

Schnelle Reaktionen bis hin zu Halbwertszeiten im Millisekundenbereich können mit abgewandelten Fließapparaturen gemessen werden, mit der sogenannten „stopped-flow"-Technik (Abb. 18.5). Diese erlaubt eine sehr effiziente und schnelle Vermischung der Reaktanden, zeichnet sich durch ein kleines Probenvolumen aus und kann bei Reaktionen mit Halbwertszeiten bis zu 1 ms angewendet werden. Hierbei ist das Spektrometer ortsfest, es gibt nur ein kleines Probenvolumen und es wird die Zeitentwicklung der Konzentration am Ort des Spektrometers gemessen. Für schnellere Reaktionen stellt das Mischen den zeitkritischen Schritt dar, man muss also andere Techniken verwenden.

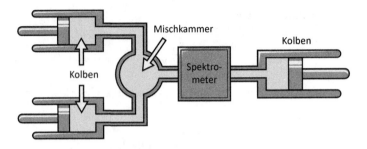

Abb. 18.5 „stopped-flow"-Methode

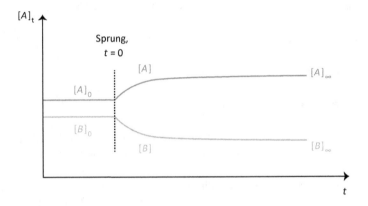

Abb. 18.6 Konzentrationsänderungen durch T- oder p-Sprung

18.3.3 Relaxationsmethoden

Das Konzentrationsverhältnis bei der Reaktion

$$A \rightleftharpoons B$$

ist durch die Gleichgewichtskonstante K bestimmt, die u. a. druck- und temperatur-abhängig ist. Schnelle Änderungen von p oder T (Druck-Temperatursprung) führen zu einer abrupten Änderung von K, d. h. das System wird in ein neues Gleichge-wicht relaxieren (Abb 18.6). Für die Reaktion 1. Ordnung mit Rückreaktion hatten wir folgende Gleichung hergeleitet

$$[A] - [A]_\infty = ([A]_0 - [A]_\infty)e^{-(k_1 + k_{-1})t}.$$

Man bestimmt damit durch die Kinetik nach dem „Sprung" die Summe der Raten-konstanten $(k_1 + k_{-1})$, aus Gleichgewichtsmessungen dann $K = k_1/k_{-1}$. Dies gibt 2 Gleichungen für 2 Unbekannte und man erhält die Ratenkonstanten für Hin- und

Rückreaktion. Ein Temperatursprung (bis 10 K) kann z. B. durch das Entladen eines Kondensators erreicht werden. Dazu benötigt man ein elektrisch leitendes Medium (Elektrolytlösung).

18.3.4 Blitzlichtphotolyse

Reaktionen mit Halbwertszeiten bis zu 10^{-5} s lassen sich mit Hilfe der Blitzlicht-fotolyse erzeugen. Hierbei wird eine photochemische Reaktion durch eine erste Blitzlampe initiiert und durch einen zweiten Blitz werden die Konzentrationsver-läufe verfolgt (Abb. 18.7). Wesentlich schnellere Reaktionen (bis fs) lassen sich mit Hilfe von Lasern in sogenannten „pump-probe"-Methoden verfolgen. Hier wird die Reaktion durch einen „pump" Puls initiiert. Diese Methode ist sehr erfolg-reich geworden da es gelungen ist, immer kürzere Pulse (fs-Pulse) zu erzeugen. Der „probe"-Puls wird dann zur Analyse der Reaktion zeitverzögert in die Probe geführt, die Zeitverzögerung erreicht man durch eine Laufzeitverlängerung. Beide Pulse werden gleichzeitig erzeugt, aber der „probe"-Puls läuft über einen „Umweg" zur Probe, wie in Abb. 18.8 dargestellt.

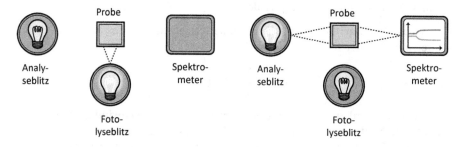

Abb. 18.7 Blitzlichtfotolyse

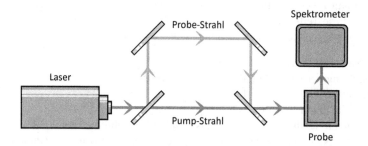

Abb. 18.8 Schema der „pump-probe" Methode

18.4 Zusammenfassung

Komplexe Reaktionen bestehen aus mehreren **Elementarreaktionen** bzw. deren **Rückreaktionen**.

- Am Beispiel der **Reaktion 1. Ordnung mit Rückreaktion** wurde die Beziehung der Kinetik zur Thermodynamik erläutert, man findet die Verbindung zur **Gleichgewichtskonstante** durch

$$K_{eq} = \frac{k_1}{k_{-1}}.$$

  Im Grenzfall langer Reaktionszeiten wird das **thermodynamische Gleichgewicht** erreicht.
- Am Beispiel der **Parallelreaktion mit Rückreaktion** wurde das Konzept der **thermodynamischen vs. kinetischen Kontrolle** diskutiert. Für kurze Reaktionszeiten ist das Verhältnis der Produktkonzentrationen durch die **Aktivierungsenergie** bestimmt, d. h. durch das Verhältnis der Raten. Für lange Zeiten wird das thermodynamische Gleichgewicht erreicht und das Produktverhältnis ist durch die **Gleichgewichtskonstanten** determiniert.
- Am Beispiel der **Folgereaktionen 1. Ordnung** wurde das Konzept der **Reaktionsintermediate** eingeführt. Die Konzentration von $[B]$ steigt intermediär, und fällt mit der Bildung von $[C]$ wieder ab.

Das **Quasistationaritätsprinzip** erlaubt eine vereinfachte Lösung der Systeme von Differentialgleichungen, da

$$\frac{d[I]}{dt} \approx 0$$

angenommen wird. Ein wichtiges Konzept ist das des **geschwindigkeitsbestimmenden Schrittes** einer Folgereaktion. Der langsamste Schritt bestimmt in der Regel die Kinetik der Gesamtreaktion. Dies kann z. B. bei dem **vorgelagerten Gleichgewicht** ausgenutzt werden. Wenn ein Schritt wesentlich schneller ist als die anderen, dann kann man die betreffenden Konzentrationen durch die **Gleichgewichtskonstante** beschreiben, man spart sich dadurch die explizite Differentialgleichung für diese Teilreaktion.

Bei komplexen Reaktionen geht man wie folgt vor:

1. Elementarreaktionen identifizieren.
2. Aufstellung der DGL für jeden Stoff, Annahme:
   - unimolekularer Schritt: 1. Ordnung
   - bimolekularer Schritt: 2. Ordnung
3. Differenzialgleichungen prüfen: Massenbilanz, Stöchiometrie $\pm \frac{1}{\nu_i}\frac{d[i]}{dt}$
4. Entweder Näherung (Quasistationarität) oder exakte Lösung, eventuell numerisch (Mathematika, Maple etc.) unter Berücksichtigung der Randbedingungen (A_0 etc.)

In diesem Kapitel werden wir die bisher erläuterten kinetischen Modelle und Methoden auf komplexe Reaktionsabläufe anwenden. Für diese wird eine Darstellung in Form einer Summe von einfachen Reaktionen gesucht, die durch eine jeweilige Reaktionsordnung charakterisiert sind. Den so charakterisierten Reaktionsablauf nennt man **Reaktionsmechanismus**.

Dabei stellt man fest, dass zunächst einfach aussehende Reaktionen einen komplexeren Ablauf zeigen als gedacht. Die dabei auftretenden Reaktionsintermediate kann man nicht immer experimentell identifizieren. Ein starker Hinweis auf die Korrektheit des vorgeschlagenen Mechanismus ist die Übereinstimmung der vorhergesagten Reaktionsordnung mit der experimentell bestimmten.

19.1 Unimolekulare Reaktionen

Bei unimolekularen Reaktionen kann sich die Reaktionsordnung mit dem Druck ändern, was zunächst sehr eigenartig erscheint. Diese Reaktionen sollten Reaktionen 1. Ordnung sein, So ändert sich bei der Isomerisierung

$$cyclo\text{C}_3\text{H}_6 \rightarrow \text{CH}_3\text{CH} = \text{CH}_2$$

nur die Struktur des Moleküls, es muss kein weiteres Molekül angelagert werden, was eine Reaktion 2. Ordnung bedingen würde. Dennoch ist auch hier die Situation komplexer. Es ist nämlich möglich, dass ein Molekül die zur Umlagerung nötige Energie durch den Stoß mit einem anderen Molekül erhält (Aktivierung). Moleküle sind nicht starre Körper, sie haben viele Schwingungsfreiheitsgrade. Ein Stoß kann solche Schwingungen anregen, wobei bestimmte Schwingungen zur Isomerisierung führen können. Dann würde auch eine unimolekulare Reaktion einen Reaktionsschritt 2. Ordnung enthalten.

© Springer-Verlag GmbH Deutschland 2017
M. Elstner, *Physikalische Chemie I: Thermodynamik und Kinetik*,
https://doi.org/10.1007/978-3-662-55364-0_19

Der **Lindemann-Hinshelwood-Mechanismus** nimmt eine Aktivierung des Moleküls A durch Stoß mit einem Partner an, das aktivierte Molekül wird mit A* bezeichnet.

$$A + A \xrightarrow{k_A} A^* + A.$$

A* kann die Energie durch erneuten Stoß wieder verlieren

$$A + A^* \xrightarrow{k_{-A}} A + A,$$

oder ins Produkt übergehen:

$$A^* \xrightarrow{k_P} P.$$

Wir erhalten die folgende Differentialgleichung:

$$\frac{d[A^*]}{dt} = k_A[A]^2 - k_{-A}[A][A^*] - k_P[A^*]. \tag{19.1}$$

Nun kommt es darauf an, welcher der **geschwindigkeitsbestimmende Schritt** ist. Wenn es der letzte ist, erhält man eine Gesamtreaktion der 1. Ordnung. Mit Hilfe des **Quasistationaritätsprinzips**:

$$[A^*] = \frac{k_A[A]^2}{k_P + k_{-A}[A]}. \tag{19.2}$$

erhält man:

$$\frac{d[P]}{dt} = k_P[A^*] = \frac{k_P k_A[A]^2}{k_P + k_{-A}[A]}. \tag{19.3}$$

Dieses Geschwindigkeitsgesetz ist nun eindeutig nicht 1. Ordnung! Man kann eine effektive Geschwindigkeitskonstante für die Gesamtreaktion definieren:

$$k_{eff} = \frac{k_P k_A[A]}{k_P + k_{-A}[A]} \qquad \frac{1}{k_{eff}} = \frac{k_{-A}}{k_P k_A} + \frac{1}{k_A[A]}. \tag{19.4}$$

Wenn man k_{eff}^{-1} vs. $[A]^{-1}$ aufträgt, erhält man eine Gerade, das kann man experimentell überprüfen.

Wir wollen nun zur weiteren Analyse zwei Grenzfälle unterscheiden:

- **Hochdrucklimit**: $[A]$ ist sehr groß, d. h. $k_{-A}[A] \gg k_P$:

$$k_{eff} \approx \frac{k_P k_A}{k_{-A}} ==> \frac{d[P]}{dt} = \frac{k_P k_A}{k_{-A}}[A].$$

Effektiv ist dies eine Reaktion 1. Ordnung. Der geschwindigkeitsbestimmende Schritt ist der Zerfall von A^*.

- **Niederdrucklimit:** $[A]$ ist sehr klein, d. h. $k_A[A] << k_P$:

$$k_{eff} \approx k_A[A] => \frac{d[P]}{dt} = k_A[A]^2.$$

Das ist eine Reaktion 2. Ordnung, der geschwindigkeitsbestimmende Schritt ist die bimolekulare Erzeugung von A^*.

Abb. 19.1a zeigt die Druckabhängigkeit von k_{eff}, in Abb. 19.1b ist die erwartete lineare Abhängigkeit von k_{eff}^{-1} und $[A]^{-1}$ gezeigt. Aus der Steigung und dem Schnittpunkt mit der y-Achse lassen sich Werte für die Ratenkonstanten erhalten. Die Aktivierung von A kann man experimentell schwer nachweisen, aber eine Übereinstimmung mit experimentell gemessenen Kinetiken spricht für den obigen Mechanismus, wie man es für die oben diskutierte Ringöffnung findet.

Dieses Modell ist allerdings eine sehr einfache Karikatur der molekularen Vorgänge. Es wird angenommen, dass das Molekül Anregungsenergie durch den Stoß erhält. Faktisch ist diese Energie jedoch über alle Freiheitsgrade des Moleküls verteilt. Um für die Reaktion brauchbar zu sein, muss die Energie auf die Freiheitsgrade „konzentriert" sein, die die Konformationsänderung des Moleküls bestimmen. Für eine Isomerisierung beispielsweise muss die Energie verfügbar sein, um die Rotationsbarriere der Bindung zu überwinden. Es gibt weiterführende Modelle, die dies berücksichtigen.

19.2 Kettenreaktionen

Viele Reaktionen in der Gasphase und Polymerisierungsreaktionen in Lösung sind sogenannte Kettenreaktionen. Nach **Initiierung** der Reaktion bilden die Intermediate in einem folgenden Schritt weitere Intermediate, usw., bis eine

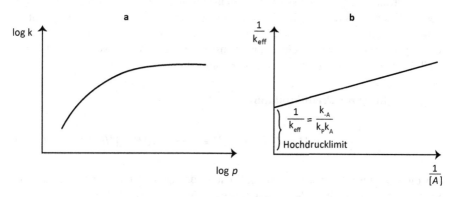

Abb. 19.1 (a) Druckabhängigkeit von k, (b) lineare Abhängigkeit von k_{eff}^{-1} und $[A]^{-1}$

Inhibierung zum **Abbruch** der Kettenreaktion führt. Die Intermediate, die diese Kettenreaktion treiben, werden **Kettenträger** genannt. Bei Kernreaktionen beispielsweise sind diese Kettenträger Neutronen, in radikalischen Kettenreaktionen sind sie Radikale.

19.2.1 Kettenreaktion ohne Verzweigung

Die Reaktion

$$H_2(g) + Br_2(g) \rightarrow 2HBr(g)$$

hat eine sehr komplizierte Reaktionsordnung. Um diese zu verstehen wurde der folgende **Mechanismus** vorgeschlagen (Folge von Elementarreaktionen):

$$
\begin{aligned}
&\text{Initiierung} && Br_2 + M \xrightarrow{k_1} Br\bullet + Br\bullet + M \\[2mm]
&\text{Kettenwachstum} && Br\bullet + H_2 \xrightarrow{k_2} HBr + H\bullet \\[2mm]
& && H\bullet + Br_2 \xrightarrow{k_3} HBr + Br\bullet && (19.5) \\[2mm]
&\text{Inhibierung} && H\bullet + HBr \xrightarrow{k_4} H_2 + Br\bullet \\[2mm]
&\text{Abbruch} && Br\bullet + Br\bullet + M \xrightarrow{k_5} Br_2 + M
\end{aligned}
$$

Im **Initiierungsschritt** wird Br_2 durch einen Stoß mit M (H_2 oder Br_2) aktiviert. Dadurch erhält das Molekül kinetische Energie, die zum Zerfall führt (Lindemann-Hinshelwood). Damit ist diese Reaktion, je nach Druck, entweder 1. oder 2. Ordnung. Ebenso muss im **Abbruch**-Schritt diese Energie wieder abgeführt werden. Dies geschieht wieder durch einen Stoß mit M. Diese Reaktion ist daher 2. oder 3. Ordnung, analog zum Initiierungsschritt, abhängig vom Druck. Im **Inhibierungsschritt** wird H$\bullet$ entzogen, damit wird die Reaktion verlangsamt, aber die Terminierung erfolgt erst durch Br-Rekombination.

Ratengleichung für Produktbildung:

$$\frac{d[HBr]}{dt} = k_2[Br\bullet][H_2] + k_3[H\bullet][Br_2] - k_4[H\bullet][HBr]. \qquad (19.6)$$

Um diese zu lösen, benötigen wir die Lösung der DGL der Kettenträger, die wir wieder durch Anwendung des **Quasistationaritätsprinzips** erhalten:

(a) $\quad 0 = \dfrac{d[Br\bullet]}{dt} = 2k_1[Br_2][M] - k_2[Br\bullet][H_2] + k_3[H\bullet][Br_2] + k_4[H\bullet][HBr]$

$\qquad\qquad\qquad - 2k_5[Br\bullet]^2[M]$

(b) $\quad 0 = \dfrac{d[H\bullet]}{dt} = k_2[Br\bullet][H_2] - k_3[H\bullet][Br_2] - k_4[H\bullet][HBr]$

Gln. (a) und (b) haben gleiche Beiträge (k_2, k_3 und k_4) mit umgekehrten Vorzeichen, das bringt uns auf die Idee, die beiden Gleichungen zu addieren:

$$0 = 2k_1[Br_2][M] - 2k_5[Br\bullet]^2[M].$$

Da $[M]$ wegfällt, erhält man:

$$[Br\bullet] = \left(\frac{k_1}{k_5}\right)^{1/2}[Br_2]^{1/2}. \tag{19.7}$$

Gl. (b) nach $[H\bullet]$ auflösen und Gl. 19.7 einsetzen:

$$[H\bullet] = \frac{k_2[Br\bullet][H_2]}{k_3[Br_2] + k_4[HBr]} = \frac{k_2\left(\frac{k_1}{k_5}\right)^{1/2}[Br_2]^{1/2}[H_2]}{k_3[Br_2] + k_4[HBr]}. \tag{19.8}$$

Dies können wir nun in Gl. 19.6 einsetzen:

$$\frac{d[HBr]}{dt} = k_2\left(\frac{k_1}{k_5}\right)^{1/2}[Br_2]^{1/2}[H_2] + \frac{k_3k_2\left(\frac{k_1}{k_5}\right)^{1/2}[Br_2]^{1/2}[H_2][Br_2]}{k_3[Br_2] + k_4[HBr]} -$$

$$\frac{k_4k_2\left(\frac{k_1}{k_5}\right)^{1/2}[Br_2]^{1/2}[H_2][HBr]}{k_3[Br_2] + k_4[HBr]}.$$

Nun erweitern wir den 1. Term mit ($k_3[Br_2] + k_4[HBr]$), verwenden die effektiven Geschwindigkeitskonstanten

$$k = k_2\left(\frac{k_1}{k_5}\right)^{1/2} \qquad\qquad k' = \frac{k_4}{k_3}$$

und erhalten:

$$\frac{d[HBr]}{dt} = \frac{2k[H_2][Br_2]^{3/2}}{[Br_2] + k'[HBr]}. \tag{19.9}$$

Am Anfang der Reaktion, wenn $[HBr]$ noch klein ist, ist dies eine Reaktion der Reaktionsordnung $m = 1{,}5$, abhängig von der Konzentration der Reaktanten. Man sieht sofort, dass die Reaktion sich mit Bildung von $[HBr]$ verlangsamt. Dies liegt an der Konkurrenzreaktion (Inhibierung), HBr bildet mit H$\bullet$ wieder das Edukt H_2. Zur Lösung kann die Gleichung numerisch integriert werden.

19.2.2   Radikalische Polymerisation

Kettenwachstum erfolgt oft über radikalische Reaktionen, bei denen ein **Initiator-molekül I** in zwei **Radikale R•** zerfällt und dadurch die **Monomere M** zu einer Kette gefügt werden.

$$\text{Initiierung} \qquad\qquad I \xrightarrow{k_i} 2R\bullet$$

$$\text{Kettenwachstum} \qquad M + R\bullet \xrightarrow{k_1} RM\bullet$$

$$M + RM\bullet \xrightarrow{k_2} RM_2\bullet \qquad\qquad (19.10)$$

$$\cdots$$

$$M + RM_{n-1}\bullet \xrightarrow{k_n} RM_n\bullet$$

$$\text{Abbruch} \qquad RM_m\bullet + RM_n\bullet \xrightarrow{k_a} RM_{n+m}R$$

Man kann nun annehmen, dass die Geschwindigkeitskonstanten unabhängig von der Kettenlänge sind, d. h.

$$k := k_1 = k_2 = \ldots = k_n.$$

Nun definieren wir noch die Gesamtkonzentration der Radikale,

$$[GR\bullet] := [R\bullet] + [RM\bullet] + [RM_2\bullet] + \ldots + [RM_n\bullet]$$

und wir können die DGL aufstellen:

$$-\frac{d[M]}{dt} = k_1[R\bullet][M] + k_2[RM\bullet][M] + k_3[RM_2\bullet][M] + \ldots + k_n[RM_n\bullet][M] =$$

$$= k[GR\bullet][M]. \qquad\qquad (19.11)$$

Die Gesamtkonzentration der Radikale ändert sich nur am Anfang und beim Abbruch, d. h., wir können wieder das Quasistationaritätsprinzip anwenden:

$$-\frac{d[GR\bullet]}{dt} = 2k_i[I] - 2k_a[GR\bullet]^2 = 0. \qquad\qquad (19.12)$$

D. h.

$$[GR\bullet] = \sqrt{k_i/k_a}\sqrt{[I]} \qquad\qquad (19.13)$$

in Gl. 19.11 eingesetzt ergibt:

$$-\frac{d[M]}{dt} = k\sqrt{k_i/k_a}\sqrt{[I]}[M] =: k_{\text{eff}}\sqrt{[I]}[M]. \qquad (19.14)$$

Die Reaktionsgeschwindigkeit ist damit proportional zur Wurzel der Konzentration des Initiatormoleküls.

19.2.3 Kettenreaktion mit Verzweigung: Explosion

Es gibt zwei Typen von Explosionen, die **thermische**, bei der mit jedem (exothermen) Reaktionschritt die Temperatur erhöht wird, was zu einer weiteren Beschleunigung führt, und die **Verzweigungsexplosion**, bei der die Anzahl der Kettenträger exponentiell wächst.

Beispiel 19.1

Knallgasreaktion

$$2H_2(g) + O_2(g) \rightarrow 2H_2O(g).$$

Die Gesamtreaktion sieht sehr einfach aus, der Mechanismus ist jedoch sehr komplex und noch nicht bis ins letzte Detail geklärt. Die Kettenreaktion involviert eine Reihe radikalischer Intermediate.

$$
\begin{array}{lll}
\text{Initiierung} & H_2 + O_2 + M \xrightarrow{k_1} 2OH\bullet + M \\[2mm]
& OH\bullet + H_2 \xrightarrow{k_2} H_2O + H\bullet \\[2mm]
\text{Verzweigung} & H\bullet + O_2 \xrightarrow{k_3} \bullet O\bullet + OH\bullet \\[2mm]
& \bullet O\bullet + H_2 \xrightarrow{k_4} H\bullet + OH\bullet \\[2mm]
\text{Abbruch} & H\bullet + H\bullet + M \xrightarrow{k_5} H_2 + M \\[2mm]
& H\bullet + O_2 + M \xrightarrow{k_6} HO_2\bullet + M
\end{array}
\qquad (19.15)
$$

Hier wird in jedem Reaktionszyklus die Anzahl der Radikale verdoppelt. Ob es zur Explosion kommt, hängt von den äußeren Bedingungen ab, d. h. T und p. Es werden hohe Temperaturen für die Radikalbildung in der Verzweigung benötigt. Werden die H-Atome schnell abgefangen, kommt es nicht zur Explosion. Zwei H-Atome können aber nicht so einfach rekombinieren, wenn sie hohe Geschwindigkeiten (Energie) haben, denn dann würden sie einfach wieder dissoziieren.

Wichtig ist also, die kinetische Energie der H-Atome abzuführen, das kann bei einem Dreierstoß passieren, der allerdings erst bei hohen Drücken (hohen Dichten der H-Atome) wahrscheinlich wird. Die kinetische Energie kann auch durch Stöße der H-Atome mit der Gefäßwand absorbiert werden, die Abbruchreaktion wird dann an der Gefäßwand stattfinden. ■

Daher findet man druckabhängig mehrere Explosionsregime. Ist der Druck gering, können die Radikale zur Wand gelangen und rekombinieren dort, d. h. die Abbruchreaktion und die Verzweigung sind in einer Balance. Erhöht man den Druck reagieren die Radikale und man erhält den ersten Explosionsbereich, die Verzweigungsreaktion überwiegt den Abbruch. Bei weiterer Erhöhung des Drucks werden Dreikörperstöße wahrscheinlicher, d. h., die Abbruchreaktion reduziert die Anzahl der Radikale, der Explosionsbereich wird wieder verlassen. Bei weiterer Druckerhöhung findet man einen weiteren Explosionsbereich, der nun eine thermische Explosion darstellt, da die Reaktionswärme schneller gebildet wird als durch Wärmeleitung aus dem System abgeführt werden kann.

Einfaches Modell Um den Verlauf quantitativ zu verstehen, kann man folgendes stark vereinfachte Modell betrachten:

$$A + B \rightarrow C.$$

$$\text{Initiierung} \qquad A \xrightarrow{k_1} X$$

$$\text{Verzweigung} \quad B + X \xrightarrow{k_2} C + \alpha X \qquad\qquad (19.16)$$

$$\text{Abbruch} \qquad X \xrightarrow{k_3} A$$

(X: radikalische Intermediate) Dabei wird sowohl der Lindemann-Hinshelwood-Mechanismus im Initiierungsschritt ignoriert wie auch der Stoßpartner M beim Abbruch. $\alpha > 1$, bei der Reaktion 19.15 gilt $\alpha = 2$.

Lösung Zur Lösung betrachten wir nur den Anfang der Reaktion,

$$[A], [B] >> [X], \ [A] \approx [A]_0, \ [B] \approx [B]_0, \ [X]_0 = 0$$

mit

$$\begin{aligned}
\frac{\mathrm{d}[X]}{\mathrm{d}t} &= k_1[A] - k_2[B][X] + \alpha k_2[B][X] - k_3[X] = \qquad (19.17)\\
&= k_1[A] + (k_2(\alpha - 1)[B] - k_3)[X] =\\
&=: k_1[A] - \lambda[X]
\end{aligned}$$

mit

$$\lambda = k_3 - k_2(\alpha - 1)[B]$$

d. h.

$$\frac{d[X]}{dt} = k_1[A]_0 - \lambda[X].$$ (19.18)

Dies ist eine DGL der Form

$$\frac{dx}{dt} = a - bx \qquad \int \frac{dx}{a-bx} = -\frac{1}{b}\ln(a-bx),$$

kann also einfach integriert werden:

$$-\frac{1}{\lambda}\left[\ln(k_1[A]_0 - \lambda[X])\right]_{[X]_0=0}^{[X]} = t$$

$$-\frac{1}{\lambda}\ln(k_1[A]_0 - \lambda[X]) + \frac{1}{\lambda}\ln(k_1[A]_0) = t.$$

Für kurze Zeiten t erhalten wir damit

$$[X]_{\text{Anfang}} = \frac{k_1[A]_0}{\lambda}\left(1 - e^{-\lambda t}\right).$$ (19.19)

Fallunterscheidung

1. $\lambda > 0$, d. h. $k_3 > k_2(\alpha - 1)[B]$. Der Abbruch überwiegt die Verzweigung und $[X]$ hängt linear mit der Konzentration $[A]$ zusammen,

$$[X]_{\text{Anfang}} = \frac{k_1[A]}{\lambda}.$$

2. $\lambda = 0$: Mit der Reihendarstellung der Exponentialfunktion.

$$\exp(x) = \sum_0^\infty \frac{x^n}{n!}$$

ergibt sich

$$[X]_{\text{Anfang}} = k_1[A]_0\left(t - \frac{\lambda t^2}{2!} + \frac{(\lambda^2 t^3)}{3!} - \ldots\right).$$

Für $\lambda = 0$ erhalten wir

$$[X]_{\text{Anfang}} = k_1[A]_0 t.$$

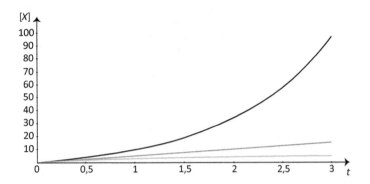

Abb. 19.2 Verlauf der Konzentration $[X]$ für die drei Fälle: $k = 1$, $[A]_0 = 5$, $\lambda = 1, 0, -1$

3. $\lambda < 0$, d. h. $k_3 < k_2(\alpha - 1)[B]$, die Verzweigung überwiegt den Abbruch. mit $\lambda = -|\lambda|$

$$[X]_{\text{Anfang}} = \frac{k_1[A]_0}{|\lambda|}\left(e^{+|\lambda|t} - 1\right).$$

Hier wächst die Anzahl der Kettenträger exponentiell, es gibt eine Explosion. Diese findet findet nur für $\lambda < 0$ statt, und das hängt von $[B]$ ab. Diese Konzentration, also die Anzahl der Teilchen pro Volumen, hängt vom Druck ab, d. h. es gibt einen Mindestdruck für den Start der Explosion.

$$k_3 > k_2(\alpha - 1)[B] \rightarrow [B] > \frac{k_3}{k_2(\alpha - 1)}.$$

Die drei Fälle sind in Abb. 19.2 gezeigt.

Dies ist ein sehr einfaches Modell für die Explosion, kann also nicht alle Aspekte abdecken. Z. B. wurde die Druckabhängigkeit der Abbruchreaktion vernachlässigt, aber auch die thermischen Aspekte: höhere Temperatur vergrößert die Ratenkonstanten und beschleunigt damit die Reaktion weiter.

19.3 Katalyse

Ein **Katalysator** ist ein Stoff, der eine Reaktion beschleunigt, ohne dabei selbst chemisch verbraucht zu werden, er vermindert die Aktivierungsenergie E_a einer Reaktion, ändert aber ΔG nicht. Der Katalysator greift damit in die Kinetik ein, lässt aber die Thermodynamik unverändert. Man unterscheidet die **homogene Katalyse**, bei der Katalysator und Reaktanten in der gleichen Phase vorliegen, als Beispiel diskutieren wir die enzymatische Katalyse, von der **heterogenen Katalyse**, bei der diese in unterschiedlichen Phasen vorliegen, wie z. B. die Metalloberfläche, die als Katalysator für Gasphasenreaktionen dienen kann.

19.3.1 Enzymatische Katalyse

Ein **Enzym** ist ein biologischer Katalysator (homogene Katalyse), meist ein Protein oder RNA.

Beispiel 19.2

Die Reaktion

$$H_2O_2 \rightarrow 2H_2O + O_2$$

ist mit $\Delta G = -103$ kJ/mol exotherm, doch stark inhibiert durch eine hohe Barriere von $E_a = 76$ kJ/mol. Zugabe von Iodid-Ionen vermindert die Barriere auf $E_A = 57$ kJ/mol, d. h. die Rate wird etwa um den Faktor 2000 erhöht. Das Enzym Katalase reduziert die Barriere allerdings viel drastischer auf $E_A = 8$ kJ/mol, d. h. die Rate steigt um den Faktor 10^{15}. ∎

Aus dem **Substrat S** und **Enzym E** bildet sich in einem ersten Schritt der **Enzym-Substrat-Komplex ES**, dieser Schritt ist reversibel. Es gibt zwei Modellvorstellungen für diesen Schritt. In dem **Schlüssel-Schloss**-Modell wird angenommen, dass das Substrat genau in die Bindungstasche des Enzyms passt, dieses Modell gibt ein suggestives Bild für die Enzymspezifizität. Allerdings sind Enzyme strukturell flexibel. Das **„induced fit"**-Modell trägt dem Rechnung, indem es eine Anpassung der Bindungstasche an das Substrat berücksichtigt.

In einem zweiten Schritt zerfällt ES in das Enzym E und das **Produkt P**

$$E + S \overset{k_1, k_{-1}}{\rightleftharpoons} ES \overset{k_2}{\longrightarrow} E + P.$$

Diesen Reaktionstyp haben wir als **vorgelagertes Gleichgewicht** kennen gelernt. Wir haben die Differentialgleichungen

$$\frac{d[P]}{dt} = k_2[ES] \tag{19.20}$$

$$\frac{d[ES]}{dt} = k_1[E][S] - k_{-1}[ES] - k_2[ES].$$

Anwenden von **QS** auf die 2. Gleichung ergibt:

$$[ES] = \frac{k_1}{k_{-1} + k_2}[E][S] =: \frac{1}{K_M}[E][S] \tag{19.21}$$

mit der **Michaelis-Menten-Konstante**

$$K_M = \frac{k_{-1} + k_2}{k_1} = \frac{[E][S]}{[ES]}.$$

Im Fall $k_2 \ll k_{-1}$ ist K_M identisch mit der Gleichgewichtskonstanten K_{eq}.

Nun verwenden wir die **Massenbilanz** für das Enzym:

$$[E]_0 = [ES] + [E].$$

Wenn wir nun $[E] = [E]_0 - [ES]$ in die Gl. 19.21 einsetzen und umformen erhalten wir:

$$[ES] = \frac{[E]_0[S]}{K_M + [S]}. \tag{19.22}$$

Dies in Gl. 19.20 für $[P]$ einsetzen ergibt die **Michaelis-Menten-Gleichung**:

$$\frac{d[P]}{dt} = \frac{k_2[E]_0[S]}{K_M + [S]}. \tag{19.23}$$

Nun betrachten wir zwei **Grenzfälle:**

1. $[S] \ll K_M$, d. h. wenig Substrat in Lösung:

$$\frac{d[P]}{dt} = \frac{k_2[E]_0}{K_M}[S].$$

Dies ist eine Kinetik 1. Ordnung.
2. $[S] \gg K_M$, Sättigungskinetik

$$\frac{d[P]}{dt} = k_2[E]_0.$$

Dies ist eine Kinetik 0. Ordnung, die Geschwindigkeit ist nur abhängig von der Enzymmenge. Dies ist auch die **maximale Geschwindigkeit** $r_{max} = k_2[E]_0$, da (siehe Gl. 19.23)

$$\frac{[S]}{K_M + [S]} < 1.$$

Abb. 19.3a zeigt die Reaktionsgeschwindigkeit in Abhängikeit von $[S]$. Für kleine $[S]$ steigt die Reaktionsgeschwindigkeit linear, für große $[S]$ erreicht sie einen Sättigungswert, die maximale Reaktionsgeschwindigkeit.

Die Reaktionsgeschwindigkeit $r = d[P]/dt$ lässt sich durch r_{max} ausdrücken:

$$r = \frac{r_{max}[S]}{K_M + [S]}. \tag{19.24}$$

Betrachten wir die halbe maximale Geschwindigkeit, $r_{max/2} = r_{max}/2$, die sich bei der Konzentration $[S]_{max/2}$ einstellt.

$$r_{max}/2 = \frac{r_{max}[S]_{max/2}}{K_M + [S]_{max/2}} \tag{19.25}$$

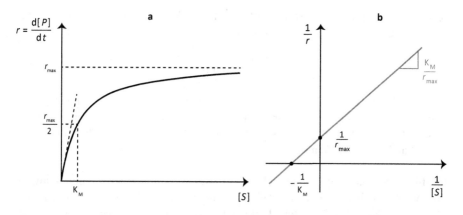

Abb. 19.3 (a) Michaelis Menten Kinetik und (b) Lineweaver-Burcke Darstellung

oder:

$$[S]_{max/2} = K_M.$$

Man kann also K_M direkt aus dem Michaelis-Menten-Plot ablesen (Abb. 19.3a).
Sehr nützlich ist auch die **Lineweaver-Burk**-Darstellung, die Gl. 19.24 invertiert.

$$\frac{1}{r} = \frac{K_M + [S]}{r_{max}[S]} = \frac{1}{r_{max}} + \frac{K_M}{r_{max}}\frac{1}{[S]}.$$

Diese Darstellung hat die Form einer Geradengleichung $f(x) = a + bx$, d. h., durch Auftragen von

$$\frac{1}{r} \quad vs \quad \frac{1}{[S]}$$

kann man direkt die Steigung $b = \frac{K_M}{r_{max}}$ und $a = \frac{1}{r_{max}}$ ablesen (Abb. 19.3b).

Katalytische Effizienz Die maximale Geschwindigkeit wird unter Sättigungsbedingungen gemessen, wo die maximale Geschwindigkeit durch $r_{max} = k_2[E]_0$ gegeben ist. Ein Maß für die Effizienz des Enzyms könnte daher die katalytische Konstante

$$k_{cat} = k_2$$

sein. k_{cat} wird Wechselzahl genannt („turnover frequency") und gibt die Anzahl der katalytischen Zyklen pro Zeiteinheit an. Enzyme arbeiten jedoch unter physiologischen Bedingungen die weit von der Sättigung entfernt sind, die Geschwindigkeit ist daher nur durch Gl. 19.20,

$$r = k_{cat}[ES],$$

gegeben. Die Bildung von $[ES]$ wird jedoch von K_M bestimmt, die katalytische Effizienz hängt im Fall $[S] \ll K_M$ wegen

$$r = \frac{k_{cat}}{K_M}[E]_0[S]$$

von dem Quotienten $\epsilon = k_{cat}/K_M$ ab, der die enzymatische Umsatzgeschwindigkeit charakterisiert. Diese kann die Entstehungsrate von $[ES]$ nicht überschreiten. Und diese Rate ist durch die Diffusionsgeschwindigkeit von S und E begrenzt, die in der Lösung aufeinandertreffen müssen.

Inhibierung   Die Enzymfunktion kann auf zwei Weisen inhibiert werden, **kompetitiv**, wenn der **Inhibitor I** an der gleichen Stelle bindet wie das Substrat, dann ist das Enzym blockiert. Oder **nicht-kompetitiv**, hier bindet **I** an einer anderen Stelle als **S**, deaktiviert aber dann den Komplex **ES** durch Bildung von **ESI**. Um dies zu beschreiben, müssen in der Kinetik noch die folgenden beiden Gleichgewichte berücksichtigt werden.

$$EI \rightleftharpoons E + I \quad K_I = \frac{[E][I]}{[EI]} \tag{19.26}$$

$$ESI \rightleftharpoons ES + I \quad K_I' = \frac{[ES][I]}{[ESI]}. \tag{19.27}$$

Mit den Definitionen:

$$\alpha = 1 + [I]/K_I \qquad \alpha' = 1 + [I]/K_I'$$

erhält man eine modifizierte Michaelis-Menten-Kinetik

$$\frac{d[P]}{dt} = \frac{k_2[E]_0[S]}{\alpha' K_M + \alpha[S]}. \tag{19.28}$$

Durch kinetische Analyse kann mit Hilfe der Lineweaver-Burk-Darstellung die Art der Inhibierung festgestellt werden.

19.3.2 Heterogene Katalyse

Langmuir-Adsorptionsisotherme
Reaktionen, die von Festkörperoberflächen katalysiert werden setzen in einem ersten Schritt die Adsorption der Moleküle auf der Oberfläche (OF) voraus. Man unterscheidet zwischen **Physisorption**, bei der die Moleküle eine VdW-Bindung mit der OF eingehen, und der **Chemisorption**, deren Bindungscharakter eher der chemischen Bindung entspricht.

Eine Oberfläche weist nun eine bestimmte Anzahl an **Bindungsstellen O** auf. Z. B. kann jedes Oberflächenatom ein ungepaartes Elektron haben das prinzipiell

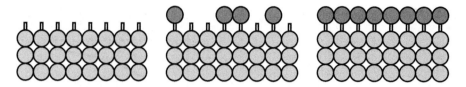

Abb. 19.4 Obeflächenbedeckung mit $\theta = 0$, $\theta = 0{,}5$ und $\theta = 1$

in der Lage ist, eine Bindung mit einem anderen **Atom/Molekül A** einzugehen (Abb. 19.4). Es wird sich ein Gleichgewicht einstellen, und wir betrachten folgenden Mechanismus

$$A + O \overset{k_1, k_{-1}}{\rightleftharpoons} OA$$

mit der Ratengleichung:

$$\frac{d[OA]}{dt} = k_1[O][A] - k_{-1}[OA]. \tag{19.29}$$

Die Oberfläche ist 2-dimensional, die Konzentrationen $[O]$ und $[OA]$ sind daher als (Anzahl Teilchen)/Fläche gegeben. Nun hat die Oberfläche eine maximale Anzahl an Bindungsstellen O, d. h. die Konzentration von OA erreicht ihr Maximum $[OA]_{max}$, wenn alle Bindungsstellen belegt sind. Die Zahl ($0 \leq \theta \leq 1$)

$$\theta = \frac{[OA]}{[OA]_{max}}$$

gibt die Oberflächenbedeckung an und wir können die Ratengleichung damit auch schreiben als ($[O] + [OA] = [OA]_{max}$):

$$\frac{d\theta}{dt} = k_1(1 - \theta)[A] - k_{-1}\theta. \tag{19.30}$$

Für Gase erhalten wir mit der idealen Gasgleichung bei $V, T = $ konst.

$$[A] = \frac{N}{V} = kTp,$$

und können $[A]$ durch p in der DGL ersetzen,

$$\frac{d\theta}{dt} = k_1(1 - \theta)p - k_{-1}\theta. \tag{19.31}$$

Im Gleichgewicht ($d\theta/dt = 0$) erhalten wir durch Auflösen mit $K = \frac{k_1}{k_{-1}}$ die **Langmuir-Adsorptionsisotherme** (Abb. 19.5):

$$\theta = \frac{Kp}{1 + Kp}. \tag{19.32}$$

Abb. 19.5 Langmuir-Isotherme

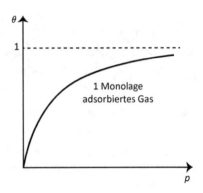

1 Monolage
adsorbiertes Gas

Abweichungen von dieser Isotherme treten bei **Multilagen-**Adsorption und bei unterschiedlich stark bindenden Adsorptionsplätzen auf.

Oberflächenreaktionen

Nun betrachten wir oberflächenkatalysierte Reaktionen, bei denen Gasmoleküle adsobiert werden und auf der Oberfläche reagieren. Bekannte Beispiele sind:

- Ammoniaksynthese: $3H_2 + N_2 \rightarrow 2NH_3$.
- Abgaskatalysator: NO_x zu N_2, CO zu CO_2.

Diese Reaktionen vom Typ

$$A + B \rightarrow C$$

wollen wir näherungsweise als **vorgelagertes Gleichgewicht** betrachten.

$$A + O \overset{k_1, k_{-1}}{\rightleftharpoons} OA$$

$$B + O \overset{k_2, k_{-2}}{\rightleftharpoons} OB$$

$$OA + OB \overset{k_3, \text{ langsam}}{\longrightarrow} OC$$

$$OC \overset{k_4, \text{ schnell}}{\longrightarrow} O + C.$$

Wir verwenden nun Gl. 19.31 für A und B und beachten, dass für die Hinreaktion die Anzahl der freien Bindungsplätze durch $(1 - \theta_A - \theta_B)$ gegeben ist. Dies führt auf die Differentialgleichungen:

$$\text{(a)} \qquad \frac{d\theta_A}{dt} = k_1(1 - \theta_A - \theta_B)p_A - k_{-1}\theta_A = 0 \qquad (19.33)$$

$$\text{(b)} \qquad \frac{d\theta_B}{dt} = k_2(1 - \theta_A - \theta_B)p_B - k_{-2}\theta_B = 0$$

(c) $\quad \dfrac{d\theta_C}{dt} = k_3\theta_A\theta_B - k_4\theta_C = 0$

(d) $\quad \dfrac{d[C]}{dt} = k_4\theta_C.$

Für Gl. (a) und (b) nehmen wir thermodynamisches Gleichgewicht an, für (c) wenden wir QS an. Mit QS für (c), $k_3\theta_A\theta_B = k_4\theta_C$, erhalten wir für (d):

$$\frac{d[C]}{dt} = k_4\theta_C = k_3\theta_A\theta_B.$$

Wir benötigen also θ_A und θ_B. Dazu teilen wir Gl. (a) durch Gl. (b) und erhalten:

$$\frac{K_A p_A}{K_B p_B} = \frac{\theta_A}{\theta_B}.$$

Dies nach θ_B auflösen und in (a) einsetzen:

$$\theta_A = \frac{K_A p_A}{1 + K_A p_A + K_B p_B}.$$

θ_B erhält man analog, und für Gleichung (d) ergibt sich

$$\frac{d[C]}{dt} = k_4\theta_C = k_3\theta_A\theta_B = k_3\frac{K_A p_A K_B p_B}{(1 + K_A p_A + K_B p_B)^2}. \tag{19.34}$$

Diese Gleichung geht von dem sehr einfachen Modell aus, jeder Schritt kann komplizierter sein. So kann insbesondere auch der Desorptionsschritt (d) langsam sein, dann gäbe es eine Inhibierung durch das Produkt. OA und OB können auf der Oberfläche diffundieren, k_3 ist also auch durch die **Diffusion** auf der Oberfäche limitiert.

19.4 Fotochemie

Die Fotochemie beschäftigt sich mit Reaktionen, die durch Licht (Photonen) initiiert werden. Um diese formal richtig behandeln zu können, benötigt man die Quantenmechanik (QM). Im Molekül sind die Elektronen im Raum um die positiv geladenen Kerne verteilt, wie genau, das beschreibt die QM. Die genaue Verteilung ist jedoch wichtig, um die chemische Bindung verstehen zu können. Die Elektronenanordnung führt zu einer Kompensation der Abstoßung der positiv geladenen Kerne, und eine effektive Anziehung/Bindung zwischen den Atomen ensteht. Die genaue Anordnung der Elektronen im Molekül bestimmt damit auch die Details der Geometrie im Molekül, d. h. die Bindungsabstände, Winkel etc.

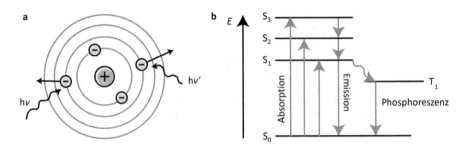

Abb. 19.6 (a) Bohr'sches Atommodell und (b) Energieniveaus eines Moleküls

Für das Atom ist das Bohr'sche Atommodell bekannt, das eine Analogie zum Planetenmodell darstellt. Dieses Modell ist für eine Beschreibung der Elektronen im Atom viel zu einfach, aber es führt ein wichtiges Konzept ein, die Quantelung der Elektronenenergie (Abb. 19.6a). Die Elektronen können sich nur auf bestimmten, energetisch determinierten Bahnen bewegen. Nur bestimmte Lichtwellenlängen können absorbiert werden, die die Elektronen auf andere „Bahnen" anregen. Im Grundzustand sind die energetisch tiefstliegenden Bahnen mit jeweils zwei Elektronen unterschiedlichen Spins besetzt, im angeregten Zustand ist z. B. ein Elektron in eine Bahn weiter vom Kern weg angeregt.

Diesen Sachverhalt findet man auch bei Molekülen wieder. Hier bezeichnet man den **elektronischen Grundzustand mit** S_0, den **ersten angeregten Zustand mit** S_1 etc. Wenn also durch Licht das Molekül von dem S_0 in den S_1 angeregt wird, verändert sich die Elektronenanordnung im Molekül. Als Folge verändert sich auch die Bindung zwischen den Atomen. Dadurch können verschiedene Prozesse initiiert werden. Die Energiezustände werden üblicherweise durch ein Diagramm wie in Abb. 19.6b gezeigt dargestellt, die möglichen Prozesse sind durch die Pfeile angezeigt.

Wenn ein Molekül durch Licht (hν) elektronisch angeregt wird(**Absorption**), können mehrere Prozesse stattfinden:

1. **Emission**: Das Molekül kann das Licht wieder abgeben (**Fluoreszenz**).
2. **Inter-System-Crossing (ISC)**: Es kann ein Übergang von einem Singulet (S_1) in einen Triplet (T_1) stattfinden. Wenn der T_1 durch Strahlung in den S_0 übergeht, nennt man das **Phosphoreszenz** (Abb. 19.6).
3. Da durch Veränderung der Elektronenverteilung sich andere Bindungsverhältnisse einstellen können, kann das Molekül im S_1 (bzw. in höher angeregten Zuständen) (Abb. 19.7):
   - **dissoziieren**, wenn es kein Energieminimum im S_1 gibt.
   - die Struktur **relaxieren**, wenn sich das Energieminimum im S_1 von dem im S_0 unterscheidet. Wenn das Molekül dann wieder ein Photon abgibt (Fluoreszenz), hat dieses Photon eine geringere Energie (Rotverschiebung gegenüber der Anregungswellenlänge).
   - **isomerisieren**, wenn im S_1 eine Rotation von Winkeln favorisiert wird.

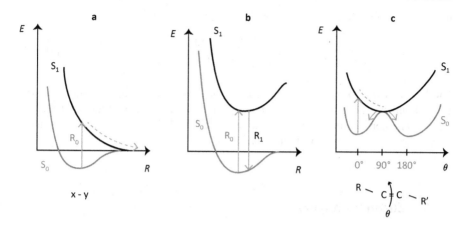

Abb. 19.7 (a) Dissoziation, (b) Relaxation und (c) Isomerisierung im ersten angeregten Zustand

Abb. 19.7 zeigt, wie sich die Energien mit der Geometrie des Moleküls verändern. Abb. 19.7a zeigt etwa, dass der Grundzustand für einen bestimmen Abstand $x - y$ z. B. der beiden Kerne in H_2 die niedrigste Energie hat, das ist der Gleichgewichtszustand. Im angeregten Zustand S_1 gibt es kein Minimum, d. h. das Molekül wird nach optischer Anregung dissoziieren. Ähnlich ist das beispielsweise bei der Rotation um Bindungen. In Butadien ist der Grundzustand planar, im ersten angeregten Zustand ist jedoch eine Konformation am stabilsten, bei der die mittlere Bindung um 90° verdreht ist. Damit rotiert das Molekül im angeregten Zustand, kann dann im 90° verdrehten Zustand wieder in den S_0 übergehen, und somit isomerisieren.

Betrachten wir nun eine fotoinduzierte Reaktion (z. B: fotokatalytische Spaltung von Br_2):

$$A + h\nu \overset{k_a, k_f}{\rightleftharpoons} A^* \overset{k_r}{\rightarrow} B.$$

A^* bezeichne das Molekül im ersten angeregten Zustand.

$$\frac{d[A^*]}{dt} = k_a[A]\Phi - k_f[A^*] - k_r[A^*] \tag{19.35}$$

$$\frac{d[B]}{dt} = k_r[A^*].$$

Die Photonen werden hier wie ein Stoff behandelt, Φ ist die Lichtintensität (Photonen/Zeit Probenvolumen). Anwenden des QS auf die erste Gleichung:

$$[A^*] = \frac{k_a[A]\Phi}{k_f + k_r}$$

und in die zweite einsetzen:

$$\frac{d[B]}{dt} = \frac{k_r k_a [A] \Phi}{k_f + k_r}.$$

(19.36)

Die Stoffe A und B unterscheiden sich beispielsweise durch ihre Absorption von Licht, können daher spektroskopisch identifiziert werden, dies gelingt mit den richtigen Techniken („pump-probe"-Methode) auch für A*. Damit kann man Aussagen über die einzelnen Ratenkonstanten machen.

19.5 Zusammenfassung

In diesem Kapitel wurden komplexere Beispielreaktionen vorgestellt.

- Selbst **unimolekulare Reaktionen** können ein komplexeres Verhalten zeigen als ursprünglich angenommen, da die Aktivierung über Stoßpartner geschehen kann.
- **Kettenreaktionen** zeichnen sich durch eine initiierende Reaktion aus, und werden durch eine Abbruchreaktion gestoppt. Anwendung des **Quasistationaritätsprinzips** hat eine relativ einfache Lösung der Differentialgleichungssysteme ermöglicht.
- Sowohl die **heterogene** als auch die **homogene** Katalyse lassen sich in einem einfachen Modell durch zwei Schritte bechreiben. Zuerst bindet das Substrat an das Enzym bzw. die Oberfläche, ein Schritt der sich als ein **vorgelagertes Gleichgewicht** darstellen lässt. Die Gesamtreaktion hängt dann von der Ratenkonstante der eigentlichen Reaktion ab, und von der Gleichgewichtskonstanten K die das vorgelagerte Gleichgewicht beschreibt.
- **Fotochemische Prozesse** lassen sich ebenfalls durch elementare Raten beschreiben, die dann spektroskopisch aus den gemessenen Kinetiken gewonnen werden können.

Das mikroskopische Bild: kinetische Gastheorie

20

Wir haben die Kinetik bisher **phänomenologisch** betrieben, d. h., wir haben eine Reaktion

$$A + B \xrightarrow{k} C + D$$

betrachtet und die Reaktionsordnungen und Ratenkonstanten empirisch ermittelt, dabei aber keinen Bezug auf die Moleküle, ihre relativen Geschwindigkeiten und die molekularen Details der Reaktionen genommen. Bei der Diskussion der Arrhenius-Gleichung hatten wir einen ersten Ansatz einer **mikroskopischen** Sicht: Nur solche Moleküle, die

- einen Stoß ausführen und
- durch diesen Stoß genügend kinetische Energie aufbringen, die Aktivierungsbarriere zu überwinden,

werden zum Produkt führen. Um zu einer **mikroskopischen Interpretation** der **Arrhenius-Parameter A und E_A** zu kommen, müssen wir also **mikroskopisch** abschätzen, wie oft Stöße zwischen Molekülen vorkommen und wie oft dabei die Energie zur Reaktion ausreicht. Dies führt uns zur **Stoßzahl** und zur **Geschwindigkeitsverteilung von Maxwell und Boltzmann**.

20.1 Stoßzahl

Zuerst ermitteln wir, wie häufig Stöße zwischen Molekülen vorkommen. Dazu werden wir diese als (harte) Kugeln beschreiben. Betrachten wir zwei Spezies mit den Radien r_A und r_B. Um die **Stoßzahl z**, d. h., die **mittlere Anzahl der Stöße** pro Zeiteinheit Δt, abzuschätzen, benötigen wir die **mittlere Relativgeschwindigkeit** $\langle v_r \rangle$.

© Springer-Verlag GmbH Deutschland 2017
M. Elstner, *Physikalische Chemie I: Thermodynamik und Kinetik*,
https://doi.org/10.1007/978-3-662-55364-0_20

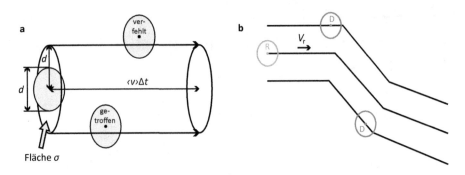

Abb. 20.1 (a) Definition des Stoßquerschnitts σ (b) Pfad eines Teilchens

Eine Kugel A wird mit anderen Kugeln B zusammenstoßen, wenn deren Mittelpunkt innerhalb eines Zylinders mit der Oberfläche σ (Stoßquerschnitt)

$$\sigma = r_{AB}^2\pi \qquad r_{AB} = (r_A + r_B)$$

liegt, wie in Abb. 20.1a skizziert. Faktisch wird die Kugel A bei jedem Stoß eine Richtungsänderung durchführen, d. h. der Zylinder bekommt einen „Knick" (Abb. 20.1b). Diese „Knicke" wollen wir vernachlässigen und die Länge des Zylinders, der in der Zeit Δt durchlaufen wird, mit $L = \langle v_r\rangle\Delta t$ bezeichnen, d. h. wir können ein Zylindervolumen berechnen als:

$$V_Z = \sigma L = \sigma\langle v_r\rangle\Delta t.$$

- Mit wie vielen Kugeln B kollidiert A nun in der Zeit Δt? Das hängt an der Anzahl n_B von B im Zylinder V_Z,

$$n_B = V_Z N_A[B] = \sigma\langle v_r\rangle\Delta t N_A[B]$$

(Avogadro-Zahl $N_A = 6.022 \cdot 10^{23}$ mol^{-1}).
- Die **Stoßzahl** z ist die Anzahl der Stöße der Kugel A pro Zeit, d. h.

$$z = \frac{n_B}{\Delta t} = \sigma\langle v_r\rangle N_A[B]. \tag{20.1}$$

- Jedes Molekül des Stoffes A im System mit dem Volumen V macht z Stöße pro Zeiteinheit Δt, insgesamt gibt es $n_A = [A]N_A$ solche Moleküle pro Volumen V, d. h. die **Gesamtzahl der Stöße** Z_{AB} **pro Zeit** Δt **und pro Volumen** V ist

$$Z_{AB} = n_A z = \sigma\langle v_r\rangle N_A^2[A][B]. \tag{20.2}$$

Betrachten wir nun die Reaktion

$$A + B \rightarrow P.$$

Jetzt nehmen wir an, jeder Stoß führt zu einer Reaktion, d. h. zu einer Abnahme von A: Wir haben:

- die Anzahl der Atome A pro Volumen V:

$$[A]N_A$$

- die Änderung der Anzahl der Atome A pro Volumen V durch die Reaktion:

$$-\frac{d([A]N_A)}{dt}.$$

- Dies ist gleich der Gesamtzahl der Stöße von A und B pro Volumen und pro Zeit:

$$Z_{AB}$$

D. h. wir erhalten:

$$-\frac{d([A]N_A)}{dt} = Z_{AB} \qquad (20.3)$$

oder

$$-\frac{d[A]}{dt} = \frac{Z_{AB}}{N_A} = \sigma \langle v_r \rangle N_A [A][B]. \qquad (20.4)$$

Vergleichen wir das mit der kinetische DGL für die Reaktion,

$$-\frac{d[A]}{dt} = k[A][B],$$

so können wir die Geschwindigkeitskonstante **mikroskopisch** wie folgt definieren:

$$k = \sigma \langle v_r \rangle N_A. \qquad (20.5)$$

Ein Vergleich mit der Arrhenius-Gleichung

$$k = A e^{-E_A/kT}$$

ist erstmal ernüchternd. Irgendwie muss in der mittleren Geschwindigkeit die exponentielle Abhängigkeit von der Temperatur „versteckt" sein. Dies wollen wir nun genauer untersuchen.

20.2 Mittlere Relativgeschwindigkeit

Üblicherweise beschreiben wir mechanische Systeme in sogenannten **Laborkoordinaten**, das ist einfach ein beliebiges ortsfestes Koordinatensystem (x, y, z). Bei der Betrachtung von Kollisionen ist es sinnvoll, sogenannte **Relativkoordinaten** zu verwenden, wodurch dann die **Relativgeschwindigkeit** v_r und die **Geschwindigkeit des Massenzentrums** v_Z definiert sind.

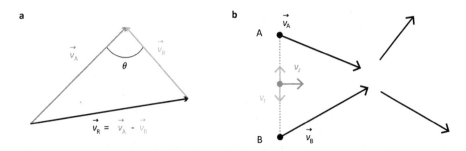

Abb. 20.2 (a) Relativgeschwindigkeit v_r und (b) Geschwindigkeit des Massenzentrums v_Z

Wir definieren zunächst (Abb. 20.2):

$$M = m_A + m_B \qquad \mu = \frac{m_A m_B}{m_A + m_B} = \frac{m_A m_B}{M}$$

$$\vec{v_A} = (v_{Ax}, v_{Ay}, v_{Az}) \qquad v_A = |\vec{v_A}| = \sqrt{v_{Ax}^2 + v_{Ay}^2 + v_{Az}^2}$$

(analog v_B). M ist die Gesamtmasse, μ wird **reduzierte Masse** genannt. Betrachten wir nun die Bewegung des Schwerpunkts. Der Gesamtimpuls ist:

$$M \vec{v_Z} = m_A \vec{v_A} + m_B \vec{v_B}.$$

Umformen gibt die Schwerpunktsgeschwindigkeit und Relativgeschwindigkeit:

$$\vec{v_Z} = \frac{m_A \vec{v_A}}{M} + \frac{m_B \vec{v_B}}{M}$$

$$\vec{v_r} = \vec{v_A} - \vec{v_B}$$

Die **kinetische Energie** in den **Laborkoordinaten**

$$E_{kin} = \frac{1}{2} m_A v_A^2 + \frac{1}{2} m_B v_B^2. \tag{20.6}$$

sieht in den **Schwerpunktskoordinaten** wie folgt aus (siehe unten **Beweis** 20.1):

$$E_{kin} = \frac{1}{2} M v_z^2 + \frac{1}{2} \mu v_r^2. \tag{20.7}$$

Nach diesen Vorarbeiten können wir den Mittelwert der Relativgeschwindigkeit berechnen: Die Wahrscheinlichkeit, dass Teilchen A die Geschwindigkeit v_A und Teilchen B die Geschwindigkeit v_B hat, ist durch das Produkt der Wahrscheinlichkeiten $F(v_A)F(v_B)$ gegeben. $F(v)$ ist dabei die 3 dimensionale Maxwell-Boltzmann-Wahrscheinlichkeitsverteilung wie in Kap. 16 eingeführt. Den Mittelwert errechnen wir dann:

$$\langle v_r \rangle = \int_{-\infty}^{\infty} \int_{-\infty}^{\infty} v_r F(v_A) F(v_B) d^3\vec{v_A} d^3\vec{v_B} =$$

$$= \int_{-\infty}^{\infty} \int_{-\infty}^{\infty} v_r F(v_r) F(v_Z) d^3\vec{v_r} d^3\vec{v_Z} =$$

$$= \int_{-\infty}^{\infty} v_r F(v_r) d^3\vec{v_r} \left(\int_{-\infty}^{\infty} F(v_Z) d^3\vec{v_Z} \right) =$$

$$= \int_{-\infty}^{\infty} v_r F(v_r) d^3\vec{v_r}. \tag{20.8}$$

Der erste Schritt wird unten (**Beweis** 20.2) gezeigt. Im zweiten Schritt konnten wir die Integrale auseinander ziehen, da die Integration von v_Z die Koordinate v_r nicht betrifft. Im letzten Schritt haben wir ausgenutzt, dass $F(v_Z)$ normiert ist.

Das Integral Gl. 20.8 haben wir schon berechnet: wir müssen nun wieder Polarkoordinaten für $\vec{v_r}$ einführen, über ϕ und θ integrieren (führt von $F(v)$ zu $G(v)$) und erhalten dann wie in den Gl. 16.12 und 16.13

$$\langle v_r \rangle = \int_0^{\infty} v_r G(v_r) dv_r = \sqrt{\frac{8kT}{\pi \mu}}. \tag{20.9}$$

Das Ergebnis ist sehr interessant: Es ist formal identisch zur mittleren Geschwindigkeit, nur dass v durch v_r und m durch die reduzierte Masse μ ersetzt ist. Einsetzen in Gl. 20.5 ergibt einen Ratenausdruck

$$k = \sigma N_A \sqrt{\frac{8kT}{\pi \mu}}, \tag{20.10}$$

der immer noch nicht exponentiell von der Temperatur abhängt.

Beweis 20.1 Aus der obigen Schwerpunktsgeschwindigkeit v_Z und Relativgeschwindigkeit erhalten wir:

$$\text{(a)} \qquad \vec{v_Z} \frac{M}{m_B} = \frac{m_A \vec{v_A}}{m_B} + \vec{v_B}$$

$$\text{(b)} \qquad \vec{v_r} = \vec{v_A} - \vec{v_B}$$

(a) + (b):

$$\vec{v_Z} \frac{M}{m_B} + \vec{v_r} = \frac{m_A \vec{v_A}}{m_B} + \vec{v_B} + \vec{v_A} - \vec{v_B} \qquad \Big| * \frac{1}{m_A}$$

$$\vec{v_Z} \frac{1}{\mu} + \frac{\vec{v_r}}{m_A} = \frac{\vec{v_A}}{\mu}$$

$$\vec{v_A} = \vec{v_Z} + \vec{v_r} \frac{m_B}{M}$$

Analog aus :

$$(a') \qquad \vec{v_Z} \frac{M}{m_A} = \frac{m_B \vec{v_B}}{m_A} + \vec{v_A}$$

folgt mit (a') – (b):

$$\vec{v_B} = \vec{v_Z} - \vec{v_r} \frac{m_A}{M}$$

$$v_A^2 = v_Z^2 + 2\vec{v_Z}\vec{v_r}\frac{m_B}{M} + v_r^2 \frac{m_B^2}{M^2}$$

$$v_B^2 = v_Z^2 - 2\vec{v_Z}\vec{v_r}\frac{m_A}{M} + v_r^2 \frac{m_A^2}{M^2}$$

In Gl. 20.6 einsetzen ergibt Gl. 20.7.   □

Beweis 20.2   Mit $m_A m_B = \mu M$ und Gl. 20.6 und 20.7 erhalten wir sofort:

$$F(v_A)F(v_B) = \left(\sqrt{\frac{m_A}{2\pi kT}}\right)^3 e^{-\frac{mv_A^2}{2kT}} \left(\sqrt{\frac{m_B}{2\pi kT}}\right)^3 e^{-\frac{mv_B^2}{2kT}} =$$

$$= \left(\sqrt{\frac{\mu}{2\pi kT}}\right)^3 \left(\sqrt{\frac{M}{2\pi kT}}\right)^3 e^{-\frac{mv_B^2 + mv_A^2}{2kT}} =$$

$$= \left(\sqrt{\frac{\mu}{2\pi kT}}\right)^3 \left(\sqrt{\frac{M}{2\pi kT}}\right)^3 e^{-\frac{\mu v_r^2 + Mv_Z^2}{2kT}} =$$

$$= \left(\sqrt{\frac{\mu}{2\pi kT}}\right)^3 \left(\sqrt{\frac{M}{2\pi kT}}\right)^3 e^{-\frac{\mu v_r^2}{2kT}} e^{-\frac{Mv_Z^2}{2kT}} = F(v_r)F(v_Z).$$

D. h. die Integrale zerfallen sehr schön in die Relativkoordinaten. Nun müssen wir noch zeigen, dass gilt:

$$d\vec{v_A} d\vec{v_B} = d\vec{v_r} d\vec{v_Z}.$$

Betrag der Funktionaldeterminante:

$$\left| \frac{\partial(\vec{v_r}, \vec{v_Z})}{\partial(\vec{v_A}, \vec{v_B})} \right| = 1$$

$$\frac{\partial(\vec{v_r}, \vec{v_Z})}{\partial(\vec{v_A}, \vec{v_B})} = \begin{vmatrix} \frac{\partial \vec{v_Z}}{\partial \vec{v_A}} & \frac{\partial \vec{v_Z}}{\partial \vec{v_B}} \\ \frac{\partial \vec{v_r}}{\partial \vec{v_A}} & \frac{\partial \vec{v_r}}{\partial \vec{v_B}} \end{vmatrix} = \begin{vmatrix} m_A/M & m_B/M \\ 1 & -1 \end{vmatrix} = -1.$$

□

20.3 Mindestenergie

Die Anzahl der Stöße pro Volumen und Zeit haben wir mit Gl. 20.2 schon berechnet:

$$Z_{AB} = \sigma \langle v_r \rangle N_A^2 [A][B].$$

Mit Gl. 20.9 haben wir $\langle v_r \rangle$ explizit ausgewertet, indem wir über **alle** Relativgeschwindigkeiten (von „0" bis ∞) gemittelt haben. Im Gegensatz dazu haben wir bei der Diskussion der Arrhenius-Gleichung festgestellt, dass nur solche Stöße zu einer Reaktion führen, die eine Mindestenergie E_a haben, d. h. bei denen die Moleküle eine Mindestgeschwindigkeit v_r^a besitzen, d. h., uns interessiert eigentlich:

$$Z_{AB}^a = \sigma N_A^2 [A][B] \int_{v_r^a}^{\infty} v_r G(\vec{v_r}) dv_r =$$

$$= \sigma N_A^2 [A][B] 4\pi \left(\sqrt{\frac{\mu}{2\pi kT}} \right)^3 \int_{v_r^a}^{\infty} v_r^3 e^{-\frac{\mu v_r^2}{2kT}} dv_r. \qquad (20.11)$$

Die kinetische Energie der Relativbewegung ist:

$$E_r = \frac{1}{2} \mu v_r^2, \quad \rightarrow \quad v_r = \sqrt{\frac{2E_r}{\mu}} \quad \rightarrow \quad \frac{dv_r}{dE_r} = \frac{1}{\sqrt{2E_r \mu}}$$

$$dv_r = \frac{1}{\sqrt{2E_r \mu}} dE_r \quad \rightarrow \quad v_r^3 dv_r = \frac{2E_r}{\mu^2} dE_r.$$

Dies in obiges Integral einsetzen und mit Hilfe von partieller Integration lösen:

$$Z_{AB}^a = \sigma N_A^2 [A][B] 4\pi \left(\sqrt{\frac{\mu}{2\pi kT}} \right)^3 \frac{2}{\mu^2} \int_{E_a}^{\infty} E_r e^{-\frac{E_r}{kT}} dE_r \qquad (20.12)$$

$$= \sigma N_A^2 [A][B] \sqrt{\frac{8kT}{\pi \mu}} \left(1 + \frac{E_a}{kT} \right) e^{-\frac{E_a}{kT}}.$$

Qualitativ entspricht dies schon der Arrhenius-Form, jedoch hat der Vorfaktor eine $1/T$-Abhängigkeit, d. h. der Vorfaktor würde für kleine Temperaturen sehr groß werden, was empirisch nicht korrekt ist. Daher müssen wir nochmals nachbessern.

20.4 Energieabhängiger Stoßparameter

Wie in Abb. 20.3 gezeigt, finden viele Stöße mit der Versetzung a statt. Für $a = 0$ ist der Impulsübertrag maximal, für $a = d$ streifen sie sich, es findet kein Impulsübertrag statt. D.h., auch bei hoher Relativgeschwindigkeit kann der Stoß nur

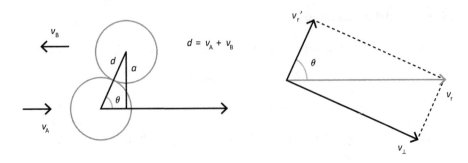

Abb. 20.3 Line of centers model (LOC) für den bimolekularen Stoß

sehr schwach sein, d. h., kaum Energieübertrag stattfinden. Was uns also wirklich interessiert, ist die Relativgeschwindigkeit entlang der Verbindungsachse der Atome, wir brauchen daher die Projektion der Relativgeschwindigkeit auf die Verbindungsachse.

Für $0 < a < d$ wird die effektive Relativgeschwindigkeit v'_r mit dem Winkel θ wie folgt berechnet:

$$v'_r = v_r \cos\theta = v_r \frac{\sqrt{d^2 - a^2}}{d}.$$

Jetzt quadrieren wir beide Seiten und multiplizieren mit $\frac{1}{2}\mu$:

$$\frac{1}{2}\mu v'^2_r = \frac{1}{2}\mu v^2_r \frac{(d^2 - a^2)}{d^2} \quad \rightarrow \quad a^2 = d^2 \left(1 - \frac{E'_r}{E_r}\right)$$

($E'_r = \frac{1}{2}\mu v'^2_r$, $E_r = \frac{1}{2}\mu v^2_r$).
Für $E'_r \leq E_a$ (Aktivierungsenergie) findet keine Reaktion statt, dies definiert eine maximale Versetzung $a_{\max}$:

$$a^2_{\max} = d^2 \left(1 - \frac{E_a}{E_r}\right).$$

Nun multiplizieren wir die Gleichung mit π und erinnern uns an die Definition des Stoßquerschnitts $\sigma = d^2\pi$,

$$a^2_{\max}\pi = \sigma \left(1 - \frac{E_a}{E_r}\right) := \sigma(E_r). \qquad (20.13)$$

Für große Energien kann a größer sein als bei kleinen Energien, der Stoßquerschnitt ist also energieabhängig. Jetzt müssen wir uns aber die Formel für die Stoßzahl Gl. 20.12 nochmals ansehen. Da $\sigma(E_r)$ energieabhängig ist, müssen wir es noch ins Integral schreiben:

$$Z_{AB}^a = N_A^2 [A][B] 4\pi \left(\sqrt{\frac{\mu}{2\pi kT}} \right)^3 \frac{2}{\mu^2} \int_{E_a}^{\infty} \sigma(E_r) E_r e^{-\frac{E_r}{kT}} dE_r = \qquad (20.14)$$

$$= \sigma N_A^2 [A][B] 4\pi \left(\sqrt{\frac{\mu}{2\pi kT}} \right)^3 \frac{2}{\mu^2} \int_{E_a}^{\infty} \left(1 - \frac{E_a}{E_r} \right) E_r e^{-\frac{E_r}{kT}} dE_r =$$

$$= \sigma N_A^2 [A][B] \sqrt{\frac{8kT}{\pi \mu}} e^{-\frac{E_a}{kT}}. \qquad (20.15)$$

Kommen wir zurück zu der bimolekularen Reaktion, bei der die Abnahme von [A] linear mit Z_{AB} zusammenhängt. Die mikroskopisch unter den Annahmen der kinetischen Gastheorie hergeleitete Geschwindigkeitskonstante

$$k = \sigma N_A \sqrt{\frac{8kT}{\pi \mu}} e^{-\frac{E_a}{kT}} \qquad (20.16)$$

lässt sich gemäß Arrhenius in den präexponentiellen Faktor

$$A = \sigma N_A \sqrt{\frac{8kT}{\pi \mu}} \qquad (20.17)$$

und den Boltzmann-Faktor zerlegen. Die T-Abhängigkeit von A ist schwach im Vergleich zum Boltzmann-Faktor.

Abb. 20.4a zeigt den Bereich der MB-Geschwindigkeitsverteilung, der zu einer Reaktion führt und Abb. 20.4b illustriert den Effekt der energetischen und LOC-Bedingungen auf den Stoßquerschnitt.

Vergleicht man auf diese Weise berechnete und gemessenen Arrhenius-Parameter, ist die Übereinstimmung in vielen Fällen quantitativ nicht umwerfend,

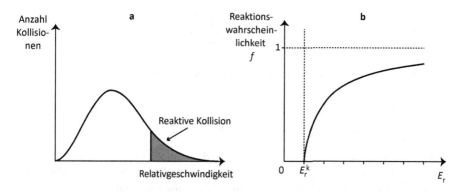

Abb. 20.4 (a) Anteil der Kollisionen, bei denen die Relativgeschwindigkeit zur Reaktion ausreicht und (b) Einfluss der LOC-Bedinungen auf die Reaktionswahrscheinlichkeit

hier scheint die kinetische Gastheorie etwas Essentielles nicht berücksichtigt zu haben. Wir können mehrere Probleme unterscheiden:

- **Mechanismus**: Bei Reaktionen wie K + Br_2 wird der sogenannte Harpunen-mechanismus diskutiert. Hier wird schon vor dem Stoß ein Elektron übertragen, es kommt zu einer elektrostatischen Anziehung zwischen K^+ und Br_2^-, was den Stoßquerschitt erhöht.
- Die Näherung von Molekülen als „harten Kugeln" ist sicher in zweierlei Hinsicht ungünstig. Zum einen könnten wesentlich angemessenere VdW-Potenziale verwendet werden, zum anderen ist die Kugelsymmetrie sicher oft eine zu drastische Näherung. Dem wird oft mit Hilfe des **sterischen Faktors** Rechnung getragen.
- In vielen Fällen ist nicht nur die Gesamtenergie beim Stoß entscheidend, sondern auch ihre Verteilung auf die verschiedenen **inneren Freiheitsgrade** der Moleküle. So hängt beispielsweise die Kinetik der Reaktion $O + H_2 \rightarrow OH + H$ von den H_2-Schwingungsanregungen ab.

20.5   Zusammenfassung

Bei einer bimolekularen Reaktion

$$A + B \rightarrow P$$

hängt die Abnahme von $[A]$ linear von Z_{AB} ab:

$$-\frac{d[A]}{dt} = \frac{Z_{AB}^a}{N_A} = k[A][B].$$

Die mikroskopisch unter den Annahmen der kinetischen Gastheorie hergeleitete Geschwindigkeitskonstante

$$k = \sigma N_A \sqrt{\frac{8kT}{\pi \mu}} e^{-\frac{E_a}{kT}}$$

lässt sich gemäß Arrhenius in den präexponentiellen Faktor

$$A = \sigma N_A \sqrt{\frac{8kT}{\pi \mu}}$$

und den Boltzmann-Faktor zerlegen. Dieses k, das eine Temperaturabhängigkeit wie die Arrhenius-Formel zeigt, können wir aus sehr einfachen Prinzipien, allerdings auch mit sehr drastischen Näherungen, aus der kinetischen Gastheorie ableiten.

Dazu mussten wir die **Stoßzahl** z bestimmen, die von der mittleren Relativgeschwindigkeit abhängt. Letztere können wir aus der **Maxwell-Boltzmann-Verteilung** berechnen. Zwei weitere Annahmen, die Annahme einer **Mindestenergie beim Stoß** und die Berücksichtigung der **Versetzung der Moleküle** beim Stoß durch das **LOC-Modell** können das Arrhenius-Verhalten reproduzieren. Obwohl sehr qualitativ, erlaubt dieses Modell dennoch ein grundlegendes mechanistisches Verständnis von bimolekularen Reaktionen.

Teil IV

Transportphänomene

Transportgleichungen

In der Thermodynamik sind die Relaxationsprozesse explizit nicht Gegenstand der Betrachtung, es wird nach der Stoffzusammensetzung, d. h., den Stoffkonzentrationen im Gleichgewicht gefragt. In der Kinetik werden genau diese Relaxationsprozesse untersucht, d. h., die zeitliche Veränderung der Konzentrationen auf dem Weg ins Gleichgewicht.

In diesem Kapitel wird die Thermodynamik von Ausgleichsprozessen eingeführt. Dabei wird gefragt, wie ein Unterschied in den intensiven Parametern p, T und μ zu einem Ausgleich der extensiven Parameter U, V und n führt.

Die zentralen **Transportgleichungen**, die **Wärmeleitungsgleichung** und die **Diffusionsgleichung** enthalten Parameter. Wie in der Thermodynamik die **Materialkonstanten** oder in der Kinetik die **Ratenkonstanten** k, können diese **Transportparameter** phänomenologisch nur experimentell festgelegt werden.

In einer **mikroskopischen Betrachtungsweise**s können sie jedoch auf mechanische Größen zurückgeführt werden. Allerdings werden hier die Dinge sehr schnell kompliziert, und unterschiedliche Materialien und Phasen können unterschiedliche molekulare Mechanismen zugrunde liegen haben. Daher werden wir diese Transportparameter im Rahmen der **kinetischen Gastheorie** berechnen, da dieses einfache Modell einen relativ unaufwändigen Zugang ermöglicht.

21.1 Binäre Systeme

In Kap. 7 haben wir Ausgleichsprozesse untersucht. Dabei geht man von einem Gesamtsystem mit den Variablen U, V, n aus und führt eine Partitionierung wie in Abb. 21.1 ein. Die Gesamtentropie ist durch $S(U, V, n)$ dargestellt, die Untersysteme können sich in der Energie, dem Volumen oder der Teilchenzahl,

$$U = U^1 + U^2, \qquad V = V^1 + V^2, \qquad n = n^1 + n^2$$

© Springer-Verlag GmbH Deutschland 2017
M. Elstner, *Physikalische Chemie I: Thermodynamik und Kinetik*,
https://doi.org/10.1007/978-3-662-55364-0_21

Abb. 21.1 Ausgleich zwischen
zwei Untersystemen

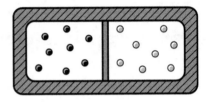

unterscheiden. Wenn sich die Teilsysteme nur durch jeweils eine Größe unterscheiden, kann man die Entropieänderung nach Kap. 7 und Kap. 10 wie folgt angeben:

$$dS = \left(\frac{p_1}{T} - \frac{p_2}{T}\right) dV^1, \quad dS = \left(\frac{1}{T_1} - \frac{1}{T_2}\right) dU^1, \quad dS = \left(\frac{\mu_1}{T} - \frac{\mu_2}{T}\right) dn^1.$$

Wir betrachten die Ausgleichsprozesse unabhängig voneinander, bei Temperaturausgleich haben wir p, μ = konst., bei Druckausgleich T, μ = konst. und beim Teilchenaustausch halten wir T, p = konst. Die intensiven Größen sind die Ableitungen der Entropie nach den extensiven Größen, das chemische Potenzial ist durch $\frac{\partial S}{\partial n} = \frac{\mu}{T}$ gegeben.

Nach dem 2. Hauptsatz wird es wegen $dS \geq 0$ zu einem Ausgleich der Temperatur, des Drucks oder des chemischen Potenzials kommen. Im Gleichgewicht gilt $dS = 0$ und die jeweiligen intensiven Parameter sind gleich.

Um zu einer allgemeinen Formulierung zu kommen, wollen wir die unterschiedlichen Variablen mit $X_k = \{U, V, n\}$ bezeichnen und die Variablen der Teilsysteme mit $X_k^i = \{U^i, V^i, n^i\}$ ($i = 1, 2$). Dann können wir die beiden Größen

$$K_k^i = \frac{\partial S}{\partial X_k^i}, \qquad \mathcal{K}_k = \frac{\partial S}{\partial X_k^1} - \frac{\partial S}{\partial X_k^2} \tag{21.1}$$

einführen. Im Folgenden wollen wir nur Temperatur- und Teilchenaustausch betrachten, wir haben also explizit

$$\mathcal{K}_U = \left(\frac{\partial S}{\partial U^1} - \frac{\partial S}{\partial U^2}\right) \qquad \mathcal{K}_n = \left(\frac{\partial S}{\partial n^1} - \frac{\partial S}{\partial n^2}\right), \tag{21.2}$$

was eine einfache Darstellung der Entropieänderung erlaubt

$$dS_U = \mathcal{K}_U dU^1, \qquad dS_n = \mathcal{K}_n dn^1. \tag{21.3}$$

Der Ausgleichsprozess startet in einem gehemmten Gleichgewicht, wie in Kap. 7 eingeführt. Nun wollen wir die jeweilige Hemmung so langsam verändern, dass die intensiven Größen p und T entlang des Prozesses definiert sind, also eine quasistatische Prozessführung betrachten. Wir lassen somit nur einen sehr kleinen Wärmestrom oder Teilchenfluss zwischen den Teilsystemen zu. Damit erhalten wir eine zeitliche Veränderung der X_k^1, und damit dann auch eine zeitliche Veränderung der Entropie. Zur Beschreibung teilen wir beide Seiten von Gl. 21.3 durch dt,

$$\frac{dS_U}{dt} = \mathcal{K}_U \frac{dU^1}{dt}, \qquad \frac{dS_n}{dt} = \mathcal{K}_n \frac{dn^1}{dt}. \qquad (21.4)$$

Es fließt also pro Zeiteinheit eine bestimmte Menge innerer Energie dU_1 oder eine bestimmte Molzahl Teilchen dn_1 zwischen den Teilsystemen. Die Abnahme der inneren Energie im linken Teilsystem pro Zeiteinheit führt zu einer Zunahme der Entropie pro Zeit, analog für den Teilchenfluss. Dabei wird angenommen, dass sich $\mathcal{K}_k$ zeitlich nicht ändert. Die Teilsysteme sollen sehr groß gegenüber dem Wärme- und Teilchenstrom zwischen den Systemen sein, T und μ sollen sich in dem relevanten Zeitintervall nicht signifikant verändern.

Die Variablen sind durch $U = U_1 + U_2 =$ konst. und $n = n_1 + n_2 =$ konst. gekoppelt, damit folgt

$$\frac{dU_1}{dt} = -\frac{dU_2}{dt} \qquad \frac{dn_1}{dt} = -\frac{dn_2}{dt}$$

Wie in Abb. 21.2 gezeigt, bedeutet eine Veränderung der U_i einen Wärmestrom zwischen den Teilsystemen,

$$J_U = \frac{\Delta Q}{\text{Zeit} \cdot \text{Fläche}}.$$

ΔQ ist die pro Zeiteinheit durch die Trennfläche transportierte Wärmemenge, diese Wärmemenge ist aber gleich der Änderung von U_1 und U_2 pro Zeiteinheit, man kann also den **Wärmestrom** definieren als:[1]

$$J_U = \frac{dU_1}{dt} = -\frac{dU_2}{dt}.$$

Wir können also schreiben:

$$\frac{dS_U}{dt} = \mathcal{K}_U \frac{dU^1}{dt} = \mathcal{K}_U J_U. \qquad (21.5)$$

Auf die gleiche Weise kann man einen **Teilchenstrom**

Abb. 21.2 Wärmestrom
zwischen zwei Untersystemen

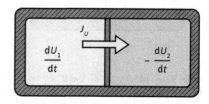

---

[1] Zur Interpretation sei an die geläufige Definition der Elektrizitätslehre erinnert. Die Änderung der Ladung „Q" pro Zeit wird Strom genannt, man hat $\dot{Q} = I$.

$$J_n = \frac{dn_1}{dt}$$

definieren und erhält

$$\frac{dS_n}{dt} = \mathcal{K}_n \frac{dn_1}{dt} = \mathcal{K}_n J_n. \tag{21.6}$$

Eine Temperaturdifferenz führt zu einem Wärmestrom, eine Differenz in den chemischen Potenzialen zu einem Teilchenstrom. Wenn die Differenzen $\mathcal{K}_k$ verschwinden, verschwindet auch die Entropieproduktion $\frac{dS_n}{dt}$. Je größer die Differenzen $\mathcal{K}_k$ desto größer werden die Ströme sein, und desto größer wird die Entropieproduktion sein. Man kann im übertragenen Sinn die $\mathcal{K}_k$ als **treibende Kräfte** für die entsprechenden Ströme ansehen.

21.2 Kontinuierliche Systeme

Nun wollen wir zu kontinuierlichen Systemen übergehen. Wie in Abb. 21.3a gezeigt, macht die Größe $\mathcal{K}_k^i$ aus Gl. 21.2 an der Systemgrenze einen Sprung, d. h., die intensiven Parameter ändern sich schlagartig.

Wir wollen nun ein System betrachten, das die zwei Reservoirs mit unterschiedlichen Temperaturen oder chemischen Potenzialen über eine Brücke verbindet, und

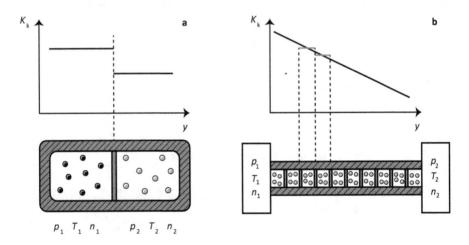

Abb. 21.3 (a) Ausgleich zwischen zwei Untersystemen. Die intensiven Parameter $1/T$ und μ/T ändern sich schlagartig an der Grenze der Teilsysteme. (b) Übergang zu einem kontinuierlichen System. Wenn die Größer der Teilsysteme sehr klein wird, hat man im Limit eine kontinuierliche Ab- oder Zunahme der intensiven Parameter über die Brücke

damit einem Temperatur-, Druck oder Teilchengradienten ausgesetzt ist. Als Folge wird über die Brücke ein Wärme- und Teilchenaustausch stattfinden.

Die Brücke bestehe aus vielen Teilsystemen der Kantenlänge Δx. Für jedes Teilsystem soll sich ein Gleichgewicht einstellen, d. h., die intensiven Parameter T und μ sind in jedem der Teilsysteme definiert. Man nennt dies das Prinzip des **lokalen Gleichgewichts**. Für eine große Anzahl solcher Systeme bekommt man im Limit eine kontinuierliche Ab- oder Zunahme der intensiven Parameter über die Brücke, wie in der Grafik 21.3(**b**) verdeutlicht.

$\mathcal{K}_k = K_k^1 - K_k^2$ gibt, wie oben eingeführt, die Differenz der intensiven Parameter für benachbarte Untersysteme an. Die Größe von $\mathcal{K}_k$ bedingt die Größe des Stroms J_k. Wir kennen die Differenz über die gesamte Brücke, am Beispiel des Temperaturausgleichs: Die gesamte Temperaturdifferenz über die Brücke ist $\mathcal{K}_U = \frac{1}{T_2} - \frac{1}{T_1}$. Wir groß ist $\mathcal{K}_k$ nun an einer bestimmten Stelle der Brücke?

Die Differenz zwischen zwei Nachbarsystemen $\mathcal{K}_k$ hängt damit von der Anzahl der Teilsysteme, d. h. von Δx ab. Wenn man viele kleine Systeme verwendet, ist die Differenz jeweils klein, bei wenigen großen Untersystemen ist sie groß. Die treibende Kraft für den Ausgleich zwischen zwei Nachbarsystemen sollte nicht von der Partitionierung abhängen, daher schreibt man:

$$\mathcal{K}_k = \frac{\Delta K_k}{\Delta x} \rightarrow \frac{\partial K_k}{\partial x} = \nabla_x K_k$$

Wir haben im Übergang zum kontinuierlichen Fall die Kästchengröße gegen Null gehen lassen. Die treibenden Kraft hängt also vom Gradienten der inversen Temperatur oder des chemischen Potenzials ab. Dies ist ein sehr anschauliches Konzept. Je höher beispielsweise der Temperaturgradient an einer Stelle der Brücke ist, desto größer wird der Wärmestrom an dieser Stelle sein.

Im dreidimensionalen Fall kann der Gradient der Temperatur, des Drucks und der Teilchenzahl eine Komponente in jede Richtung haben, man schreibt also:

$$\mathcal{K}_k = \nabla K_k.$$

Damit erhalten wir für die Änderung der Entropie

$$\frac{\mathrm{d}S_U}{\mathrm{d}t} = \mathcal{K}_U J_U, \qquad \frac{\mathrm{d}S_N}{\mathrm{d}t} = \mathcal{K}_n J_n \qquad (21.7)$$

oder für die einzelnen Komponenten explizit aufgeschrieben:

$$\frac{\mathrm{d}S_U}{\mathrm{d}t} = \nabla\left(\frac{1}{T}\right) J_U, \qquad \frac{\mathrm{d}S_N}{\mathrm{d}t} = \frac{1}{T}\nabla(\mu) J_n. \qquad (21.8)$$

Ein Temperaturgradient führt also zu einem Wärmestrom, ein Gradient des chemischen Potenzials zu einem Teilchenstrom. Nun müssen wir uns die genaue Verknüpfung dieser beiden ansehen.

21.3 Phänomenologische Transportgleichungen

Im Gleichgewicht, wenn die Temperaturen oder chemischen Potenziale auf beiden Seiten in Abb. 21.3 gleich sind, gilt auch

$$\mathcal{K}_k = 0$$

und es findet keine Änderung der Variablen statt, d. h.

$$J_k = 0.$$

Wenn man nun die Gradienten langsam größer macht, kann man ein lineares Regime erwarten, in dem die Änderung der Ströme J_k proportional zu den Gradienten $\mathcal{K}_k$ sind, d. h.

$$J_k = \alpha_k \mathcal{K}_k$$

mit den Porportionalitätsfaktoren α_k. Je größer der Temperaturgradient, desto größer der Wärmestrom. Je größer der Unterschied der chemischen Potenziale, desto größer der Teilchenstrom. Die $\mathcal{K}_k$ werden daher als *Kräfte* bezeichnet, da sie die ihnen entsprechenden Ströme bewirken.

- **Wärmeleitung:** Die Annahme einer linearen Verknüpfung von Temperaturgradient und Wärmestrom führt auf die Gleichung

$$J_U = \alpha_U \nabla_x \left(\frac{1}{T} \right) = -\frac{\alpha_U}{T^2} \nabla_x T = -\kappa \nabla_x T. \qquad (21.9)$$

Diese sogenannte **Wärmeleitungsgleichung**

mit dem Wärmeleitungskoeffizienten κ findet man in vielen Fällen empirisch bestätigt. Ein Temperaturgradient führt zu einem ihm entgegengesetzten Wärmestrom. Die Geltung dieses Gesetzes zeigt, dass die üblicherweise betrachteten Temperaturgradienten klein genug sind für die Beschreibung als lineare Abhängigkeiten. Im Rahmen der Thermodynamik ist κ eine Materialkonstante, die nur empirisch bestimmt werden kann. Sie gibt an, wie gut ein Material die Wärme leitet.

- **Diffusion:** Völlig analog ergibt sich bei konstanter Temperatur

$$J_n = \frac{\alpha_n}{T} \nabla_x \mu.$$

Das chemische Potenzial können wir durch

$$\mu = \mu^0 + RT \ln a$$

ausdrücken (Kap. 11), und erhalten für den Teilchenstrom

$$J_n = \frac{\alpha_n R}{a} \frac{\partial a}{\partial x}.$$

Wenn wir für die Aktivität a die Konzentration c des Stoffes einsetzen, erhalten wir das

1. Fick'sche Gesetz:

$$J_n = -D \frac{\partial c}{\partial x}. \qquad (21.10)$$

D ist die sogenannte **Diffusionskonstante**

die analog zum Wärmeleitungskoeffizienten κ aussagt, wie stark das System auf einen Konzentrationsgradienten reagiert. Diese Gleichung gilt für Diffusionsprozesse in Gasen und Flüssigkeiten.

Damit haben wir zwei wichtige **Transportgleichungen** kennengelernt. Der Wärmetransport ist durch einen Temperaturgradienten bedingt, der Stofftransport durch einen Konzentrationsgradienten. Wie „gut" dieser Transport bei gegebenen Gradienten verläuft, d. h. wieviel Wärme oder welche Stoffmenge transportiert wird, ist durch die **Transportkoeffizienten** angegeben. Diese geben die Transportfähigkeit an und sind materialspezifisch, sie sind **Materialkonstanten.** In der Thermodynamik werden diese gemessen und können nicht weiter analysiert werden.

Bemerkung: Bitte beachten Sie die Analogie zum Elektronentransport in Leitern. Der Strom I wird durch die Spannung U bewirkt, der wichtige materialabhängige Transportparameter ist der Widerstand R.

21.4 Berechnung der Transportkoeffizienten mit der kinetischen Gastheorie

Die Stärke der Thermodynamik besteht darin, allgemeine Gesetze aufstellen zu können, die unabhängig von der Materialbeschaffenheit gelten. Die Unterschiede zwischen Stoffen machen sich nur in den Materialkonstanten bemerkbar. Im Rahmen der Thermodynamik kann man über diese Konstanten nicht mehr aussagen, man muss sie messen.

Mit einem mikroskopischen Ansatz kann man diese Konstanten jedoch auf ein atomares oder molekulares Geschehen zurückführen. Die molekularen Vorgänge, die beispielsweise zur Wärmeleitung führen, werden sich im Gas, in der Flüssigkeit oder im Festkörper unterscheiden.

21.4.1 Kinetische Gastheorie

Im Rahmen der kinetischen Gastheorie lassen sich die Transportkoeffizienten besonders einfach berechnen. Die Gasteilchen werden als kugelförmige Objekte mit einem bestimmten Radius behandelt und können durch Stoß kinetische Energie austauschen. Darüber hinaus haben sie keine weitere Wechselwirkungen untereinander. Ihre Geschwindigkeiten gehorchen der Maxwell'schen Geschwindigkeitsverteilung, das Gas ist also in Kontakt mit einem Reservoir der Temperatur T.

Mit diesen Näherungen können die obigen Transportkoeffizienten auf elementare, mikroskopische, Größen zurückgeführt werden. Wir betrachten der Einfachheit halber nur eine Bewegung in x-Richtung und benötigen einige Größen aus Kap. 16 und Kap. 20:

• Die **mittlere Geschwindigkeit** in (positive) x-Richtung $\langle v_x \rangle$:

$$\langle v_x \rangle = \int_0^\infty v_x f(v_x) \mathrm{d}v_x = \sqrt{\frac{m}{2\pi kT}} \int_0^\infty v_x e^{-\frac{mv_x^2}{2kT}} \mathrm{d}v_x = \sqrt{\frac{kT}{2\pi m}}.$$

$f(v_x)$ ist die 1-dimensionale Geschwindigkeitsverteilung aus Kap. 16. Mit Gl. 16.13 $\langle v \rangle = \sqrt{\frac{8kT}{\pi m}}$ erhalten wir

$$\langle v_x \rangle = \frac{1}{4} \langle v \rangle.$$

• Die **mittlere freie Weglänge** λ. Dies ist der Weg x, den ein Teilchen zwischen zwei Kollisionen zurücklegt. Wir hatten in Kap. 20 die Stoßzahl berechnet als $z = \sigma \langle v_r \rangle N_A[B]$. Wenn wir nur eine Sorte Teilchen betrachten, erhalten wir ($[A] = n_A / V$):

$$z = \sigma \langle v_r \rangle N_A[A] = \sigma \langle v_r \rangle \frac{N}{V} = \sigma \langle v_r \rangle \frac{p}{kT}.$$

z ist die Anzahl der Kollisionen pro Zeit, also ist $1/z$ die Zeit zwischen zwei Kollisionen. Damit ist die Strecke, die ein Teichen zwischen zwei Kollisionen zurücklegt,

$$\lambda = \frac{\langle v_x \rangle}{z} = \frac{\langle v_x \rangle}{\sigma \langle v_r \rangle \frac{p}{kT}} = \frac{\langle v_x \rangle}{\langle v_r \rangle} \frac{kT}{\sigma p},$$

siehe dazu nochmals Abb. 20.1. Mit $\langle v_r \rangle = \sqrt{\frac{kT}{2\pi \mu}}$, $\mu = \frac{1}{2}m$ ist die reduzierte Masse (Kap. 20), erhalten wir:

$$\lambda = \frac{kT}{\sqrt{2}\sigma p}. \tag{21.11}$$

• Die **mittlere Zeit zwischen zwei Stößen:**

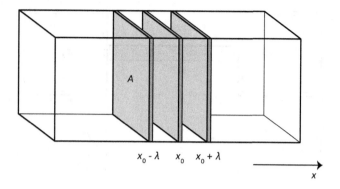

Abb. 21.4 Diffusion durch ein Volumen zwischen $x_0 - \lambda$ und $x_0 + \lambda$

$$\Delta t = \frac{\lambda}{\langle v_x \rangle}.$$

Betrachten wir nun Abb. 21.4. Die Teilchen mit der Geschwindigkeit $\langle v_x \rangle$ durchlaufen in der Zeit Δt die Strecke

$$\lambda = \langle v_x \rangle \Delta t.$$

- D. h., alle Teilchen mit Geschwindigkeit $+\langle v_x \rangle$ erreichen von $x_0 - \lambda$ aus die Fläche A bei x_0, ebenso alle Teilchen mit Geschwindigkeit $-\langle v_x \rangle$ von $x_0 + \lambda$ aus.
- Die Konzentration auf beiden Seiten der Trennungsfläche sei unterschiedlich und mit $c_{-\lambda}$ und $c_{+\lambda}$ bezeichnet, d. h., in dem Volumen links der Trennungsfläche sind

$$n_{-\lambda} = c_{-\lambda} \lambda A = c_{-\lambda} \langle v_x \rangle A \Delta t$$

und rechts der Trennfläche sind

$$n_{+\lambda} = c_\lambda \lambda A = c_{+\lambda} \langle v_x \rangle A \Delta t$$

Teilchen. Dies ist die Menge (in Mol) der Teilchen, die im Zeitintervall Δt von links respektive rechts durch die Trennfläche fliegen.

21.4.2 Diffusion

Wir betrachten nun den stationären Fall der Diffusion, bei dem ein Konzentrationsgradient zwischen zwei Reservoirs zur Diffusion von Teilchen führt. Wir nehmen an, dass die Reservoirs sehr groß sind, sodass die Diffusion die Konzentrationen nicht ändert (Abb. 21.5). Die Teilchenstromdichte J wurde oben schon definiert als

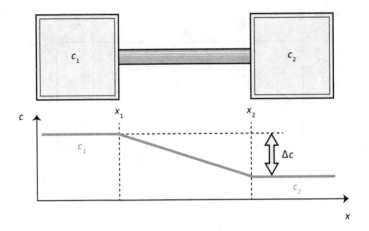

Abb. 21.5 Konzentrationsdifferenz zwischen zwei Reservoirs

$$\frac{\text{Anzahl mol Teilchen}}{\text{Zeit} \cdot \text{Rohrquerschnittsfläche}},$$

$$J = \frac{\Delta n(x, t)}{A \Delta t}$$

d. h. die Anzahl der Mole, die pro Zeiteinheit die Querschnittsfläche A passieren. Nun betrachtet man die Teilchenströme, die jeweils von links und rechts durch die Fläche fließen

$$J_+ = \frac{n_{-\lambda}}{A \Delta t} = c_{-\lambda} \langle v_x \rangle \tag{21.12}$$

$$J_- = \frac{n_{+\lambda}}{A \Delta t} = c_{+\lambda} \langle v_x \rangle.$$

Der Gesamtstrom ergibt sich dann als Differenz

$$J_+ - J_- = (c_{-\lambda} - c_{+\lambda}) \langle v_x \rangle,$$

und mit einer Taylorentwicklung

$$c(\pm \lambda) \approx c(0) \pm \lambda \frac{dc}{dx}$$

erhält man

$$J_n = J_+ - J_- = -\langle v_x \rangle (2\lambda \frac{dc}{dx}) = -2 \langle v_x \rangle \lambda \frac{dc}{dx}.$$

Damit kann man die

Diffusionskonstante im 1. Fick'schen Gesetz Gl. 21.10,

$$J_n = -D \frac{dc}{dx},$$

wie folgt

$$D = 2\langle v_x \rangle \lambda = \frac{1}{2} \langle v \rangle \lambda$$

bestimmen.

21.4.3 Wärmeleitung

Betrachten wir nochmals Abb. 21.4. Für die Wärmeleitung haben wir nur einen Temperaturgradienten, aber keinen Konzentrationsgradienten, d. h., in den beiden Kompartimenten liegen unterschiedliche Temperaturen

$$T_{-\lambda} \neq T_{+\lambda}$$

vor, die Konzentrationen sind aber gleich

$$c_{-\lambda} = c_{+\lambda} = c.$$

Die Teilchen haben also in den beiden Kompartimenten eine unterschiedliche mittlere kinetische Energie,

$$< E_- > = \frac{3}{2} k T_- \qquad < E_+ > = \frac{3}{2} k T_+.$$

Es werden Teilchen von links nach rechts und von rechts nach links diffundieren, dabei wird faktisch Energie transportiert. Die Teilchen mit größerer mittlerer Energie diffundieren in Bereiche mit kleinerer mittlerer Energie. Mit den obigen Teilchenströmen Gl. 21.13 können wir Energieströme

$$J_+ = c_{-\lambda} \langle v_x \rangle \langle E_- \rangle \tag{21.13}$$

$$J_- = c_{+\lambda} \langle v_x \rangle \langle E_+ \rangle \tag{21.14}$$

definieren. Diese Ströme geben an, wie viele Teilchen mit einer bestimmten mittleren Energie $\langle E_\pm \rangle$ pro Zeiteinheit durch die Trennfläche transportiert werden. Da die Konzentrationen gleich sind erhalten wir

$$J_U = J_+ - J_- = c \langle v_x \rangle (\langle E_- \rangle - \langle E_+ \rangle). \tag{21.15}$$

Analog zu den Konzentration bei der Diffusion machen wir nun eine Taylorentwicklung für die Energie,

$$\langle E_+ \rangle = \langle E_0 \rangle + \lambda \frac{d\langle E \rangle}{dx} = \langle E_0 \rangle + \frac{3}{2} k\lambda \frac{dT}{dx} \tag{21.16}$$

$$\langle E_- \rangle = \langle E_0 \rangle - \lambda \frac{d\langle E \rangle}{dx} = \langle E_0 \rangle - \frac{3}{2} k\lambda \frac{dT}{dx}$$

und erhalten nach Einsetzen

$$J_U = -3c\langle v_x \rangle k\lambda \frac{dT}{dx} = -\frac{3}{4} c\langle v \rangle k\lambda \frac{dT}{dx}. \tag{21.17}$$

Vergleich mit der **Wärmeleitungsgleichung** Gl. 21.9

$$J_U = -\kappa \frac{dT}{dx}$$

ergibt dann

$$\kappa = \frac{3}{4} c\langle v \rangle k\lambda \tag{21.18}$$

für den **Wärmeleitungskoeffizienten**.

21.4.4 Viskosität

Abb. 21.6 zeigt ein schematisches Bild der Strömung eines Gases durch ein Rohr, die Pfeile symbolisieren die Fließgeschwindigkeit der Teilchen. Dargestellt ist eine

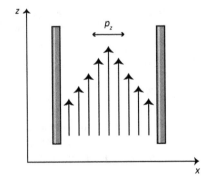

Abb. 21.6 Strömungsgeschwindigkeit eines Gases durch ein Rohr, dargestellt durch unterschiedlich lange Pfeile. Durch die Reibung an der Wand wird das Gas abgebremst

sogenannte **laminare Strömung**, bei der unterschiedliche nebeneinander liegende Lagen unterschiedliche Fließgeschwindigkeiten haben. Bei einer **turbulenten Strömung** gäbe es Verwirbelungen im Gas. Die Lage von Gasteilchen am Rand des Rohrs wird durch die Reibung an der Wand abgebremst, und das wird in die Mitte weitergegeben. Jede Lage bremst die nächste Lage entsprechend ab, der Fluß durch das Rohr erfährt dadurch einen Fliesswiderstand, der durch die **Viskosität** η beschrieben wird.

Das mikroskopische Bild sieht aus wie folgt: Der Impuls der Teilchen in z- Richtung, p_z, ist durch die senkrechten Pfeile angezeigt, in der Mitte des Rohrs ist er am größten, am Rand am geringsten. Die Teilchen haben aber auch Geschwindigkeitskomponenten in x-Richtung, durch die mittlere Geschwindigkeit $\langle v_x \rangle$ ausgedrückt. Damit diffundieren Teilchen mit großem Impuls p_{z^+} aus der Rohrmitte zum Rand, und Teilchen mit geringem Impuls p_{z^-} vom Rand zur Mitte, es findet ein Impulstransfer statt, den entsprechenden Impulsstrom kann man analog zum Strom der kinetischen Energie Gl. 21.14 angeben als:

$$J_+ = c_\lambda \langle v_x \rangle \langle p_{z^+} \rangle \tag{21.19}$$

$$J_- = c_\lambda \langle v_x \rangle \langle p_{z^-} \rangle. \tag{21.20}$$

Der schnellere Strom verliert dann pro Zeit den Impuls dp_z/dt. Eine Impulsänderung pro Zeit wird in der Mechanik als Kraft beschrieben, wir können den Impulsaustausch daher als Reibungskraft interpretieren. Der langsamere Strom „bremst" durch diesen Austausch den schnelleren, und der schnellere beschleunigt den langsameren.

Nun entwickeln wir p_z in einer Taylorreihe und erhalten eine Transportgleichung für den Impuls

$$J_{p_z} = -2c\langle v_x \rangle \lambda \frac{dp_z}{dx} = -\frac{1}{2}c\langle v \rangle m\lambda \frac{dv_z}{dx}, \tag{21.21}$$

mit der Teilchenmasse m.

Die **Viskosität** lässt sich damit ebenfalls durch mikroskopische Größen darstellen,

$$\eta = \frac{1}{2}c\langle v \rangle m\lambda. \tag{21.22}$$

Für die Viskosität ergibt sich eine der Diffusion und Wärmeleitung analoge Gleichung

$$J_{p_z} = -\eta \frac{dv_z}{dx}. \tag{21.23}$$

21.5   Diffusion in Flüssigkeiten

In Flüssigkeiten ist die Diffusion von Teilchen in einem Medium durch permanente Stöße, und damit durch permanenten Impulsübertrag charakterisiert. Uns interessiert nun die Diffusion von Teilchen, z. B. Ionen oder anderen neutralen oder geladenen Molekülen in Flüssigkeiten, die durch die Viskosität η charakterisiert sind.

21.5.1   Thermodynamische Kräfte und Stokes-Einstein-Beziehung

Unsere Teilchen sollen einen Radius b haben, bei der Diffusion erfahren sie eine effektive Reibungskraft F_R, die der Driftbewegung entgegenwirkt und proportional der Driftgeschwindigkeit v_D ist. Die Reibungskraft wird dann durch die **Stokes'sche Gleichung**

$$F_R = -fv_D = -6\pi\eta bv_D \qquad (21.24)$$

beschrieben. Reibung ist in vielen Fällen proportional zur Geschwindigkeit, hier geht der **Radius des Teilches** b und die Viskosität ein. Diese Gleichung kann über die Sedimentationsgeschwindigkeit von sphärischen Körpern in viskosen Flüssigkeiten erhalten werden.

Dazu lässt man z. B. einen Stein mit Masse m und Radius b in Wasser sinken, die Driftgeschwindigkeit, die er dann erreicht, ist durch das Kräftegleichgewicht

$$F_G = F_R, \qquad m \cdot g = 6\pi\eta bv_D$$

bestimmt. Wenn man v_D misst, kann man daraus die *Viskosität* berechnen.

Für die Diffusion von Teilchen in Flüssigkeiten kennen wir nun die Reibungskraft, was ist aber die die Diffusion treibende Kraft, analog zur Gewichtskraft im Sedimentationsexperiment? Betrachten wir dazu nochmals Abb. 21.5. Die beiden Behälter und die Brücke seien mit einer Flüssigkeit der Viskosität η gefüllt, der Stoff (z. b. Salz oder Zucker in Wasser), dessen Diffusion wir betrachten wollen, liegt in den Konzentrationen c_1 und c_2 vor, es gibt also ein Konzentrationsgefälle, das zur Diffusion führt. Der Stoff hat nach

$$\mu = \mu_0 + RT \ln c$$

ein unterschiedliches chemisches Potenzial in den Behältern. $\mu = G_m$ ist die molare freie Enthalpie, d. h. der Stoff hat in den beiden Behältern eine unterschiedliche freie Enthalpie, die Enthalpiedifferenz ist durch

$$\Delta G_m = RT \ln c_2 - RT \ln c_1$$

gegeben.

In der Thermodynamik haben wir gesehen (Kap. 8), dass die freie Enthalpie die **maximale Nicht-Volumenarbeit** ist, die ein System leisten kann. Wie kann man diese Arbeit hier formulieren?

Nun, das ist die Arbeit, ein mol der Moleküle vom rechten in den linken Behälter zu bringen, d. h. deren freie Enthalpie um ΔG_m zu erhöhen,

$$\Delta W = \Delta G_m = \int_2^1 dG_m.$$

Wie integriert man nun dG_m, was ist der Integrationsweg? G_m ändert sich entlang der Koordinate x, wir haben

$$dG_m = \frac{dG_m}{dx}dx = \frac{RT}{c}\frac{\partial c}{\partial x}dx.$$

Man erhält damit

$$\Delta W = \int_{x_2}^{x_1} dG_m = \int_{x_2}^{x_1} \frac{RT}{c}\frac{\partial c}{\partial x}dx = \int_{x_2}^{x_1} F_D(x)dx.$$

Wir definieren damit also eine „Diffusionskraft"

$$F_D = -\frac{RT}{c}\left(\frac{\partial c}{\partial x}\right). \tag{21.25}$$

Dies ist genau die **treibende Kraft** $\mathcal{K}_n$, die wir oben als die Ursache des Flusses J_n eingeführt haben. In dieser Betrachtungsweise ist es sinnvoll, von verallgemeinerten Kräften $\mathcal{K}_k$ zu sprechen, auch wenn diesen keine klassischen Potenziale wie das Graviations-Pozential oder Coulomb-Potenzial unterliegen. Diffusion und Wärmeleitung sind, wie die mikroskopischen Betrachtungen gezeigt haben, rein statistische Phänomene. Diese können aber effektiv makroskopische Flüsse in Gang bringen, für die wir in einer thermodynamischen Beschreibung diese Kräfte als Ursachen ansetzen.

Diese Kraft (sie ist bezogen auf ein mol) führt zur Diffusion der Teilchen, bewirkt also einen Teilchenstrom. Die Viskosität der Flüssigkeit bedingt eine Reibungskraft, die proportional zur Diffusionsgeschwindigkeit v_D und der Diffusionskraft entgegengerichtet ist (f: Reibungskoeffizient):

$$F_R = -fv_D$$

d. h.

$$-F_R = F_D$$

$$fv_D = -\frac{RT}{c}\left(\frac{\partial c}{\partial x}\right)$$

oder

$$cv_D = -\frac{RT}{f}\left(\frac{\partial c}{\partial x}\right).$$

cv_D hat die Dimension (Teilchenzahl/Fläche · Zeit) und kann daher mit dem Teilchenstrom identifiziert werden,

$$J = cv_D = -\frac{RT}{f}\left(\frac{\partial c}{\partial x}\right) = -D\left(\frac{\partial c}{\partial x}\right).$$

Wir erhalten damit die sogenannte **Stokes-Einstein-Beziehung** zwischen dem Viskositätskoeffizienten η und dem Diffusionskoeffizienten D

$$D = \frac{RT}{f} = \frac{RT}{6\pi\eta b} \tag{21.26}$$

21.5.2 Diffusionskontrollierte Reaktionen

In einer Flüssigkeit sind die Reaktanten A und B jeweils von einer Solvathülle umgeben. In einem ersten Schritt vor der eigentlichen Reaktion findet durch **Diffusion** der Moleküle ein Einschluss in eine gemeinsame Solvathülle,

$$A + B \overset{k_1, k_{-1}}{\rightleftharpoons} AB$$

und erst in einem zweiten Schritt findet die eigentliche Reaktion statt:

$$AB \overset{k_2}{\longrightarrow} P.$$

Wir verwenden wieder das Quasistationaritäts-Prinzip und erhalten (siehe Kap. 18 vorgelagertes Gleichgewicht):

$$\frac{d[P]}{dt} = \frac{k_1 k_2}{k_{-1} + k_2}[A][B]. \tag{21.27}$$

Grenzfälle:

- $k_2 \gg k_{-1}$,

$$\frac{d[P]}{dt} = k_1[A][B].$$

Die Reaktion ist schneller als die Diffusion, d. h. die Gesamtgeschwindigkeit wird durch die **Diffusion kontrolliert**.

- $k_2 \ll k_{-1}$, $K = \frac{k_1}{k_{-1}}$

$$\frac{d[P]}{dt} = k_2 K [A][B].$$

Die Reaktion ist langsamer als die Diffusion, d. h. die Gesamtgeschwindigkeit wird durch die **Aktivierungsenergie kontrolliert.**

$$\frac{d[P]}{dt} = k_1[A][B].$$

k_1 ist berechenbar und man erhält

$$k_1 = 4\pi N_A(D_A + D_B)r_{AB}f. \tag{21.28}$$

$D_{A,B}$ sind die Diffusionskoeffizienten von A und B, $r_{AB} = r_A + r_B$ und f ist der elektrostatische Faktor. Es gilt $f = 1$ für ungeladene Teilchen. Die Reaktionsgeschwindigkeit ist damit durch die Diffusionskonstanten und Teilchengröße bestimmt.

21.6 Nichtstationärer Transport

Bisher haben wir Transport unter stationären Bedingungen betrachtet, die Gradienten der Temperatur, des chemischen Potenzials waren konstant, d. h., die Kräfte $\mathcal{K}_k$ waren konstant gehalten. Wir hatten eine Brücke, die zwei sehr große Reservoirs verbunden hat, ein typisches Beispiel ist die Situation in Abb. 21.5. Der Fluss durch die Brücke hat die intensiven Variablen der Reservoirs nicht verändert.

Nun betrachten wir die Diffusion unter nichtstationären Bedingungen, d. h., die Konzentrationen (an verschiedenen Orten x) werden sich mit der Zeit ändern. Um dies zu beschreiben, betrachten wir das Volumen $\Delta V = A\Delta x$ in Abb. 21.7a. Die Veränderung der Konzentration in dem Volumen ist durch das Zu- und Abfließen von Teilchen bedingt.

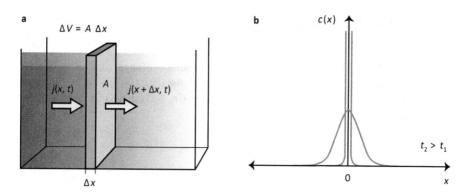

Abb. 21.7 (a) Diffusion durch ein Volumen ΔV und (b) zeitliche Entwicklung einer punktförmigen Anfangskonzentration

$$\frac{\Delta c}{\Delta t} = \frac{\Delta n(x,t)}{A\Delta x\Delta t} - \frac{\Delta n(x+\Delta x,t)}{A\Delta x\Delta t}.$$

Mit (1. Fick'sches Gesetz)

$$\frac{\Delta n(x,t)}{A\Delta t} = J = -D\frac{\partial c(x,t)}{\partial x}$$

gibt dies ($\frac{\Delta c}{\Delta t} \to \frac{\partial c}{\partial t}$):

$$\frac{\partial c}{\partial t} = \frac{J(x,t)}{\Delta x} - \frac{J(x+\Delta x,t)}{\Delta x} = -\frac{D}{\Delta x}\left(\frac{\partial c(x,t)}{\partial x} - \frac{\partial c(x+\Delta x,t)}{\partial x}\right). \quad (21.29)$$

Taylor-Entwicklung:

$$c(x+\Delta x,t) = c(x,t) + \Delta x\frac{\partial c(x,t)}{\partial x} + \dots$$

$$\frac{\partial c}{\partial t} \approx -\frac{D}{\Delta x}\left(\frac{\partial c(x,t)}{\partial x} - \frac{\partial\left[c(x,t) + \Delta x\frac{\partial c(x,t)}{\partial x}\right]}{\partial x}\right)$$

$$= -\frac{D}{\Delta x}\left(\frac{\partial c(x,t)}{\partial x} - \frac{\partial c(x,t)}{\partial x} + \Delta x\frac{\partial\frac{\partial c(x,t)}{\partial x}}{\partial x}\right)$$

$$\frac{\partial c(x,t)}{\partial t} = -D\frac{\partial^2 c(x,t)}{\partial x^2}. \quad (21.30)$$

Dies ist das **2. Fick'sche Gesetz.**

Die Lösung der Differentialgleichung hängt von den Anfangs- und Randbedingungen ab. Für eine punktförmige Anfangsverteilung (bei $t = 0$ sind n Teilchen auf eine kleine Fläche A konzentriert) erhält man (in 1-D) die Konzentration zur Zeit t (Abb. 21.7b):

$$c(x,t) = \frac{n}{A\sqrt{\pi Dt}}e^{-\frac{x^2}{4Dt}}.$$

Wärmeleitungsgleichung Ein analoges Ergebnis erhält man auch für den Wärmetransport,

$$\frac{\partial T(x,t))}{\partial t} = a \frac{\partial^2 T(x,t)}{\partial x^2}, \qquad (21.31)$$

diese sogenannte **Wärmleitungsgleichung** gilt

für ein homogenes und isotropes Medium.

Diese Form von partiellen Differentialgleichung, erste Ableitung nach der Zeit und zweite Ableitung nach dem Ort, werden wir später in der Quantenmechanik wiederfinden, dort ist sie als **Schrödinger-Gleichung** bekannt und beschreibt, wie sich freie Teilchen bewegen. Die Lösung der Schrödinger-Gleichung für freie Teilchen hat die Form Gl. 21.30, und sogar eine ähnliche statistische Interpretation. $c(x,t)$ gibt die Wahrscheinlichkeit an, ein Teilchen am Ort x zur Zeit t anzutreffen, wenn die Anfangswahrscheinlichkeit durch $c(x,t_0)$ gegeben ist.

21.7 Zusammenfassung

In binären Systemen lässt sich die Entropieänderung durch

$$dS_U = \mathcal{K}_U dU^1, \qquad dS_n = \mathcal{K}_n dn^1.$$

mit den thermodynamischen Kräften $\mathcal{K}_k$ ausdrücken. Diese sind die Ursache der Flüsse J_k. Diese Flüsse geben an, wie viel Wärme oder welche Stoffmenge pro Zeiteinheit durch eine Zwischenwand fließt.

Im Gleichgewicht verschwinden Flüsse und Kräfte. Die Entropieänderung pro Zeit, bedingt durch den Fluss der Energie oder Stoffmenge, kann durch

$$\frac{dS_U}{dt} = \mathcal{K}_U J_U, \qquad \frac{dS_n}{dt} = \mathcal{K}_n J_n.$$

angegeben werden, d. h.

$$\frac{dS_U}{dt} = \nabla\left(\frac{1}{T}\right) J_U, \qquad \frac{dS_N}{dt} = \frac{1}{T}\nabla(\mu) J_n.$$

Ein Temperaturgradient führt also zu einem Wärmestrom, ein Gradient des chemischen Potenzials zu einem Teilchenstrom. Wenn man eine lineare Abhängigkeit der Ströme von den Kräften annimmt, erhält man die Wärmeleitungsgleichung und das 1. Fick'sche Gesetz:

$$J_U = -\kappa \nabla_x T, \qquad J_n = -D \nabla_x x.$$

Die kinetische Gastheorie erlaubt es, die Transportkoeffizienten im Rahmen der Nährungen für Gase zu berechnen. Dabei nimmt man an, dass der Transport von

Teilchen, Energie und Impuls durch die ungeordnete Bewegung der Teilchen vermittelt wird. Wenn es einen Temperaturgradienten bei konstanter Konzentration im System gibt, dann fliegen im Mittel gleich viele Teilchen vom warmen Bereich in den kalten, und umgekehrt. Nur haben die Teilchen, die aus dem warmen Bereich kommen, mehr kinetische Energie, und tragen diese damit in den kälteren Bereich.

Die Diffusion von Teilchen kann man genauso beschreiben. In Bereichen größerer Konzentration sind mehr Teilchen vorhanden als in Bereichen geringerer Konzentration. Daher fliegen im Mittel mehr Teilchen in die Bereiche geringerer Konzentration als umgekehrt, was zu einem Stoffmengenausgleich führt.

Die Transportkoeffizienten für Diffusion, Wärmeausgleich und Viskosität kann man dann elementar bestimmen,

$$D = \frac{1}{3}\langle v \rangle \lambda, \qquad \kappa = \frac{1}{2}c\langle v \rangle k\lambda \qquad \eta = \frac{1}{3}c\langle v \rangle m\lambda.$$

c ist die Konzentration, λ die mittlere freie Weglänge und $\langle v \rangle$ die mittlere Geschwindigkeit gemäß der Maxwell-Botzmann-Verteilung.

Zur Beschreibung von Flüssigkeiten haben wir ebenfalls thermodynamische und mikroskopische Betrachtungsweisen zusammengebracht. Thermodynamisch kann man den Konzentrationsgradienten

$$F_D = -\frac{RT}{c}\left(\frac{\partial c}{\partial x}\right)$$

als mittlere Kraft auf die Teilchen auffassen, dem entgegen wirkt die Stokes'sche Reibungskraft

$$F_R = -6\pi \eta b v_D,$$

was zu einem Diffusionskoeffizienten

$$D = \frac{RT}{6\pi \eta b}$$

führt.

Verlässt man den **stationären** Bereich, erhält man partielle Differentialgleichungen der Form

$$\frac{\partial A(x,t)}{\partial t} = a\frac{\partial^2 A(x,t)}{\partial x^2}.$$

A kann die Konzentration c oder die Temperatur T sein, oder andere relevante Transportgrößen. Wir werden dieser Differentialgleichung in der Quantenmechanik wieder begegnen.

Literaturempfehlungen

Die Literatur zur Thermodynamik ist sehr umfangreich, daher soll hier nur eine kleine Auswahl angegeben werden. Die meisten Lehrbücher zur physikalischen Chemie, wie beispielsweise

- Wedler G, Freund H-J (2012) Lehrbuch der Physikalischen Chemie. Wiley VCH, Weinheim
- Engel T, Reid P (2006) Physikalische Chemie. Pearson Studium, München
- Atkins P, de Paula J (2006) Physical chemistry. Oxford University Press, Oxford,

führen die Entropie über Kreisprozesse ein. Im Folgenden werden Bücher und Artikel aufgeführt, die für die Abfassung des vorliegenden Lehrbuches von besonderer Bedeutung waren.

Darstellungen von Caratheodory's Zugang zur Thermodynamik Die Einführung der Temperatur, der Energie und der Entropie, wie in diesem Lehrbuch vorgenommen, wurde in dieser Weise von Constantin Caratheodory in der Arbeit

- Caratheodory C (1909) Untersuchung über die Grundlagen der Thermodynamik. Math Ann 67:355–386

vorgeschlagen. Eine biographische Notitz zu Caratheodory sowie eine historische Einordnung und kurze Darstellung des thermodynamischen Zugangs findet man in:

- Pogliani L, Berberan-Santos N (2000) Constantin Caratheodory and the axiomatic thermodynamics. J Math Chem 28:313–324

Eine kurze Geschichte des thermodynamischen Formalismus findet man in

- Schlichting J (1984) Zur Geschichte der Irreversibilität. Der Physikunterricht 18/3:5–13

Wie im Vorwort ausgeführt, ist der Artikel von Caratheodory auf einem sehr abstrakten Niveau abgefasst, und wurde daher in der Physik zunächst wenig rezipiert. Erste Versuche, den Zugang etwas einfacher zu gestalten, findet man in den folgenden Arbeiten:

© Springer-Verlag GmbH Deutschland 2017
M. Elstner, *Physikalische Chemie I: Thermodynamik und Kinetik,*
https://doi.org/10.1007/978-3-662-55364-0

- Born M (1921) Kritische Betrachtungen zur traditionellen Darstellung der Thermodynamik. Physikalische Zeitschrift Physik Z XXII:218–224 und 249–286
- Lande A (1926) Axiomatische Begründung der Thermodynamik durch Caratheodory. In: Bennewitz K, Byk, A, Hennin F, Herzfeld KF, Jäger, G, Jaeger W, Landé A, Smekal A (Hrsg) Handbuch der Physik, Theorien der Wärme. Springer, Berlin, S 281–300

Diese Arbeiten bleiben dennoch auf einem hohen mathematischen und physikalischen Niveau. Ab den 1960er Jahren erschien eine Anzahl von Artikeln in der Zeitschrift *American Journal of Physics*, die sich um ein besseres Verständnis und vor allem auch um eine einfachere Darstellung der Theorie bemüht haben, hier nur ein kleiner Ausschnitt:

- Turner L (1960) Simplification of Caratheodory's treatment of thermodynamics. Am J Phys 28:781
- Turner L (1962) Simplification of Caratheodory's treatment of thermodynamics II. Am J Phys 30:506
- Sears F (1963) A simplified simplification of Caratheodory's treatment of thermodynamics. Am J Phys 31:747
- Marshal T (1978) A simplified version of Caratheodory thermodynamics. Am J Phys 46:136

Der Zugang wurde für die chemische Thermodynamik in folgendem Buch ausgeführt.

- Münster A (1969) Chemische Thermodynamik. Verlag Chemie, Weinheim.

Vor allem die Anwendung auf Ausgleichsprozesse und mehrere Komponenten wird in diesem Buch sehr schön dargelegt, die allgemeinen Ausführungen zu dem Ansatz von Caratheodory sind jedoch immer noch relativ abstrakt.

Andere Zugänge zur Thermodynamik Die Arbeit von Caratheodory war die erste axiomatische Darstellung der Thermodynamik. In der Folgezeit gab es zahlreiche weitere Arbeiten zu den Grundlagen der Thermodynamik, eine Darstellung wichtiger Beiträge mit Bezug auf die Lehre findet man in der folgenden Dissertation:

- Backhaus U (1998) Die Entropie als Größe zur Beschreibung der Unumkehrbarkeit von Vorgängen. http://www.didaktik.physik.uni-duisburg-essen.de/~backhaus/publicat/Dissertation.pdf. Zugegriffen: 10. Mai 2017

Eine neue Formulierung der klassischen Thermodynamik wurde 1999 von Elliot H. Lieb und Jakob Yngvason publiziert:

- Lieb EH, Yngvason J (1999) Phys Rep 310:1–96.

In einem Übersichtsartikel stellen die Autoren diese Formulierung allgemein-verständlich vor, und führen ein didaktisches Hilfsmittel, die Lieb-Yngvason-Maschine, ein:

- Lieb EH, Yngvason J (2000) A fresh look at entropy and the second law of thermodynamics. Phys Today 4:32–37

Diese Ideen wurden von Andre Thess aufgegriffen und für die Lehre in einem Buch

- Thess A (2007) Das Entropieprinzip – Thermodynamik für Unzufriedene. Oldenbourg-Wissenschaftsverlag, München

und als Kurzversion als Artikel

- Thess A (2008) Was ist Entropie? Eine Antwort für Unzufriedene. Forsch Ingenieurwes 72: 11

publiziert. Axiomatisch ist in gewisser Weise auch der Zugang von Herbert Callen:

- Callen H (1985) Thermodynamics and an introduction to thermostatistics. John Wiley and Sons, New York.

Hier wird die innere Energie U und die Entropie S direkt am Anfang des Buches als Postulat eingeführt, mit direktem Bezug auf Ausgleichsprozesse. Temperatur und Wärme sind abgeleitete Größen.

Zur Interpretation des Entropiebegriffs Es gibt eine sehr umfangreiche Literatur zur Didaktik der Thermodynamik, speziell auch zur Interpretation des Entropiebegriffs. Es stellt sich die Frage, welche Bedeutung die Entropie hat und wie sie in der Lehre eingeführt werden sollte. In diesem Buch wurde versucht, die Interpretation konsequent auf die *Dissipation von Energie* zu gründen. Den so oft verwendeten Begriff der *Unordnung* halte ich eher für verwirrend und didaktisch nicht zielführend. Es gibt eine Vielzahl von Publikationen zu dem Thema, vor allem auch von den Autoren Frank Lambert, Harvey S. Leff und Arieh Ben-Naim. Hier eine kleine Auswahl:

- Lambert F-L (2002) Disorder – A cracked crutch for supporting entropy discussions. J Chem Ed 79:187–192
- Kozliak E-I, Lambert F-L (2005) Order-to-disorder for entropy change? Consider the numbers! Chem Educator 10:24–25
- Leff, H.(1996) Thermodynamic entropy. The spreading and sharing of energy. Am J Phys 64:1261–1271
- Leff, H.(2012) Removing the mystery of entropy and thermodynamics I–V. Phys Teach 50:28–31, 50:87–90, 50:170–172, 50:215–217, 50:274–276
- Ben-Naim A (2011) Entropy: Order or information. J Chem Educ 88:594–596
- Ben-Naim A (2007) Entropy demystified.The second law reduced to plain common sense. World Scientific, Singapor

Klassische Darstellungen und Texte der Thermodynamik   Sehr erhellend sind die Originalarbeiten von Carnot (1824), Clausius (1850) und Mayer (1842), um nur ein paar Autoren zu nennen. In der Reihe *Ostwalds Klassiker der exakten Wissenschaften* sind diese drei Arbeiten 2003 als Sammelband neu aufgelegt worden:

- Mayer R (2003) Die Mechanik der Wärme.Verlag Harri Deutsch Thun, Frankfurt am Main
- Clausius R (2003) Über die bewegende Kraft der Wärme.Verlag Harri Deutsch Thun, Frankfurt am Main
- Carnot S (2003) Betrachtungen über die bewegende Kraft des Feuers. Verlag Harri Deutsch Thun, Frankfurt am Main.

Interessant zu lesen ist das Lehrbuch von Max Planck:

- Planck M (1964) Vorlesungen über Thermodynamik. Walter de Gruyter, Berlin.

und die Ausführungen von Ernst Mach:

- Mach E (2012) Die Geschichte und die Wurzel des Satzes von der Erhaltung der Arbeit. Nabu Press
- Mach E (2014) Über das Prinzip der Erhaltung der Energie. In: Populärwissenschaftliche Vorlesungen. Xenomoi Verlag, Berlin
- Mach E (2014) Die Prinzipien der Wärmelehre. Severus Verlag, Hamburg

Geschichte und Philosophie der Thermodynamik   Dem Verständnis der Thermodynamik kann ein Blick in die Begriffsgeschichte durchaus dienlich sein. Was heute in der Didaktik als *Fehlvorstellung* beschrieben wird, ein aus heutiger Sicht *falsches* Verständnis der Begriffe und Konzepte, war in der Geschichte der Wissenschaften durchaus eine zeitweise akzeptierte Möglichkeit. Das zeigt, dass die Entwicklung der Konzepte keine gradlinige Angelegenheit war, man hat teilweise Jahrhunderte, oft gar nicht so sehr mit der Natur, sondern mit dem Intellekt, gerungen, bis der *passende* Begriff gefunden wurde. In der Wissenschaftsgeschichte und Wissenschaftsphilosophie wird genau dies zu rekonstruieren versucht. Hierzu einige einschlägige Werke:

- Brusch SG (1987) Die Temperatur der Geschichte. Vieweg, Braunschweig
- Smorodinskij JA, Ziesche P (2000) Was ist Temperatur? Verlag Harri Deutsch, Thun und Frankfurt am Main
- Müller I (2007) A history of thermodynamics. Springer, Berlin Heidelberg New York
- Chang H (2004) Inventing Temperatur: Measurement and scientific progress. Oxford University Press, Oxford
- Uffink J (2001), Bluff your way into the second law of thermodynamics. Stud Hist Philos Sci Part B: Stud Hist Philos M P 32:305

Sachverzeichnis

© Springer-Verlag GmbH Deutschland 2017
M. Elstner, *Physikalische Chemie I: Thermodynamik und Kinetik*,
https://doi.org/10.1007/978-3-662-55364-0

Printed in the United States
By Bookmasters